普通高等教育"十三五"规划教材
微电子与集成电路设计系列规划教材

微波集成电路

谢小强　徐跃杭　夏　雷　编著

电子工业出版社
Publishing House of Electronics Industry
北京 · BEIJING

内 容 简 介

本书为电子科技大学新编特色教材建设与研究成果之一，主要内容包括：绪论、微波集成传输线、微波无源集成电路、微波固态器件、微波混合集成电路、微波单片集成电路等，并提供部分习题参考答案及配套电子课件。

本书可作为高等学校电子、电磁场与微波技术、集成电路、通信、雷达等专业的高年级本科生及研究生教材，也可供相关领域工程技术人员学习和参考。

图书在版编目（CIP）数据

微波集成电路 / 谢小强，徐跃杭，夏雷编著. — 北京：电子工业出版社，2018.7

ISBN 978-7-121-32709-4

I. ①微… II. ①谢… ②徐… ③夏… III. ①微波集成电路－高等学校－教材 IV. ①TN454

中国版本图书馆 CIP 数据核字（2017）第 226972 号

策划编辑：王羽佳

责任编辑：谭丽莎 　　　特约编辑：周宏敏

印　　刷：北京捷迅佳彩印刷有限公司

装　　订：北京捷迅佳彩印刷有限公司

出版发行：电子工业出版社

　　　　　北京市海淀区万寿路 173 信箱　　邮编：100036

开　　本：787×1092　1/16　印张：20　字数：512 千字

版　　次：2018 年 7 月第 1 版

印　　次：2019 年 3 月第 2 次印刷

定　　价：55.00 元

前　言

集成电路已经在各行各业中发挥着非常重要的作用，可以说电路集成技术是现代信息社会发展的基石。作为集成电路的重要组成部分，始于 20 世纪 50 年代的微波集成电路已在航空航天、雷达、导航、制导、通信、测量、气象探测、工业检测、智能交通、机场异物检测等军事和民用领域获得了广泛的应用。在这些微波无线应用系统中，微波信号通常作为信息和能量的载体，微波电路部分往往位于系统前端，用于处理这些微波信号。因此，微波电路对微波信号处理的技术水平就成为决定微波无线应用系统性能的关键因素。可以说，微波无线系统性能的决定因素在于高性能微波电路的设计与实现。因此，随着微波无线技术在民用领域的广泛开展，对于相关领域的科学研究者、设计者和工程应用者来说，高性能、高集成度、高可靠性和低成本的微波电路集成技术显得极其重要。

另外，随着微波电路集成技术及应用需求的发展，新材料、新工艺和新技术逐步在微波集成电路领域的采用与推广。微波集成电路在工作频率、带宽、信号质量、低噪声性能、输出功率能力、功能、功耗、小型化、可靠性和低成本等方面取得了革命性的进步。微波集成技术的发展促进了微波无线系统在灵敏度、作用半径/距离、信息容量、反应速度、准确性和精度等系统性能的显著提高，并拓展了系统功能和应用领域。反过来，系统需求与应用领域的扩展又进一步推动了现代微波电路集成技术在器件、电路、集成方式和集成规模等方面不断地发展与革新。可以说，现代微波集成技术及其应用发展，彰显了新一代信息技术正在经历的持续、快速的革命进程。

本书是电子科技大学规划教材，是作者在微波集成电路多年科研和教学的经验基础上逐年积累编写而成的。在当前微波集成技术与系统应用背景下，为适应当前高等学校开展的课程体系与教学内容改革，及时反映微波集成电路教学基础内容与最新研究成果，我们编写了这本微波集成电路基础教材。本书以培养基础理论与基本方法为目标，紧跟现代微波电路集成新技术与新方法，从先进性和实用性出发，遵循基础教学内容与工程实现和应用并重的原则，较全面地介绍微波集成电路的概念和设计方法。

本书具有如下特色：

① 根据研究型教学理念，采用研究型学习的方法，即"提出问题—解决问题—归纳分析"的问题驱动方式，突出学生主动探究学习在整个教育教学中的地位和作用。

② 在内容及描述上，我们注重对概念和原理上的理解和描述。首先从集成电路概念出发，从实际工艺和实现方法入手，然后基于一定的工艺技术进行相应的集成电路设计，最后采用实际设计案例，加深对每一个概念的理解。

③ 本书的基本思路是分两步走。首先，以微波集成电路的组成为一条主线，围绕这条主线介绍微波集成电路基础知识、基本原理和功能特点，同时拓展知识面，介绍各种部件的原理和相关技术。其次，以材料和工艺技术为另一条主线，介绍混合集成电路、多芯片组件和单片集成电路的基本知识、基本原理和设计技术，并通过实例加深不同材料和工艺下设计方法的区别。上述两条主线是一个有机的整体，是相辅相成的，其实质是理论知识与实践应用、传统集成工艺和新兴集成技术完美结合的一条综合知识中轴线。

④ 本书注重将微波集成电路的最新发展适当地引入到教学中来，保持教学内容的先进性。本书源于微波集成电路的科研和教学实践，凝聚了工作在第一线的科研教师和任课教师多年的教学经验与科研成果。

本书语言简明扼要、通俗易懂，具有很强的专业性、技术性和实用性。通过学习本书，你可以：

- 了解微波集成电路的概念和应用背景；
- 掌握微波集成电路设计方法；
- 了解当前最先进的微波集成电路技术。

本书共 6 章，参考学时为 32～64 学时。教学中，可根据教学对象和学时等具体情况对书中内容进行删减和组合，也可以进行适当扩展。

本书可作为高等学校电子、电磁场与微波技术、集成电路、通信、雷达等专业的高年级本科生及研究生教材，也可供相关领域工程技术人员学习和参考。

本书第 1 章、第 2 章、4.1 节和 4.2 节由谢小强副教授编写，第 3、6 章由徐跃杭教授编写，4.3～4.5 节和第 5 章由夏雷研究员编写。全书由谢小强副教授统稿。

本书的编写参考了大量近年来出版的国内外相关技术资料，以及电子科技大学微波毫米波电路与系统教研室的研究成果，吸取了许多专家和同仁的宝贵经验，在此向他们深表谢意。

在本书的编写过程中，本教研室赵翔、吴永伦、周睿、毛书漫、刘伶、肖玮、董月红等研究生，以及电子工业出版社王羽佳编辑为本书的撰写和出版做了大量工作，在此一并表示感谢！

由于微波集成电路发展迅速，作者学识有限，书中误漏之处难免，望广大读者批评指正。

编　者

2018 年 5 月

目　录

第1章 绪 论

1.1 集成电路概述

微波集成电路是集成电路（IC，Integrated Circuit）的形式之一。通常认为，集成电路是为了达到在成本、尺寸、重量及可靠性等方面优于电子管、波导、同轴线等立体电路的目的，将电路中所需的器件（包括有源器件和无源器件，如晶体管和二极管）、无源元件（如电阻、电容和电感）、无源电路等互连一起，制作在一片或多片半导体基片或介质基片上，实现一定功能的微型电子电路或部件。集成电路中有源器件是固态器件；电路可以封装在一个管壳内，也可以是一块裸露的芯片。显然，与由真空电子有源器件、波导、同轴传输线构成的"立体电路"相比较，集成电路中所有元器件在结构上组成一个整体，电路体积大大缩小，电路引出线和焊接点数目也大为减少，使系统向着微小型化、低功耗和高可靠性方面迈进了一大步。

通常，按照集成电路制作工艺的不同，可以分为3种类型：单片集成电路，薄膜或厚膜集成电路，混合集成电路。

（1）单片集成电路：将有源和无源电路元件集成在一片半导体衬底上，形成完整电路功能的集成电路。

（2）薄膜或厚膜集成电路：在绝缘介质基片衬底上淀积电阻或导电膜，并在衬底上产生一定图形构成完整功能的电路网络。一般来讲，膜厚度≥10μm，为厚膜集成电路；膜厚度在1～10μm之间，称为薄膜集成电路。

（3）混合集成电路：前两种电路的自然扩充，将有源或无源器件（包括分立器件和单片集成电路器件）组合在同一绝缘衬底上互连而成的具有完整功能的电路或系统。

按照集成电路的功能不同，又可以大致分为：数字集成电路，线性集成电路，微波集成电路。

（1）数字集成电路：用数字信号完成对数字量进行算术运算和逻辑运算的电路。由于它具有逻辑运算和逻辑处理功能，所以又称数字逻辑电路。现代数字电路由半导体工艺制成的若干数字集成器件构造而成。

（2）线性集成电路：线性集成电路是一种以放大器为基础的集成电路，主要包括放大器、稳压器、乘法器、调制器等。由于处理的信息都涉及到连续变化的物理量（模拟量），人们也把这种电路称为模拟集成电路。

（3）微波集成电路：微波集成电路指由微波集成传输线和微波固体器件构成，完成一定微波电路或系统功能的集成电路。在微波集成电路尚未成熟之前，集成电路只有数字集成电路和模拟集成电路两种类型。由于微波集成电路所处理的信号频率更高，属于分布参数电路，具有独立的电路设计原理和分析方法，并需专用的微波有源器件实现，因而本书将微波集成电路与数字、模拟电路并列，列为第三种集成电路。

另外，集成电路按照集成度的不同，可以分为中规模集成电路（MSI）、大规模集成电路（LSI）、超大规模集成电路（VLSI）。对模拟集成电路，由于工艺要求较高、电路又较复杂，目前还没有超大规模的模拟集成电路出现。所以对模拟集成电路来说，一般认为集成50个以下的元器件为小规模集成电路；集成50～100个的元器件为中规模集成电路；集成100个以上的元器件为大规模集成电路。对于数字集成电路，一般认为集成1～10个等效门/片或10～100个元件/片为小规模集成电路；集成10～100个等效门/片或100～1000个元件/片为中规模集成电路；集成100～10 000个等效门/片或1000～100 000个元件/片为大规模集成电路；集成10 000个以上等效门/片或100 000个以上元件/片为超大规模集成电路。表1.1-1给出了不同集成规模的集成电路所包含的元件数量。

表1.1-1　不同集成规模的集成电路

集成度		小规模（SSI）	中规模（MSI）	大规模（LSI）	超大规模（VLSI）
模拟集成电路	元器件数	≤50	50～100	≥100	—
数字集成电路	逻辑门数/元件数	1～10/ 10～100	10～100/ 100～1000	100～10 000/ 100～100 000	>10 000/ >100 000

　　总之，集成电路是朝着小型化、高度集成化、高可靠性、低功耗、低成本、大规模产业化和大批量应用方向发展的。集成电路的这一发展趋势也是微波集成电路的发展方向。但相对于数字和低频线性集成电路，微波集成电路工作于更高频率，电路具有分布参数特性，集成电路形式多采用薄膜工艺实现，并且电路集成度远远低于数字和低频模拟电路。另外，微波集成电路对材料、器件、工艺和设计方法都具有特殊要求，发展相对缓慢。

1.2　微波频率简介

　　微波集成电路所工作的频率——微波频率，属于无线电波频率中的一部分。与长波、中波与短波相比，微波频率对应的波长要"微小"得多。微波是指波长范围为1m～0.1mm（或频率范围为300MHz～3000GHz）的电磁波。微波频谱可粗略地分为：分米波（300～3000MHz），厘米波（3～30GHz），毫米波（30～300GHz），亚毫米波（300～3000GHz）。就目前工程应用和学术界来说，通常认为分米波、厘米波频段为微波频段；30GHz以上称为毫米波频段；对于毫米波频段高端（≥100GHz），已进入太赫兹（THz）频段（波长3～0.03mm）低端了。表1.2-1给出了整个无线电波的波段名称。可见，广义的微波频率涵盖了超高频（UHF）、特高频（SHF）和极高频（EHF）3个波段。一般我们说的微波频段则是指UHF和SHF，EHF为毫米波频段。

表1.2-1　无线电波的波段

频率范围	波长范围	波段名称	
		英文	中文
0.03～0.3Hz	10^7～10^6km	ULF（Ultra Low Frequency）	超低频
0.3～3Hz	10^6～10^5km		
3～30Hz	10^5～10^4km	ELF（Extremely Low Frequency）	极低频
30～300Hz	10^4～10^3km		
300～3000Hz	10^3～10^2km		
3～30kHz	100～10km	VLF（Very Low Frequency）	甚低频
30～300kHz	10～1km	LF（Low Frequency）	长波
300～3000kHz	1000～100m	MF（Medium Frequency）	中波
3～30MHz	100～10m	HF（High Frequency）	短波
30～300MHz	10～1m	VHF（Very High Frequency）	甚高频
300～3000MHz	100～10cm	UHF（Ultra High Frequency）	超高频
3～30GHz	10～1cm	SHF（Super High Frequency）	特高频
30～300GHz	10～1mm	EHF（Extremely High Frequency）	极高频
300～3000GHz	1～0.1mm	SMMW（Submillimeter Wave）	亚毫米波

首先，微波有着不同于其他电磁波谱的重要特点。它自被发现以来，就不断得到发展与应用。微波技术的应用与微波频谱所具有的特点密不可分。首先，微波具有似光性。微波波长短，当照射在某些物体上时，将产生显著的反射和折射现象。微波的传播特性也和几何光学相似，能像光线一样地直线传播并易于集中。利用微波的似光性，可研制方向性好、体积小的天线设备，用于定向发射和接收（反射）微波信号，确定和探测地面、宇航空间各种物体的方位和距离，比如为雷达、导航等系统所应用。

其次，微波具有穿透性。微波的穿透性主要表现在当其照射在介质物体时，能深入物体内部。微波能穿透生物体，可作为医学热疗、安检探测的重要手段。微波能够穿透电离层，是人类探测外层空间的"宇宙窗口"。同时，利用微波这一性能，可实现卫星-地面通信，也可用于远程导弹或航天器重返大气层时实现末制端导和通信的手段。

第三，微波具有信息性。微波频率高，信息容量大，即便是很小的相对带宽，其可用的频率带宽也是很宽的。绝大多数无线通信系统都工作在微波频段。微波信号还可提供相位信息、极化信息、多普勒频率信息，可广泛用于探测、遥感、目标特征分析等系统中。近来，随着无线通信需求业务的增长，利用微波通信的频率逐步提高，特别是以 5G（第五代移动通信）通信为代表的现代无线通信系统应用。

第四，非电离性。微波的量子能量不够大，不会改变物质分子的内部结构或破坏物质分子的化学键，微波与物体间的作用是一种非电离作用。另外，由物理学可知，分子、原子和原子核在外加周期电场作用下，所呈现的共振现象几乎发生在微波频段范围内。因此，可利用微波这一特性来探索物质的内部结构和基本特性。

基于以上这些特性，使得微波技术广泛应用于雷达、通信、探测、科学研究、生物医学、微波能等众多领域。雷达和通信是微波频率应用的两个主要领域。

工作于微波频率的雷达，具有天线尺寸小、波束窄、分辨率高等特点。微波雷达不仅用于军事，也用于民用，如导航、气象探测、大地测量、工业检测、智能交通、汽车防撞雷达、机场异物检测等等。历史上，根据雷达设备或系统的大概工作频段，微波-毫米波频段又粗略地被分为若干个波段——雷达波段，并用不同的英文字母来表示。并且，不同国家、不同应用专业领域的划分情况和表示方法也不尽相同。这种根据历史应用情况而形成的对微波频段的传统划分方式，目前已在工程应用和科研领域内被广泛采用，表 1.2-2 给出了最常用的微波频段划分情况。

表 1.2-2　常用微波频段划分

波段名称	波长范围（cm）	频率范围（GHz）
P	60～30	0.5～1
L	30～15	1～2
S	15～7.5	2～4
C	7.5～3.75	4～8
X	3.75～2.4	8～12
Ku	2.4～1.67	12～18
K	1.67～1.13	18～26.5
Ka	1.13～0.75	26.5～40
Q	0.9～0.6	33～50
U	0.75～0.5	40～60
V	0.6～0.4	50～75
E	0.5～0.33	60～90
W	0.4～0.27	75～110
F	0.33～0.21	90～140
D	0.27～0.176	110～170
G	0.215～0.136	140～220
R	0.136～0.09	220～325

在微波无线通信领域，微波宽频带大信息容量特征体现突出，可满足多路高速数据传播；同时由于微波直线传播特性，可通过中继接力方式实现长距离通信。利用微波对电离层的穿透特性，实现地面-卫星长距离通信。比如，利用外层空间的 3 颗互成 120°角的同步卫星，就能实现全球通信和电视实况转播。

全球卫星定位系统也是利用微波可穿透电离层特性实现的。我国自行研制的全球卫星导航系统——中国北斗卫星导航系统（BeiDou Navigation Satellite System），是继美国全球定位系统（GPS）、俄罗斯格洛纳斯卫星导航系统（GLONASS）之后，世界第三个成熟的卫星导航系统。与 GPS 类似，我国的"北斗"卫星导航定位系统在军事应用领域可实现部队指挥与管制及战场管理，在民用领域，可提供个人位置服务、气象应用、交通运输、应急救援、农用（如智能放牧）等等。

1.3　微波集成电路的发展和应用

微波集成电路的概念是相对于立体结构微波电路而言的，是伴随着微波固态器件的发现以及微波平面电路的发展而产生的。20 世纪 40 年代出现的微波电路是立体电路结构，无源电路采用波导/同轴传输线、波导/同轴元件、谐振腔等，有源电路为真空电子器件。这时的微波信号产生、微波功率获取代价高，效率低。微波电路设计主要靠经验，很少进行综合分析，计算的主要工具是计算尺，微波电路相关技术发展极其缓慢。20 世纪 60 年代以来，在军事应用需求背景前提下，在半导体工艺技术、半导体材料科学与技术以及先进电子计算机科学技术发展推动下，微波电路领域出现了两个重大的技术变革：一是微波平面传输线的深入研究和应用开展，特别是以微带线等为主要传输媒介的微波平面集成电路的研究和应用；二是研制出了许多微波半导体有源器件，特别是用于微波混频、振荡、放大的二极管类和三极管类器件的成功研制。和数字、低频大规模集成电路发展模式一样，这些技术革新和应用需求驱动了微波电路由波导类立体电路向小型化、高集成度和低成本的微波集成电路发展。

就微波集成电路的发展历程和电路集成方式来说，微波集成电路有两大类：微波混合集成电路（HMIC，Hybrid Microwave Integrated Circuits）和微波单片集成电路（MMIC，Monolithic Microwave Integrated Circuits）。通常，早期微波立体电路称作第一代微波电路，微波混合集成电路属于第二代微波电路，微波单片集成电路属于第三代微波电路。与由立体波导、同轴线和真空电子器件实现的微波立体电路相比，由平面传输线和半导体有源器件构成的微波电路——微波混合集成电路，凸显出了低成本、小型化、轻重量、低电压、高可靠性、长寿命等优势，并且易与波导器件、铁氧体器件连接，可以适应当时迅速发展起来的小型微波固体器件，因而迅速地应用于各类微波整机系统，并且在提高军用电子系统的性能和小型化方面起到了显著作用。随着半导体材料、器件工艺及微波 CAD（Computer-Aided Design）技术的发展，进一步推动了微波集成电路在小型化、高集成度和低成本等方面的技术革新，促成了由微波混合集成电路向微波单片集成电路的过渡，使微波集成电路与数字、低频集成电路一样，可以将无源元件和有源器件制作在同一块半导体芯片上，实现了一个完整的电路甚至系统功能。与第二代的微波集成电路——HMIC 相比较，微波单片集成电路——MMIC 具有体积更小、寿命更长、可靠性高、噪声低、功耗小、工作频率更高、带宽更宽等优点。更为重要的是，由于大规模批量化生产，MMIC 的低成本、高生产效率的优势凸显，带动了微波技术领域的工业化革命，并使得微波电路从昂贵的军事应用领域向商业化民用领域扩展。

过去 60 多年来，微波集成电路得到了迅猛发展，其应用几乎涉及人们生活的各个领域，包括雷达、电子对抗、无线通信、医疗电子、智能交通、无线监测、测量、成像、遥感等等。特别地，在 MMIC 产业化带动下，近年来微波集成电路及相关技术在民用通信应用领域取得了突飞猛进的发展，包括无线广播（Radio）、寻呼（Pagers）、移动电话（Mobile Phone）、视距无线通信（Line-of-Sight

Communication Links)、卫星通信(Satellite Communications)、无线局域网络(WLAN,Wireless Local Area Networks)、蓝牙(Bluetooth)、区域多点传输服务(LMDS,Local Multipoint Distribution Service)、全球定位导航(GPNS,Global Position and Navigation Services)等。

1.3.1 微波集成电路的起源

现代微波集成电路是在早期的微波印制电路基础上发展起来的。随着微波平面传输结构的出现和使用,20 世纪 60 年代初出现了类似数字、低频印制电路的微波平面电路——微波印制电路(MPC,Microwave Printed Circuit),采用微波平面传输线实现各种各样的微波无源电路(microwave passive circuits)功能,如功率分配/合成器(power distribution/combination)、滤波器(filter)、耦合器(coupler)、巴伦(balun)以及平面印制天线(printed antenna)等。与数字电路和低频印制电路不同,微波印制电路采用的微波平面传输线是分布参数传输线,其传播特性通常由 4 个基本参数来表征:特性阻抗(characteristic impedance),相速(phase velocity)或有效介电常数(effective dielectric constant),衰减常数(attenuation constant),功率容量(power-handling capability)。这些参数由传输线结构(横截面形状和尺寸)、介质基片特性以及导体材料特性决定。常用的微波平面传输线有:带状线(stripline),微带线(microstrip)、耦合微带线(coupled microstrip)、槽线(slotline)、共面波导(coplanar waveguide)和鳍线(finline)等。图 1.3-1 为常用微波平面传输线结构示意图。

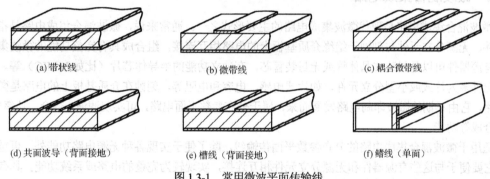

(a)带状线   (b)微带线   (c)耦合微带线

(d)共面波导(背面接地)   (e)槽线(背面接地)   (f)鳍线(单面)

图 1.3-1 常用微波平面传输线

这些平面传输线中,大多都传播 TEM 波(Transverse Electromagnetic Wave,横电磁波)。其中,就传播特性来说,传播标准 TEM 波的带状线是最具代表性的,也是早期微波集成电路研究工作最先开展的一种平面传输线,当时的研究工作主要针对带状线的特性阻抗、不连续性以及耦合带线等内容展开。根据这些研究成果,1956 年,R. W. Peters 等人总结出了第一本带状线设计手册 *Hand Book of Tri-Plate Microwave Components*。

由带状线实现的无源电路中,耦合器是最为常见的一种电路,通常是利用 TEM 波传输线边缘耦合效应实现定向耦合功能(TEM-line edge-coupled directional couplers),属于弱耦合,耦合度范围一般为 8~40dB。但对于紧耦合需求,比如 3dB 耦合器,这类耦合电路由于工艺限制而难以实现。采用三层介质的宽边耦合带状线结构(broadside coupled striplines)可实现这种紧耦合功能。对于窄带情况,可采用分支线耦合器(branch coupler)实现。基于带状线滤波器的常用结构有:高低阻抗低通滤波器(low-high impedance low pass filter),端耦合(end-coupled)/发夹线(hairpin-line)/平行耦合线(parallel-coupled lines)/交指(interdigital)/梳状线(comblines)带通滤波器,等等。基于带状线的微波印制电路是微波集成电路的最初形式,对其的研究工作为微波集成电路的产生和发展奠定了基础,其电路原理、分析方法、设计思想,甚至电路拓扑结构均被后来其他类型的微波集成电路广泛采用,特别是微波混合集成电路 HMIC 和微波单片集成电路 MMIC 中的微带电路采用。1974 年,H. Howe

系统地总结出了第一本带状线电路设计著作——*Stripline Circuit Design*。图 1.3-2 给出了这类微波集成电路中常用的无源电路结构。

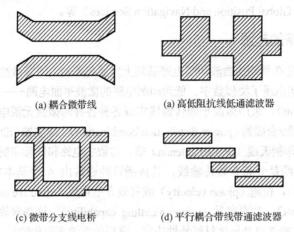

(a) 耦合微带线   (a) 高低阻抗线低通滤波器

(c) 微带分支线电桥   (d) 平行耦合带线带通滤波器

图 1.3-2   微波集成电路中的常用无源电路

1.3.2   微波混合集成电路

微波混合集成电路是现代微波集成电路的主要形式之一。通常来说，微波混合集成电路是指将有源器件、无源分立元件与刻蚀于绝缘介质基板上的电路相互连接，组合成具有完整功能的微波集成电路。有源器件可以是封装式晶体管或无封装管芯，有独立功能的半导体芯片（比如 MMIC）等。无源分立元件多为片式或小型分立元件，如片式电感、电容和电阻等。刻蚀在介质基板上的电路是微波无源电路，它由早期的微波印制电路发展而来，属于分布参数平面电路，可实现滤波、耦合、功率分配、功率合成等功能。

适用于微波混合集成电路的分布参数平面传输线，除了便于实现各种无源电路功能外，更重要的是，它要便于与这些有源器件和无源分立元件相互连接，实现较为完整的电路或系统功能。具有半开放空间结构、传播准 TEM 波的微带线显然更易满足这些要求。微带线的出现是微波混合集成电路产生和发展的重要条件之一。在 20 世纪 60～70 年代，科研人员们对微带线的特性阻抗、相速、色散特性、不连续性、耦合微带线、微带天线以及其他类型的平面传输线做了大量的研究。

在高性能介质基板、高性价比的金属化薄膜工艺和高精度电路光刻等技术的推动下，并随着微波半导体器件技术的发展，特别是 GaAs MESFET 器件的成功研制和应用，使得微波混合集成电路得到迅猛发展，并在 20 世纪 70 年代中期趋于成熟。微波混合集成技术的采用，使得在一个小的封装内几乎可以实现对微波信号处理的所有功能，包括放大器、振荡器、混频器、倍频器、开关、相移器等单一功能电路和发射模块、接收模块等多个功能的电路和子系统。图 1.3-3 是一个 X 波段多功能组件实物照片。

微波混合集成电路的成熟带动了微波技术领域的第一次工业革命，使得微波电路规模化批量化生产成为可能，大批规模化生产厂商应运而生，同时又带动了相关产业的巨大发展和应用，包括半导体材料、半导体器件工艺、计算机自动化仿真设计、微波测试等。

微波混合集成电路采用的是平面集成电路工艺。通常存在两种平面电路工艺：薄膜工艺和厚膜工艺。薄膜工艺由激光溅射和光刻实现，加工精度高，电路性能重复性好。采用薄膜工艺的微波集成电路可用于较高的工作频率（比如毫米波频段），且具有宽频带工作特性。高频率小型化的微波电路多采用这种工艺实现。厚膜电路采用丝网印刷工艺实现，成本低，但加工精度也低，仅适用于较低的微波频率。随着微波小型化技术的发展，20 世纪 90 年代出现了一种新型的微波厚膜电路技术：低温共烧陶瓷技术（LTCC，Low-Temperature Cofired Ceramic）。它是一种多层陶瓷印制技术，可高度集成微波无源元件，比如电容、电阻、电感、传输线和直流偏置电路等；并且可形成多种类型的微波传输结构，比如微带线、带状线、共面波导、矩形同轴线等。图 1.3-4 给出了一个毫米波 LTCC 前端组件及典型结构示意图。

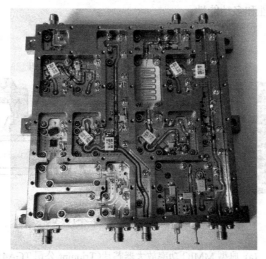

图 1.3-3　X 波段多功能组件实物照片

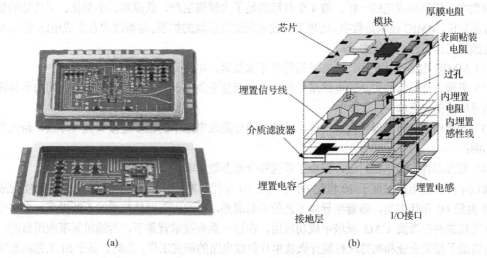

(a) 　　　　　　　　　　　　　　　　(b)

图 1.3-4　(a) 德国 IMST 公司 19GHz LTCC 频综系统（用于卫星数据链系统）；(b) 微波 LTCC 的典型结构示意图

　　微波混合集成电路的发展趋势是在一个微小的封装内集成更多的元器件，实现更多的电路/系统功能，以满足大规模批量化生产，达到降低系统成本的目的。在较低的微波频率，多采用厚膜集成工艺实现低成本。LTCC 工艺多用于实现高密度集成。在 20 世纪 90 年代后期出现的多层系统封装技术（SOP，System-On-Package）则适合于微波高性能系统功能。

1.3.3　微波单片集成电路

　　微波单片集成电路是指把无源电路、无源元件、有源器件都制作在同一半导体芯片上，形成完整电路或系统功能的微波集成电路。图 1.3-5 给出了一个 MMIC 功率放大器以及 MMIC 典型结构示意图。

微波单片集成电路是在微波混合集成电路基础上发展起来的一种新型集成电路形式,实现了下列目标:

（1）通过批量生产以降低成本;

（2）更高的可靠性和更好的可再生产性;

（3）尺寸更小、重量更轻;

（4）电路设计的灵活性和多功能性;

（5）更宽的工作频带,以实现多倍频程。

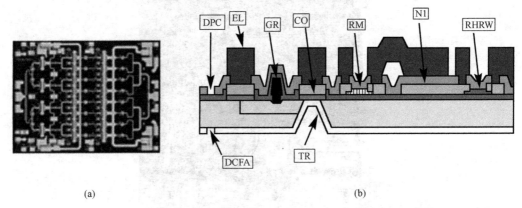

(a)　　　　　　　　　　　　　　　　　　　　　(b)

图 1.3-5　(a) 典型 MMIC 功率放大器芯片（Triquint 公司 TGA4516 芯片
技术手册）；(b) MMIC 典型结构示意图（UMS PDK 手册）

与数字、低频集成电路一样,前 4 个目标满足了大规模生产、低成本、小型化、多功能的要求,从这方面来说,MMIC 技术是数字、低频集成技术向微波领域的扩展。与微波混合集成电路相比,MMIC 具有宽频带工作特性, 这是由于:

（1）MMIC 电路尺寸更小,分布参数特性不太显著,电路寄生电抗效应小;

（2）更薄、介电常数更高的电路基片使得电磁能量更集中于金属条带与接地面之间的半导体材料内,信号传输模式更单一;

（3）无源电路和有源器件构成一体,消除了混合集成电路中的很多连接头点（焊点）带来的寄生参量影响;

（4）有源器件不再单独封装,减少了管壳等分布参数影响。

微波单片集成电路发展于 20 世纪 60 年代末 70 年代初期,并在 20 世纪 90 年代中期实现成熟应用。20 世纪 60 年代中旬,随着半导体工艺的不断成熟,微波固态器件技术的不断提高,数字计算机技术突飞猛进并在微波 CAD 领域中成功应用,在这一系列技术背景下,为满足军事应用目的,美国等政府资助了相关企业和高等院校展开微波单片集成电路的研究工作。当时,基于 Si 工艺的数字和低频半导体集成技术已经十分成熟,最初的 MMIC 研究计划也是在 Si 工艺上开展的,目标是实现一个机载相控阵雷达 T/R 组件（Transmit-Receive module）。但由于半导体 Si 经过高温扩散工艺后（制作有源器件 BJT）,绝缘性能下降,基片损耗过大,难以满足微波无源电路对基片损耗的要求,最初的研究计划未能达到预期的效果。不过,该研究计划却得出了重要的结论:微波集成电路和数字、低频集成电路一样,是可以将有源器件、无源电路都集成在同一块半导体芯片上实现的。

后来,基于 III-IV 族化合物 GaAs 半导体的研究工作解决了半导体基片微波损耗高的难题,并成为 MMIC 的主要基板材料。1968 年,出现了第一个基于 GaAs 的 MMIC 二极管电路。同时,微波固态三端器件金属肖特基栅场效应晶体管（MESFET, Metal-Semiconductor Field-Effect Transistors）的出现,突破了 Si BJT 的工作频率限制,为 MMIC 制作各种有源电路奠定了基础。GaAs MESFET 的成功研制为 MMIC 技术的快速发展奠定了基础。早期对 GaAs MMIC 可行性的成功验证加速了世界各国在此领域的研究投入，包括高质量的 GaAs 材料制备、GaAs MMIC 工艺、GaAs MMIC 设计方法、MMIC 测试技术等，并实现了低噪声放大器、功率放大器、振荡器、混频器、倍频器等单一功能的 GaAs MMIC 电路，甚至包括直接广播卫星接收机（DBSR，Direct Broadcast Satellite Receivers）、高度计（altimeter）等 GaAs MMIC 多功能芯片和子系统。随着 MMIC 技术的发展，电路越来越复杂，功能越来越多，而电路芯片尺寸却越来越小。

就设计方法来说，MMIC 电路设计的复杂程度已经远远超出了仅仅由简单 Smith 圆图可以实现的范围了。并且 MMIC 电路一经设计投版加工后，就不能像 HMIC 那样还能进行后期调试工作。MMIC 电路的调试是在设计过程中利用计算机辅助设计（CAD，Computer-Aided Design）软件完成的。更重要的是，这些 MMIC CAD 软件应包括各种元器件模型库，并能实现模型更新，电路原理图仿真和优化，两维半、三维空间电磁场仿真和优化，以及热仿真等功能。可以说，没有微波 CAD 软件，就没有 MMIC 的快速发展，也就没有目前 MMIC 产业化的出现。

MMIC 的迅猛发展很大程度上归功于美国国防部（DOD，Department of Defense）自 20 世纪 60 年代以来在此领域的一系列巨额资助。要实现 MMIC 在研究和生产领域达到一定经济规模并形成成熟产业，必须开展与数字大规模集成电路一样的宏伟发展规划，集中精力解决基板材料、器件技术和生产工艺难题，突破设计方法和 CAD 软件等方面的限制，而所有这些都超出了单个企业或公司的承受能力。在 1986 年，DOD 启动了微波毫米波集成电路研究计划（MIMIC，Microwave and Millimeter-Wave Integrated Circuit program），并主导了 MMIC 进入黄金十年的发展期。该研究计划将系统应用、MMIC 工艺、微波 CAD 软件公司以及半导体器件物理特性和模型研究实验室组织在一起，目的是制造出价格合适的微波毫米波单片集成电路，形成完整的 MMIC 产业，以满足大量的军用微波电子需求。参与的公司有 Hughes、GE、ITT、Martin、Raytheon、TRW 等。解决了如下问题：

（1）实验室研究成果进一步向工程应用转化；

（2）创办了足够多的半导体晶片生产厂家；

（3）CAD 模型和相应软件有实质性的提高；

（4）设计过程与生产过程标准化；

（5）芯片设计满足军事应用要求；

（6）MMIC 可靠性保证；

（7）自动化测试；

（8）推广产品应用，以达到 MMIC 的高产量和低成本。

经过数十年的努力，MMIC 由实验验证阶段发展到了高产量、低成本、自动化生产的 MMIC 产业化成熟阶段，并将进一步向前发展。MMIC 已成为微波工业的主要组成部分，凸显了低成本、小尺寸、轻重量、更高工作频率和更宽工作频带等优势，并逐步成为了 HMIC 的强有力的替代者。在基片材料方面根据不同需求，引入了 Si、InP、GaN、SiC、SiGe 等；在有源器件方面出现了 HEMT（High Electron-Mobility Transistors，高电子迁移率晶体管）、pHEMT（Pseudomorphic High Electron-Mobility Transistor，赝晶高电子迁移率晶体管）、HBT（Heterojunction Bipolar Transistor，异质结双极晶体管）、MOSFET 等；在 CAD 设计手段方面，出现了一系列功能完备的商业化 MMIC CAD 仿真设计软件：ADS（Advanced Design System）、HFSS（High Frequency Structure Simulator）、Microwave Office、Cadence 等。MMIC 性能更可靠，并逐步向多功能，甚至完整的系统功能（SOC，System-on-Chip）方向发展。同时，MMIC 应用领域也从智能武器、电子对抗、雷达和通信等军事领域向商业应用领域扩展，包括个人通信、DBS 系统、星际通信、智能交通系统等。

近来，基于第三代半导体——宽禁带半导体材料的 GaN、SiC 微电子器件正成为当前引领微波毫米波固态功率器件发展的牵头动力。由于宽禁带半导体材料的独特性能和 AlGaN/GaN 异质结综合性能的优势，使得继 GaAs 之后，固态微波功率器件的发展达到一个新高度。目前 GaN HEMT 工作频率已覆盖 110GHz 以下频率，并展现出向 THz 固态功率器件扩展的发展趋势。宽禁带半导体 AlGaN/GaN 异质结具有相对低的本征载流子产生率、高的击穿场强（≥3MV/cm）、高的二维电子气浓度（$1\times10^{13}/cm^3$）、高的电子饱和速度（>$2\times10^7cm/s$）；同时，AlGaN/GaN 异质结生长于宽禁带半导体 SiC 衬底上，其良好的导热性能（热导率 3.3W/cm·K）有利于器件高功率工作。在相同工作频率下，GaN HEMT 功率/密度比 Si 和 GaAs 微波器件要高出 10 倍。另外，AlGaN/GaN 异质结具有高温工作的特点，在高达 600℃下工作后回到常温时，仍能保持其基本性能；宽禁带半导体材料原子间的键合力强，具有良好的抗辐照性能。基于以上优势，使得 GaN 功率器件展现出了良好的高功率、高效率特性和环境适应性；同时针对 GaN 器件特有的电流崩塌和高频稳定性等可靠性问题的研究也均获得较大进展。近来，针对微波毫米波 GaN 功率器件在高效率、宽频带、高功率、MMIC 和先进热管理等方面均有长足的进步，国外 Cree、Triquint、HRL、Gotmic 等公司在 Ka 频段已推出了 10W 以上的功率单片，国内中电集团相应的研究所也推出了相应的商用产品。

习 题

1. 集成电路按制作工艺的不同可以分为哪几类？各自的特点是什么？
2. 比较立体波导电路、微波混合集成电路和微波单片集成电路的优缺点。

参 考 文 献

[1] Edward C. Niehenke, Robert A. Pucel, and Inder J. Bahl, "Microwave and Millimeter-Wave Integrated Circuits", *IEEE Trans. Microwave Theory Tech.* vol. MTT-50, pp.846-857, March 2002.

[2] 清华大学微带电路编写组. 微带电路. 人民邮电出版社，1975.

[3] 吴万春. 集成固体微波电路. 国防工业出版社，1981.

[4] 赵正平. 发展中的 GaN 微电子. 中国电子科学研究院学报，第三期，2016.

第 2 章　微波集成传输线

2.1　微波集成传输线概述

微波集成电路采用的传输线是平面传输线。微波平面传输线是微波集成电路的基础。微波平面传输线的出现与发展，促进了微波集成电路的产生与发展。"平面"二字，在这里概念松散，是相对于波导等立体传输线而言的，其特点是在基片上形成导电膜/导带。基片可以是介质基片，也可以是半导体基片；导带一般采用薄膜工艺实现，在微波低端应用也可以采用厚膜工艺实现。相对于波导、同轴等立体传输线，微波平面传输线中基片介电常数远大于空气介电常数，基片厚度远小于对应频段的波导和同轴线尺寸，传输线横截面尺寸大大减小，达到电路小型化、轻量化的目的，并具有易于批量生产、可靠性好、成本低等优点。与波导、同轴等立体传输线相比较，微波平面传输线的缺点是损耗较大、Q 值较低、功率容量小。微波混合集成电路采用绝缘介质材料基片；微波单片集成电路采用半导体基片。通常，微波混合集成电路的基片损耗更低。微波单片集成电路采用的基片往往具有更高的介电常数（>10）、更小的基片厚度（~0.1mm 或更小），电路集成度也大大提高。

对于微波集成电路来说，要求集成传输线具有如下特性：

（1）集成度高；

（2）便于与固态器件连接，特别是三端固态器件（如 MESFET 等）；

（3）电路损耗低；

（4）便于与其他电路/系统连接。

常用微波集成电路传输线有：微带线，带状线（Stripline），悬置带线（Suspended-Substrate Stripline），共面波导（Coplanar Waveguide），槽线（Slot line），鳍线（Fin-line），等等。图 2.1-1 给出了这些传输线的结构形式。以上传输线都采用了高介电常数基片和平面电路工艺来达到电路结构尺寸小型化目的。但相对而言，带状线由于电磁场能量全部局限在金属条带和接地面之间的基片中，传输线结构更为紧凑；但是全填充结构（无空气间隙）不利于连接有源器件，并且传输线损耗大。悬置带线中，由于金属条带与接地面之间具有空气间隙，传输线有效介电常数小，损耗小，电路品质因数高，多用于微波混合集成电路中滤波器和谐振器等电路。共面波导和槽线都具有椭圆极化磁场，便于制作含有铁氧体的不可逆器件，如环形器、隔离器等；两者的接地面与导体条带位于同一平面，便于并联连接有源器件；特别地，共面波导由于具有对称结构的接地面，更便于和同轴类系统传输线连接。事实上，微波单片集成电路连接焊盘就是共面波导的一个变形——接地共面线。鳍线实际上是在金属波导内 E 面位置嵌入由介质基片支撑的金属条带而实现的一种平面传输线，常见于毫米波混合集成电路。微带线是微波集成电路应用中主要的传输结构。微带线具有半开放的空间结构，电路结构紧凑，便于集成有源器件，特别是三端有源器件，因而可用于实现几乎所有的微波电路功能。一般来说，微带线损耗介于带状线和悬置带线之间。在微波混合集成电路中采用的微带线多为屏蔽微带线，可以防止辐射和干扰；微波单片集成电路中采用的微带线一般具有表面覆盖保护层。实际上，任何一种形式的微波传输线在使用中都要加屏蔽外壳。

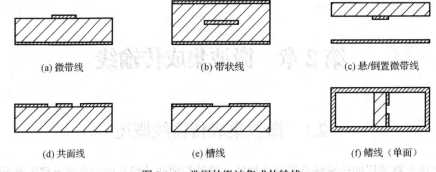

(a) 微带线　　　　　　　　(b) 带状线　　　　　　　(c) 悬/倒置微带线

(d) 共面线　　　　　　　　(e) 槽线　　　　　　　　(f) 鳍线（单面）

图 2.1-1　常用的微波集成传输线

2.2　微波集成传输线分析方法

2.2.1　概述

在数字和低频电路中，我们往往可以区分出电路的某一部分是电容（电场集中的地方）、某一部分是电感（磁场集中的地方）或电阻（损耗集中的地方），而连接它们的导线是没有电容、电感和电阻的，也不用过多地考虑导线的形状尺寸。因此，对数字和低频电路往往采用集总参数分析方法。

对于微波传输线的分析，实质上是分析特定边界条件下电磁波的传播情况，即分析传输系统在微波频率下的传播模式问题。通常使用的微波传输线一般只允许最低工作模式（或称主模）传播，因此对不同的微波频率，传输线结构尺寸的选取还需考虑高次模式抑制问题。不同类型、不同形状尺寸的传输线，具有不同的传播特性，相互连接时存在阻抗匹配问题；同时还会激励起局部高次模式场，导致局部的电磁能量堆积，引起局部电抗存在，影响信号的幅度和相位。另外，微波频段工作波长短，微波信号通过一定长度的传输线后，传输相位滞后影响严重；传输线导体在高频率下趋肤效应突出，金属损耗大；高频电场通过介质时，介质分子交替极化和晶格来回碰撞，将产生介质热损耗等。所有这些影响，使得集总参数分析方法对微波传输线的分析不再适用了。

对于微波传输线，可以采用"场"的方法来分析，即通过求解给定边界条件下的电磁场方程来得到传输线的特性参数。对于边界条件不太复杂的微波传输线，比如矩形波导、圆波导等立体传输，就是采用严格求解电磁场方程的方法来分析的。对于多数微波集成传输线来说，具有较为复杂的电磁场边界条件，严格地分析电磁场方程比较困难。

在实际系统应用中，微波集成传输线往往用于主模情况下，即工作频率远远低于所谓"上限频率"，传输单一主模。对大多数常用的微波集成传输线来说，传输主模是 TEM 波。对于 TEM 波传输线，纵向电磁场为零：$E_z = 0$，$H_z = 0$。由电磁场方程 $\nabla \times \boldsymbol{E} = -\mathrm{j}\omega\mu\boldsymbol{H}$，有：

$$\frac{\partial E_y}{\partial x} - \frac{\partial E_x}{\partial y} = 0 \tag{2.2-1}$$

又由 $\nabla \times \boldsymbol{H} = \mathrm{j}\omega\varepsilon\boldsymbol{E}$，有：

$$\frac{\partial H_y}{\partial x} - \frac{\partial H_x}{\partial y} = 0 \tag{2.2-2}$$

对于无源空间，有 $\nabla \cdot \boldsymbol{E} = 0$，得：

$$\frac{\partial E_x}{\partial x} + \frac{\partial E_y}{\partial y} = 0 \qquad (2.2\text{-}3)$$

由 $\nabla \cdot \boldsymbol{B} = 0$，得：

$$\frac{\partial H_x}{\partial x} + \frac{\partial H_y}{\partial y} = 0 \qquad (2.2\text{-}4)$$

将式（2.2-1）对 y 求导，得：

$$\frac{\partial E_y^2}{\partial x \partial y} - \frac{\partial E_x^2}{\partial y^2} = 0$$

将式（2.2-3）对 x 求导，得：

$$\frac{\partial E_x^2}{\partial x^2} + \frac{\partial E_y^2}{\partial y \partial x} = 0$$

将上两式相减，得：

$$\frac{\partial E_x^2}{\partial x^2} + \frac{\partial E_x^2}{\partial y^2} = 0 \quad 或 \quad \nabla_{xy}^2 E_x = 0 \qquad (2.2\text{-}5)$$

同理可得：

$$\frac{\partial E_y^2}{\partial x^2} + \frac{\partial E_y^2}{\partial y^2} = 0 \quad 或 \quad \nabla_{xy}^2 E_y = 0 \qquad (2.2\text{-}6)$$

因此有：

$$\nabla_{xy}^2 \overline{E} = \hat{i}_x \nabla_{xy}^2 E_x + \hat{i}_y \nabla_{xy}^2 E_y = 0 \qquad (2.2\text{-}7)$$

同样的方法，可得：

$$\nabla_{xy}^2 \overline{H} = \hat{i}_x \nabla_{xy}^2 H_x + \hat{i}_y \nabla_{xy}^2 H_y = 0 \qquad (2.2\text{-}8)$$

式（2.2-7）和式（2.2-8）是 $\overline{E}$ 和 $\overline{H}$ 的二维拉普拉斯方程。可见，TEM 波传输线上的电场和磁场均满足二维拉普拉斯方程，传输线横截面上相应的场分布也分别与二维静电场和稳恒磁场分布一致。因此，与静电场和稳恒磁场一样，对于传播 TEM 波的微波集成传输线，可以根据边界条件求解二维边值问题进行分析。

事实上，对于传播 TEM 波的微波集成传输线，电力线在传输线的横截面内由金属条带指向接地面，两者之间电场的线积分和积分路径无关，是一个确定的值，定义为传输线间的电压。磁场环绕金属条带，由于没有纵向电场，沿磁力线对磁场做闭合积分的值即是传输线金属条带上流过的电流。因此，TEM 波传输线横向电场的建立是由于金属导体条带与接地金属面间存在电位差；横向磁场的存在是由于金属导体条带上有传导电流。因此对于这类传输线，可以严格地定义电压和电流，可以采用电路的方法来分析。

因此，对于传播 TEM 波的传输线，可以通过求解稳态场边值问题，得到传输线的等效电路模型，该模型表征了传输线的传播特性；然后通过分析电路网络和求解电路方程，得到该传输线的等效电路参数和传输特性。该传输线等效电路模型是分布参数电路，相应的分析方法称为分布参数电路分析方法。分布参数电路分析方法实质是一种场路结合的方法。

在实际应用中，大多数微波集成传输线的横截面尺寸远远小于波长，工作于单一 TEM 波模式。因此对微波集成传输线的分析，就是将微波集成传输线看作一个均匀传输结构，在传播 TEM 波条件下，由稳态场观点假设它由一系列并联电容 C_0、串联电感 L_0、串联电阻 R_0 和并联电导 G_0 等元件级联而成（如图 2.2-1 所示）。这些元件都是连续地分布在整个传输线上的，并不是连接在传输线上的有限点上，即由这些元件组成的等效电路不是集中参数电路，而是分布参数电路。这些分布参数元件值是由传输线的结构尺寸、基片材料特性和金属导电性能决定的，可以通过求解稳态场边值问题得到。对于较为复杂的边界条件，可以采用一定程度的近似，并由实验验证来确定。

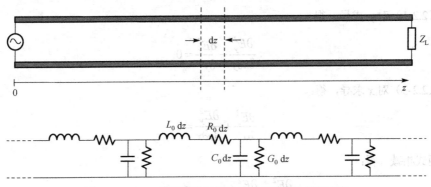

图 2.2-1　　TEM 波微波集成传输线及分布参数等效电路

2.2.2　传输线分布参数元件的定义

上节提到，对传播 TEM 波微波集成传输线可采用分布参数等效电路的方法进行分析。具体来讲，通过传输线上电压、电流、电量以及能量之间的相互关系来确定 TEM 波传输线分布参数元件值，而这些电压、电流、电量和能量等电路参数则可由相应的稳态场分布情况来确定。当然，传输线的电磁场稳态场分布情况与传输线所用材料和结构尺寸相关。可见，TEM 波传输线的分布参数元件实际上表达了传输线的物理特性参数和电磁传播特性。由于传播 TEM 波的微波集成电路传输线是一种平面传输线，包含了导体条带和接地面，为了便于分析，这里笼统地认为它们是一种双导体传输线。下面分别对图 2.2-1 给出的 TEM 波传输线电路模型中的各分布参数元件进行定性分析。

1. 分布参数电容 C_0

传输线分布参数电容 C_0 可表达为单位长度传输线上一个导体上电荷总量 Q_0 与两导体间电位差 U 之比。电荷总量和电位差可由稳态电场分布确定。

$$C_0 = \frac{Q_0}{U} = \frac{\int_{s_1} D \cdot \mathrm{d}S}{\int_l E \cdot \mathrm{d}l} \qquad (2.2\text{-}9)$$

式中，S_1 为单位长度传输线一个导体表面，l 为两导体间的任意路径。

另外，还可以由传输线电场能量分布情况来确定分布参数电容 C_0。电容的基本功能是存储电场能量。电容 C_0 的储能为：

$$W_e = \frac{1}{2} C_0 U U^*$$

上式表达了单位长度传输线上电场能量的大小与单位长度传输线分布参数电容和两导体间电位差的关系。单位长度传输线的电场能量还可由电场分布来确定：

$$W_e = \frac{1}{2} \varepsilon \iiint_V E \cdot E^* \mathrm{d}V = \frac{1}{2} \varepsilon \iint_S E \cdot E^* \mathrm{d}S$$

式中，积分区域 V 为单位长度传输线电场分布空间，积分区域 S 为传输线横截面电磁场分布空间。于是，分布参数电容 C_0 为：

$$C_0 = \frac{\varepsilon \iint_S E \cdot E^* \mathrm{d}S}{UU^*} \tag{2.2-10}$$

2. 分布参数电感 L_0

分布参数电感 L_0 可表达为传输线导体之间的磁通量和导体上的电流之比：

$$L_0 = \frac{\psi_0}{I} = \frac{\int_{s_2} B \cdot \mathrm{d}S}{\int_{l_2} H \cdot \mathrm{d}l} \tag{2.2-11}$$

式中，ψ_0 为单位长度传输线两导体间的磁通量，S_2 为单位长度传输线两导体间的纵截面，I 为一个导体上的电流，l_2 为围绕一个导体的任意闭合环路。

另外，还可以由传输线磁场能量分布情况来确定分布参数电感 L_0。电感的基本功能是存储磁场能量。电感 L_0 储能为：

$$W_{\mathrm{m}} = \frac{1}{2} L_0 II^*$$

上式表达了单位长度传输线上磁场能量的大小与单位长度传输线分布参数电感和导体电流的关系。单位长度传输线的电磁能量还可由磁场分布来确定：

$$W_{\mathrm{m}} = \frac{1}{2}\mu \iiint_V H \cdot H^* \mathrm{d}V = \frac{1}{2}\mu \int_S HH^* \mathrm{d}S$$

式中，积分区域 V 为单位长度传输线磁场分布空间，积分区域 S 为传输线横截面电磁场分布空间。于是，分布参数电感 L_0 为：

$$L_0 = \frac{\mu \int_S HH^* \mathrm{d}S}{II^*} \tag{2.2-12}$$

分布参数电容 C_0 和分布参数电感 L_0 是表征微波集成传输线电磁传播特性的主要参数，也是决定传输线特性阻抗的主要因素，它们与频率无关，但由它们所引起的传输线分布电抗 $X_0 = \omega L_0$ 和分布电纳 $B_0 = \omega C_0$ 却与频率成正比。

3. 分布参数电导 G_0

对微波集成电路传输线来说，分布参数电导 G_0 是由基片损耗引起的。分布参数电导 G_0 可用单位长度传输线两导体间的电流 I_G 和两导体间的电位差 U 之比来表达：

$$G_0 = \frac{I_G}{U} \tag{2.2-13}$$

分布参数电导 G_0 表征了单位长度微波集成传输线基片介质损耗，也可以从功率损耗角度去度量。由分布参数电导 G_0 引起的功率损耗为：

$$P = \frac{1}{2} G_0 UU^*$$

微波集成传输线的基片损耗主要有两部分：一是由于基片的导电率 σ 不为零，电磁场通过时引起的传导损耗 σE，这部分损耗与频率无关；另一部分是基片介质的极化阻尼损耗 $\omega \varepsilon'' E$，这是由于基片介质在高频电场作用下产生交变极化引起的，且随工作频率增加而升高。对电介质来说，介质极化阻尼损耗特性通常由介质损耗角的正切来表示：

$$\tan \delta = \frac{\varepsilon''}{\varepsilon'}$$

式中，$\tan \delta$ 为介质损耗角，介质材料的复介电常数为 $\varepsilon = \varepsilon' - j\varepsilon''$。

对于有耗介质，电磁场关系为：

$$\nabla \times H = j\omega(\varepsilon' - j\varepsilon'')E + \sigma E = j\omega\varepsilon' E + (\omega\varepsilon'' + \sigma)E$$

单位长度传输线基片损耗功率为：

$$P = \frac{1}{2}(\omega\varepsilon'' + \sigma)\iiint\limits_{V} E \cdot E^* \mathrm{d}V = \frac{1}{2}(\omega\varepsilon'' + \sigma)\iint\limits_{S} E \cdot E^* \mathrm{d}S$$

式中，积分区域 V 为单位长度传输线基片内的电场分布空间，积分区域 S 为传输线基片横截面的电场分布空间。于是有：

$$G_0 = \frac{(\omega\varepsilon'' + \sigma)\iint\limits_{S} E \cdot E^* \mathrm{d}S}{UU^*} \tag{2.2-14}$$

微波单片集成电路采用的传输线是制作在半导体基片上的，基片导电率相对较高，传导损耗是基片损耗的主要部分。而制作在绝缘介质基片上的微波集成传输线，在较高频率下基片介质极化阻尼损耗是主要原因。

4. 分布参数电阻 R_0

分布参数电阻表征了单位长度微带集成传输线导体条带和金属接地面的热损耗，这是由于导体条带和金属接地面均具有有限的电导率（或电阻率不为零）引起的。可由单位长度传输线沿传输方向导体上的压降 U_d 与通过导体的电流 I 之比来表达：

$$R_0 = \frac{U_d}{I} \tag{2.2-15}$$

分布参数电阻 R_0 表征了导体引起的损耗，也可以由能量损耗角度去度量它。R_0 上的损耗功率为：

$$P = \frac{1}{2}R_0 II^*$$

在频率很低的电路中，导体内电流均匀分布，这时的分布参数电阻就是导体的直流电阻，与频率无关；随着频率的增加，趋肤效应减小了导体有效导电截面积，增大了这部分电阻损耗。在较高频率下，导体损耗是微波集成传输线的主要部分。由于高频趋肤效应，导体的有效电阻相当于电流仅仅集中于厚度为趋肤深度的表面层导体内的直流电阻，又称为表面电阻 R_s。

$$R_s = \frac{\rho}{\delta} = \sqrt{\frac{\rho\omega\mu}{2}}$$

这里，ρ 为导体的电阻率，δ 为导体趋肤深度：

$$\delta = \sqrt{\frac{2\rho}{\omega\mu}}$$

于是，导体单位表面积损耗功率为：

$$p = \frac{1}{2} R_s H \cdot H^*$$

单位长度传输线的导体损耗功率为：

$$P = \iint_S p \, \mathrm{d}S = \frac{1}{2} R_s \int_l H \cdot H^* \, \mathrm{d}l$$

积分区间 S 为单位长度导体表面积，l 为导体横截面周长。于是，分布参数电阻为：

$$R_0 = \frac{R_s \int_S H \cdot H^* \, \mathrm{d}l}{II^*} \tag{2.2-16}$$

由于微波集成传输线横截面尺寸远小于波导和同轴等立体传输线，因此较高的导体损耗是微波集成传输线损耗高于波导和同轴等传输线的主要因素。

2.2.3　微波集成传输线分布参数等效电路

上节提到，对传播 TEM 波的微波集成传输线应采取分布参数电路方法来分析。具体步骤是：根据传输线的结构尺寸、基片材料和金属材料，求解稳态场边值问题得到各分布参数元件值：并联电容 C_0、串联电感 L_0、串联电阻 R_0 和并联电导 G_0；再利用电路理论求解波动方程，得出传输线的传播特性参数：特性阻抗 Z_c、传播相速 v_p、衰减常数 α 等。下面对 TEM 波传输线分布参数电路进行分析。

对于均匀传输线，可在线上任意点 z 处取线元 $\mathrm{d}z$ 来研究，如图 2.2-1 所示。$\mathrm{d}z$ 可以足够短（$\mathrm{d}z \ll \lambda$），这样，$\mathrm{d}z$ 上的分布参数效应可用串联阻抗 $Z\mathrm{d}z$ 和并联导纳 $Y\mathrm{d}z$ 的集总参数电路来等效，如图 2.2-2 所示。

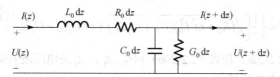

图 2.2-2　TEM 波传输线一个微分段 $\mathrm{d}z$ 的等效电路模型

其中，

$$Z = R_0 + \mathrm{j}\omega L_0 \tag{2.2-17a}$$

$$Y = G_0 + \mathrm{j}\omega C_0 \tag{2.2-17b}$$

考虑时谐均匀传输线（省去时间因子 $\mathrm{e}^{\mathrm{j}\omega t}$）：

$$\mathrm{d}V(z) = -I(z)Z\mathrm{d}z \tag{2.2-18a}$$

$$\mathrm{d}I(z) = V(z)Y\mathrm{d}z \tag{2.2-18b}$$

式（2.2-18）称为均匀传输线电压、电流微分方程。它表明，电压变化是由 $\mathrm{d}z$ 上串联阻抗的压降造成；电流变化是 $\mathrm{d}z$ 线间并联导纳的分流所致，即

$$\frac{\mathrm{d}V(z)}{\mathrm{d}z} = -I(z)Z$$

$$\frac{\mathrm{d}I(z)}{\mathrm{d}z} = V(z)Y$$

分别再对 z 微分一次，可得：

$$\frac{\mathrm{d}^2 V(z)}{\mathrm{d}z^2} = ZYV(z) \tag{2.2-19a}$$

$$\frac{\mathrm{d}^2 I(z)}{\mathrm{d}z^2} = ZYI(z) \tag{2.2-19b}$$

式（2.2-19）为传输线上电压和电流波动方程，又称为电报方程。其通解为：

$$V(z) = A_1 \mathrm{e}^{-\sqrt{ZY}z} + A_2 \mathrm{e}^{\sqrt{ZY}z} = A_1 \mathrm{e}^{-\gamma z} + A_2 \mathrm{e}^{\gamma z} \tag{2.2-20a}$$

$$I(z) = B_1 \mathrm{e}^{-\sqrt{ZY}z} + B_2 \mathrm{e}^{\sqrt{ZY}z} = B_1 \mathrm{e}^{-\gamma z} + B_2 \mathrm{e}^{\gamma z} \tag{2.2-20b}$$

$\mathrm{e}^{-\sqrt{ZY}z}$ 和 $\mathrm{e}^{\sqrt{ZY}z}$ 是电报方程的两个线性独立解，分别代表朝 $+z$ 方向和 $-z$ 方向传播的两个行波，即入射波和反射波。γ 是两个行波的传播常数：

$$\gamma = \sqrt{ZY} = \sqrt{(R_0 + \mathrm{j}\omega L_0)(G_0 + \mathrm{j}\omega C_0)}$$
$$= \mathrm{j}\omega\sqrt{L_0 C_0}\sqrt{\left(1 - \mathrm{j}\frac{R_0}{\omega L_0}\right)\left(1 - \mathrm{j}\frac{G_0}{\omega C_0}\right)} \tag{2.2-21}$$
$$= \alpha + \mathrm{j}\beta$$

传播常数 γ 取决于传输线的分布参数和工作频率。α 是衰减常数，β 是相移常数，分别表示这两列行波在传播过程中的幅度和相位变化情况。

$$\alpha = \left\{\frac{1}{2}\left[\sqrt{(R_0^2 + \omega^2 L_0^2)(G_0^2 + \omega^2 C_0^2)} - \omega^2 L_0 C_0 - G_0 R_0\right]\right\}^{\frac{1}{2}} \tag{2.2-22}$$

$$\beta = \left\{\frac{1}{2}\left[\sqrt{(R_0^2 + \omega^2 L_0^2)(G_0^2 + \omega^2 C_0^2)} + \omega^2 L_0 C_0 - G_0 R_0\right]\right\}^{\frac{1}{2}} \tag{2.2-23}$$

电报方程的解[式（2.2-20a）和式（2.2-20b）]中，A_1、A_2 是电压波的初始振幅（即 $z = 0$ 时的振幅）；B_1、B_2 为电流波的初始振幅：

$$V_+(0) = A_1，\quad V_-(0) = A_2，\quad I_+(0) = B_1，\quad I_-(0) = B_2$$

于是式（2.2-20）可写成：

$$V(z) = V_+(0)\mathrm{e}^{-\gamma z} + V_-(0)\mathrm{e}^{\gamma z} \tag{2.2-24a}$$

$$I(z) = I_+(0)\mathrm{e}^{-\gamma z} + I_-(0)\mathrm{e}^{\gamma z} \tag{2.2-24b}$$

另外由式（2.2-18），有：

$$I(z) = -\frac{1}{Z}\frac{\mathrm{d}V(z)}{\mathrm{d}z}$$

于是式（2.2-24b）可表示为：

$$I(z) = \frac{\gamma}{Z}V_+(0)\mathrm{e}^{-\gamma z} + \left(-\frac{\gamma}{Z}\right)V_-(0)\mathrm{e}^{\gamma z} \tag{2.2-25}$$

因此可知，朝 $+z$ 方向的电压行波为：$V_+(0)\mathrm{e}^{-\gamma z}$，朝 $-z$ 方向的电压行波为：$V_-(0)\mathrm{e}^{\gamma z}$；朝 $+z$ 方向的电流行波为：$I_+(0)\mathrm{e}^{-\gamma z} = \frac{\gamma}{Z}V_+(0)\mathrm{e}^{-\gamma z}$，朝 $-z$ 方向的电流行波为：$I_-(0)\mathrm{e}^{\gamma z} = \left(-\frac{\gamma}{Z}\right)V_-(0)\mathrm{e}^{\gamma z}$。

特性阻抗 Z_c 的定义为：行波电压和行波电流的比值。即

$$Z_c = \frac{V_+(0)e^{-\gamma z}}{I_+(0)e^{-\gamma z}} = \frac{V_-(0)e^{-\gamma z}}{-I_-(0)e^{-\gamma z}} = \frac{Z}{\gamma} \qquad (2.2\text{-}26)$$

式中，朝 $-z$ 方向的电流行波取负号是由于规定的电压、电流和 z 方向所致，否则会出现特性阻抗为负的错误结论。特性阻抗 Z_c 可进一步表达为：

$$Z_c = \sqrt{\frac{Z}{Y}} = \sqrt{\frac{R_0 + j\omega L_0}{G_0 + j\omega C_0}} = \sqrt{\frac{L_0}{C_0}} \cdot \sqrt{\frac{1 - j\dfrac{R_0}{\omega L_0}}{1 - j\dfrac{G_0}{\omega C_0}}} \qquad (2.2\text{-}27)$$

特性导纳 Y_c 为：

$$Y_c = \frac{1}{Z_c} = \sqrt{\frac{G_0 + j\omega C_0}{R_0 + j\omega L_0}} = \sqrt{\frac{C_0}{L_0}} \cdot \sqrt{\frac{1 - j\dfrac{G_0}{\omega C_0}}{1 - j\dfrac{R_0}{\omega L_0}}} \qquad (2.2\text{-}28)$$

于是，电报方程（2.2-19）的解可写成：

$$V(z) = V_+(0)e^{-\gamma z} + V_-(0)e^{\gamma z} \qquad (2.2\text{-}29\text{a})$$

$$I(z) = \frac{V_+(0)}{Z_c}e^{-\gamma z} - \frac{I_-(0)}{Z_c}e^{\gamma z} \qquad (2.2\text{-}29\text{b})$$

它们分别代表朝 $+z$ 方向传播的电压/电流波（入射波）和 $-z$ 方向传播的电压/电流波（反射波）。传输线的特性阻抗为 Z_c，传播常数为 γ。传播常数 γ 为复数，表明传输线上传播的是衰减波。

对于微波集成传输线，若选用良好的导体和绝缘介质基片，有：$\omega L_0 \gg R_0$，$\omega C_0 \gg G_0$。于是：

$$\gamma = j\omega\sqrt{L_0 C_0}\sqrt{\left(1 - j\frac{R_0}{\omega L_0}\right)\left(1 - j\frac{G_0}{\omega C_0}\right)} \approx j\omega\sqrt{L_0 C_0}\left(1 - j\frac{R_0}{2\omega L_0}\right)\left(1 - j\frac{G_0}{2\omega C_0}\right)$$

$$= \left(\frac{R_0}{2}\sqrt{\frac{C_0}{L_0}} + \frac{G_0}{2}\sqrt{\frac{L_0}{C_0}}\right) + j\omega\sqrt{L_0 C_0} \qquad (2.2\text{-}30)$$

此时，衰减常数 α 和相移常数 β 分别为：

$$\alpha \approx \frac{R_0}{2}\sqrt{\frac{C_0}{L_0}} + \frac{G_0}{2}\sqrt{\frac{L_0}{C_0}} \qquad (2.2\text{-}31)$$

$$\beta \approx \omega\sqrt{L_0 C_0} \qquad (2.2\text{-}32)$$

可见，此时相移常数 β 近似与 R_0 和 G_0 无关。

此时传输线的相速为：

$$v_p = \frac{\omega}{\beta} \approx \frac{1}{\sqrt{L_0 C_0}} \qquad (2.2\text{-}33)$$

导波波长为：

$$\lambda_g = \frac{2\pi}{\beta} = \frac{v_p}{f} = \frac{1}{f\sqrt{L_0 C_0}} \qquad (2.2\text{-}34)$$

特性阻抗 Z_c 为：

$$Z_c \approx \sqrt{\frac{L_0}{C_0}} \cdot \left(\frac{1 - j\dfrac{R_0}{2\omega L_0}}{1 - j\dfrac{G_0}{2\omega C_0}} \right) = \sqrt{\frac{L_0}{C_0}} \cdot \left(1 + j\left(\frac{G_0}{2\omega C_0} - \frac{R_0}{2\omega L_0} \right) \right) \tag{2.2-35}$$

可见，此时特性阻抗 Z_c 很接近 $\sqrt{\dfrac{L_0}{C_0}}$。

对于无耗传输线，$R_0 = 0$，$G_0 = 0$ 时，有：

$$\alpha = 0 \tag{2.2-36}$$

$$\beta = \omega\sqrt{L_0 C_0} \tag{2.2-37}$$

$$v_p = \frac{1}{\sqrt{L_0 C_0}} \tag{2.2-38}$$

$$\lambda_g = \frac{1}{f\sqrt{L_0 C_0}} \tag{2.2-39}$$

$$Z_c = \sqrt{\frac{L_0}{C_0}} \tag{2.2-40}$$

对于传播 TEM 波的传输线，可以证明：

$$\sqrt{L_0 C_0} = \sqrt{\varepsilon\mu}$$

于是，对于无耗 TEM 波集成传输线有：

$$\alpha = 0 \tag{2.2-41}$$

$$v_p = \frac{1}{\sqrt{L_0 C_0}} = \frac{1}{\sqrt{\varepsilon\mu}} \tag{2.2-42}$$

$$\beta = \omega\sqrt{L_0 C_0} = \omega\sqrt{\varepsilon\mu} \tag{2.2-43}$$

$$Z_c = \frac{\sqrt{\mu\varepsilon}}{C_0} = \frac{1}{v_p C_0} \tag{2.2-44}$$

$$\lambda_g = \frac{1}{f\sqrt{L_0 C_0}} = \frac{1}{f\sqrt{\varepsilon\mu}} \tag{2.2-45}$$

即对于无耗 TEM 波集成传输线，相移常数等于空间相移常数，而特性阻抗可以通过传输线分布参数电容 C_0 或分布参数电感 L_0 来确定。

2.2.4 微波集成传输线材料及特性

微波集成传输线由基片、覆着于基片上的金属导带与金属接地层组成。对基片材料与金属材料的选择，需要从电性能、机械性能、加工性能、对环境的适应能力以及制造成本等方面进行考虑。

1. 基片材料及特性

基片既是微波集成传输线上电磁场传播媒质，又是金属导带和金属接地层的支撑体。对于基片材料，要求具有：

（1）较高的介电常数，使电路小型化；

（2）低的损耗（$\tan\delta$ 小，这里 δ 为材料损耗角）；

（3）表面光洁度高；

（4）硬度强、韧性好；

（5）价格低。

较高的介电常数可使传输线具有更小的横截面，达到小型化高集成度目的；基片的低损耗特性除了要求损耗角正切 $\tan\delta$ 小之外，还要求基片导电率低。对于单片集成电路来说，为使电路功能完善，必须采用半导体基片，以便制作高性能半导体器（如 HEMT）。这样，半导体基片其较高的导电率使得单片集成电路中传输线损耗也较大。另外，基片表面光洁度的高要求不但对单片集成电路重要，对于混合集成电路也十分重要。光滑平整的基片表面可以使覆着于其上的金属层也具有光滑平整的表面，达到减小金属损耗的目的。硬度和韧性是便于基片材料机械加工和安装使用。就集成电路系统应用推广而言，低廉的价格往往是决定性的因素，特别是对于消费电子应用系统来说。当然，对于基片的其他要求还有：纯度高，基片性能一致性好；在给定的频率和温度范围内，相对介电常数 ε_r 稳定；击穿强度高；导热性好，以适用于较大的功率；适应环境能力强；等等。

表 2.2-1 给出了微波集成电路常用介质基片材料的特性。其中，蓝宝石是一种晶体形式的氧化铝，具有极低的传导损耗和介质损耗，表面极其光滑。蓝宝石基片是电各向异性的，其介电常数取决于电场在材料内部的方向。该晶体的切割方向有垂直于 C 轴和平行于 C 轴两大类，介电常数和介质损耗都与切割方向有关，因而在使用中必须加以辨别。蓝宝石纯度高、致密性强、光洁度好等特点，特别适用于制作细线条和细间隙的电路，但因其价格昂贵，故一般只有在有特殊要求的电路中使用。

表 2.2-1　微波集成传输线常用介质基片材料

材料名称	材料类型	相对介电常数	损耗正切 ×10^{-4}	表面粗糙度 μm	热导率 W/cm℃	应用与特点
石英	SiO$_2$	3.78	<1（20GHz 以内）	0.1～0.5	0.01	成本高、易碎、金属附着性差，毫米波
陶瓷	Al$_2$O$_3$	9.0～10.0（一般 9.8）	<15（20GHz 以内）	2～15	0.3	厘米波–毫米波段
蓝宝石	氧化铝晶体 Al$_2$O$_3$	8.6（水平方向）、10.55（垂直方向）	<15	0.5～1	0.4	电各向异性，毫米波
聚四氟乙烯纤维加强板		2.5～2.8	10～15（10GHz）			厘米波
铁氧体		13～16	2～5（10GHz）	10	0.03	非互易器件/电路
氧化铍		6.6	1（10GHz）		2～10	2.5	导热好，功率器件
高介陶瓷		20～80	1～2（10GHz）		0.01～0.05	小型化电路
Taconic RF60		6.15±0.25				
RT/Duroid 5870	复合介质（基片）	2.33	12（10GHz）			复合介质软基片，双面覆铜，便于加工，低成本，应用广泛
RT/Duroid 5880		2.2	9（10GHz）			
RT/Duroid 6010		10	23（10GHz）			
ULTRALAM 3850	液晶高分子（基板）	2.9	25			无源器件

石英是具有很低介电常数的硬基片，便于毫米波频段使用。同时，它还具有低损耗、表面光洁度高等优点；但这种材料韧性不好，易碎，使得加工制造难度大；光洁度高也使得金属附着力差；并且

热膨胀系数低于常用金属铝或铜，对于温度变化范围较大的应用环境要额外考虑，比如使用钼铜合金载体装配等。

陶瓷基片介电常数高，制作的微波集成混合集成电路小巧精致。这种基片介质损耗小，表面光洁，适用于较高的微波频段。相对于蓝宝石、石英基片，陶瓷基片电性能稍差，但其韧性好，便于加工使用，而且成本更低，是使用最为广泛的"硬基片"。

在微波混合集成电路中常说的"软基片"是一类复合介质基片。这类基片通常是采用高分子材料聚四氟乙烯（PTFE, Polytetrafluoroethylene, 又称 Teflon）、玻璃纤维和陶瓷粉等按一定比例混合制成的介质基板，常常称为"软基片"。软基片可以根据使用要求，按各组成成分的不同比例制作，得到不同的介电常数基板材料。相对于硬基片，软基片价格低。并且，供应商提供的软基片板材大都是双/单面覆铜板，电路图形可以直接通过光刻腐蚀得到，不像硬基片还需要真空镀膜形成金属导电层，软基片电路加工成本比较低；同时在使用中，软基片大多都可以采用导电胶烧结或者锡膏焊接的方式安装在金属盒体内，无需考虑基板材料与金属盒体材料的热膨胀系数匹配问题，使用更方便。这种材料硬度低，便于加工成型，但缺点是机械强度和导热性能远低于硬基片。这样，软基片其宽范围的介电常数、低成本和便于加工使用等优势，使得其成为了当前微波混合集成电路中应用最为广泛的一种介质基片材料。

另外，对于复合介质软基片的选取，应主要关注以下几点：

（1）介电常数误差；

（2）介电常数和损耗角随频率、温度的变化关系；

（3）电各向异性特性；

（4）热膨胀系数；

（5）水分吸收率；

（6）体电阻率和表面电阻率。

微波混合集成电路中，介质基片的厚度大多数为 0.5～1mm，毫米波段则采用 0.2～0.3mm 为宜。基片过薄时，强度差，聚四氟乙烯纤维板容易翘曲，氧化铝陶瓷则易碎；基片过厚时，集成传输线线宽过大，可能在传输线线宽方向产生波导型高次电磁场模式，也可能在基板厚度方向产生波导型高次模式，影响电路正常工作。

与微波混合集成电路不同，单片集成电路中，所有器件和电路都制作在同一块基片上，基片既是有源器件制作的衬底，又是无源平面电路带线的支撑体和电磁能量的传播媒介。这要求微波单片集成电路采用的半导体基片材料具有较高的电子迁移率和较高的电阻率。表 2.2-2 给出了微波单片集成电路常用的半导体基片材料 Si、SiC、GaAs、InP 和 GaN 的特性。除了 Si 以外，其他都是化合物半导体。一直以来，Si 占领了集成电路领域的半导体材料市场的支配地位，其次是 GaAs 材料。但在微波单片集成电路领域，由于 Si 较低的电阻率和电子迁移率，使得采用 Si BJT 工艺的微波电路工作频率不高。GaAs 材料成为了微波单片集成电路的主要基片材料。InP 在毫米波频段体现出了高增益、低噪声性能。宽禁带材料 SiC、GaN 具有出色的热稳定性和化学稳定性，适合制作微波高功率 MMIC，并具有出色的抗辐照能力，在航空航天、核工业、军用电子等恶劣环境中对这类器件有着迫切需求。

表 2.2-2　微波单片集成电路常用半导体片材料

材料名称	Si	GaAs	InP	GaN	SiC
电阻率 ($\Omega\cdot cm$)	$10^3 \sim 10^5$	$10^7 \sim 10^9$	$\sim 10^7$	$>10^{10}$	$>10^{10}$
相对介电常数	11.7	12.9	14	8.9	40
电子迁移率 ($cm^2/(V\cdot s)$)	1450	8500	6000	800	500

材料名称	Si	GaAs	InP	GaN	SiC
电子饱和速度 (cm/s)	9×10^6	1.3×10^7	1.9×10^7	2.3×10^7	2×10^7
抗辐照能力	弱	很好	好	优	优
密度 (g/cm^3)	2.3	5.3	4.8	6.1	3.1
热导率 (W/(cm·℃))	1.45	0.46	0.68	1.3	4.3
工作温度 (℃)	250	350	300	>500	>500
禁带宽度 (eV)	1.12	1.42	1.34	3.39	2.86
击穿电场 (kV/cm)	~300	400	500	≥5000	≥2000

2. 金属材料和特性参数

微波集成传输线的金属材料是以覆着在介质/半导体基板上的导电（薄/厚）膜形式存在的，并具有要求的电路图形。因此，对金属膜材料应具有的基本要求是：

（1）电导率高；

（2）稳定不氧化；

（3）蚀刻性好；

（4）容易焊接；

（5）容易淀积或电镀；

（6）对基板附着力强。

表 2.2-3 给出了常用金属材料的特性参数。对于微波混合集成电路来说，常用的金属材料是铜和金。这两种材料对介质基板附着力差。对于陶瓷等硬基板，需要在其表面制作一层导电金属薄膜。由表 2.2-3 可知，导电性能较好的金属，如铜、银、金等附着性能差；反之，导电性能差的钼、铬、钽等的附着性能很良好。为此，在基片上沉淀导电性能良好的金属之前，可以先蒸发一薄层的铬、钽等金属作为媒质层，再把导电性能良好的金属附着在媒质金属上。此时，媒质金属虽然导电率差，但是因其蒸发厚度只有几十～几百埃的数量级，比趋肤深度小得多，因此电流的分布可以完全穿透此薄层，而主要分布在导电性能良好的主金属上，可以得到较低金属损耗的集成传输线。金属薄膜典型的导体组合有：铬-金，钯-金，钽-金。对于 MMIC，常用铬-金、钛-铂-金、钛-钯-金等组合。

表 2.2-3　微波集成电路常用金属材料

材料	电阻率 Ω/cm	趋肤深度 μm（2GHz）	表面电阻率 Ω/cm$^2\times10^{-7}\sqrt{f}$	热膨胀系数 10^{-5}/℃	对基片的附着性
银	1.59×10^{-6}	1.4	2.5	21	差
铜	1.67×10^{-6}	1.5	2.6	18	很差
金	2.35×10^{-6}	1.7	3.0	15	很差
铝	2.65×10^{-6}	1.9	3.3	25	很差
钨	5.34×10^{-6}	2.6	4.7	4.6	好
钼	5.5×10^{-6}	2.7	4.7	6.0	好
铬	12.7×10^{-6}	2.7	4.7	9.0	好
钽	15.2×10^{-6}	4.0	7.2	6.6	很好

通常我们使用的复合介质基板材（比如聚四氟乙烯纤维板）是双面覆铜板，铜膜一般可以采用热压法粘附于基板表面，附着力高，能满足要求。厂家给出的铜膜厚度往往按照单位面积内铜材的质量给出。比如给出 1 OZ，是指每平方英尺（ft）的面积上的铜膜质量是 28.35g（1 OZ=28.35g），对应铜膜厚度是 35μm。显然，对于铜膜规格为 1/2 OZ 的板材，实际铜膜厚度为 17.5μm。

2.3 微带线

2.3.1 概述

微带线是微波集成电路中广泛使用的一种平面型传输线。微带线或由微带线构成的微波元件，大多采用薄膜（如真空镀膜）和光刻等工艺在介质基片上制作出所需要的电路。此外，也可以采用双面覆铜的复合介质基板制作，基板一面用光刻腐蚀法制作出所需要的电路，而另一面的铜箔则作为接地面。微带线的结构和横向场分布如图 2.3-1 所示。

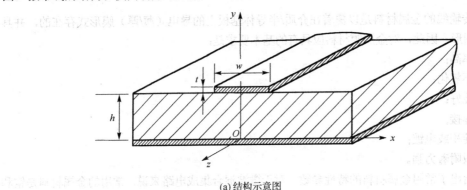

(a) 结构示意图

(b) TEM波场分布

图 2.3-1 微带线

根据微带线的结构和场分布，为方便理解，这种平面型传输线可看成由平行双线演变而来。如图 2.3-2 所示。平行双线传播的是标准 TEM 波，在平行双线间的中心平面位置处，所有电力线垂直于该面，该面是电壁；在此处放置的导电平板不会扰动原来的 TEM 波电场结构，于是可以把平行双线看成两个对称独立的 TEM 传输线；移除一侧的导体圆柱，也不会影响另一侧的场分布；对任意一侧来说，导体圆柱变为带状条带，并由介质基板支撑，介质基板的另一面为导电面，即构成微带线。

与波导、同轴线等立体电路相比，微带线的主要优点在于：

（1）体积小、重量轻。主要是由于微带传输线及微带元件由印制方法制成平面电路，电路结构紧凑；微带线印制在很薄的介质基片上，线的横截面尺寸比波导、同轴线小很多；微带线采用高介电常数的介质基片，其波导波长比自由空间的波长小很多，缩短了电路的纵向尺寸。

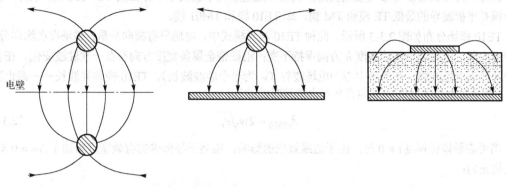

图 2.3-2　平行双线到微带线的演变过程

（2）采用半空间开放电路结构，便于固体器件安装和电路调试。微带线的这一特性，使得以微带线为基础的微波集成电路可实现更多的功能，并获得更好的性能。

（3）由于采用印制电路技术，制造成本相对于同功能的波导和同轴电路便宜很多。

微带电路虽然大大地减小了电路的尺寸，但也存在以下问题有待解决：

（1）传输线的损耗较大，限制了微带线的应用范围。因为损耗较大，微带电路形成的器件 Q 值较低，其 Q 值约比同轴线低一个数量级，比波导几乎低两个数量级，因此由微带线构成的滤波器、谐振器等器件性能相对较差；微带线较高的传输损耗不便于用作系统传输连接。在应用系统中，通常由微带集成电路构成功能模块，模块间采用波导、同轴线实现系统连接。

（2）微带线的功率容量不高。微带线尺寸小，不适用于大功率应用。

2.3.2　微带线中的主模和高次模

微带线虽然是双导体传输线，可视为双线演化而来，但微带线中填充有两种介质（基片与空气介质，基片材料常采用氧化铝陶瓷、蓝宝石、聚四氟乙烯纤维板和复合介质基板等），属于分区填充介质的导波系统。TEM 波不能满足介质基片与空气分界面上的边界条件。要满足微带线的边界条件，场必须有纵向分量，即 E_z、H_z 不全为零或都不为零，因此微带线传播的是 TE 波和 TM 波的混合模式，不是标准的 TEM 波。因此，微带线中，介质基片与空气分界面边界条件复杂，严格的电磁场分析困难。

但是由于实际微带线横截面尺寸都远小于工作波长 λ（微带条带宽度 w 和基片厚度 h 都远小于 $\lambda/(2\sqrt{\varepsilon_r})$，其中 λ 为工作波长，ε_r 为基片材料的相对介电常数），场主要集中在介质中，空气中的场较弱，因此电磁场的纵向分量很小，此时的场结构近似于 TEM 模，一般称其为准 TEM 模。因此微带线传播的准 TEM 波可近似地看作 TEM 波。

微带线的传输主模就是准 TEM 模，微带线可看作 TEM 波传输线。当微带线在工作频率远低于"上限频率"的条件下（或工作波长远大于横截面尺寸时），微带线传播的是准 TEM 波，其主要特性参量就可采用稳态场方法来近似分析，并将这些特性参量随频率增加的变化情况（即色散特性）考虑进去。对微带线分析的这一方法称作准静态法。事实上，这种方法适合于分析大多数微波集成传输线。

当工作频率较高时，按 TEM 波分析得到的微带线参量与实际测试结果相差加大。这是因为，随着频率增加，微带线不再满足横截面尺寸小的特点了，微带线中 TEM 波模式在减少，纵向场分量——高次模式在增加。此时，微带线高次模式的影响不可忽略。微带线中的高次模式有两种：波导模和表面波模。

1. 波导模

波导模是指在金属导带与接地板之间构成有限宽度的平板波导中存在的 TE、TM 模。最易产生的波导模是平板波导的最低 TE 模和 TM 模，即 TE10 模和 TM01 模。

TE10 模场分布如图 2.3-3 所示。此种 TE10 波导模式中，电场只有横向分量，磁场存在纵向分量。在平板内部，电磁场沿基片高度 h 方向保持不变；沿微带金属条宽度方向存在一次驻波变化。在金属条带两侧为电场波腹，在条带中心为电场波谷（w 为半个驻波波长）。TE10 模临界波长——截止波长 λ_{cTE10} 等于在金属条宽度 w 方向存在半个驻波时的波长：

$$\lambda_{\mathrm{cTE10}} \approx 2w\sqrt{\varepsilon_{\mathrm{r}}} \tag{2.3-1}$$

当考虑导体带厚度 $t \neq 0$ 时，由于边缘效应的影响，相当于导体带的有效宽度增加了 $\Delta w = 0.8h$，上式修正为：

$$\lambda_{\mathrm{cTE10}} \approx (2w + 0.8h)\sqrt{\varepsilon_{\mathrm{r}}} \tag{2.3-2}$$

对于 $\varepsilon_{\mathrm{r}} = 2.2$ 的复合介质基片，基片厚度 $h = 0.254\mathrm{mm}$，金属层厚度 $t = 0.017\mathrm{mm}$，50Ω 微带线宽约为 $w = 0.76\mathrm{mm}$，$\lambda_{\mathrm{cTE10}} \approx 2.56\mathrm{mm}$。当工作波长大于约 2.56mm（工作频率小于 $f \approx 117.2\mathrm{GHz}$）才能保证没有此 TE 型波导模传播。

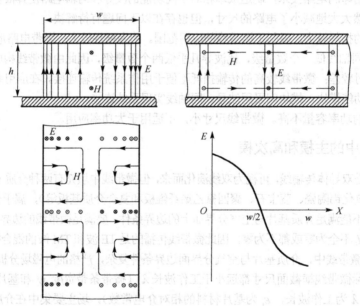

图 2.3-3　微带波导高次型 TE10 模场结构示意图

TM01 模场分布如图 2.3-4 所示。此种 TM01 波导模式中，磁场只有横向分量，电场存在纵向分量。在平板内部，电磁场沿微带金属条宽度 w 方向保持不变；沿基片高度方向 h 存在一次驻波变化。在基片高度方向两侧为电场波腹，中心为电场波谷（h 为半个驻波波长）。TM01 模临界波长——截止波长 λ_{cTM01} 等于在基片高度 h 方向存在半个驻波时的波长：

$$\lambda_{\mathrm{cTM01}} \approx 2\sqrt{\varepsilon_{\mathrm{r}}}\,h \tag{2.3-3}$$

对于上述 50Ω 微带线，$\lambda_{\mathrm{cTM01}} \approx 0.75\mathrm{mm}$，即当工作波长大于约 0.75mm（工作频率小于 $f \approx 400\mathrm{GHz}$）时就能保证没有此 TM 型波导模传播。

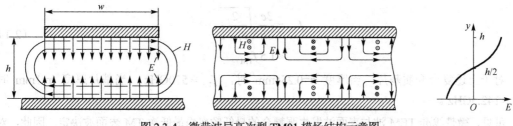

图 2.3-4　微带波导高次型 TM01 模场结构示意图

2. 表面波模

在金属导体板上贴覆一层介质，电磁场就可能会以表面波模式传播（如图 2.3-5 所示）。表面波的电磁能量主要集中在导体板表面处的介质基板附近，在较远处随距离呈指数规律衰减。在微带线导体条带两侧处的结构是导体板表面（微带接地面）上贴覆有介电常数较高的介质层，该介质层能吸引电磁场，使其不向外扩散并沿导体板表面传播，即在微带线上导体条带两侧存在表面波模式。

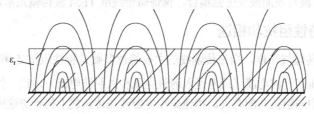

图 2.3-5　表面波

表面波中最低次 TE 和 TM 波的截止波长分别为：

$$\lambda_{\text{cTE}} = 4h\sqrt{\varepsilon_r - 1} \tag{2.3-4}$$

$$\lambda_{\text{cTM}} = \infty \tag{2.3-5}$$

即 TM 型表面波在所有工作波长都存在；最低次 TE 型表面波截止波长随基片介电常数 ε_r 和基片厚度增加而增大。对于 $\varepsilon_r = 2.2$ 的复合介质基片，当厚度 $h=0.254\text{mm}$ 时，$\lambda_{\text{cTE}} \approx 1.11\text{mm}$；当基片厚度 $h=1\text{mm}$ 时，$\lambda_{\text{cTE}} \approx 4.44\text{mm}$。

可见，对微带线来说，表面波（特别是 TM 型表面波）是很容易激励起的高次模式。微带线准 TEM 波和表面波的相速都介于光速 c 和 $c/\sqrt{\varepsilon_r}$ 之间，当两者相速相同时，将发生强耦合，使微带线不能以准 TEM 波正常工作。

微带线准 TEM 波与最低次 TM 表面波发生强耦合的频率为：

$$f_{\text{TM}} = \frac{c}{\pi h}\sqrt{\frac{2}{\varepsilon_r - 1}}\arctan\varepsilon_r \tag{2.3-6}$$

对于高介电常数的情况（$\varepsilon_r \gg 1$），上式简化为：

$$f_{\text{TM}} \approx \frac{c}{4h}\sqrt{\frac{2}{\varepsilon_r - 1}} \tag{2.3-7}$$

对于 $\varepsilon_r = 2.2$ 的复合介质基片，当厚度 $h=0.254\text{mm}$ 时，$f_{\text{TM}} \approx 381\text{GHz}$；当基片厚度 $h=1\text{mm}$ 时，$f_{\text{TM}} \approx 95.2\text{GHz}$。

微带线准 TEM 波与最低次 TE 表面波发生强耦合的频率为：

$$f_{\mathrm{TE}} = \frac{3c}{8h}\sqrt{\frac{2}{\varepsilon_{\mathrm{r}}-1}}$$
$$\approx 1.5 f_{\mathrm{TM}}$$

(2.3-8)

对于上述复合介质基片，当厚度 h=0.254mm 时，$f_{\mathrm{TE}} \approx 570\mathrm{GHz}$；当基片厚度 h=1mm 时，$f_{\mathrm{TE}} \approx 142.5\mathrm{GHz}$。

可见，微带线准 TEM 波与表面波发生强耦合的最低频率由最低次 TM 表面波决定。因此，对于工作于准 TEM 波的微带线，应该使工作频率低于最低次 TM 表面波与之发生耦合的频率 f_{TM}。

综上所述，通常微带线工作在单一的准 TEM 波模式下，当频率足够高时，会激励起两种寄生高次模式：波导模式和表面波模式。这些高次模式对微带线准 TEM 波的影响与微带线的基片材料、几何尺寸相关。在基片介电常数较高的情况下，基片厚度大时容易激励起 TM 波导模式，导体条带较宽时容易激励起 TE 波导模式。对于窄导体条带（高阻抗）的微带线来说，条带两侧更具备表面波存在的条件，但当微带线工作频率低于最低次 TM 表面波与微带线准 TEM 波发生耦合的频率 f_{TM} 时，就可避免微带线准 TEM 波与表面波发生强耦合，保证微带线准 TEM 波传输正常。

2.3.3　微带线的特性阻抗和相速

与其他任何微波传输线一样，微带传输线的主要特性参数是特性阻抗 Z_{c} 和传播相速 v_{p}。特性阻抗是传输线上行波电压和行波电流（或者是入射波电压和入射波电流）之比，体现为信号在传输线上的阻抗关系，在电路中与阻抗匹配有关。相速是指电磁波在传输线上的行进速度，即电磁波等相位点向前移动的速度，表达了传输线的几何尺寸和电长度的关系。对微带线的分析，首先分析这两个特性参数。微带线传播的是准 TEM 波传输线，可近似看成 TEM 波传输线，采用准静态方法做近似分析，并结合实验数据得到准确结果。2.2.2 节提到，对于传播 TEM 波的微波集成传输线，可采取分布参数电路方法简化分析。具体方法是将无限长均匀的 TEM 波传输线等效为分布参数电路级联网络（由一系列分布参数元件并联电容 C_0、串联电感 L_0、串联电阻 R_0 和并联电导 G_0 构成）；这些分布参数元件值分别按静电场和稳恒磁场来计算，并由此求解出传输线特性参数。

另外，微带线由于引入用于支撑金属条带的介质基片，边界条件复杂，难以得到严格的电磁场解。这里，首先分析无介质情况的微带线——空气微带线，即首先分析微带线中的介质仅是空气介质（$\varepsilon_{\mathrm{r}} = 1$）时的特性参数。对于空气微带线，由于没有介质基片的引入（准确地说是填充了同一种介质材料——空气的微带线），不存在不同介质分界面，无纵向电磁场分量，传播的是标准 TEM 波，可以用上述静场方法分析其分布参数等效电路，并得到相应特性参数。

其次再来分析无损微带线情况：金属材料为理想导体（导体电阻率 $\rho = 0$），介质材料为理想无耗介质（介质导电率 $\sigma = 0$ 或介质损耗角正切 $\tan\delta = 0$）。无耗微带线的分布参数元件串联电阻 $R_0 = 0$ 和并联电导 $G_0 = 0$。若没有特殊说明，本节所指的微带线都是无损微带线。关于微带线的损耗将另做分析。

对于无耗空气微带线，其分布参数元件为并联电容 C_0^0 和串联电感 L_0^0。图 2.3-6 给出了无耗空气微带线分布参数等效电路。

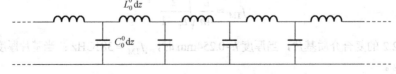

图 2.3-6　无耗空气微带线分布参数等效电路

根据电报方程（见 2.2.3 节），无耗空气微带线特性阻抗 Z_c^0 和传播相速 v_p^0 分别为：

$$Z_c^0 = \sqrt{\frac{L_0^0}{C_0^0}} \tag{2.3-9}$$

$$v_p^0 = \frac{1}{\sqrt{L_0^0 C_0^0}} = \frac{1}{\sqrt{\varepsilon_0 \mu_0}} = c \tag{2.3-10}$$

因此，无耗空气微带线的特性阻抗可表达为：

$$Z_c^0 = \frac{1}{v_p^0 C_0^0} = \frac{1}{c C_0^0} \tag{2.3-11}$$

因此，仅可由分布参数电容和相速就可得到特性阻抗。在式（2.3-10）和式（2.3-11）中，$c = 3 \times 10^8 \, \text{m/s}$。无耗空气微带线中，电磁场分布全部分布在空气中，传播相速等于空气或真空中的光速 c。

当微带线中全部填充同一种介质（相对介电常数为 ε_r）时，相速 v_p^1 为：

$$v_p^1 = \frac{c}{\sqrt{\varepsilon_r}} \tag{2.3-12}$$

由于 $\varepsilon_r > 1$，全部填充介质的微带线相速小于空气微带线的相速：

$$v_p^1 < c \tag{2.3-13}$$

实际上，微带线是一种部分填充介质的传输线，金属条带由相对介电常数为 ε_r 的介质支撑，电磁场一部分分布于介质中，另一部分分布于空气中，空气和介质对微带线的相速 v_p 都有影响。相速 v_p 的大小由 ε_r 和微带线各部分的结构尺寸决定。因此，实际微带线的相速 v_p 一定介于 v_p^1 和 c 之间：

$$v_p^1 < v_p < c \tag{2.3-14}$$

对于微带线这种部分填充介质的情况，可引入等效相对介电常数 ε_{re} 的概念来表达其传播特性。当微带线中介质基片相对介电常数为 ε_r 时，其传播特性等效于全部均匀填充相对介电常数为 ε_{re} 的介质的微带线，且：

$$1 < \varepsilon_{re} < \varepsilon_r \tag{2.3-15}$$

对于全部填充同一种介质的微带线，没有不同介质的分界面情况，传播 TEM 波，传输线满足前述电报方程，可采用分布参数电路方法分析，相应的特性参数也可由分布参数元件值来表达。于是，微带线相速 v_p 可等效表达为：

$$v_p = \frac{c}{\sqrt{\varepsilon_{re}}} \tag{2.3-16}$$

特性阻抗 Z_c 可等效表达为：

$$Z_c = \frac{1}{v_p C_0} \tag{2.3-17}$$

式中，微带线分布参数电容 C_0 可表达为：

$$C_0 = \varepsilon_{re} C_0^0 \tag{2.3-18}$$

于是，微带线的特性阻抗可表达为：

$$Z_c = \frac{Z_c^0}{\sqrt{\varepsilon_{re}}} \tag{2.3-19}$$

因此可先求出空气微带线的特性阻抗 Z_c^0，等效相对介电常数 ε_{re}，再用式（2.3-16）和式（2.3-19）分别计算出微带线的相速 v_p 和特性阻抗 Z_c。对于空气微带线的特性阻抗 Z_c^0，先用静电场方法得得空气微带线的分布参数电容 C_0^0，再由式（2.3-11）计算得到。等效相对介电常数 ε_{re} 可由（部分填充介质）微带线的分布参数电容 C_0 和空气微带线的分布参数电容 C_0^0 的比值得到。而空气微带线的分布参数电容 C_0^0 可由求解静场边值问题直接得到。对于微带线部分填充介质情况，其分布参数电容 C_0 可采用近似的方法得出结果，并加以实验验证。总之，对于微带线的特性阻抗和相速等参数，最后都可以通过分布参数电容来表达。于是求解微带线的分布参数电容是分析微带线特性参数的关键。

如前所述，对于空气微带线，分布参数电容 C_0^0 的求解是一个静电场边值问题，最典型的求解方法为应用复变函数的多角变换（保角变换或许瓦茨变换）来求解二维静电场边值问题：采用复变函数来表示二维静电场，再通过坐标变换，把多角形边界变换为直线边界，以便于解决问题。这里是将 z 平面中空气微带线的电场分布于整个上半平面区域变换为 z_1 平面的矩形区域（如图 2.3-7 所示），并根据平板电容的计算公式和复变函数 z 和 z_1 的变换关系，可计算出 C_0^0。

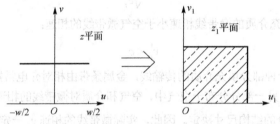

图 2.3-7　空气微带线多角形平面变换

实际微带线中，与介质基片厚度 h 相比，金属条带厚度 t 往往小得多（t 一般在 $5\sim20\mu m$ 之间），采用多角变换求解微带线的分布参数电容时，往往先求解金属条带厚度 t 为 0 的情况，最后再根据实验结果进行适当修正。对于金属条带厚度为 0 的空气微带线，应用多角变换可求得分布参数电容 C_0^0 为：

$$C_0^0 = 2\varepsilon_0 \frac{K'(k)}{K(k)} \tag{2.3-20}$$

式中，$K(k)$ 为第一类全椭圆积分，$K'(k)$ 为第一类余全椭圆积分，k 为模数。于是导体条带厚度为 0 的空气微带线特性阻抗 Z_c^0 为：

$$Z_c^0 = \frac{1}{cC_0^0} = \frac{1}{2}\sqrt{\frac{\mu_0}{\varepsilon_0}}\frac{K}{K'} = 60\pi\frac{K}{K'} \tag{2.3-21}$$

上式中的椭圆积分可展开成级数，于是：

$$Z_c^0 = \begin{cases} 60\ln\sum_{n=1}^{\infty} a_n\left(\dfrac{h}{w}\right)^n & \Omega, \quad w \leqslant h \\ \dfrac{120\pi}{\sum_{n=1}^{\infty} b_n\left(\dfrac{w}{h}\right)^n} & \Omega, \quad w \geqslant h \end{cases} \tag{2.3-22}$$

可进一步近似表达为：

$$Z_c^0 = \begin{cases} 60\ln\left(\dfrac{8h}{w}+\dfrac{w}{4h}\right) \ \Omega, & w \leqslant h \\[4mm] \dfrac{120\pi}{\dfrac{w}{h}+2.42-0.44\dfrac{h}{w}+\left(1-\dfrac{h}{w}\right)^6} \ \Omega, & w \geqslant h \end{cases} \qquad (2.3\text{-}23)$$

以上的近似在 $0 \leqslant w/h \leqslant 10$ 的范围内精度可达±0.25%。依据式（2.3-23），图 2.3-8 给出了空气微带线特性阻抗 Z_c^0 和结构尺寸 w/h 之间的关系。

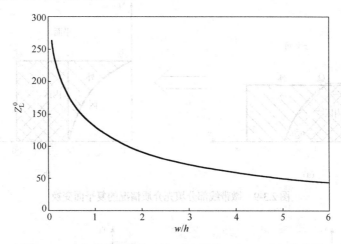

图 2.3-8　空气微带线特性阻抗 Z_c^0 和结构尺寸 w/h 之间的关系

对于微带线导体条带非常窄（ $w \ll h$ ）和非常宽的两种极端情况，可做进一步简化：

$$Z_c^0 = \begin{cases} 60\ln\dfrac{8h}{w} \ \Omega, & w \ll h \\[4mm] \dfrac{120\pi h}{w} \ \Omega, & w \gg h \end{cases} \qquad (2.3\text{-}24)$$

实际应用中的微带线为部分填充介质情况。此时，电场一部分分布在空气中，另一部分分布在介质内（如图 2.3-1(b)所示），存在着介质–空气分界面的边界条件，难以采用一般的保角变换法分析。下面对这种部分填充介质情况进行近似分析。

图 2.3-9 给出了对微带线部分填充介质情况进行分析的一种近似方法。假设微带线导体条带边缘处②至接地板的电力线为图 2.3-9(a)中②–⑤所示的曲线，此线将微带线的横截面分为两个部分：从导体条带到接地面的电力线全部在介质内的部分③–④–⑤–②，称为内区；电力线一部分在介质里，其另一部分在空气中的部分①–②–⑤–⑥称为外区。通过多角变换，将 z 平面变换到 z_1 平面，则原来内区部分变换为介质全部填充的矩形区域；外区部分也变换为一个矩形区域，但包括两个部分，另一部分填充介质，一部分填充空气，由②–⑥的曲线分开。这样，内区部分的分布参数电容 $C_{内}$ 为一个均匀介质填充的平板电容，外区部分的分布参数电容 $C_{外}$ 为一个部分填充介质的平板电容，微带线总的分布参数电容 C_0 为两者的并联，如图 2.3-9(b)所示。

$$C_0 = C_{内} + C_{外} \qquad (2.3\text{-}25)$$

对于外区部分填充介质的平板电容，空气和介质分界线近似于一条椭圆弧线，计算比较复杂。为了简便起见，这里再做一次近似，如图 2.3-10 所示。将空气部分近似等效为图 2.3-10(b)中的空白矩形区，相当于一个全部填充空气的平板电容 $C_{空气}$。将介质部分近似等效为图 2.3-10(b)中的斜线部分，包括一个横的长方形和一个竖的长方形。两者都代表均匀填充介质的平板电容。横的长方形代表的电容分量 $C_{横}$ 与空白区代表的电容分量 $C_{空气}$ 串联后再与竖的长方形代表的电容分量 $C_{竖}$ 并联，即为整个外区的分布参数电容。

$$C_{外} = \frac{C_{横} C_{空气}}{C_{横} + C_{空气}} + C_{竖} \tag{2.3-26}$$

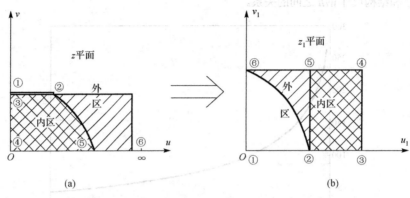

图 2.3-9   微带线部分填充介质情况的复平面变换

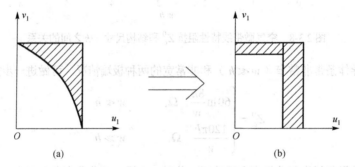

图 2.3-10   外区电容的近似计算

求得部分填充介质的微带线的分布参数电容 C_0 后，它与对应空气微带线的分布参数电容 C_0^0 的比值即为微带线的等效相对介电常数 ε_{re}。用这种方法计算得到的等效相对介电常数 ε_{re} 近似为：

$$\varepsilon_{re} = \frac{\varepsilon_r + 1}{2} + \frac{\varepsilon_r - 1}{2} \left(1 + \frac{10h}{w}\right)^{-\frac{1}{2}} \tag{2.3-27}$$

上式表明，对于金属条带较宽的情况，w/h 较大，$\varepsilon_e \to \frac{\varepsilon_r + 1}{2} + \frac{\varepsilon_r - 1}{2} = \varepsilon_r$，可认为宽条带微带线电场全部在介质内；对于窄条带情况，w/h 较小，$\varepsilon_{re} \to \frac{\varepsilon_r + 1}{2}$，即窄条带微带线等效相对介电常数约为空气和介质的平均值。因此，对于微带线的等效常数满足：

$$\frac{\varepsilon_r + 1}{2} \leqslant \varepsilon_{re} \leqslant \varepsilon_r \tag{2.3-28}$$

ε_{re} 也可表达为：

$$\varepsilon_{re} = 1 + q(\varepsilon_r - 1) \tag{2.3-29}$$

式中，q 称为填充系数，表示微带线中介质的填充程度，主要由微带线的横截面形状（即比值 w/h）决定，和介质的介电常数 ε_r 关系较小。

$$q = \frac{\varepsilon_{re} - 1}{\varepsilon_r - 1} \tag{2.3-30}$$

图 2.3-11 给出了填充系数 q 和介质相对介电常数 ε_r、微带线结构尺寸 w/h 的关系。

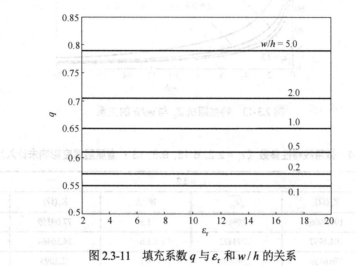

图 2.3-11　填充系数 q 与 ε_r 和 w/h 的关系

图 2.3-12 给出了等效介电常数和微带线结构尺寸 w/h 的关系。实验表明，以上近似方法求得的 ε_{re} 精度为 $\pm 2\%$。

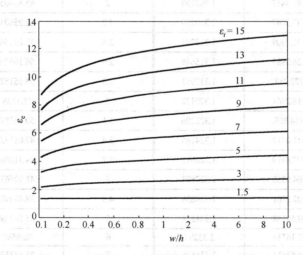

图 2.3-12　等效相对介电常数 ε_{re} 与 w/h 的关系

综上所述，求得对应空气微带线的特性阻抗 Z_c^0 和等效相对介电常数 ε_{re} 后，就可根据式（2.3-18）算出微带线的特性阻抗 Z_c 了。图 2.3-13 给出了不同 w/h 微带线在介电常数分别为 2.2，6.15，9.8 和 13 时的特性阻抗 Z_c，表 2.3-1 给出了对应的数值。

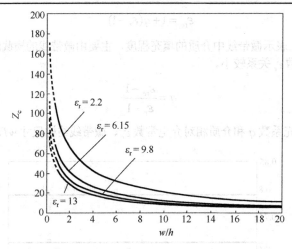

图 2.3-13　特性阻抗 Z_c 与 w/h 的关系

表 2.3-1　微带线特性参数（ε_r = 2.2, 6.15, 9.8, 13；金属层厚度影响未计入）

$\varepsilon_r = 2.2$					
W/h	$Z_c(\Omega)$	$\sqrt{\varepsilon_{re}}$	W/h	$Z_c(\Omega)$	$\sqrt{\varepsilon_{re}}$
0.11	199.4906	1.289413	1.5	77.09359	1.347848
0.15	184.4997	1.293422	1.6	74.50464	1.350124
0.2	170.6159	1.297697	1.7	72.1093	1.352298
0.25	159.872	1.301424	1.8	69.87989	1.354378
0.3	151.1185	1.30476	1.9	67.79506	1.356373
0.35	143.7417	1.307798	2	65.83805	1.358289
0.4	137.3747	1.310599	2.2	62.25603	1.361907
0.45	131.7809	1.313205	2.4	59.05158	1.365271
0.5	126.7985	1.315648	2.6	56.16528	1.368413
0.55	122.312	1.317951	2.8	53.55152	1.371359
0.6	118.2361	1.320132	3	51.1738	1.374129
0.65	114.506	1.322206	3.1	50.06387	1.375454
0.7	111.0712	1.324185	3.4	47.01132	1.379214
0.75	107.8919	1.326077	3.7	44.31866	1.382683
0.8	104.9356	1.327893	4	41.92667	1.385898
0.85	102.1761	1.329638	4.5	38.48398	1.390774
0.9	99.59148	1.331318	5	35.58239	1.395138
0.95	97.16333	1.33294	6	30.9588	1.402649
1	94.87614	1.334506	7	27.43339	1.408905
1.05	92.4873	1.336022	8	24.65119	1.414214
1.1	90.34119	1.33749	9	22.39596	1.418784
1.15	88.33692	1.338914	10	20.52851	1.422766
1.2	86.4567	1.340297	15	14.53378	1.436927
1.3	83.01149	1.342948	20	11.27288	1.445648
1.4	79.9128	1.34546	23	9.939798	1.449451

$\varepsilon_r = 6.15$					
W/h	$Z_c(\Omega)$	$\sqrt{\varepsilon_{re}}$	W/h	$Z_c(\Omega)$	$\sqrt{\varepsilon_{re}}$
0.013	201.2041	1.915146	0.9	63.82895	2.077239
0.02	187.1412	1.920948	0.95	62.21506	2.081696
0.03	173.8708	1.927648	1	60.69648	2.085999
0.04	164.4375	1.93327	1.05	59.11755	2.090159
0.05	157.1122	1.938202	1.1	57.69809	2.094185
0.06	151.1229	1.942643	1.15	56.37306	2.098087
0.07	146.0571	1.946713	1.2	55.13068	2.101872
0.08	141.6683	1.950487	1.3	52.85618	2.109121
0.09	137.7972	1.95402	1.4	50.81305	2.115982
0.1	134.3348	1.957351	1.5	48.95677	2.122494
0.12	128.3459	1.963517	1.6	47.25459	2.128692
0.14	123.2864	1.969154	1.7	45.68208	2.134606
0.16	118.9084	1.974371	1.8	44.22072	2.140259
0.18	115.0516	1.979243	1.9	42.85618	2.145674
0.2	111.6063	1.983828	2	41.57719	2.150869
0.22	108.4944	1.988165	2.2	39.24111	2.160665
0.24	105.6581	1.992289	2.4	37.15687	2.169758
0.26	103.0533	1.996224	2.6	35.28419	2.178236
0.28	100.646	1.999993	2.8	33.59221	2.186172
0.3	98.40897	2.003612	3	32.05626	2.193625
0.33	95.32606	2.008791	3.3	30.00161	2.204008
0.36	92.52004	2.013705	3.6	28.1985	2.213555
0.4	89.13467	2.019901	4	26.11307	2.225173
0.45	85.36871	2.027153	4.5	23.91329	2.23819
0.5	82.01927	2.03394	5	22.06506	2.249817
0.55	79.0075	2.040328	6	19.13159	2.269771
0.6	76.27517	2.046371	7	16.9052	2.28634
0.65	73.778	2.052109	8	15.15503	2.300362
0.7	71.48157	2.057576	9	13.74109	2.312409
0.75	69.35857	2.062801	10	12.5737	2.322886
0.8	67.38697	2.067807	13	10.0339	2.347533
0.85	65.54875	2.072614			
$\varepsilon_r = 9.8$					
W/h	$Z_c(\Omega)$	$\sqrt{\varepsilon_{re}}$	W/h	$Z_c(\Omega)$	$\sqrt{\varepsilon_{re}}$
0.003	202.2603	2.340128	0.8	54.24945	2.568565
0.005	188.7813	2.344859	0.85	52.75647	2.575177
0.01	170.4155	2.353523	0.9	51.3601	2.581536
0.015	159.6297	2.360145	0.95	50.0501	2.587664
0.02	151.9581	2.365709	1	48.8178	2.593579
0.025	145.9972	2.370596	1.05	47.53792	2.599295
0.03	141.1205	2.375003	1.1	46.38715	2.604826
0.035	136.9933	2.379045	1.15	45.31308	2.610186
0.04	133.4154	2.382798	1.2	44.30616	2.615385

$\varepsilon_r = 9.8$					
W/h	$Z_c(\Omega)$	$\sqrt{\varepsilon_{re}}$	W/h	$Z_c(\Omega)$	$\sqrt{\varepsilon_{re}}$
0.045	130.2577	2.386315	1.3	42.46315	2.625338
0.05	127.4317	2.389634	1.4	40.80817	2.634754
0.06	122.5391	2.395789	1.5	39.30509	2.643689
0.07	118.401	2.401426	1.6	37.92731	2.652191
0.08	114.8159	2.406654	1.7	36.65497	2.6603
0.09	111.6539	2.411546	1.8	35.47301	2.668051
0.1	108.8258	2.416157	1.9	34.36978	2.675472
0.12	103.9346	2.424692	2	33.3361	2.682591
0.14	99.80308	2.43249	2.2	31.44905	2.696008
0.16	96.22858	2.439705	2.4	29.76654	2.708457
0.18	93.08011	2.446442	2.6	28.25573	2.720061
0.2	90.26812	2.452779	2.8	26.89145	2.730918
0.23	86.54588	2.461656	3	25.65361	2.741111
0.26	83.28965	2.469905	3.3	23.99871	2.755306
0.3	79.50202	2.480105	3.6	22.54731	2.768354
0.35	75.44111	2.491812	4	20.86977	2.784223
0.4	71.94301	2.502581	4.5	19.10157	2.801995
0.45	68.87557	2.512581	5	17.61703	2.817861
0.5	66.1485	2.521936	6	15.26299	2.845073
0.55	63.69733	2.530738	7	13.47828	2.867653
0.6	61.47442	2.53906	8	12.07657	2.886751
0.65	59.44357	2.546961	9	10.94501	2.903151
0.7	57.57662	2.554488	10	10.01138	2.917408
0.75	55.85125	2.561678			

$\varepsilon_r = 9.8$					
W/h	$Z_c(\Omega)$	$\sqrt{\varepsilon_{re}}$	W/h	$Z_c(\Omega)$	$\sqrt{\varepsilon_{re}}$
0.001	202.9426	2.657065	0.3	69.60705	2.832664
0.002	186.9617	2.661737	0.35	66.03755	2.846639
0.003	177.5831	2.665316	0.4	62.96334	2.859492
0.004	170.9138	2.668328	0.45	60.26812	2.871426
0.005	165.7316	2.670979	0.5	57.87241	2.882587
0.006	161.4912	2.673373	0.6	53.7673	2.903014
0.007	157.9016	2.675573	0.7	50.3451	2.921412
0.008	154.7889	2.677618	0.8	47.42477	2.938196
0.009	152.0406	2.679537	0.9	44.88943	2.953657
0.01	149.5802	2.681351	1	42.65919	2.968007
0.012	145.3178	2.68472	1.1	40.52797	2.981409
0.014	141.7095	2.687814	1.2	38.70345	2.993987
0.016	138.5805	2.690689	1.3	37.08781	3.005843
0.018	135.8179	2.693386	1.4	35.63722	3.017057
0.02	133.3447	2.695934	1.5	34.31997	3.027696
0.023	130.0612	2.699522	1.6	33.11273	3.037819
0.026	127.1783	2.702877	1.7	31.99807	3.047472
0.03	123.8105	2.707054	1.8	30.96276	3.056698

			$\varepsilon_r = 9.8$		
W/h	$Z_c(\Omega)$	$\sqrt{\varepsilon_{re}}$	W/h	$Z_c(\Omega)$	$\sqrt{\varepsilon_{re}}$
0.035	120.1794	2.71189	1.9	29.99657	3.065531
0.04	117.0315	2.716379	2	29.09142	3.074002
0.045	114.2533	2.720586	2.2	27.43942	3.089968
0.05	111.7669	2.724556	2.4	25.96688	3.104778
0.06	107.4622	2.731917	2.6	24.64497	3.11858
0.07	103.8214	2.738658	2.8	23.45155	3.131492
0.08	100.6672	2.744908	3	22.36897	3.143614
0.09	97.8852	2.750757	3.3	20.922	3.160491
0.1	95.39718	2.75627	3.6	19.65332	3.176
0.12	91.09416	2.76647	4	18.18736	3.194861
0.14	87.45978	2.77579	4.5	16.64268	3.215978
0.16	84.31561	2.784411	5	15.34622	3.234826
0.18	81.5464	2.792461	6	13.29122	3.267145
0.2	79.07334	2.80003	7	11.73393	3.293954
0.23	75.80006	2.810633	8	10.5113	3.316625
0.26	72.93694	2.820485	8.5	9.99304	3.326711

对于微带线来说，条带厚度 t 远小于介质基片厚度，以上对微带线的分析也没有计入金属条带厚度 t 的影响。实验表明，金属层厚度的增加实际上相当于增加了导体条带的宽度，使得微带线特性阻抗比实际值减小。当计入金属层厚度 t 时，相当于导体条带宽度 w 增加到等效宽度 w_e：

$$w_e = w + \Delta w \tag{2.3-31}$$

式中，Δw 为导体条带厚度引起的导体条带宽度等效增加量。当 $t \ll h$、$t < \dfrac{w}{2}$ 和 $t < 0.75\Delta w$ 时，有经验公式：

$$\Delta w = \begin{cases} \dfrac{t}{\pi}\left(1 + \ln\dfrac{4\pi w}{t}\right), & \dfrac{w}{h} \leqslant \dfrac{1}{2\pi} \\[2mm] \dfrac{t}{\pi}\left(1 + \ln\dfrac{2h}{t}\right), & \dfrac{w}{h} \geqslant \dfrac{1}{2\pi} \end{cases} \tag{2.3-32}$$

事实上，对于大多数应用场合，微带线的特性阻抗一般取值在 150Ω 以下，此时，$\dfrac{w}{h} > \dfrac{1}{2\pi}$。因此更有意义的经验公式为：

$$\Delta w = \dfrac{t}{\pi}\left(1 + \ln\dfrac{2h}{t}\right), \qquad \dfrac{w}{h} \geqslant \dfrac{1}{2\pi} \tag{2.3-33}$$

根据以上经验公式，图 2.3-14 给出了 $\dfrac{\Delta w}{t}$ 和 $\dfrac{h}{t}$ 的关系曲线。可见，随着基片厚度的增加，导带金属层厚度对特性阻抗的影响增大。若导带金属层厚度为 $t = 4\mu m$，当基板厚度 $h = 0.254mm$ 时，$\dfrac{\Delta w}{t} \approx 1.8$；当 $h = 1mm$ 时，$\dfrac{\Delta w}{t} \approx 2.25$。通常来说，计入导带厚度后，微带线导带厚度与宽度的修正关系取 $\dfrac{\Delta w}{t} \sim 2$。

以上对微带线特性参数的分析，认为微带线是分布参数电路的级联，电路的分布参数元件满足准静态场，并根据实验结果做相应的近似。随着计算机技术的发展，现代电磁场数值计算技术使得对微带线的场分析变得异常方便，常用的方法有有限差分法、有限元法、全波分析法等，相应的微带线特性参数也可由这些方法得到数值结果。目前的工程应用中，采用的商用电磁场分析软件大多都具有专门的传输线分析工具。这些工程化的商用软件工具的分析原理大多建立在本节所述的准静态分布参数方法基础上。

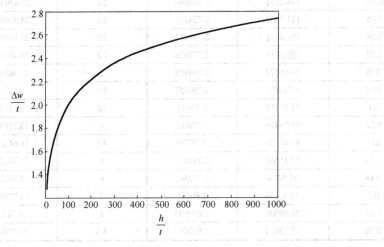

图 2.3-14 $\dfrac{\Delta w}{t}$ 和 $\dfrac{h}{t}$ 的关系曲线

2.3.4 微带线的损耗

以上对微带线的特性阻抗等参数进行分析时，认为微带线是理想的无耗传输线。实验表明，这种近似分析结果在大多数场合（比如考虑传输线阻抗匹配、电长度等）是满足工程要求的。但事实上，与波导同轴等立体传输结构相比较，微带线结构尺寸更小，传输损耗更大。微带线这种较高的传输损耗在滤波器、谐振器甚至在一般的由微带集成的电路/系统中，往往对电路/系统性能具有重要的影响。

微带线的损耗由基片损耗、导体损耗和辐射损耗 3 个部分组成。

（1）基片损耗。基片引起的损耗主要有两个方面：一是由于基片的导电率 σ 不为零，电磁场通过时引起的传导损耗；二是基片介质在高频电场作用下介质分子产生交变极化引起的极化阻尼损耗。前者是半导体基片介质损耗的主要部分，比如 MMIC 电路中；而对于用于微波混合集成电路 HMIC 的绝缘介质基片，基片损耗主要是后者。

（2）导体损耗。微带线导体条带和接地面的电阻损耗，是由导体条带和金属接地面均具有有限的导电率引起的。在频率很低的电路中，金属导体内电流均匀分布，这时金属电阻表现为直流电阻，损耗与频率无关；随着频率的增加，趋肤效应减小了金属导体的有效导电截面积，增大了这部分电阻损耗。微带线横截面尺寸小，导体损耗大。在微波频段下，导体损耗是微带线损耗的主要部分。

（3）辐射损耗。辐射损耗是由于微带线中具有半开放式场结构，能够向空间辐射电磁能量所引起的。对于微带线来说，高介电常数介质基片的引入和小的横截面尺寸使得电磁场主要集中在导体条带与接地面之间的介质基片以内，导体条带上空间电磁能量小，辐射损耗低。只有在微带线不均匀处，由于高次波型的存在，会增大空间电磁能量，引起较大的辐射。通常，为了避免辐射，并防止其他外界电磁干扰，微带电路均安装在金属屏蔽盒体中。

与导体损耗和介质损耗相比，微带线辐射损耗较低，在工程应用中可以忽略。以下对微带线损耗进行分析时，主要分析介质损耗和导体损耗。在分析这两种损耗之前，首先考察传输线损耗的基本参量与传输功率损失之间的具体关系。

当电压波和电流波沿均匀传输线向前行进时，传播常数 $\gamma = \alpha + \mathrm{j}\beta$。其中，$\beta$ 为相移常数，表示电压、电流波在单位长度传输线上的相位变化；实部 α 为衰减常数，表示电压、电流在单位长度传输线上的幅度衰减。于是，行波电压/电流沿传输线传播时，在传播 z 方向的坐标 z 处，电压/电流幅度衰减因子为 $\mathrm{e}^{-\alpha z}$，功率衰减因子为 $\mathrm{e}^{-2\alpha z}$。

考察一列行波通过长度为 l 的一段传输线（如图 2.3-15 所示），若输入功率为 P_0，输出功率为 P_l，则有：

$$P_l = P_0 \mathrm{e}^{-2\alpha l} \tag{2.3-34}$$

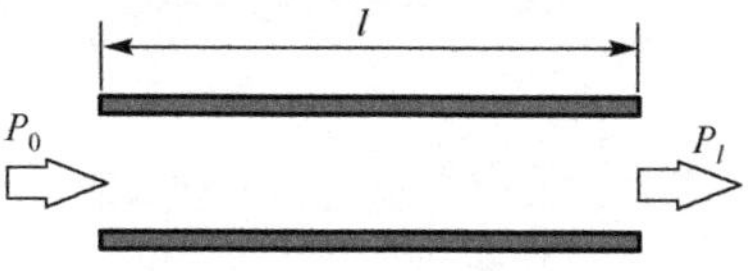

于是衰减常数 α 与功率的关系为：

图 2.3-15　传输线的衰减

$$\alpha = \frac{1}{2l} \cdot \ln \frac{P_0}{P_l} \tag{2.3-35}$$

即传输线的衰减常数 α 可表示为单位长度传输线上输入功率和输出功率比值的自然对数的二分之一。也就是说，衰减常数 α 表达了单位长度传输线的功率损失情况。

衰减常数 α 的单位为奈培每单位长度（或 N/单位长），N 为无量纲量。若取 $\alpha = 1\mathrm{N}/$ 单位长，长度 $l = 1$，则由式（2.3-34）得：

$$P_l / P_0 = \mathrm{e}^{-2} \approx 13.5\% \tag{2.3-36}$$

故 $\alpha = 1\mathrm{N}/$ 单位长 时，单位长度传输线的功率衰减为 13.5%。

为方便起见，在工程应用中功率常采用对数单位 dBm，功率衰减采用对数差值单位 dB。类似地，传输线衰减常数 α 也可以 dB 为单位，这时候衰减常数 α 为单位长度传输线的损耗分贝（dB）值：

$$\alpha = \frac{1}{l} \cdot 10 \lg \frac{P_0}{P_l} = \frac{P_0(\mathrm{dBm}) - P_l(\mathrm{dBm})}{l} \quad (\mathrm{dB}/\text{单位长}) \tag{2.3-37}$$

比较式（2.3-35）和式（2.3-37），得：

$$\alpha(\mathrm{dB}/\text{单位长}) = (20 \lg \mathrm{e})\, \alpha(\mathrm{N}/\text{单位长}) \approx 8.68\alpha \quad (\mathrm{N}/\text{单位长}) \tag{2.3-38}$$

由式（2.3-33）可知，单位长度传输线损耗的功率 p 为：

$$p = \frac{P_0 - P_l}{l} = \frac{P_0(1 - \mathrm{e}^{-2\alpha l})}{l} \tag{2.3-39}$$

若 l 取得很小，$l \to 0$，则 $\mathrm{e}^{-2\alpha l} = 1 - 2\alpha l$。于是单位长度传输线损耗的功率 p 可表达为：

$$p = 2\alpha P_0 \tag{2.3-40}$$

衰减常数也表达为：

$$\alpha = \frac{p}{2P_0} \tag{2.3-41}$$

微带线损耗包括介质损耗、导体损耗和辐射损耗，若单位长度微带线的介质损耗、导体损耗和辐射损耗功率分别为 p_d、p_c 和 p_r，则单位长度微带线损耗的总功率为：

$$p = p_\mathrm{d} + p_\mathrm{c} + p_\mathrm{r} \tag{2.3-42}$$

于是微带线衰减常数为：

$$\alpha = \frac{1}{2P_0}(p_d + p_c + p_r) = \frac{p_d}{2P_0} + \frac{p_c}{2P_0} + \frac{p_r}{2P_0} = \alpha_d + \alpha_c + \alpha_r \qquad (2.3\text{-}43)$$

式中，α_d、α_c、α_r 分别对应于传输线的介质、导体和辐射损耗引起的衰减，且：

$$\alpha_d = \frac{p_d}{2P_0} \qquad (2.3\text{-}44)$$

$$\alpha_c = \frac{p_c}{2P_0} \qquad (2.3\text{-}45)$$

$$\alpha_r = \frac{p_r}{2P_0} \qquad (2.3\text{-}46)$$

对于微带线来说，由于辐射损耗较小，在计算传输线损耗时往往可以忽略，于是有：

$$p = p_c + p_d \qquad (2.3\text{-}47)$$

以及

$$\alpha = \alpha_c + \alpha_d \qquad (2.3\text{-}48)$$

下面分别讨论微带线的介质损耗和导体损耗。

1. 介质损耗

式（2.3-44）表达了由介质损耗引起的衰减：

$$\alpha_d = \frac{p_d}{2P_0} \qquad (2.3\text{-}49)$$

式中，P_0 为行波状态时线上的传输功率，p_d 为单位长度线上由介质引起而损耗的功率。

首先考虑均匀填充微带线情况，即所有电场均浸入介质中，介质的介电常数为 ε_1，导磁率为 μ_0。这时传输功率 P_0 为传输功率密度在传输线横截面上的积分。

对于均匀填充介质微带线，传播 TEM 波，场的纵向分量为零。此时，传输线功率密度矢量即坡印廷矢量 S，大小为：

$$S = \frac{1}{2}E \cdot H^* = \frac{E^2}{2\eta_{\text{TEM}}} = \frac{E^2}{2\sqrt{\dfrac{\mu_0}{\varepsilon_1}}} \qquad (2.3\text{-}50)$$

式中，η_{TEM} 为横电磁波的波阻抗，$\eta_{\text{TEM}} = \sqrt{\dfrac{\mu_0}{\varepsilon_1}}$。在真空或大气中，$\varepsilon_1 = \varepsilon_0$，则 $\eta_{\text{TEM}} = \sqrt{\dfrac{\mu_0}{\varepsilon_0}} = 120\pi \approx 377\Omega$。于是，微带线上传输功率 P_0 为：

$$P_0 = \iint_S S\mathrm{d}s = \frac{1}{2\sqrt{\dfrac{\mu_0}{\varepsilon_1}}} \cdot \iint_S E^2 \cdot \mathrm{d}s \qquad (2.3\text{-}51)$$

积分区间为微带线的横截面 S。

为方便起见，用等效损耗电导 σ_1 来表示微带线的介质损耗，由此引起的有功电流密度为：$J = \sigma_1 E$，单位体积介质损耗功率为 $\frac{1}{2}\sigma_1 E^2$。于是，单位长度微带线介质损耗功率为：

$$p_{\mathrm{d}} = \frac{\iiint\limits_{\Delta V} \frac{1}{2}\sigma_1 E^2 \mathrm{d}V}{\Delta l}$$

式中，$\Delta V = S\Delta l$，当 $\Delta l \to 0$ 时，可认为积分区间 ΔV 内电磁场不随长度而变化，于是：

$$p_{\mathrm{d}} = \frac{\sigma_1}{2}\iint\limits_{S} E^2 \cdot \mathrm{d}s \tag{2.3-52}$$

于是得：

$$\alpha_{\mathrm{d}} = \frac{p_{\mathrm{d}}}{2P_0} = \frac{\sigma_1}{2}\sqrt{\frac{\mu_0}{\varepsilon_1}} \tag{2.3-53}$$

通常，衡量介质损耗的基本参量为损耗角正切 $\tan\delta = \dfrac{\sigma_1}{\omega\varepsilon_1}$。于是式（2.3-51）成为：

$$\alpha_{\mathrm{d}} = \frac{\sigma_1}{2}\sqrt{\frac{\mu_0}{\varepsilon_1}} = \frac{\sigma_1}{2\varepsilon_1}\sqrt{\varepsilon_1\mu_0} = \frac{1}{2}\frac{\sigma_1}{\omega\varepsilon_1}\omega\sqrt{\mu_0\varepsilon_1} = \frac{\beta\tan\delta}{2} \tag{2.3-54}$$

式中，$\beta = \omega\sqrt{\mu_0\varepsilon_1} = \dfrac{2\pi}{\lambda_{\mathrm{g}}}$ 为相移常数，其中 λ_{g} 为导波波长。于是：

$$\alpha_{\mathrm{d}} = \frac{\pi\tan\delta}{\lambda_{\mathrm{g}}} \quad (\mathrm{N}/\text{单位长}) \tag{2.3-55}$$

以分贝表示时，则

$$\alpha_{\mathrm{d}} = 8.68\pi\frac{\tan\delta}{\lambda_{\mathrm{g}}} = 27.3\frac{\tan\delta}{\lambda_{\mathrm{g}}} \quad (\mathrm{dB}/\text{单位长}) \tag{2.3-56}$$

对于标准微带线，属于部分填充介质情况，其介质损耗比全部填充时要低，此时衰减常数表达式为：

$$\alpha_{\mathrm{d}} = \frac{\varepsilon_{\mathrm{e}}-1}{\varepsilon_{\mathrm{r}}-1}\cdot\frac{\varepsilon_{\mathrm{r}}}{\varepsilon_{\mathrm{re}}}\cdot\frac{\pi\tan\delta}{\lambda_{\mathrm{g}}} = q\frac{\varepsilon_{\mathrm{r}}}{\varepsilon_{\mathrm{re}}}\frac{\pi\tan\delta}{\lambda_{\mathrm{g}}} \quad (\mathrm{N}/\text{单位长}) \tag{2.3-57}$$

或

$$\alpha_{\mathrm{d}} = 27.3q\frac{\varepsilon_{\mathrm{r}}}{\varepsilon_{\mathrm{re}}}\frac{\tan\delta}{\lambda_{\mathrm{g}}} \quad (\mathrm{dB}/\text{单位长}) \tag{2.3-58}$$

式中，填充因子 $q = \dfrac{\varepsilon_{\mathrm{re}}-1}{\varepsilon_{\mathrm{r}}-1}$。

例：基片材料为厚度为 0.254mm 的 Duroid 5880，金属层厚度为 0.017mm，制作的 50Ω 微带线条带宽度约为 0.761mm，求 10GHz 时一个波长的介质损耗（dB）。

解：查表 2.2-1 得 Duroid 5880 的介电常数 $\varepsilon_{\mathrm{r}} = 2.2$，10GHz 时 $\tan\delta = 9\times10^{-4}$。

由式（2.3-26）得：

$$\varepsilon_{\mathrm{re}} = \frac{\varepsilon_{\mathrm{r}}+1}{2} + \frac{\varepsilon_{\mathrm{r}}-1}{2}\left(1+\frac{10h}{w}\right)^{-\frac{1}{2}} \approx 1.9$$

由式（2.3-55）得：

$$\alpha_{\mathrm{d}} = \frac{\varepsilon_{\mathrm{re}}-1}{\varepsilon_{\mathrm{r}}-1}\cdot\frac{\varepsilon_{\mathrm{r}}}{\varepsilon_{\mathrm{re}}}\frac{\pi\tan\delta}{\lambda_{\mathrm{g}}}(\mathrm{N}/\text{单位长}) \approx 2.46\times10^{-3}(\mathrm{N}/\lambda_{\mathrm{g}}) = 2.13\times10^{-2}(\mathrm{dB}/\lambda_{\mathrm{g}})$$

故一个波长微带线介质损耗约为 0.0213dB。

由以上结果可以看出，通常介质损耗较小，分析中甚至可以忽略不计，但若介质吸收了较多的水分或含有其他杂质，介质损耗将会增大。

2. 导体损耗

式（2.3-44）表达了由导体损耗引起的衰减：

$$\alpha_c = \frac{p_c}{2P_0}$$

式中，P_0 为行波状态时线上的传输功率，p_c 为单位长度线上由导体引起而损耗的功率。若传输线特性阻抗为 Z_c，线上电压为 U、电流为 I，则：

$$P_0 = \frac{1}{2}UI = \frac{1}{2}I^2 Z_c \qquad (2.3\text{-}59)$$

若传输线单位长度的导体电阻为 R_0，则在单位长度传输线导体损耗功率 p_c 为：

$$p_c = \frac{1}{2}I^2 R_0 \qquad (2.3\text{-}60)$$

则：

$$\alpha_c = \frac{R_0}{2Z_c} \qquad (2.3\text{-}61)$$

对于直流或低频时，R_0 为：

$$R_0 = \rho / A \qquad (2.3\text{-}62)$$

其中，ρ 为导体的电阻率，A 为传输线导体部分的横截面积。

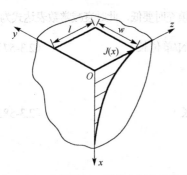

图 2.3-16　高频情况下导体表层电流分布

但在高频情况下，由于趋肤效应使得电流大部分集中于导体的表面部分，并以指数规律向内部衰减，式（2.3-60）就不能直接使用。

下面分析均匀传输线在高频情况下的导体损耗。图 2.3-16 中，导体内电流方向为 z 方向，在高频趋肤效应作用下，电流密度 $J(x)$ 随深度 x 按指数规律变化：

$$J(x) = J_0 \cdot e^{-\frac{x}{\delta}(1+j)} \qquad (2.3\text{-}63)$$

式中，J_0 为导体表面的电流密度 $J(0)$，x 为从导体表面垂直向内部的深度，δ 为趋肤深度：

$$\delta = \sqrt{\frac{\rho}{\mu_0 f \pi}} \qquad (2.3\text{-}64)$$

可见，从导体表面垂直向内部，电流密度 J 的幅度按指数规律衰减，相位逐渐落后。在趋肤深度处 $x = \delta$，电流密度为：

$$J = \frac{J_0}{e} \cdot e^{-j} \qquad (2.3\text{-}65)$$

即从导体表面垂直向内深度为 δ 处，电流密度函数幅度衰减为表面的 $1/e$，相位要比表面上落后 1rad。

若电流密度只随深度 x 变化，沿 y 方向均匀分布，则对于 y 方向及 z 方向长度均取为一个单位长度的部分导体来说，通过的电流 I 为：

$$I = \int_0^\infty J(x)\mathrm{d}x = \int_0^\infty J_0 \mathrm{e}^{-\frac{x}{\delta}(1+\mathrm{j})}\mathrm{d}x = \frac{J_0\delta}{1+\mathrm{j}} = \frac{J_0\delta}{\sqrt{2}}\mathrm{e}^{-\mathrm{j}\frac{\pi}{4}} \qquad (2.3\text{-}66)$$

这部分导体损耗的功率 p_c' 应为：

$$p_\mathrm{c}' = \int_0^\infty \frac{1}{2}|J|^2 \cdot \rho \mathrm{d}x = \frac{1}{4}\rho\delta J_0^2$$

$$= \frac{1}{2}\left(\frac{J_0\delta}{\sqrt{2}}\right)^2 \frac{\rho}{\delta} = \frac{1}{2}|I|^2 R_\mathrm{s} \qquad (2.3\text{-}67)$$

式中，R_s 称为金属表面电阻：

$$R_\mathrm{s} = \frac{\rho}{\delta} \qquad (2.3\text{-}68)$$

R_s 相当于导体横截面宽度为 1、厚度为 δ、导体长度为 1 的直流电阻值。对比式（2.3-66）和式（2.3-59）可知，不管导体的厚度多大，由于趋肤效应，其有效电阻就相当于电流仅集中于厚度为 δ 的表面层到体内的直流电阻，故称作表面电阻。

对于这部分导体（单位长度的导体），其电压降 U 为：

$$U = J_0 \cdot \rho \cdot 1 \qquad (2.3\text{-}69)$$

则：

$$Z_\mathrm{n} = \frac{U}{I} = J_0 \cdot \rho \cdot \frac{1+\mathrm{j}}{J_0 \cdot \delta} = \frac{\rho}{\delta}(1+\mathrm{j}) = R_\mathrm{n} + \mathrm{j}X_\mathrm{n} \qquad (2.3\text{-}70)$$

式中，Z_n 称为分布参数内阻抗，为电流以指数幅度衰减和线性相移的规律渗入导体内部所引起的。其实部 R_n 称为分布参数内电阻，虚部 X_n 称为分布参数内电抗。且：

$$R_\mathrm{n} = X_\mathrm{n} = R_\mathrm{s} \qquad (2.3\text{-}71)$$

即内阻抗实部和虚部相等，并等于表面电阻；和虚部相应的内电抗 X_n 是感性的。于是由高频趋肤效应引起的导体内电感 L_n 为：

$$L_\mathrm{n} = \omega X_\mathrm{n}$$

以上导体表面电阻 R_s 是在导体横截面宽度为 1 的情况下得到的，其阻值大小等于内电抗。由式（2.3-66）可知，对于均匀传输线，沿整个导体周界横截面得到的表面电阻即为传输线的分布参数电阻 R_0。可以证明：整个传输线的分布内电抗也等于分布参数电阻 R_0，并且传输线的分布内电感 L_n 和总分布参数电感 L_0 之间有如下关系：

$$L_\mathrm{n} = \frac{\mu}{\mu_0} \cdot \frac{\partial L_0}{\partial n} \cdot \frac{\delta}{2}$$

式中，μ 为导磁率，μ_0 为真空导磁率。L_0 可在假定电流完全分布于导体表面的无限薄厚度（即不向内渗透）的条件下求得，故也称为外分布参数电感。n 为导体表面且指向导体内部的法向轴（即法向方向的绝对值）。

这样，求得微带线的分布参数电容和相速（或有效介电常数）后，分布外电感 L_0 也可求出。由于微带线电流沿导体截面周界并非均匀分布（如图 2.3-17 所示），求解过程相当烦琐，这里只给出最后结果：

$$\frac{\alpha_c \cdot Z_c h}{R_s} =$$

$$
\begin{cases}
\dfrac{8.68}{2\pi}\left[1-\left(\dfrac{w_e}{4h}\right)^2\right]\cdot\left[1+\dfrac{h}{w_e}+\dfrac{h}{\pi w_e}\cdot\left(\ln\dfrac{4\pi w}{t}-\dfrac{t}{w}\right)\right], & w/h \leqslant \dfrac{1}{2}\pi \\[4ex]
\dfrac{8.68}{2\pi}\left[1-\left(\dfrac{w_e}{4h}\right)^2\right]\cdot\left[1+\dfrac{h}{w_e}+\dfrac{h}{\pi w_e}\cdot\left(\ln\dfrac{2h}{t}-\dfrac{t}{h}\right)\right], & \dfrac{1}{2}\pi \leqslant w/h \leqslant 2 \\[4ex]
\dfrac{8.68}{\left\{\dfrac{w_e}{h}+\dfrac{2}{\pi}\ln\left[2\pi e\left(\dfrac{w_e}{2h}+0.94\right)\right]\right\}^2}\cdot\left[\dfrac{w_e}{h}+\dfrac{w_e/\pi h}{w_e/2h+0.94}\right]\cdot\left[1+\dfrac{h}{w_e}+\dfrac{h}{\pi w_e}\cdot\left(\ln\dfrac{2h}{t}-\dfrac{t}{h}\right)\right], & w/h \geqslant 2
\end{cases}
$$

$$(2.3\text{-}72)$$

式中，α_c 单位为 dB，w_e 为考虑到厚度 t 后的导体条带等效宽度，可由式（2.3-30）得到。上式计算 α_c 的结果比较麻烦，图 2.3-18 给出了相应的计算结果可以作为参考，α_c 的单位为 dB/cm，且 t/h 分别为：0.016，0.031，0.067，0.134，分别对应于常用的硬基片（陶瓷基片，$t=0.004\text{mm}$，$h=0.254\text{mm}$ 或 0.127mm）和复合介质基片（Duroid 5880，$t=0.017\text{mm}$，$h=0.254\text{mm}$ 或 0.127mm）。

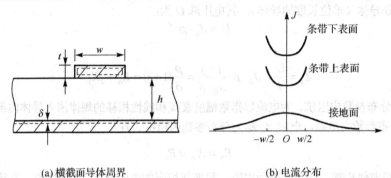

(a) 横截面导体周界   (b) 电流分布

图 2.3-17   微带线的导体损耗分析

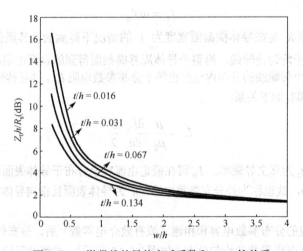

图 2.3-18   微带线的导体衰减系数和 w/h 的关系

对于 $w/h \gg 1$ 的微带线，可以认为导体条带电流在宽度 w 上均匀分布，于是有如下近似公式：

$$\alpha_c \approx \frac{20}{\ln 10} \cdot \frac{R_s}{wZ_c} \text{ dB/cm} \tag{2.3-73}$$

例：基片材料为厚度为 0.254mm 的 Duriod 5880，金属层为厚度为 0.017mm 的铜，制作的 50Ω 微带线条带宽度约为 0.761mm，求 10GHz 时一个波长的金属损耗（dB）。

$w/h = \dfrac{0.761}{0.254} \approx 3$，$t/h = \dfrac{0.017}{0.254} \approx 0.067$，由图 2.3-18 得：

$$\frac{\alpha_c \cdot Z_c h}{R_s} \approx 1.9 \text{dB}$$

再根据表 2.2-3 得铜的表面电阻为：

$$R_s = 2.6 \times 10^{-7} \sqrt{f} \, (\Omega/\text{cm}^2)$$

代入后，得：

$$\alpha_c = \frac{1.9 \times 2.6 \times 10^{-7} \sqrt{10 \times 10^9}}{50 \times 0.254} \approx 0.004 \text{(dB/mm)}$$

由式（2.3-26）得：

$$\varepsilon_{re} = \frac{\varepsilon_r + 1}{2} + \frac{\varepsilon_r - 1}{2} \left(1 + \frac{10h}{w} \right)^{-\frac{1}{2}} \approx 1.9$$

于是：

$$v_p = \frac{c}{\sqrt{\varepsilon_{re}}} \approx 2.18 \times 10^8 \text{ (m/s)}$$

在 $f = 10$GHz 时，微带线导波波长为：

$$\lambda_g = \frac{v_p}{f} = \frac{c}{\sqrt{\varepsilon_{re}}} \approx 21.8 \text{(mm)}$$

于是一个波长的导体损耗约为：$21.8 \times 0.004 = 0.0872 \text{dB}$。可见微带线导体损耗远大于介质损耗，微带线中导体损耗占主导地位。

实际上，微带线的实际损耗比上述用公式计算的理论结果大得多，这主要是由多方面原因造成的。微带线的损耗和工艺质量密切相关。若介质基片的光洁度不够，导致覆着在基片上的导体条带表面的光洁度也不够，而当表面起伏等于甚至大于导体的趋肤深度时，则相当于增加了电流的有效路径而引起微带线导体损耗增大。对于硬基片（比如陶瓷基片）来说，在金层蒸发、电镀的过程中，如工艺上有缺陷，可能使金属颗粒的金相结构不够细密，也会增大有效电阻率。因此，为了得到低损耗微带线，不应仅仅从原理设计上考虑，还应在微带电路的工艺上下功夫。

2.3.5　微带线的品质因数

在微波振荡器、微波滤波器等具有选频特性的电路中，其基本单元电路为微波谐振器。在这类电路中，通常要求电路具备高的品质因数 Q 值。在低频率下（比如 300MHz 以下），谐振器是用集总电容和电感构成 LC 回路实现的。但对于微波频率，这类 LC 回路欧姆损耗、介质损耗和辐射损耗都较大，电路 Q 值低；同时较高的频率要求电容量和电感量较小。因此在微波频率下往往用一段传输线来实现高 Q 谐振器。

谐振器 Q 定义为：

$$Q = 2\pi \frac{W_M}{W_T} = \omega_0 \frac{W_M}{P_L} \qquad (2.3\text{-}74)$$

式中，W_M 为谐振器最大储能，W_T 为一个周期内谐振器的能量损耗，P_L 为平均功率损耗。

如前所述，通常忽略辐射损耗，这微带线上损耗的能量包括介质和导体损耗两部分，相应的 Q 值为 Q_c 和 Q_d。Q_c 为导体损耗相应的 Q 值，Q_d 为介质损耗相应的 Q 值，它们和微带线 Q 的关系为：

$$\frac{1}{Q} = \frac{1}{Q_c} + \frac{1}{Q_d} \qquad (2.3\text{-}75)$$

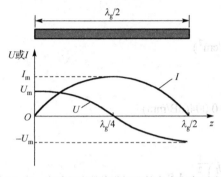

图 2.3-19　半波长微带线谐振器的电流和电压分布

下面我们来求一段两端开路的微带线无载 Q 值。

一段两端开路的微带线可看作一个半波长谐振器，线上电流和电压呈正弦驻波分布，如图 2.3-19 所示。

若电压和电流波腹值分别为 U_m 及 I_m，则线上驻波电压可看成是幅度为 $U_m/2$ 而方向相反的一对行波电压叠加的结果；线上驻波电流可看成是幅度为 $I_m/2$ 而方向相反的一对行波电流叠加的结果。对于一个行波来说，线上传输功率为：

$$P_0 = \frac{1}{2} \cdot \frac{U_m}{2} \cdot \frac{I_m}{2} = \frac{1}{8} I_m^2 \cdot Z_0 \qquad (2.3\text{-}76)$$

通常长度为 $\lambda_g/2$ 的微带线衰减值不大，可认为传输功率 P_0 沿线几乎不变，故 $\lambda_g/2$ 线段的一个行波总损耗功率近似为：

$$\Delta P \approx 2P_0 \cdot \alpha \cdot \frac{\lambda_g}{2} = \frac{1}{8} I_m^2 Z_c \cdot \alpha \lambda_g \qquad (2.3\text{-}77)$$

$\lambda_g/2$ 的微带线上两个相反行波的总损耗为 ΔP 的两倍：

$$\Delta P_{总} = 2\Delta P = \frac{1}{4} I_m^2 Z_c \cdot \alpha \lambda_g \qquad (2.3\text{-}78)$$

于是，一个周期内的损耗能量为：

$$W_T = \frac{1}{4f} I_m^2 Z_c \cdot \alpha \lambda_g \qquad (2.3\text{-}79)$$

另一方面，对于谐振器来说，最大储能是不变的，等于任何瞬刻的电场和磁场储能之和。为了方便起见，这里取电流到达最大值而电压为零时刻的磁场储能为最大储能，即

$$最大储能 = W_M = \frac{L_0}{2} \int_0^{\frac{\lambda_g}{2}} I_m^2 \sin^2\left(\frac{2\pi}{\lambda_g} z\right) \mathrm{d}z = \frac{L_0}{8} \cdot I_m^2 \lambda_g \qquad (2.3\text{-}80)$$

其中 L_0 为分布参数电感。

于是，由式（2.3-74）、式（2.3-78）和式（2.3-79）有：

$$Q = \frac{2\pi \cdot \frac{L_0}{8} \cdot I_m^2 \cdot \lambda_g}{\frac{1}{4f} I_m^2 Z_c \cdot \alpha \cdot \lambda_g} = \frac{\frac{1}{8} L_0}{\frac{1}{4} \omega \cdot Z_c \alpha} = \frac{\omega L_0}{2 Z_c \alpha} = \frac{1}{2\alpha} \omega \sqrt{L_0 C_0} = \frac{\pi}{\lambda_g \cdot \alpha} \qquad (2.3\text{-}81)$$

可见传输线 Q 值和衰减常数 α 成反比。

对于均匀介质填充的传输线，将式（2.3-53）代入式（2.3-81），可得与介质损耗相应的 Q 值：

$$Q_d = \frac{1}{\tan\delta} \tag{2.3-82}$$

即与介质损耗相应的 Q_d 正好是 $\tan\delta$ 的倒数。对于 Duroid 5880 基片，$\tan\delta = 9\times10^{-4}$，对应的 $Q_d = 1100$ 左右；对于石英基片，$\tan\delta < 1\times10^{-4}$，对应的 $Q_d > 10000$。

对于实际微带线为部分填充介质的情况，Q_d 为：

$$Q_d = \frac{\varepsilon_r - 1}{\varepsilon_{re} - 1} \cdot \frac{\varepsilon_{re}}{\varepsilon_r} \cdot \frac{1}{\tan\delta} \tag{2.3-83}$$

类似地，与导体损耗相对应的 Q 值，可根据前述求得的微带导体衰减常数 α_c（单位为 N/波长）来计算。

$$Q_c = \frac{\pi}{\alpha_c \cdot \lambda_g} \tag{2.3-84}$$

例：基片材料为厚度为 0.254mm 的 Duroid 5880，金属层为厚度为 0.017mm 的铜，制作的 50Ω 微带线条带宽度约为 0.761mm，忽略辐射损耗，求 10GHz 时微带线的 Q 值。

由前例可知，一个波长的介质损耗为：

$$\alpha_d = \frac{\varepsilon_{re} - 1}{\varepsilon_r - 1} \cdot \frac{\varepsilon_r}{\varepsilon_{re}} \frac{\pi\tan\delta}{\lambda_g}(\text{N/单位长}) \approx 2.46\times10^{-3}(\text{N}/\lambda_g) = 2.13\times10^{-2}(\text{dB}/\lambda_g)$$

于是，与介质损耗相应的 Q 值为：

$$Q_d = \frac{\pi}{\alpha_d \cdot \lambda_g} \approx 1277$$

同样，一个波长的导体损耗为：

$$\alpha_c \approx 0.0872(\text{dB}/\lambda_g) \approx 0.01(\text{N}/\lambda_g)$$

于是，与导体损耗相应的 Q 值为：

$$Q_c = \frac{\pi}{\alpha_c \cdot \lambda_g} \approx 314$$

忽略辐射损耗，10GHz 时微带线的 Q 值为：

$$Q = \frac{Q_d \cdot Q_c}{Q_d + Q_c} \approx 252$$

由于加工工艺等原因，实际微带线的 Q 值比以上理论计算结果低些，远低于对应频段的波导、同轴线的 Q 值。

2.3.6 微带线的色散特性

通常而言，电磁波的色散是指其在媒质中传播速度随其频率而变化（或者说不同频率的电磁波在媒质中传播速度不同）的现象，出现色散现象的传输线称为色散传输线。

　　前面提到，由于微带线为半开放结构传输线，存在介质-空气分界面。要满足微带线这种介质基片与空气分界面上的边界条件，场必须有纵向分量，E_z、H_z 不全为零或都不为零，即微带线传播的是 TE 波和 TM 波的混合模式。这种混合模式是色散的，能在任何频率下传播。在频率较低的情况下，实际微带线物理尺寸相对较小，电磁场主要集中在介质中，空气中的场较弱，电磁场的纵向分量很小，此时的场结构近似于 TEM 模——准 TEM 模，可以按照 TEM 波来分析。以上对微带线的特性参数分析就是按照传播 TEM 模分析的，这时微带线的相速或等效介电常数与频率无关，没有色散现象。当工作频率较高时，微带线物理尺寸相对于工作波长足够大时，空气中的电磁场分量比较突出，分析时纵向场分量不可忽略。这时，微带线的相速或等效介电常数将随频率而产生明显的变化，或者说不同频率的信号在微带线上传输的相速和等效介电常数不同，即微带线产生了色散特性。可见，对于大多数微波集成传输线来说，基本上存在电磁场的空气-介质边界条件，都会产生色散现象。

　　另外，微带线仅当尺寸和材料选择适当，使其工作频率远低于高次波形截止频率，或低于与高次波形发生强耦合的频率时，微带线工作于准 TEM 波，微带线特性参量按照 TEM 波参量去表征。当工作频率升高时，其他高次波形对微带线 TEM 波参量影响增大，体现出特性参数随频率变化的色散现象。

　　因此，微带线的色散特性是与其材料和结构尺寸相关的，对其色散特性的分析就是要找出微带线在各种尺寸和各种基片 ε_r 情况下，微带线的等效相对介电常数、相速或导波波长以及特性阻抗与频率 f 的关系：$\varepsilon_{re}(f)$、$v_p(f)$ 或 $\lambda_g(f)$、$Z_c(f)$。微带线的色散特性可以用实验方法得到，也可以用理论分析方法求得。对微带线色散特性的严格的理论分析，涉及到多波型、复杂的介质边界条件的电磁场问题，求解过程相当繁杂，下面仅给出经验公式。

　　对于微带线：

$$v_p(f) = \frac{c}{\sqrt{\varepsilon_{re}(f)}} \qquad (2.3\text{-}85)$$

$$\lambda_g(f) = \frac{v_p(f)}{f} = \frac{\lambda_0}{\sqrt{\varepsilon_{re}(f)}} \qquad (2.3\text{-}86)$$

$$Z_c(f) = \frac{Z_c^0}{\sqrt{\varepsilon_{re}(f)}} \qquad (2.3\text{-}87)$$

式中，$c = f\lambda_0$。定义微带线的相对相速 v_{pr} 为：

$$v_{pr}(f) = \frac{v_p(f)}{c} = \frac{\lambda_g(f)}{\lambda_0} = \frac{1}{\sqrt{\varepsilon_{re}(f)}} \qquad (2.3\text{-}88)$$

于是，微带线相对相速的色散关系可用下列经验公式计算：

$$v_{pr}(f) = \frac{1}{\sqrt{\varepsilon_r \varepsilon_{re}}} \cdot \frac{\sqrt{\varepsilon_{re}} \cdot f_n^2 + \sqrt{\varepsilon_r}}{f_n^2 + 1} \qquad (2.3\text{-}89)$$

式中，ε_{re} 为前述准 TEM 波理论分析得到的微带线等效相对介电常数：

$$\varepsilon_{re} = \frac{\varepsilon_r + 1}{2} + \frac{\varepsilon_r - 1}{2}\left(1 + \frac{10h}{w}\right)^{-\frac{1}{2}} \qquad (2.3\text{-}90)$$

f_n 为归一化频率：

$$f_n = \frac{f}{f_{cTE}} = \frac{4h\sqrt{\varepsilon_r - 1}}{\lambda_0} \quad (2.3-91)$$

式中，f_{cTE} 为最低次 TE 表面波截止频率：$f_{cTE} = \dfrac{c}{\lambda_{cTE}} = \dfrac{c}{4h\sqrt{\varepsilon_r - 1}}$，$\lambda_{cTE}$ 由式（2.3-4）给出。

由式（2.3-88）可知：

$$
\begin{aligned}
\frac{\partial v_{pr}(f)}{\partial f} &= \frac{1}{\sqrt{\varepsilon_r \varepsilon_{re}}} \cdot \frac{2\sqrt{\varepsilon_e} \cdot \dfrac{f}{f_{cTE}^2}(f_n^2 + 1) - 2\left(\sqrt{\varepsilon_e} \cdot f_n^2 + \sqrt{\varepsilon_r}\right) \cdot \dfrac{f}{f_{cTE}^2}}{(f_n^2 + 1)^2} \\
&= \frac{1}{\sqrt{\varepsilon_r \varepsilon_{re}}} \cdot \frac{2 \cdot \dfrac{f}{f_{cTE}^2}\left(\sqrt{\varepsilon_e} - \sqrt{\varepsilon_r}\right)}{(f_n^2 + 1)^2} \leqslant 0
\end{aligned} \quad (2.3-92)
$$

可见，微带线相对相速 $v_{pr}(f)$ 是频率 f 的单调递减函数。再由式（2.3-87）可知，微带线等效相对介电常数 $\varepsilon_{re}(f)$ 是频率 f 的单调递增函数。特别地：

当频率 $f \to 0$ 时，$v_{pr}(f) = \dfrac{1}{\sqrt{\varepsilon_{re}}}$，$\varepsilon_{re}(f) = \varepsilon_{re}$，$\dfrac{\partial v_{pr}(f)}{\partial f} = 0$，即低频情况下，微带线等效介电常数、相速等参数与频率无关。

当频率 $f \to \infty$ 时，$v_{pr}(f) = \dfrac{1}{\sqrt{\varepsilon_r}}$，$\varepsilon_{re}(f) = \varepsilon_r$，$\dfrac{\partial v_{pr}(f)}{\partial f} = 0$，即高频情况下，微带线等效介电常数随频率增加而趋近于介质基片的 ε_r。

可见，色散效应使得微带线的 $\varepsilon_{re}(f)$ 随频率 f 的增加而变大；相应地，由式（2.3-84）、式（2.3-85）和式（2.3-86）可知，随频率 f 增加色散效应而使微带线的 $v_p(f)$、$\lambda_g(f)$ 和 $Z_c(f)$ 均变小。

对 $v_{pr}(f)$ 求 f 的二阶导数，可得：

$$\left. \frac{\partial^2 v_{pr}(f)}{\partial f^2} \right|_{f \cong f_{cTE}} = 0 \quad (2.3-93)$$

即当工作频率 f 在最低次 TE 表面波截止频率 f_{cTE} 附近时，$v_{pr}(f)$ 随频率 f 变化最快，此处色散最严重。

对常用微带线来说，由经验公式（2.3-88）计算的误差在 3%左右。

另外，经过一定近似，可得到一个稍微简明一些的色散特性公式：

$$\varepsilon_{re}(f) = \varepsilon_r - \frac{\varepsilon_r - \varepsilon_{re}}{1 + G \cdot \left(\dfrac{f}{f_p}\right)^2} \quad (2.3-94)$$

式中，$f_p = \dfrac{Z_c}{2\mu_0 h}$，$G = 0.6 + 0.009 Z_c$。上式的适用范围为：$h$ 小于 1/4 介质中的波长和 w 小于 1/3 介质中的波长。

对应地，图 2.3-20、图 2.3-21、图 2.3-22 分别给出了不同介质基片和特性阻抗的微带线的色散特性：$\varepsilon_{re}(f)$、$v_p(f)$ 和 $Z_c(f)$。采用的基片材料分别是 Duroid 5880（$\varepsilon_r = 2.2$，$h = 0.254\text{mm}$，复合介质基板，Rogers 公司）、陶瓷基板（$\varepsilon_r = 9.8$，$h = 0.254\text{mm}$）和 RF60（$\varepsilon_r = 6.15$，$h = 0.635\text{mm}$，复合介质基板，TACONIC 公司）；对应传输线特性阻抗 Z_c 分别为 25Ω、50Ω、75Ω（其中，由于高介电常数基板在高阻抗情况下金属条带线宽太窄，常规工艺难以实现，因此陶瓷基板只给出特性阻抗 $Z_c = 25\Omega$ 和 50Ω 的结果）。由图可以直观地看出微带线的色散现象有以下特点：基片介电常数越高，阻抗越低，基片越厚，色散越严重；而且，基片厚度对色散的作用更显著。

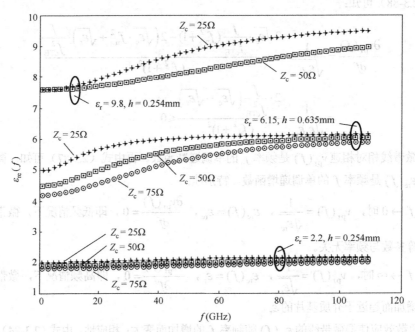

图 2.3-20 微带线色散特性：$\varepsilon_{re}(f)$ 与 f 的关系

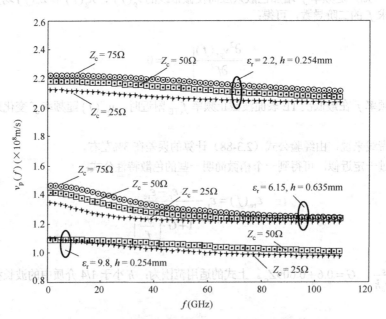

图 2.3-21 微带线色散特性：$v_p(f)$ 与 f 的关系

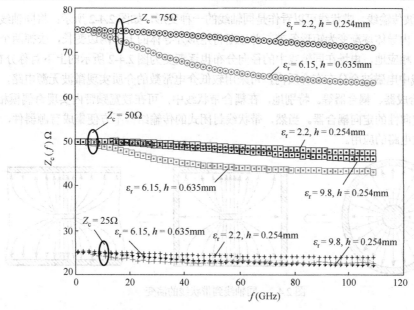

图 2.3-22 微带线色散特性：$Z_c(f)$ 与 f 的关系

2.4 其他类型的微波集成传输线

2.4.1 带状线

1. 概述

带状线是早期微波集成电路采用的主要传输结构。图 2.4-1(a)展示了带状线的内部结构：有 3 个导体层，层间填充同一类介质（ε_r）；上下导体层为接地层，中间导体层对称地位于上下接地层之间；填充介质可以是空气或其他绝缘介质。根据带状线的这一特殊结构，它也被称为夹心线或三板线。

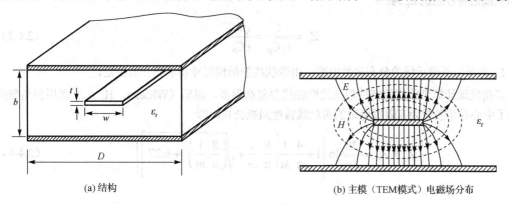

(a) 结构　　　　　　　　　　　　　(b) 主模（TEM模式）电磁场分布

图 2.4-1 带状线

与微带线填充空气和介质基片不同，带状线导体层间填充的是同一种绝缘介质，电磁场全部分布在同一种介质内，不存在不同介质分界面，支持 TEM 波传播的边界条件——即纵向场分量为零。带状线的传输主模是 TEM 模，其电磁场分布如图 2.4-1(b)所示。带状线的这种电磁场分布类似于同轴线等双导体 TEM 波传输线，带状线可以看作是同轴线的一种变形，如图 2.4-2 所示：将同轴线的外导体逐渐变为矩形，内导体逐渐变为矩形条带，并逐渐将矩形外导体的上下两边变长，去掉两个侧边，就成为了带状线。相应地，电场在同轴线中的径向分布也逐渐变为图 2.4-2 所示的上下对称分布。

由于带状线中电磁波全分布在介质内，可采用较低介电常数的介质实现微波无源电路，比如滤波器、功率分配/合成器、耦合器等。特别地，在耦合带状线中，可在较宽频带内实现奇偶模相速相等，得到具有较好定向性的定向耦合器。当然，带状线封闭式的传输结构不方便集成有源器件，限制了带状线在微波集成电路的应用。

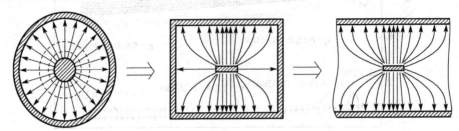

图 2.4-2　同轴线到带状线的演变

2. 主要特性参数

带状线所填充介质的相对介电常数为 ε_r，相速 v_p 为：

$$v_p = \frac{c}{\sqrt{\varepsilon_r}} \tag{2.4-1}$$

式中，c 为电磁波在空气或真空中的速度。

带状线的波导波长为：

$$\lambda_g = \frac{\lambda_0}{\sqrt{\varepsilon_r}} \tag{2.4-2}$$

式中，λ_0 为自由空间中 TEM 波的波长。

带状线的特性阻抗 Z_c 为：

$$Z_c = \frac{1}{v_p C_0} = \frac{\sqrt{\varepsilon_r}}{c C_0} \tag{2.4-3}$$

式中，C_0 为单位长带状线的分布参数电容，由带状线的结构尺寸和填充介质决定。

严格精确地计算带状线的特性阻抗比同轴线要复杂得多。惠勒（Wheeler, H. A.）采用保角变换法求得了中心导体条带为有限厚度时的带状线特性阻抗公式，即

$$Z_c = Z_c = \frac{30}{\sqrt{\varepsilon_r}} \ln\left\{1 + \frac{4}{\pi} \cdot \frac{1}{m}\left[\frac{8}{\pi} \cdot \frac{1}{m} + \sqrt{\left(\frac{8}{\pi} \cdot \frac{1}{m}\right)^2 + 6.27}\right]\right\} \tag{2.4-4}$$

式中，

$$m = \frac{w}{b-t} + \frac{\Delta w}{b-t}$$

$$\frac{\Delta w}{b-t} = \frac{x}{\pi(1-x)}\left\{1 - 0.5\ln\left[\left(\frac{x}{2-x}\right)^2 + \left(\frac{0.0796x}{w/b + 1.1x}\right)^n\right]\right\}$$

$$n = \frac{2}{1 + \frac{2}{3} \cdot \frac{x}{1-x}} \qquad , \quad x = \frac{t}{b}$$

式中，w、t 分别为中心导体条带的宽度和厚度，b 为两接地板之间的距离。上式在 $w/(b-t) \leqslant 10$ 时精度优于 0.5%。

通常，可以采用更为简便的经验公式计算带状线的特性阻抗。对于厚度 t、宽度 w 的中心导体条带可等效为宽度为 w_e 的零厚度导体条带，等效关系近似为：

$$w_e = \begin{cases} w + 0.441b, & w/b \geqslant 0.35 \\ w + \left[0.441 - (0.35 - w/b)^2 \right]b, & w/b \leqslant 0.35 \end{cases} \tag{2.4-5}$$

中心导带与一边接地板之间的单位长度电容为：

$$C_0' = \frac{\varepsilon_0 \varepsilon_r w_e}{b/2}$$

则单位长度带状线分布参数电容为：

$$C_0 = 2C_0' = \frac{4\varepsilon_0 \varepsilon_r w_e}{b} \tag{2.4-6}$$

代入式（2.4-3），得带状线特性阻抗为：

$$Z_c = \frac{30\pi}{\sqrt{\varepsilon_r}} \frac{b}{w_e} \tag{2.4-7}$$

上式精度约为 1%。

通常，为减少带状线在横截面方向的能量泄漏，上下接地板的宽度 D 和接地板间距必须满足：

$$D > (3 \sim 6)w \quad 和 \quad b << \lambda/2 \tag{2.4-8}$$

根据上述要求选择 w 和 b 尺寸的带状线，传输线的辐射损耗几乎为零。因此，分析中带状线的辐射损耗往往可以忽略。于是带状线的损耗主要包括导体损耗和介质损耗，对应的衰减常数为：

$$\alpha = \alpha_c + \alpha_d \tag{2.4-9}$$

其中和介质损耗对应的衰减常数为：

$$\alpha_d = \frac{k\tan\delta}{2} \text{(N/m)} \tag{2.4-10}$$

和导体损耗对应的衰减常数为：

$$\alpha_c = \begin{cases} \dfrac{2.7 \times 10^{-3} R_s \varepsilon_r Z_0}{30\pi(b-t)} A, & \sqrt{\varepsilon}Z_0 < 120\Omega \\ \dfrac{0.16 R_s}{Z_0 b} B, & \sqrt{\varepsilon}Z_0 < 120\Omega \end{cases} \text{(N/m)} \tag{2.4-11}$$

式中，

$$A = 1 + \frac{2w}{b-t} + \frac{1}{\pi}\frac{b+t}{b-t}\ln\left(\frac{2b-t}{t}\right), \quad B = 1 + \frac{b}{0.5w+0.7t}\left(0.5 + \frac{0.414t}{w} + \frac{1}{2\pi}\ln\frac{4\pi w}{t}\right)$$

上式是由增量电感法求得（与微带线金属损耗求解方法一样）的近似结果。

3．高次模和单模工作条件

和同轴线一样，带状线的第一高次模为 TE11 模，其截止波长为：

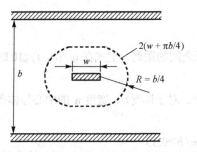

$$\lambda_{cTE11} = 2\sqrt{\varepsilon_r}\left(w + \frac{\pi b}{4}\right) \qquad (2.4\text{-}12)$$

图 2.4-3　带状线 TE11 模截止波长示意图

带状线的 TE11 模可这样理解：沿中心导体位置将带状线分为两半，每一半成为一个变形的矩形波导，其中传播的是 TE10 波。这个矩形波导的宽边取图 2.4-3 所示周长的一半，则这个矩形波导的 TE10 波的截止波长即为带状线 TE11 模的截止波长。

当 b 较大时，带状线中将出现径向线模式，其最低轴向横磁波为 TM10 波，截止波长为：

$$\lambda_{cTM10} = 2\sqrt{\varepsilon_r}\,b \qquad (2.4\text{-}13)$$

可见，带状线只传输 TEM 模的条件为：

$$\lambda_{min} > 2\sqrt{\varepsilon_r}(w + \pi b/4) \quad \text{和} \quad 2\sqrt{\varepsilon_r}\,b \qquad (2.4\text{-}14)$$

通常，在不考虑径向线模式的条件下，带状线的最高工作频率取：

$$f_c(\text{GHz}) = \frac{15}{b\sqrt{\varepsilon_r}}\left(\frac{1}{w/b + \pi/4}\right) \qquad (2.4\text{-}15)$$

式中，w 和 b 的单位为 cm。

2.4.2　悬置微带和倒置微带

1. 概要

悬置和倒置微带线的结构如图 2.4-4(a) 和 (b) 所示，其中心导体带贴敷在一块很薄的介质基片（厚度为 a）上，其中的电磁场大部分处于空气中，介质的影响不大，其有效相对介电常数 ε_e 接近于 1，从而传输线特性参量接近空气线的参量，线中损耗大大减小，具有比微带线更高的 Q 值（500～1000），接近于无色散。悬置微带和倒置微带的低损耗特性可用于实现滤波器、谐振器等 Q 值较高的电路。介质基片及其上面的导体带都远离接地板而悬于空气中。这种结构便于并接安置半导体器件，也便于放置铁氧体及介质谐振器等。

与微带线类似，悬置和倒置微带具有电磁场空气-介质边界条件，存在纵向场分量，传播的不是纯粹的 TEM 波，传输准 TEM 波。但与微带线相比，悬置和倒置微带结构不紧凑，机械可靠性略差。

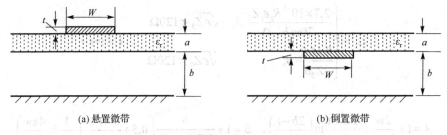

(a) 悬置微带　　　　　　　　　　　　(b) 倒置微带

图 2.4-4　悬置和倒置微带线的结构图

2. 主要特性参数

与微带线类似，引入等效相对介电常数 ε_{re} 后，悬置微带和倒置微带的特性阻抗可由下式表达：

$$Z_c = \frac{Z_c^0}{\sqrt{\varepsilon_{re}}} \tag{2.4-16}$$

式中，Z_c^0 为对应空气线的特性阻抗。

对于常用的带有屏蔽壳体的悬置微带线（如图 2.4-5 所示），在 $w \gg h$ 时（中心导带边缘场作用可以忽略时），可用下列近似公式计算 Z_c^0 和 ε_{re} ：

$$Z_c^0 = \frac{120\pi(a+h)}{w} \tag{2.4-17}$$

$$\varepsilon_e = \frac{a+h}{b}\left(1 + \frac{c\varepsilon_r}{a\varepsilon_r + h}\right) \tag{2.4-18}$$

式中，a、b、c 标明了屏蔽盒体尺寸以及介质基片的位置，h 为基片的厚度，w 为金属导带的宽度。

相应地，倒置微带线的 Z_c^0 和 ε_{re} 也有一些数值计算结果，这里不再详述。

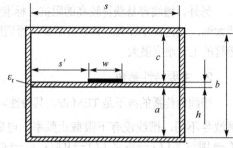

图 2.4-5　屏蔽悬置微带线

和微带线类似，悬置和倒置微带线的损耗主要有两部分：金属损耗和介质损耗。由于填充介质的主要部分是空气，所以它们的损耗远比微带线小得多，传输线的损耗几乎等于金属损耗。金属损耗对应的 α_c 可由式（2.3-71）进行估算。相应地，Q_0 主要由 α_c 决定，可以通过式（2.3-83）计算。

2.4.3　槽线

1. 概述

槽线的结构如图 2.4-6 所示，在介质基片的一个表面覆盖的导体层上开一条槽，介质基片另一表面没有导体层覆盖。槽线可用作辐射天线，也可用作传输线。当槽线作为传输线时，必须使电磁能量集中于金属槽内，以减小辐射损耗。这时必须要求基片介电常数较高，使得槽线模波长 λ_g 比自由空间波长 λ_0 小很多，保证电磁场非常集中在槽口附近。

槽线中导体间存在电位差，电力线横跨过槽；磁力线垂直于介质基片，在槽线的纵向（传输方向）交替闭合，每个闭合在纵向为半个波长。图 2.4-7(a)、(b) 分别给出了槽线的电磁场横向分布和纵向磁场分布。可见槽线具有纵向磁场分布，主要传播 TE 波。图 2.4-7(c) 给出了槽线的导体层上的电流分布，电流主要集中于槽边缘的金属层内，在离开槽缝后迅速减小。

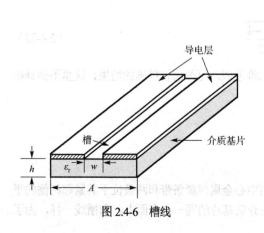

图 2.4-6　槽线

(a) 横截面的场结构　　　(b) 纵向上的磁场结构

(c) 导体表面的电流分布

图 2.4-7　槽线的场结构和电流分布

另外，槽线的磁场具有椭圆极化区，使得其可用于设计非互易铁氧体器件，如环形器、隔离器等。在槽的两边有电位差，电场跨过槽口，磁场垂直于槽口。特别适合于并联连接两端器件，如二级管、电阻、电容等元件。

微波集成电路中，可将介质基片的一面制作上槽线，另一面制作上微带线，以扩展电路的应用。当二者靠近时，有耦合存在，利用此耦合可研制出定向耦合器、滤波器以及过渡器等元件。

另外，槽线容易获得较高的阻抗。标准微带线的特性阻抗最高可做到 150Ω。阻抗再高时，微带线太细，工艺误差过大，且容易断线，而槽线分布参数电容小，阻抗高得多。若要获得低阻抗，细小槽缝的工艺难度很大。

2. 主要特性参数

槽线内传播的波不是 TEM 波，其特性阻抗 Z_c 和相速 v_p 随频率变化，是色散传输线。另外，与金属波导不同，槽线没有下限截止频率，电磁波沿槽线的传播可以在所有频率下进行。当工作频率 $f \to 0$ 时，$v_p(f) \to c$，$Z_c(f) \to 0$ 时，$v_p \to c$，且 $Z_c \to 0$。和波导的阻抗定义类似，槽线的 Z_c 定义具有任意性，一般采用功率-电压的定义：

$$Z_c(V,P) = \frac{V^2}{2P} \qquad (2.4\text{-}19)$$

式中，V 为槽内电压最大值：$V = \max\left[\left|\int E \cdot dl\right|\right]$，$P$ 为传播功率的平均值。

槽线的导波波长为：

$$\lambda_g = \frac{\lambda_0}{\sqrt{\varepsilon_{re}}} \qquad (2.4\text{-}20)$$

式中，ε_{re} 表示等效相对介电常数，若介质基板的相对介电常数为 ε_r，则近似地有：

$$\varepsilon_e = \frac{\varepsilon_r + 1}{2} \qquad (2.4\text{-}21)$$

式（2.4-20）和式（2.4-21）可满足多数实际应用情况，其误差在 10% 以内。

若以 $V(r)$ 表示距离槽中心 r 位置的电压，V_0 表示槽内电压，则两者的比值可以表征槽线场随着偏离槽中心而衰减的情况。可由零阶近似得到：

$$\frac{V(r)}{V_0} = \frac{\pi}{2} k_c \mid H_1^{(1)}(k_c r) \mid \qquad (2.4\text{-}22)$$

式中，$H_1^{(1)}(x)$ 是第一类一阶汉克尔函数，系数 k_c 为：

$$k_c = j \frac{2\pi}{\lambda_0} \sqrt{\frac{\varepsilon_r - 1}{2}} \qquad (2.4\text{-}23)$$

上述零阶近似得到的结果比较粗糙。有文献采用二阶近似，可得出较精确的结果，这里不做详细叙述。

2.4.4　共面波导

1. 概述

共面波导结构如图 2.4-8(a)所示。共面波导传输线由中心金属薄膜条带和两条位于其紧邻两侧的平行延伸的接地金属面所形成，中心导体条带和接地面在介质基片的同一个表面上。和槽线一样，为了使电磁场更加集中于中心导体条带和接地面间的空气与介质的交界处,共面波导也采用高介电常数介质基片。共面波导具有固有的圆极化射频磁场,可用于设计不可逆磁性器件;中心导体条带与接地层位于同一平面上,便于并联连接两端器件。另外,共面波导的特性阻抗 Z_c 与基片的厚度 h 几乎无关,可采用低损耗高介电常数基片来减小导波波长,有利于在较低频率情况下微波集成电路的小型化设计。

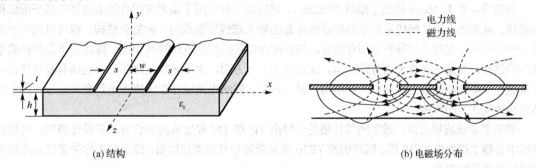

(a) 结构　　　　　　　　　　　　　　　　　　　　(b) 电磁场分布

图 2.4-8　共面波导

共面波导传播的是准 TEM 波,故没有下限截止频率。但在中心导体条带和接地面之间具有电磁场空气–介质边界和切向电场分量,使交界面上的位移电流中断,从而产生了纵向和横向的磁场分量,即产生了椭圆极化磁场。当介质基片的 ε_r 非常大时,交界面处的磁场近似于圆极化,且极化面垂直于基片的表面。图 2.4-8(b)给出了共面波导的电磁场分布。

2. 主要特性参数

采用零阶近似,共面波导特性阻抗 Z_c 为:

$$Z_c = \frac{Z_c^0}{\sqrt{\varepsilon_{re}}} = \frac{60\pi}{\sqrt{\frac{\varepsilon_r + 1}{2}}} \cdot \frac{K'(k)}{K(k)} \qquad (2.4\text{-}24)$$

式中,$K(k)$ 为第一类完全椭圆积分:$K'(k) = K(k')$,$k = a_1 / b_1$,$k' = \sqrt{1 - k^2}$,a_1 和 b_1 的意义见图 2.4-9。

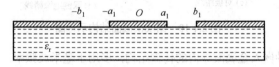

图 2.4-9　共面波导特性阻抗零阶近似:$s = b_1 - a_1$

Z_c^0 为对应空气线的特性阻抗,可采用保角变换法求得;等效相对介电常数 ε_{re} 与相速 v_p 的近似式分别为:

$$\varepsilon_{re} \approx \frac{\varepsilon_r + 1}{2} \qquad (2.4\text{-}25)$$

$$v_p \approx \left(\frac{2}{\varepsilon_r + 1}\right)^{1/2} c \qquad (2.4\text{-}26)$$

下面将介绍改变共面波导结构参数对共面波导特性参数的影响。

以上结果都是假定介质基片厚度 $h = \infty$,采用准静态方法求得的。实际共面波导的 h 有限,但一般来说,h 对于共面波导 Z_c 的影响不严重,特别是采用高 ε_r 的基片,h 几乎无关紧要。h 为槽宽 s 的

2～3 倍时，对 Z_c 的影响已经很小。

2.4.5　鳍线

1. 概述

1972 年，P. J. Meier 提出了鳍线（Finline）。鳍线是一种可用于毫米波混合集成电路的准平面结构传输线。从本质上讲，鳍线是在矩形金属波导 E 面嵌入槽线所组成的一种复合结构，也可以把它看成是一种由介质片支撑具有薄脊的加脊波导。与前面介绍的微波集成传输线相比，鳍线并不是严格的平面传输结构，而是一种准平面传输结构。这是因为：一方面，由于鳍线电路图形，包括有源器件在内都集成在一块介质基板上，具有平面结构；另一方面，鳍线电路设计必须要考虑到金属波导（属于立体结构传输线）的影响。

和矩形金属波导类似，通常鳍线传播是一种由 TE 和 TM 模组成的混合波。若设计得当，可保证鳍线中传播主模为准 TE10 模。鳍线的准 TE10 模和脊波导具有类似性质，即单模工作带宽比对应矩形波导的单模带宽要宽。

另外，与脊波导类似，根据"加脊"方式不同，鳍线有如下几种方式：双侧鳍线，单侧鳍线，对极鳍线，双侧绝缘鳍线等，如图 2.4-10 所示。

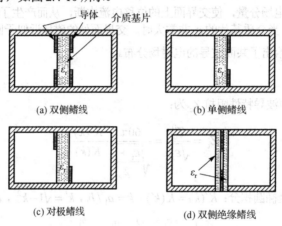

(a) 双侧鳍线　　　　　　　　　　　(b) 单侧鳍线

(c) 对极鳍线　　　　　　　　　　　(d) 双侧绝缘鳍线

图 2.4-10　鳍线横截面结构示意图

由于鳍线通常是一种嵌入金属波导内的传输结构，多用于毫米波频率。鳍线具有微波集成传输线的一些优点，对有源和无源电路的集成提供了可能条件。当金属鳍位于同一侧时，鳍线结构可方便地并联连接两端有源器件，制作成开关、移相器、混频器、倍频器等电路。同时，由于鳍线中电磁能量主要集中在金属鳍间缝隙内，而金属鳍可由集成电路工艺实现，避免了矩形金属波导在毫米波频段所要求的严格机械加工公差，具有平面电路制作上的优点。另外，鳍线具有较低的损耗，电路 Q 值高，可方便地设计成谐振器、滤波器等电路。而且，鳍线这种介于立体传输线和平面集成传输线之间的结构，可方便地用作这两者之间的过渡转换。在图 2.4-11 中给出了矩形波导中的波导-鳍线过渡段简图，图 2.4-12 给出了由鳍线设计的滤波器和阻抗变换器等电路图形的简图。

2. 鳍线的主要特性参量

鳍线是一种分区填充介质的导波系统，工作于混合模式。精确地分析、计算其色散特性及特性阻抗需要依赖各种数值计算方法。对于单侧鳍线，一种简单的近似法是将鳍线视为等效脊波导，波导内均匀填充相对介电常数 ε_e 的介质材料，这样可以得出主模的波导波长 λ_g 和等效特性阻抗 Z_c：

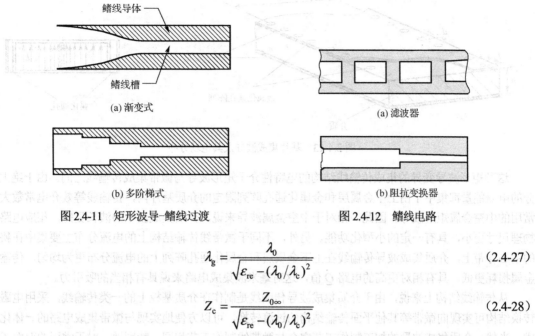

图 2.4-11 矩形波导-鳍线过渡 　　　　 图 2.4-12 鳍线电路

$$\lambda_g = \frac{\lambda_0}{\sqrt{\varepsilon_{re} - (\lambda_0/\lambda_c)^2}} \qquad (2.4\text{-}27)$$

$$Z_c = \frac{Z_{0\infty}}{\sqrt{\varepsilon_{re} - (\lambda_0/\lambda_c)^2}} \qquad (2.4\text{-}28)$$

式中，ε_{re} 称作等效相对介电常数，λ_c 和 $Z_{0\infty}$ 是同尺寸脊波导的截止波长和频率趋近无限时的特性阻抗。

当鳍线基片的相对介电常数 ε_e 接近于 1 时，计算是相当令人满意的。

当 $1 < \varepsilon_{re} < 2.5$ 时，ε_{re} 随频率 f 变化很小，可近似地取鳍线截止频率 f_c 时的 ε_{rec} 作为 ε_{re} 值，即

$$\varepsilon_{re} \approx \varepsilon_{rec} \qquad (2.4\text{-}29)$$

而

$$\varepsilon_{rec} = (f_c^0/f_c)^2 \qquad (2.4\text{-}30)$$

上式中 f_c 和 f_c^0 分别是鳍线和对应空气鳍线的截止频率，它们可用横向谐振法求出。

当 $\varepsilon_{re} > 2.5$ 时，ε_{re} 与频率的一般关系可以表示为：

$$\varepsilon_{re} = \varepsilon_{rec} \cdot F \qquad (2.4\text{-}31)$$

式中，F 为修正因子，是鳍线结构尺寸、基片介电常数和工作频率的函数。

一般来说，单侧鳍线的特性阻抗高于 100Ω；对于低于 100Ω 的鳍线，可采用对极鳍线来实现。

2.4.6 介质集成波导

1. 概述

介质集成波导（SIW）是近年来新出现的一种集成传输线，并已在毫米波集成滤波器领域实现了较为成功的工程应用。介质集成波导传输线是在上、下表面为金属层的低损耗介质基片上，制作金属化通孔阵列而实现的一种类似矩形波导传播模式的传输线：介质基片的上、下表面金属层等效于矩形波导的上、下宽边壁，金属化通孔阵列则等效于矩形波导的两个侧壁。图 2.4-13 给出了介质集成波导及其电场分布。可见，与矩形波导类似，介质集成波导传播的主模是 TE_{10} 模，因此可以认为介质集成波导实质上就是矩形波导的一种变异结构。

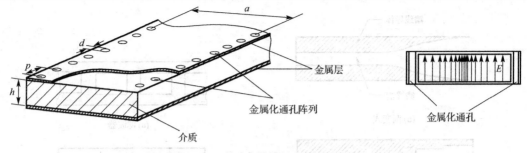

图 2.4-13　基片集成波导及其电场分布

这种矩形波导变异的集成传输线结构的电特性介于矩形波导与微带集成传输线之间。由于绝大部分的电磁能量都集中于由上下金属层和金属化通孔阵列限定的介质基片内，传输线等效介电常数大于常用的中空金属矩形波导。因此，相对于中空金属波导来说，介质集成波导的波长更短，相应电路的物理尺寸更小，具有一定的小型化功能。另外，不同于微带线传输结构上的电流分布主要集中在狭窄的中心导带上，介质集成波导传输线在上下金属层和金属化通孔阵列上的电流分布更为均匀，传输线金属损耗更低，具有相对更高的电路 Q 值，这对毫米波集成电路来说具有相当的吸引力。

从传输线结构上来说，由于介质集成波导传输线是制作在介质基板上的一类传输线，采用电磁场转换结构可实现向微带等其他平面传输结构的过渡转换，可以方便地实现与微带集成电路的一体化集成。当然，介质集成波导的加工制作工艺完全与微带线制作工艺相同。特别地，对于常用的双面覆铜介质基板，采用微带 PCB 工艺，即可实现介质集成波导电路。为此，在现代微带混合集成电路中，往往采用介质集成波导实现一些低损耗高 Q 值电路，如集成带通滤波器，并与其他微带电路一体化集成实现一些较为复杂的微波电路或系统功能。

2. 介质集成波导的主要特性

介质集成波导实际上是一种介质填充的波导结构。与普通的金属矩形波导类似，介质集成波导主模 TE_{10} 模的截止频率 $f_{c(TE_{10})}$ 主要由两列金属化通孔的间距 a 确定：

$$f_{c(TE_{10})} = \frac{c_0}{2\sqrt{\varepsilon_r}}\left(a - \frac{d^2}{0.95p}\right) \qquad (2.4\text{-}32)$$

式中，d 和 p 分别为同一列金属化通孔的直径和中心距离，ε_r 为介质基板的介电常数，h 为介质基板厚度，c_0 为空气中的光速。对应介质集成波导传输线的结构尺寸如图 2.4-13 所示。

与传统矩形波导不同的是，介质集成波导的两窄边并不是理想的电壁，而是由两列金属化通孔构成的近似金属壁的准电壁。当波导中有信号传输时，在波导表面将产生表面电流，由于构成介质集成波导两窄边的两排金属通孔间存在缝隙，如果该缝隙切断了表面电流，就会产生辐射，从而导致能量泄漏。显然，金属化通孔间隙越小，能量泄漏越小。

实际中，印刷电路板（PCB）工艺对金属化通孔的最小孔径和间距都有严格的要求。因此，必须合理选择 a/p 和 p/d 的大小，使得其加工方便并且能量泄漏减小到可以忽略不计的程度。有研究表明，当 $\frac{d}{\lambda_g} < 0.2$，$d/a < 0.2$，且 $p < 4d$ 时，缝隙之间的能量泄漏基本可以忽略，此时，介质集成波导的主模场分布已基本接近传统金属波导的主模场分布。

在上述条件下，可以在传统的介质填充的矩形波导和介质集成波导间建立一种对应关系，将介质集成波导器件的设计转化成传统的金属矩形波导器件的设计，从而大大简化设计的复杂度。介质集成波导和等效介质填充矩形波导满足下面的关系式：

$$a_{\text{equ}} = a - \frac{d^2}{0.95p} \tag{2.4-33}$$

式中，a_{equ} 为介质集成波导对应的等效介质矩形波导宽边尺寸。式（2.4-33）成立的前提是金属孔间隔 p 足够小，此时计算的结果具有很高的近似程度。实际上，a_{equ} 取决于 3 个参数，即 a、p 和 d，式（2.4-33）并没有反映出 d/a 对等效宽度的影响。研究表明，d 越小，等效结果越准确。如果考虑 d/a 对等效宽度的影响，更加精确的等效宽度的表达式为：

$$a_{\text{equ}} = a - 1.08 \cdot \frac{d^2}{p} + 0.1 \cdot \frac{d^2}{a} \tag{2.4-34}$$

对于 TE_{20} 模，其等效的矩形波导的宽度如下：

$$a_{\text{equ}(TE_{20})} = a - \frac{d^2}{1.1p} - \frac{d^3}{6.6p} \tag{2.4-35}$$

由于金属孔平行于窄边的表面电流方向，没有切断窄边的表面电流，因此 TE_{20} 能在结构中传输。其他的 TE_{n0} 模在窄边上也有类似的结构，而 TM 模的窄边上的表面电流则会被切断，这必将引起很大的辐射，从而产生较大的传输衰减，所以 SIW 中只能够传输 TE_{n0} 模，而不能传输 TM 模。

习　题

1. 对传播 TEM 波的微波集成传输线可采用分布参数等效电路的方法进行分析。试推导传输线分布参数电容 C_0 和分布参数电感 L_0 的表达式。

2. 高频电路中的表面电阻 R_s 与分布参数电阻 R_0 有什么关系？

3. 微波集成传输线由基片、覆着于基片上的金属导带与金属接地层组成。对于基片材料和导体材料分别有什么要求？

4. 微带线中的高次模式有哪些？如何抑制？

5. 双面覆铜复合介质微波基片材料 Duriod 5880，基片介质厚度为 0.254mm，金属层厚度为 0.017mm，工作频率为 40GHz 时对应的 50Ω 微带线条带宽度约为 0.797mm，求此微带线的有效介电常数 ε_e 和一个波长的导体损耗。

6. 在习题 5 的基础上求此微带线的介质损耗和品质因数。

参 考 文 献

[1] Edward C. Niehenke, Robert A. Pucel, and Inder J. Bahl, "Microwave and Millimeter-Wave Integrated Circuits", *IEEE Trans. Microwave Theory Tech*. vol. MTT-50, pp.846-857, March 2002.

[2] 清华大学微带电路编写组. 微带电路. 人民邮电出版社, 1975.

[3] 吴万春. 集成固体微波电路. 国防工业出版社, 1981.

[4] M. Kirschning, R. H. Jansen, N. H. L. Koster, "Accurate model for open end effect of microstrip lines", *Electronics Letters*, vol. 17, pp.123-125, Feb. 1981.

[5] Eoin Carey, Sverre Lidholm, "Millimeter-Wave Integrated Circuits", *America: Springer Science & Business Media*, 2005.

第3章　微波无源集成电路

3.1　概　　述

传统的微波电子系统中，微波信号源通常采用磁控管，传输线采用同轴线和波导立体电路，因此系统通常体积大、笨重，无法满足机载、星载等空间电子技术，以及舰载、制导等军用电子设备的需求。随着现代通信、雷达、制导对元部件在小型化、高可靠性和低成本方面的进一步要求，微波平面集成电路成为目前微波电子系统中的主流。

微波平面集成电路由有源器件和无源元件组成，其中有源器件主要指微波半导体器件，而无源元件主要指微波传输线及其构成的集成电路元件。在微波无源集成电路中，无源元件可通过集总参数元件和分布参数元件两种方式来实现。集总参数元件的原理和结构与低频集成电路元件相同，例如电阻、电容和电感，只不过为了让元件值尽量与频率无关，必须将元件的尺寸变得更小，从而需要更复杂的制作工艺，例如带引线的玻璃封装结构元件变成了寄生参量更小的表面贴装元件。由于元件尺寸远小于工作波长，可近似认为在电磁波传播过程中不存在相位变化，元件中的寄生参数（封装电容、引线电感、欧姆电阻等）对元件值的影响可以忽略，从而可以近似认为元件值与频率无关。通常在工程应用中，1GHz 以下以集总参数电路为主，1GHz 以上以分布参数电路为主。然而随着光刻技术等工艺的发展，集总参数元件的使用频率上限正不断提高，例如线艺（Coilcraft）公司的电感最高可用于 26GHz（型号 0302CS-N76XKL，电感值 0.67nH），Skyworks 的芯片电容采用氧化硅–氮化物介质，其最高工作频率也可以达到 26GHz。随着工作频率的升高，元件尺寸和工作波长可以比拟（~λ/10）时，集总

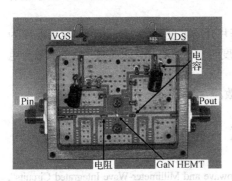

图 3.1-1　微波功率放大器

元件中的寄生参数效应变得更为明显，例如，25.4mm（=1英寸）长的导线可以产生的电感为 10nH，在 1GHz 时的阻抗约为 63Ω，此时对电路的影响已经不能忽略。图 3.1-1 为一个微波功率放大器，采用 GaN HEMT 晶体管作为有源器件，输入/输出匹配采用微带线和电阻、电容等集总元件构成。电路制作中，都是把介质表面金属化，光刻出所需图形以构成无源元件，有源器件和集总元件是另外装配上的。图 3.1-2 给出了一个毫米波双通道收发组件实物图及其所组成的各个有源电路。

随着设计理论和方法的成熟化，以及计算机的高度发展，微波电路仿真软件达到了前所未有的高度发展，例如 Keysight 公司的 Advanced Design System（ADS）、Ansys 公司的 High Frequency Simulation System（HFSS）、AWR 公司的 Microwave Office 等，为微波无源集成电路的开发和应用提供了重要的设计平台。

考虑到微带线在微波集成电路中的广泛应用，本章主要介绍典型的微带线平面无源集成电路：

（1）微带无源集成电路中的不连续性。

（2）基本微带无源集成电路，包括功分器、耦合器和滤波器。

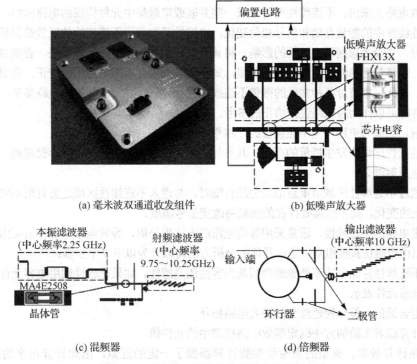

(a) 毫米波双通道收发组件　　　　　(b) 低噪声放大器

(c) 混频器　　　　　　　　　　(d) 倍频器

图 3.1-2　毫米波双通道收发组件及其关键电路

3.2　微带集成电路中的不连续性

3.2.1　概述

为了减少微带集成电路的体积以及增加电路设计的灵活性，一般的微带电路都包含不连续性。例如，微带线的拐弯，滤波器、阻抗变换器中不同特性阻抗微带段连接处的尺寸跳变，微带半波长谐振线两端的截断，微带分支线电桥、功分器等电路中的微带 T 形分支接头，等等；为使结构紧凑且同时满足走线方向的要求，常采用微带弯折和渐变；由于加工工艺的限制，不同传输结构的过渡部分也常常出现微带不连续性。因此，不连续性在微带电路中是不可避免的，而如何考虑和优化处理微带不连续性对优化设计微带电路有着重要意义。

由于微带电路属于分布参数电路，相对于均匀传输线，在不连续性处，场的结构会发生质的变化，不仅表现为在横截面内场的分布和均匀线段不一样，而且在纵向上也不再是单纯的波动，其中还包含有只在本地按正弦波形式的局部振荡部分。后一部分是在局部地区内储存能量并与电源反复交换的表现，它和以波动的形式沿着传输线传输能量的情况不同。与均匀传输线相比，不连续性处横截面完全不同，与均匀传输线的传输模式也不同。当电磁波由均匀传输线以单一模式（主模）传输到不连续性处时，由于不连续性处的边界条件突变，引起了相应场分布的变化。相对于均匀传输线的传输模式（主模）来说，不连续性结构的突变，传输性能将变差，甚至不能传输，即引起反射。从能量的观点来说，微波电路中的不连续性表现为不连续性区域的能量存储和与外界的能量交换。这一过程可以看作由信号源向不连续性区域通过均匀传输线以入射波形式输送能量。这些能量一部分以不同模式在不连续性区域内来回传输，即产生局部振荡；同时一部分能量向信号源方向反射，还有一部分能量向其余电路传输。从等效电路上来讲，不连续性可等效成一些并联或串联集中元件构成的电路网络，其中，电抗元件表示不连续性中的能量存储和信号相位变化，电阻性元件表示不连续性的能量热损耗。在精确设计微带电路时，必须考虑到不连续性的影响，将其等效参量计入到电路参量中去，否则将带来很大的误差。例如，微带带通滤波器的半波长谐振线，如不对其两端截断的效应进行校正，将引起频带中心频率的偏移。为此，本节对各种常见的微带不连续性进行分析，并给出其等效电路参量，以便在设计微带电路元件时可以作为对电路进行修正的参考。

总的来说，当微带电路产生不连续性时，将带来如下影响：

（1）不连续性区域将发生能量的存储，其具体表现为电容存储电能、电感存储磁能。

（2）产生反射波。

（3）场通过不连续性区域后重新沿均匀线传输时，与进入不连续性区域之前有所不同，时延效应将产生相位上的变化，而不连续处存在的损耗将改变信号幅度。

对于微带电路的不连续性，通常采用等效电路的方法来分析，等效电路中元件值可由网络测量来确定，也可以由电磁仿真模拟来确定。具体的分析方法可以分为以下 3 个步骤：

（1）由不连续性存储电能还是磁能判断其为容性还是感性。如果是容性则用电容元件表示，如果是感性则用电感元件表示。

（2）确定合适的、符合物理意义的等效电路拓扑。

（3）用计算或者实验的方法确定等效电路模型中的元件值。

为了提高计算效率，典型的微带线参数计算都做了一定的近似，因此计算出来的结果只能在 12GHz 以下与实测结果比较吻合。如果频率高于 12GHz，则需要用 2.5 维或三维场仿真软件进行精确计算和模拟。

微带集成电路中不连续性的种类较多，主要有微带线的截断端、微带线的阶梯跳变、微带间隙、微带线的拐角、微带线 T 接头和微带线十字接头等，下文将具体展开介绍。

3.2.2　微带线的截断端

在微带电路中常遇到微带截断的情形，其作用是开路、短路、匹配等。图 3.2-1 为微带带阻滤波器结构图，通过 3 个开路端枝节对所需频率进行抑制，其中 λ_{g1}、λ_{g2} 和 λ_{g3} 分别为对应抑制频率的导波波长，从而获得带阻特性。

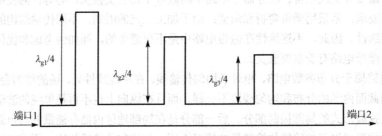

图 3.2-1　微带带阻滤波器结构图

微带的截断端由于在微带中心导带突然终断处，导带末端将出现剩余电荷，引起边缘电场效应，电场相对集中，可以等效为一个电容，如图 3.2-2 所示。该电容效应可以用一段理想的微带开路线进行等效。于是，实际的截断端相比于理想开路线缩短了 Δl，称为开路线缩短效应。此外，电场向微带截断端以外的自由空间扩散，必然要引起在介质板内外的表面波（它沿着微带长度的方向继续向前传播）和向自由空间辐射的波，造成能量损失，可用等效电阻表示。如果介质板的厚度达到一定程度，还会在微带线上引起反向传播的高次模。过剩电荷相关的电流流动会引起电感效应。因此，准确来说，微带的截断端应该等效为电感、电阻和电容并联网络。由于电容效应远大于等效电阻和等效电感效应，为了简化分析，通常在 20GHz 以下，主要考虑电容效应。

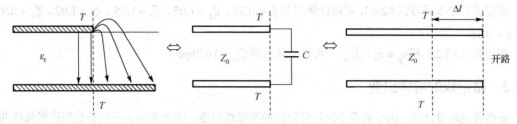

图 3.2-2　微带开路端及其等效电路

下面分析一下等效电容的计算方法。假设一个终端开路微带线可以等效为一个电容 C_{oc}，结合终端开路的微带线（长度为 Δl，相移常数为 β，特性阻抗为 Z_c，负载 $Z_c=+\infty$）阻抗计算公式，可得：

$$\frac{1}{\mathrm{j}\omega C_{oc}} = Z_c \frac{Z_L + \mathrm{j}Z_c \tan(\beta\Delta l)}{Z_c + \mathrm{j}Z_L \tan(\beta\Delta l)}\bigg|_{Z_L=\infty} = -\mathrm{j}Z_c \cot(\beta\Delta l) \tag{3.2-1}$$

化简后得到：

$$C_{oc} = \frac{1}{\omega Z_C}\tan(\beta\Delta l) \approx \frac{\beta\Delta l}{\omega Z_C} = \frac{\Delta l}{v_p Z_C} \tag{3.2-2}$$

式中，v_p 为传输线相速，于是通过计算微带线开路端的缩短长度 Δl 就可以获得其等效开路电容。Δl 的计算方法很多，但都是些近似方法或经验，例如式（3.2-3）。在满足 $0.01 \leqslant W/h \leqslant 100$ 和 $\varepsilon_r \leqslant 128$ 这两个条件时，该公式的精度高于 0.2%。

$$\frac{\Delta l}{h} = \frac{\xi_1 \xi_3 \xi_5}{\xi_4} \tag{3.2-3}$$

式中 $\xi_1 \sim \xi_5$ 的取值如下：

$$\begin{cases} \xi_1 = 0.43497\dfrac{\varepsilon_{re}^{0.81} + 0.26(W/h)^{0.8544} + 0.236}{\varepsilon_{re}^{0.81} - 0.189(W/h)^{0.8544} + 0.87} \\[3mm] \xi_2 = 1 + \dfrac{(W/h)^{0.371}}{2.35\varepsilon_r + 1} \\[3mm] \xi_3 = 1 + \dfrac{0.5274\arctan\left[0.084(W/h)^{1.9413/\xi_2}\right]}{\varepsilon_{re}^{0.9236}} \\[3mm] \xi_4 = 1 + 0.037\arctan\left[0.067(W/h)^{1.456}\right]\cdot\left\{6 - 5\exp\left[0.036(1-\varepsilon_r)\right]\right\} \\[3mm] \xi_5 = 1 - 0.218\exp(-7.5W/h) \end{cases} \tag{3.2-4}$$

其中 ε_{re} 是相对等效介电常数。

【例 3.1】 对于厚度为 1mm 和相对介电常数 ε_r 为 4.5 的基板，假设微带线的宽度为 0.2mm，试求其在 10GHz 时的微带线开路等效电容。

解：

根据已知条件，可得 $W/h = 0.2 \leqslant 1$，则：

$$\varepsilon_{re} = \frac{\varepsilon_r + 1}{2} + \frac{\varepsilon_r - 1}{2}\left\{\left(1 + 12\frac{h}{W}\right)^{-0.5} + 0.04\left(1 - \frac{W}{h}\right)^2\right\} \approx 3$$

$$Z_c = \frac{\eta}{2\pi\sqrt{\varepsilon_{re}}} \ln\left(\frac{8h}{W} + 0.25\frac{W}{h}\right) \approx 127.83\Omega$$

根据式（3.2-3）和式（3.2-4），可以计算得到 $\xi_1 \approx 0.37$，$\xi_2 \approx 1.05$，$\xi_3 \approx 1.05$，$\xi_4 \approx 1.02$，$\xi_5 \approx 0.95$，$\Delta l/h \approx 0.36$。

根据式（3.2-2）和 $v_p = v_0/\sqrt{\varepsilon_{re}}$，可以计算得到 $C_{oc} \approx 16.26\text{pF}$。

3.2.3　微带线的阶梯跳变

在微带电路设计时，由于需要不同特性阻抗的微带线相连，因此在两条不同特性阻抗微带线的连接点上必然发生金属导带宽度跳变，较宽的那根微带线局部被截断，在被截断的区域，电荷减少。由图 3.2-3 所示的电流线在金属导带表面上的分布情况来看，在局部被截断区域电流密度较少，面电荷密度也较少，因此局部电能减少，磁能增加。根据上述电流线分布图可以估计出宽度跳变的等效电路。由于局部能量存储以磁能为主，根据电路形式，可以用串联电感来表达这个不连续性区域，如图 3.2-4(a)所示。两段均匀传输线的长度一正一负，表示两条微带线的电界面和几何界面不一致，就像金属导带宽的微带线长度被延伸而金属导带窄的微带线长度被缩短了一样。如果两条微带线的电长度都取为 ω_c，要消除这一不连续性电界面和几何界面不一致的影响，在实际微带阶梯跳变中，宽微带的几何长度应当有所缩减而窄微带的几何长度应当有所延长。当然还需要考虑串联电感的作用。如果仍根据静电模拟的办法，等效电路就应当画成图 3.2-4(b)那样，那是不正确的。若按照静电分布来模拟，这里恰恰是一个尖端地区，电荷密度应当极大。可见静电模拟的方法对此已不适用。

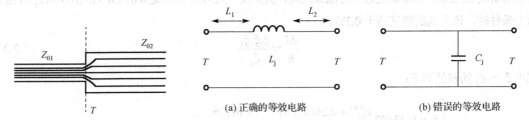

图 3.2-3　微带宽度跳变区域电流示意图　　　　图 3.2-4　宽度跳变的等效电路

对于微带跳变，可用对偶波导模拟法来定性分析其等效电路。对于矩形波导 E 面（与电场矢量平行的平面）阶梯跳变，通过场分析后可知其不连续性可以等效为一个并联电容，如图 3.2-5(a)所示；而对于矩形波导 H 面（与磁场矢量平行的平面）阶梯跳变，通过场分析后可知其不连续性可以等效为一个并联电感，如图 3.2-5(b)所示。

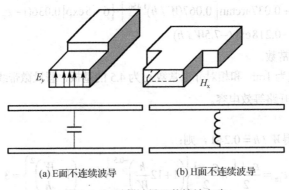

图 3.2-5　对偶波导及其等效电路

利用对偶波导理论，可以通过以下步骤对微带跳变进行分析。

（1）将微带线及其阶梯等效为平板波导，如图 3.2-6(a)所示。为方便计算，这里假设微带线与等效均匀平板波导二者的特性阻抗相同、相位常数相同，且板间距等于基片厚度 h。

无耗微带线相位传播常数为：

$$\beta = k\sqrt{\varepsilon_0 \mu_0 \varepsilon_{re}} \tag{3.2-5}$$

式中，ε_{re} 是有效相对介电常数。为使平板线的相位传播常数也是 β，平行板之间填充的介质的相对介电常数应等于 ε_{re}。

定义微带的等效平板宽度为 D，则均匀平板线的特性阻抗 Z_c 为：

$$Z_c = \frac{1}{v_p \cdot C_0} = \frac{1}{\dfrac{1}{\sqrt{\varepsilon_0 \mu_0 \varepsilon_{re}}} \cdot \varepsilon_0 \varepsilon_{re} \cdot \dfrac{D}{h}} = \sqrt{\frac{\mu_0}{\varepsilon_0}} \cdot \frac{h}{D} \cdot \frac{1}{\sqrt{\varepsilon_{re}}} \tag{3.2-6}$$

根据所假设的板间距和微带线的高度相同，则其 Z_C 就应等于微带线的特性阻抗。

于是可以推导出 D 的表达式为：

$$D = \sqrt{\frac{\mu_0}{\varepsilon_0}} \cdot \frac{h}{Z_C} \cdot \frac{1}{\sqrt{\varepsilon_{re}}} \tag{3.2-7}$$

在图 3.2-6(b)和(c)中阶梯宽边处相当于开路端，所以，当等效为侧面是磁壁上下面为金属的平板波导时应延长一小段 l。此时，在准 TEM 模假设下，微带中横向场为 E_y 和 H_x。此时由于侧面是磁壁，仍无法采用图 3.2-5(b)所示波导结构对应计算。

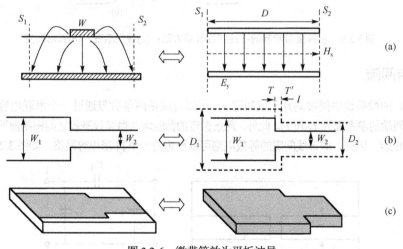

图 3.2-6 微带等效为平板波导

（2）应用对偶原理（参考表 3.2-1 给出的对偶变换），把平板波导变成图 3.2-7 所示的对偶波导，该对偶波导为 E 面阶梯，故等效为并联电容。另外，图中两段传输线一正一负，表示两条微带线的电界面和几何界面不一致，就像是宽带的长度被延伸而窄带的长度被缩短了一样。

表 3.2-1 对偶变换关系

E	H	ε	μ	理想电壁	理想磁壁	U	I	L	C	X	B	Z	Y	串联	并联
H	E	μ	ε	理想磁壁	理想电壁	I	U	C	L	B	X	Y	Z	并联	串联

（3）再次应用对偶原理，将对偶波导还原为原平板波导模型，则图 3.2-7(b)的对偶电路（如图 3.2-8

所示）就是微带阶梯的等效电路。

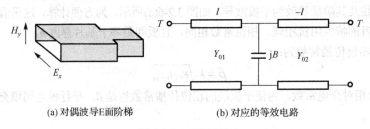

(a) 对偶波导E面阶梯　　　　(b) 对应的等效电路

图 3.2-7　对偶波导

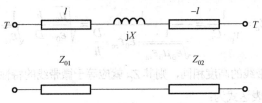

图 3.2-8　微带阶梯的等效电路

为减少微带阶梯带来的寄生效应影响，图 3.2-9 所示为常用的两种微带阶梯的不连续性补偿方法。

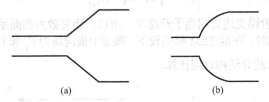

(a)　　　　　　　　　(b)

图 3.2-9　三种微带阶梯的不连续性补偿方法：(a)线性渐变；(b)弧形渐变

3.2.4　微带间隙

宽度为 W 的微带线中间被割开一段间隙 s，可以看成是两条微带通过一个串联电容 C_{12} 而互相耦合起来，电容两端的参考面为 T_1 和 T_2。此外，两条微带的截断端与微带线基板之间根据前面的分析也等效于各并联一个电容，因此，微带线间隙的等效电路可以设想是一个 ∏ 形电容网络，如图 3.2-10 所示。

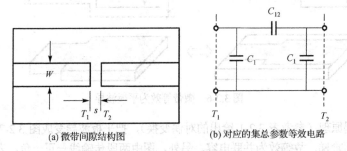

(a) 微带间隙结构图　　　　　(b) 对应的集总参数等效电路

图 3.2-10　微带间隙结构示意图及其等效电路

由于两条微带的截断端互相影响，所以两个并联电容 C_1 不等于前面所述的终端开路微带线等效电容 C_{oc}。显然，间隙 s 越宽，两条微带线的截断端互相的影响越小，所以 C_{12} 越小，C_1 越接近于 C_{oc}；s 越窄，C_{12} 就越大，而 C_1 就越小。所以当 s 由 0 变到 ∞ 时，C_1 应当由 0 增加到 C_{oc}，而 C_{12} 应当由 ∞ 减少到 0。

在实际工程中，由于测试得到的通常是 S 参数，因此模型的参数提取可以通过分析网络的导纳矩阵，从而计算出相应的等效电路中 C_1 和 C_{12} 的值，这里不再叙述。

3.2.5　微带线拐角

对于微带线直角拐角，在拐角区域如同有一个并联电容，路径的加长如同是两段短传输线，因此它的等效电路模型如图 3.2-11(a)所示。其分析也可以采用对偶波导理论，把这个微带线拐角折合成均匀平板线拐角，再应用对偶定理变换为对偶波导，就成了波导 E 面拐角，把波导的等效电路再变换为对偶电路，就得到如图 3.2-11(b)所示的等效电路。

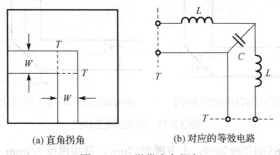

(a) 直角拐角　　　　　(b) 对应的等效电路

图 3.2-11　微带直角拐角

直接的直角拐角会产生较大反射，可以对不同形式的转弯采用 HFSS 进行模拟分析，典型的包括不削角直接拐弯、削角边长 $a=\sqrt{2}\,W$（W 为微带宽度）、削角边长 $a=1.6W$ 等。它们的结构示意图及对应的仿真结果见图 3.2-12、图 3.2-13 和图 3.2-14。HFSS 仿真设置为：腔体尺寸为长×宽×高=45.72mm×45.72mm×6mm，腔体定义为辐射边界条件，端口设置为波端口激励，基片为厚度 0.07mm 的 RogersRO4350B。

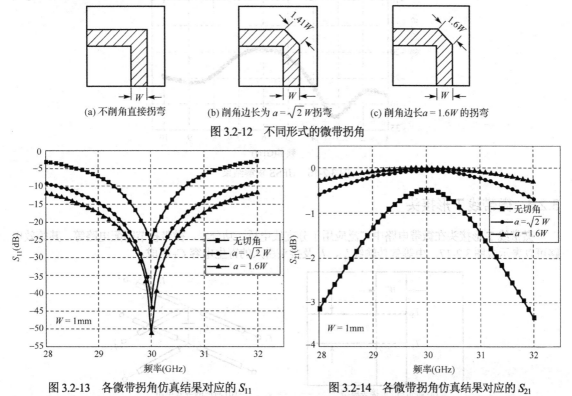

(a) 不削角直接拐弯　　(b) 削角边长为 $a=\sqrt{2}\,W$ 拐弯　　(c) 削角边长 $a=1.6W$ 的拐弯

图 3.2-12　不同形式的微带拐角

图 3.2-13　各微带拐角仿真结果对应的 S_{11}　　　　图 3.2-14　各微带拐角仿真结果对应的 S_{21}

通过以上分析可知，合适的切角可以有效改善信号的传输性能，降低不连续性的影响。经过

理论分析和实验验证，图 3.2-15(a)示出了典型性的匹配拐角设计参数，如果不是 50Ω 微带线可参照图 3.2-15(b)所示结构的尺寸选取，其中系数 0.565 为经验参数。

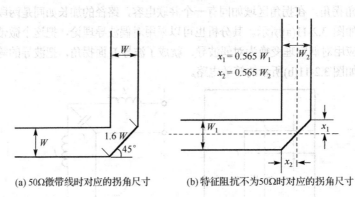

(a) 50Ω微带线时对应的拐角尺寸　　　(b) 特征阻抗不为50Ω时对应的拐角尺寸

图 3.2-15　微带匹配拐角

【例 3.2】 以 $\varepsilon_r = 2.65$ 的基板为例，上下覆铜17μm，基板厚度为1mm 。设图 3.2-16(b)中对应的 $W_1 = 3.76\text{mm}$ ，$W_2 = 3.5\text{mm}$ ，得到相应的 $x_1 = 2.12\text{mm}$ ，$x_2 = 1.98\text{mm}$ 。通过三维电磁仿真软件 HFSS 计算得到的 S 参数如图 3.2-16 所示。

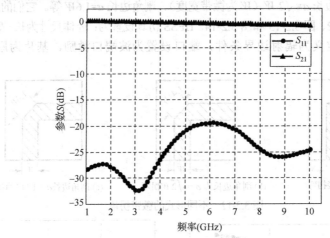

图 3.2-16　HFSS 求解结果

3.2.6　微带线 T 形接头

微带线 T 形接头在微带电路中广泛应用于分支线电桥、功分器、微带枝节匹配电路等。其等效电路可以表示成图 3.2-17，由等效传输线 l_1 、l_2 及接头引入的寄生电容 C_T 组成。

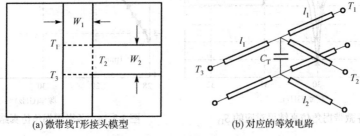

(a)微带线T形接头模型　　　　　　　(b) 对应的等效电路

图 3.2-17　微带线 T 形接头

为减少微带线 T 接头的寄生效应影响，可以采用如图 3.2-18（a）、（b）所示的两种补偿方法或者图 3.2-18（c）、（d）所示的两种结构。

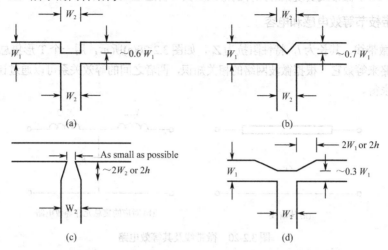

图 3.2-18 减少微带线 T 接头的寄生效应的方法

3.2.7 微带线十字接头

图 3.2-19(a)是典型的微带线十字接头结构，以 $W_3 = W_1$、$W_4 = W_2$ 的规则十字接头为例，其等效电路可以简化为图 3.2-19(b)所示，由等效传输线 l_1、l_2 和接头电容 C 组成。对于模型中 3 个参数（l_1、l_2 和 C）的提取，可以设 W_1 线为主传输线，W_2 线为两边两个短截线，此短截线一端开路，一端接于主线上，长为 L。当主线的传输系数为零（$S_{21} = 0$）时，有：

$$l_2 + L = \lambda_e / 4 \tag{3.2-8}$$

当主线完全传输（$S_{21} = 1$）时，有：

$$2\tan[2\pi(l_2 + L)\lambda_e'] = \omega C Z_{02} \tag{3.2-9}$$

式中，λ_e 和 λ_e' 分别为对应频率的传输零点和传输极点的等效波长，由上述两式可以求得 l_2 和 C。同样的方法可以用于确定 l_1。

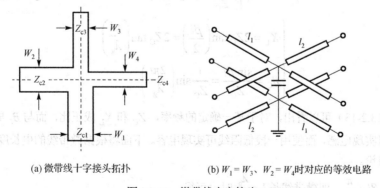

(a) 微带线十字接头拓扑   (b) $W_1 = W_3$、$W_2 = W_4$ 时对应的等效电路

图 3.2-19 微带线十字接头

3.2.8 微带线实现集总元件

在微带电路中，对于有限长度的微带线损耗通常较小，随着工作频率的升高，其 Q 值要优于集总

参数元件，因此常用微带结构来模拟集总元件电感和电容，以及电感和电容的串、并联结构，实现所需的微波电路。对于微带线实现集总元件的形式及其分析过程如下。

1. 用微带枝节等效电感和电容

对于一段微带线，其长为 l，特性阻抗为 Z_C，如图 3.2-20(a)所示，用一个 T 形集总元件电路或 Π 形集总元件电路来等效它。根据微波网络的相关知识，两者之间的等效关系可以通过让它们的转移矩阵对应相等来求得。

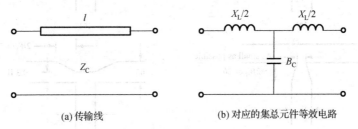

(a) 传输线   (b) 对应的集总元件等效电路

图 3.2-20 微带线及其等效电路

对于图 3.2-20(a)，其转移矩阵为：

$$[A] = \begin{pmatrix} \cos \beta l & jZ_C \sin \beta l \\ \dfrac{j\sin \beta l}{Z_C} & \cos \beta l \end{pmatrix} \qquad (3.2\text{-}10)$$

对于图 3.2-20(b)，其转移矩阵为：

$$[A] = \begin{pmatrix} 1 - \dfrac{X_L B_C}{2} & j\dfrac{X_L}{2}\left(2 - \dfrac{1}{2}X_L B_C\right) \\ jB_C & 1 - \dfrac{1}{2}X_L B_C \end{pmatrix} \qquad (3.2\text{-}11)$$

令两个转移矩阵相等可得式（3.2-12）并进一步得到：

$$\begin{cases} \cos \beta l = 1 - \dfrac{X_L B_C}{2} \\ \dfrac{\sin \beta l}{Z_C} = B_C \end{cases} \qquad (3.2\text{-}12)$$

$$\begin{cases} X_L = 2Z_C \tan\left(\dfrac{\beta l}{2}\right) = 2Z_C \tan\left(\dfrac{\pi l}{\lambda_g}\right) \\ B_C = \dfrac{\sin \beta l}{Z_C} = \dfrac{1}{Z_C}\sin\left(\dfrac{2\pi l}{\lambda_g}\right) \end{cases} \qquad (3.2\text{-}13)$$

从以上式（3.2-13）可以看出，对于某一确定的频率，Z_C 和 X_L 成正比，而与 B_C 成反比，因此使用一段高阻线可实现电感，而使用一段低阻线可实现电容。下面将根据微带线的电长度 βl 的取值对其等效模型进行讨论。

（1）当 $0 < \beta l < \dfrac{\pi}{2}$，即微带线长 $l < \dfrac{\lambda_g}{4}$ 时，可得：

$$\sin \beta l > \tan\left(\dfrac{\beta l}{2}\right) \qquad (3.2\text{-}14)$$

若此时 Z_C 很小，$Z_C \ll \dfrac{1}{Z_C}$，则 $X_L \ll B_C$，即短于 $\dfrac{\lambda_g}{4}$ 的低阻抗微带线可近似等效为一个电容。

（2）当 $\dfrac{\pi}{2} < \beta l < \pi$，即微带线长 $\dfrac{\lambda_g}{4} < l < \dfrac{\lambda_g}{2}$ 时，可得：

$$\sin \beta l < \tan\left(\frac{\beta l}{2}\right) \tag{3.2-15}$$

若此时 Z_C 很大，$Z_C \gg \dfrac{1}{Z_C}$，则 $X_L \gg B_C$，即长度处于 $\dfrac{\lambda_g}{4}$ 与 $\dfrac{\lambda_g}{2}$ 之间的高阻抗微带线可近似等效为一个电感。特别地，当 $l = \lambda_g / 2$ 时，近似为一个纯电感（$B_C = 0$）。

（3）当 $\beta l \to 0$，即微带线长 $l \ll \lambda_g$ 时，可得：

$$\begin{cases} X_L = 2Z_C \cdot \dfrac{\pi l}{\lambda_g} \\[2mm] B_C = \dfrac{1}{Z_C} \cdot \dfrac{2\pi l}{\lambda_g} \end{cases} \tag{3.2-16}$$

对高阻线，$Z_C \gg \dfrac{1}{Z_C}$，$X_L > B_C$，呈感性；对低阻线，$Z_C \ll \dfrac{1}{Z_C}$，$X_L < B_C$，呈容性。

（4）若 $\pi < \beta l < 2\pi$，$X_L < 0$，$B_C < 0$，此时等效为如图 3.2-21 所示的 ∏ 形网络。

【例 3.3】　设微带线金属导带宽度 $W = 0.5\text{mm}$，基板相对介电常数为 $\varepsilon_r = 2.65$，基板厚度为 1mm，导带材料为铜，厚度为 $17\mu\text{m}$，工作频率为 5GHz，微带线长度为 14.2mm。试给出该微带传输线的集总元件等效电路。

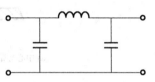

图 3.2-21　传输线等效 ∏ 形网络

解：

根据已知条件，可得 $W / h = 0.3 \leqslant 1$，$\varepsilon_r = 2.65$；

微带线等效相对介电常数 $\varepsilon_{re} = \dfrac{\varepsilon_r + 1}{2} + \dfrac{\varepsilon_r - 1}{2}\left\{\left(1 + 12\dfrac{h}{W}\right)^{-0.5} + 0.04\left(1 - \dfrac{W}{h}\right)^2\right\} \approx 2$；

$$Z_C = \frac{\eta}{2\pi\sqrt{\varepsilon_{re}}} \ln\left(\frac{8h}{W} + 0.25\frac{W}{h}\right) \approx 117.96\Omega;$$

$$\lambda = \frac{c}{\sqrt{\varepsilon_{re}}\,f} \approx 42.43\text{mm}, \quad \beta l = \frac{2\pi}{\lambda}l \approx 0.67\pi;$$

$$X_L = 2Z_C \tan\left(\frac{\beta l}{2}\right) \approx 412.7, \quad B_C = \frac{\sin \beta l}{Z_C} \approx 7.31 \times 10^{-3}。$$

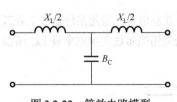

图 3.2-22　等效电路模型

等效电路如图 3.2-22 所示，图中 X_L 和 B_C 即前面计算得到的值，因为满足 $\dfrac{\pi}{2} < \beta l < \pi$，所以该微带线可近似等效为一个电感。

2. 微带集总参数电容

在微带线中集总元件串联电容有很多种实现方法。图 3.2-23(a)所示是间隙电容，图 3.2-24(a)所示是交指电容，图 3.2-25(a)所示是中心导带上的叠层电容或称金属–介质–金属（MIM）电容。

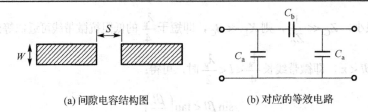

(a) 间隙电容结构图   (b) 对应的等效电路

图 3.2-23   间隙电容

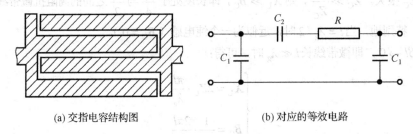

(a) 交指电容结构图   (b) 对应的等效电路

图 3.2-24   交指电容

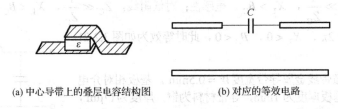

(a) 中心导带上的叠层电容结构图   (b) 对应的等效电路

图 3.2-25   MIM 叠层电容

　　图 3.2-23(a)所示的间隙不是很大时可等效为电容。这种结构能够实现的电容值在上述 3 种结构中是最小的，具体分析方法与 3.2.4 节中的微带间隙相同。图 3.2-24(a)所示的交指结构由于其较高的品质因数及相对紧凑的结构，得到广泛的应用，这种结构能够实现的电容的容值也相对比较低，通常在对电容要求低于 1pF 的情景使用。图 3.2-25 所示的 MIM 电容由两层金属层及夹在它们中间低损耗的介质层（通常是 $0.5\mu m$ 厚）组成。通常使用这种结构来获取高的电容值，例如，通过它可以在一个小的区域内得到一个 30pF 的电容，其金属层的厚度必须比 3 倍的趋肤深度大从而将电容的损耗降到最小。

3. LC 串联谐振电路

　　由前面的分析可知，一段无耗短微带线可以等效为串联电感或者并联电容，因此在传输线上并联一个或多个枝节，这些枝节等效为串联或并联谐振回路，图 3.2-26 为采用微带线实现的串联 LC 谐振电路。图中用一段高阻线实现电感 L，用一段低阻线实现电容 C。

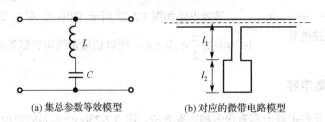

(a) 集总参数等效模型   (b) 对应的微带电路模型

图 3.2-26   微带线 LC 串联谐振电路

图 3.2-27 是用一段半波长微带线跨接在主传输线上，两端开路，它的结构中短于 1/4 波长部分相当于电容，而长于 1/4 波长部分相当于电感，它们共同并联于主线上。

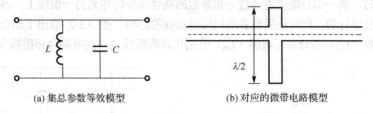

　　(a) 集总参数等效模型　　　　　　　　　　(b) 对应的微带电路模型

图 3.2-27　微带线 LC 并联谐振电路

利用微带线结构也可以实现级联串/并联谐振电路，如图 3.2-28 所示。与分布式微带线传输线谐振器（例如 1/4 波长开路线）相比，其优点是结构紧凑，适用于微波无源器件的小型化，近年来最典型的应用就是电磁超介质材料领域，具体设计思想和应用方法见后面介绍的滤波器设计。

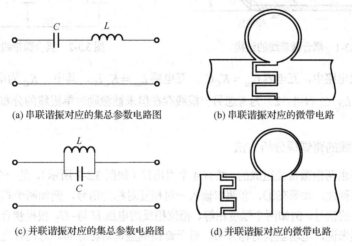

(a) 串联谐振对应的集总参数电路图　　　　　(b) 串联谐振对应的微带电路

(c) 并联谐振对应的集总参数电路图　　　　　(d) 并联谐振对应的微带电路

图 3.2-28　微带线 LC 级联串/并联谐振电路

3.3　耦合微带线定向耦合器

3.3.1　耦合微带线

1. 耦合微带线基本结构

在两根或两根以上距离很近的非屏蔽传输线构成的导行系统中，传输线间必然有电场和磁场的能量耦合，因此在传输线之间存在功率耦合，这种传输线结构叫作耦合传输线。如果采用带状线，可以很容易地实现侧边耦合和宽边耦合，而若采用微带线则形成对称侧边耦合结构，通常称为耦合微带线。耦合微带线在无源和有源微波集成电路中有着广泛的应用，例如定向耦合器、滤波器和阻抗匹配网络。图 3.3-1 是一个对称耦合微带线的结构简图，相耦合的两个间距 S 的微带线具有相同的截面尺寸、相同的导体带和接地板材料，以及相同的填充介质，它们之间可以实现 TEM 波耦合、静电耦合和静磁耦合。另外，耦合是通过两根线之间的互电容和互电感来实现的。

对于单根微带线，被激励后得到单一的电压波和电流波；而耦合微带线除了自身的分布参数外，还具有彼此间的耦合，因此两根线上的电压波和电流波会产生相互影响。例如，两根耦合线中的一根受到信号源激励时，其一部分能量将通过分布参数的耦合逐步转移到另一根线上，该转移过程是在整个耦合长度上连续进行的，同时还受到各端口所接负载的影响。图 3.3-2 给出了耦合线的等效电路，其中的分布互电容（C_m）和分布互电感（L_m）分别代表两根线之间的电耦合和磁耦合。

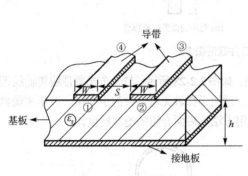

图 3.3-1　耦合微带线的结构

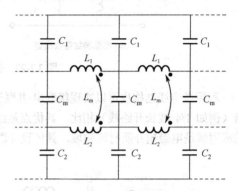

图 3.3-2　耦合微带线的等效电路

分布参数等效电路中，互电容 $C_m = K_C C_i$，互电感 $L_m = K_L L_i$，其中，K_C 为电容耦合系数，K_L 为电感耦合系数，L_i、C_i（$i=1$、2）为考虑另一根线存在但未被激励时单根线的分布参数电感和分布参数电容。

2. 耦合微带线的奇偶模分析方法

耦合微带线是由两根微带线组成的，共有 4 个引出口（如图 3.3-1 所示），是一个典型的四口网络。考虑到耦合线的对称性，如果在①、②两口输入一对相互对称的信号，例如两个相同的电压 U；或者是一对相互反对称的信号，例如两个幅度相等、相位相反的电压 U 与 $-U$。根据耦合线上电磁场分布的对称性，对于偶模来说，电场呈偶对称分布，对于奇模则呈奇对称分布。总而言之，从电磁场的场分布来说，是完全相同的这就使上下两部分可在中心线上对称分开，只需研究一半即可。于是四端口网络的问题就可以化简为二端口网络来分析。上述两种激励称为偶对称激励和奇对称激励，或称奇、偶模激励，图 3.3-3 为耦合微带线中奇、偶模的场分布。

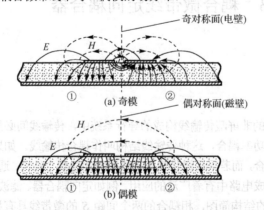

图 3.3-3　耦合微带线中奇、偶模电场（E）和磁场（H）分布示意图

当然，奇偶模激励只是一种特殊情况，在一般情况下并不是奇偶模激励，但是在①、②口上，任

意一对输入电压 U_1、U_2 总可以分解成一对奇偶模分量，并使 U_1 等于两分量之和，U_2 等于两分量之差，即式（3.3-1）。如果以 U_e 表示等幅等相的偶对称激励电压（偶模分量），U_o 表示等幅反相激励的电压分量（奇模分量），则可以得到：

$$U_1 = U_e + U_o$$
$$U_2 = U_e - U_o$$

（3.3-1）

$$U_e = \frac{1}{2}(U_1 + U_2)$$
$$U_o = \frac{1}{2}(U_1 - U_2)$$

（3.3-2）

特别地，当 $U_2 = 0$ 时，只激励①口，得 $U_e = U_o = \frac{1}{2}U_1$。

必须注意的是：1）奇偶模激励时，由于边界条件不同，场分布不同，耦合线参量是不相同的，必须先分解成奇偶模各自求解，最后将结果进行叠加后才是最终完整的解。2）对于求解对称四端口网络的问题，都可以基于线性网络的叠加原理，采用奇偶模分析法加以简化分析。

耦合微带线是由部分介质填充的不均匀系统，严格地讲，它传输的是具有色散特性的混合模。因此，对于耦合微带线的分析也是比较复杂的，方法也有多种。最常用的分析方法是准静态分析方法，即把耦合微带线中传输的模近似看作是 TEM 模（准 TEM 模）。在这种情况下采用奇模和偶模的分析方法，求出奇、偶模电容，以及奇、偶模相速，并进而求出奇、偶模特性阻抗，同时也可求出与奇、偶模分别相对应的波导波长。

对于图 3.3-3 所示的两根相同的耦合微带线，在偶模情况下，两根微带线上具有数量相等、符号相同的电荷分布，因而其电力线构成一种相互排斥的偶对称分布。在奇模情况，则两根微带线上具有数量相等、符号相反的电荷分布，因而其电力线构成一种相互吸引的奇对称分布。

对于图 3.3-3 所示的奇偶模电力线分布，如果在两线之间取一对称平面，则对于奇模，电力线和此中心面垂直。由于电力线总是和理想导体表面相互垂直的（因为在理想导体表面，电场的切向分量为零），因此奇模的中心面就可假想为一个理想导电平面，又可称为电壁。它和接地板相连后，可认为同接地板等电位。事实上，即使在此中心面的位置真正放置一个导电平板，对奇模的电力线分布也没有影响，因为它对原来电力线的分布不产生扰动。因此，对于耦合微带线的奇模状况，相当于用一个理想导电板将其两边隔开，得到完全对称的电力线结构，而只是电力线的方向相反而已。所谓奇模分布电容 C_{0o} 就是用理想导电板把两边隔开后每一边的分布电容，也可看成是在单根微带线的一边把接地板延伸至原中心面的位置，使电力线的分布产生变化，此时的分布电容已不再和原来单根微带线相同。再看偶模的电力线分布，此时中心面恰好和电力线平行，而电力线和磁力线是彼此垂直的，可知此时磁力线和中心面垂直（图上未画出磁力线），按照和电场相同的考虑，由于理想导磁平面总是和磁力线相互垂直的，故认为偶模情况下，中心面为一个理想导磁平面或称磁壁。当然理想导磁面并不实际存在，但这样的假设可以和导电面进行对比而有助于问题的解决，因为假设中心面为理想导磁面后，同样可将耦合微带线在中心面对半切开而成为两根相同的单根微带线。但此时的单根微带线已和原来的不同，等于在其侧边的中心面位置已置放了一个理想导磁面。由于理想导磁面必须与磁力线垂直而与电力线平行，因此也改变了原来单根微带线的电场结构，好像用一块平板在微带线的一侧将电力线向导体带条方向压紧，此时的单根线分布电容即为偶模分布电容 C_{0e}。下文将基于两根耦合线分别在奇模和偶模激励时对应的集总参数等效电路从解析的角度对上文中提到的参数进行描述。

对于图 3.3-4(a)对应的奇模激励的情况，单根带状导体对地的分布电容即奇模电容，以 C_{0o} 表示，则有：

$$C_{0o} = C_{11} + 2C_{12} = C_{22} + 2C_{12} \tag{3.3-3}$$

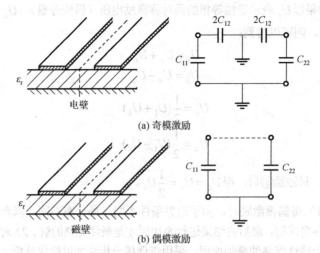

(a) 奇模激励

(b) 偶模激励

图 3.3-4　耦合线的奇偶模激励及其等效电路

对于图 3.3-4(b)对应的偶模激励的情况，单根带状导体对地的分布电容即偶模电容，以 C_{0e} 表示，则有：

$$C_{0e} = C_{11} = C_{22} \tag{3.3-4}$$

奇模工作时，单根带状导体对地的特性阻抗称为奇模特性阻抗，以 Z_{co} 表示，则有：

$$Z_{co} = \sqrt{\frac{L_1}{C_{0o}}} = \frac{\sqrt{L_1 C_{0o}}}{C_{0o}} = \frac{1}{v_{po} C_{0o}} = \frac{1}{v_p C_{0o}} \tag{3.3-5}$$

偶模工作时，单根带状导体对地的特性阻抗称为偶模特性阻抗，以 Z_{ce} 表示，则有：

$$Z_{ce} = \sqrt{\frac{L_1}{C_{0e}}} = \frac{\sqrt{L_1 C_{0e}}}{C_{0e}} = \frac{1}{v_{pe} C_{0e}} = \frac{1}{v_p C_{0e}} \tag{3.3-6}$$

式（3.3-5）和式（3.3-6）中 $v_{po} = v_{pe} = v_p = c / \sqrt{\varepsilon_r}$ 是在假定 TEM 传输的前提下得出的。结果表明，只要求得 C_{0o} 和 C_{0e}，就可以求出 Z_{co} 和 Z_{ce}。结合式（3.3-3）、式（3.3-4）及式（3.3-5），可以得出 $C_{0o} > C_{0e}$，故有 $Z_{ce} > Z_{co}$。

若耦合微带线填充的完全是空气介质，奇模分布电容为 $C_{0o}(1)$，偶模分布电容为 $C_{0e}(1)$，其值与物理尺寸有关。此时可以得到式（3.3-7），并进一步得到：

$$v_{pe}(1) = v_{po}(1) = v_0 \tag{3.3-7}$$

$$Z_{ce}(1) = \frac{1}{v_0 C_{0e}(1)} \tag{3.3-8}$$

$$Z_{co}(1) = \frac{1}{v_0 C_{0o}(1)} \tag{3.3-9}$$

当填充介电常数为 ε_r 的介质后，$C_{0e}(\varepsilon_r)$ 和 $C_{0o}(\varepsilon_r)$ 分别为偶模分布电容和奇模分布电容，则有：

$$\varepsilon_{ce} = \frac{C_{0e}(\varepsilon_r)}{C_{0e}(1)} \tag{3.3-10}$$

$$\varepsilon_{eo} = \frac{C_{0o}(\varepsilon_r)}{C_{0o}(1)} \qquad (3.3\text{-}11)$$

式中，ε_{eo} 和 ε_{ee} 分别为奇、偶模的等效相对介电常数。奇模特性阻抗 Z_{co} 和偶模特性阻抗 Z_{ce} 分别表示为：

$$Z_{ce}(\varepsilon_r) = \frac{Z_{ce}(1)}{\sqrt{\varepsilon_{ee}}} = \frac{1}{v_{pe}(\varepsilon_r)C_{0e}(\varepsilon_r)} \qquad (3.3\text{-}12)$$

$$Z_{co}(\varepsilon_r) = \frac{Z_{co}(1)}{\sqrt{\varepsilon_{eo}}} = \frac{1}{v_{po}(\varepsilon_r)C_{0o}(\varepsilon_r)} \qquad (3.3\text{-}13)$$

式中的 $Z_{co}(1)$ 和 $Z_{ce}(1)$ 分别为完全是空气填充时耦合微带线的奇模和偶模特性阻抗。另外，$v_{pe}(\varepsilon_r) = v_0 / \sqrt{\varepsilon_{ee}}$，$v_{po}(\varepsilon_r) = v_0 / \sqrt{\varepsilon_{eo}}$，具体计算方法与 2.3.3 节类似。

图 3.3-5 给出了耦合微带线奇模、偶模分析等效电路和在介质基片相对介电常数为 $\varepsilon_r = 10$ 时，不同的耦合间距与基片厚度比（S/d）及不同微带线宽度与基片厚度比（W/d）对应的特性阻抗。

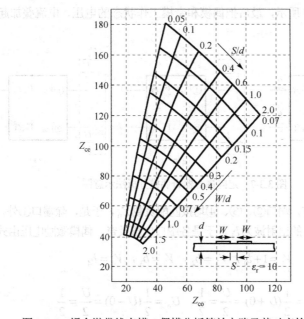

图 3.3-5　耦合微带线奇模、偶模分析等效电路及其对应的特性阻抗

3.3.2　平行耦合微带线定向耦合器

1. 工作原理和分析方法

平行耦合微带线定向耦合器又称 90 度定向耦合器，用于微波集成电路中能量的弱耦合场合，其结构由主线和副线两条传输线组成，其核心部分是耦合微带线。图 3.3-6(a)表示单节耦合线耦合器的结构，由端口①输入的信号一部分传至端口④，另一部分耦合至副线由端口②输出，端口③无信号输出。

图 3.3-6(b)定性解释了这种定向耦合器的工作原理。当信号从端口①输入时，一部分信号沿着主传输线①-④传输，另一部分信号通过缝隙耦合到副传输线②-③上。耦合包括电场耦合（等效为电容耦合）和磁场耦合（等效为电感耦合）。通过电容耦合到副传输线上的电流分别向端口②和端口③传输

（I_{C2} 和 I_{C3}），而通过电感耦合到副传输线的电流只向端口②传输（I_L）。两种电流在端口②同向相加，在端口③反向相减。因此，在适当的耦合条件下两部分信号在端口③相互抵消，使端口③无输出。这样，信号从端口①输入时只有端口④和②有输出，从而构成①至②端口的反向定向耦合器。

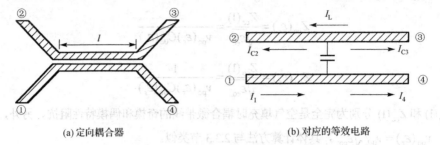

(a) 定向耦合器　　　　　　　　　　　　　　　(b) 对应的等效电路

图 3.3-6　微带平行耦合线定向耦合器

　　由于耦合微带线在结构上具有对称性，因而可采用奇偶模分析法，把定向耦合器分解为两个四端口网络来分析，如图 3.3-7 所示，最后把偶模和奇模工作状态的电压、电流叠加起来，即得各路总电压和总电流。

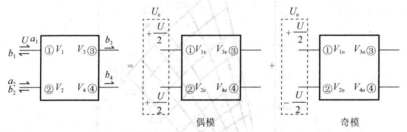

偶模　　　　　　　　　　奇模

图 3.3-7　定向耦合器奇偶模分析法示意图

　　设端口①接电压源 $U=1\text{V}$，端口②、③、④均接匹配负载 Z_0，于是，除端口①外，其余三端口仅存在出射波 b_2、b_3、b_4，端口 1 的出射波为 b_1，于是各端口电压及奇、偶模激励电压由式（3.3-2）可得：

$$V_1 = 1 + b_1, \quad V_2 = b_2, \quad V_3 = b_3, \quad V_4 = b_4 \tag{3.3-14}$$

$$U_e = \frac{1}{2}(U + 0) = \frac{U}{2} = \frac{1}{2}, \quad U_o = \frac{1}{2}(U - 0) = \frac{U}{2} = \frac{1}{2} \tag{3.3-15}$$

　　定义端口 1 和端口 2 入射电压分别为 a_1 和 a_2，则偶模激励时，$a_1 = a_2 = U_e / 2 = 1/2$，可得偶模电压为：

$$\begin{cases} V_{1e} = \dfrac{1}{2} + \dfrac{1}{2}\Gamma_{0e} = V_{2e} \\[2mm] V_{4e} = \dfrac{1}{2}\mathrm{T}_{0e} = V_{3e} \end{cases} \tag{3.3-16}$$

其中，Γ_{0e} 和 T_{0e} 为偶模激励时的端口电压反射系数和传输系数。在奇模激励时，$a_1 = -a_2 = 1/2$，可得奇模端口电压为：

$$\begin{cases} V_{1o} = \dfrac{1}{2} + \dfrac{1}{2}\Gamma_{0o} = -V_{2o} \\[2mm] V_{4o} = \dfrac{1}{2}\mathrm{T}_{0o} = -V_{3o} \end{cases} \tag{3.3-17}$$

其中，Γ_{0o} 和 T_{0o} 为奇模激励时的电压反射系数和传输系数。根据线性叠加原理，得到各端口的电压：

$$\begin{cases} V_1 = V_{1e} + V_{1o} = 1 + \dfrac{1}{2}(\Gamma_{0e} + \Gamma_{0o}) = 1 + b_1 \\[2mm] V_2 = V_{2e} + V_{2o} = \dfrac{1}{2}(\Gamma_{0e} - \Gamma_{0o}) = b_2 \\[2mm] V_3 = V_{3e} + V_{3o} = \dfrac{1}{2}(T_{0e} - T_{0o}) = b_3 \\[2mm] V_4 = V_{4e} + V_{4o} = \dfrac{1}{2}(T_{0e} + T_{0o}) = b_4 \end{cases} \tag{3.3-18}$$

均匀填充介质情况下，奇偶模相速相同，即 $v_{pe} = v_{po}$，相应地相速也相同，即 $\beta_{pe} = \beta_{po}$。设耦合微带线长 l，则对应的电长度 $\theta = \beta l$，可以得到奇模和偶模激励时对应的 Γ_{0e}、T_{0e} 及 Γ_{0o}、T_{0o}。

偶模激励时，耦合微带单根线对 Z_c 归一化传输矩阵如下：

$$[A]_e = \begin{pmatrix} \cos\theta & j\dfrac{Z_{ce}}{Z_0}\sin\theta \\[3mm] j\dfrac{Z_c}{Z_{ce}}\sin\theta & \cos\theta \end{pmatrix} \tag{3.3-19}$$

由传输矩阵[A]与散射矩阵[S]的转换关系，可得：

$$\Gamma_{0e} = \frac{(a+b)-(c+d)}{a+b+c+d} = \frac{j\left(\dfrac{Z_{ce}}{Z_c} - \dfrac{Z_c}{Z_{ce}}\right)\sin\theta}{2\cos\theta + j\left(\dfrac{Z_{ce}}{Z_c} + \dfrac{Z_c}{Z_{ce}}\right)\sin\theta}$$

$$T_{0e} = \frac{2}{a+b+c+d} = \frac{2}{2\cos\theta + j\left(\dfrac{Z_{ce}}{Z_c} + \dfrac{Z_c}{Z_{ce}}\right)\sin\theta} \tag{3.3-20}$$

对于奇模激励，类似可得：

$$\Gamma_{0o} = \frac{j\left(\dfrac{Z_{co}}{Z_c} - \dfrac{Z_c}{Z_{co}}\right)\sin\theta}{2\cos\theta + j\left(\dfrac{Z_{co}}{Z_c} + \dfrac{Z_c}{Z_{co}}\right)\sin\theta}$$

$$T_{0o} = \frac{2}{2\cos\theta + j\left(\dfrac{Z_{co}}{Z_c} + \dfrac{Z_c}{Z_{co}}\right)\sin\theta} \tag{3.3-21}$$

将式（3.3-20）和式（3.3-21）代入式（3.3-18）得到：

$$s_{11} = b_1 = \frac{1}{2}(\Gamma_{0e} + \Gamma_{0o}) = \frac{1}{2}\left[\frac{j\left(\dfrac{Z_{ce}}{Z_c} - \dfrac{Z_c}{Z_{ce}}\right)\sin\theta}{2\cos\theta + j\left(\dfrac{Z_{ce}}{Z_c} + \dfrac{Z_c}{Z_{ce}}\right)\sin\theta} + \frac{j\left(\dfrac{Z_{co}}{Z_c} - \dfrac{Z_c}{Z_{co}}\right)\sin\theta}{2\cos\theta + j\left(\dfrac{Z_{co}}{Z_c} + \dfrac{Z_c}{Z_{co}}\right)\sin\theta}\right] \tag{3.3-22a}$$

$$s_{21} = b_2 = \frac{1}{2}(\Gamma_{0e} - \Gamma_{0o}) = \frac{1}{2}\left[\frac{j\left(\dfrac{Z_{ce}}{Z_c} - \dfrac{Z_c}{Z_{ce}}\right)\sin\theta}{2\cos\theta + j\left(\dfrac{Z_{ce}}{Z_c} + \dfrac{Z_c}{Z_{ce}}\right)\sin\theta} - \frac{j\left(\dfrac{Z_{co}}{Z_c} - \dfrac{Z_c}{Z_{co}}\right)\sin\theta}{2\cos\theta + j\left(\dfrac{Z_{co}}{Z_c} + \dfrac{Z_c}{Z_{co}}\right)\sin\theta}\right]$$

$$s_{31} = b_3 = \frac{1}{2}(T_{0e} - T_{0o}) = \left[\frac{1}{2\cos\theta + j\left(\dfrac{Z_{ce}}{Z_c} + \dfrac{Z_c}{Z_{ce}}\right)\sin\theta} - \frac{1}{2\cos\theta + j\left(\dfrac{Z_{co}}{Z_c} + \dfrac{Z_c}{Z_{co}}\right)\sin\theta} \right]$$

$$s_{41} = b_4 = \frac{1}{2}(T_{0e} + T_{0o}) = \left[\frac{1}{2\cos\theta + j\left(\dfrac{Z_{ce}}{Z_c} + \dfrac{Z_c}{Z_{ce}}\right)\sin\theta} + \frac{1}{2\cos\theta + j\left(\dfrac{Z_{co}}{Z_c} + \dfrac{Z_c}{Z_{co}}\right)\sin\theta} \right] \tag{3.3-22b}$$

为使平行耦合线构成完全匹配的反向定向耦合器,则需有 $s_{11} = s_{31} = 0$,将该条件代入式(3.3-22)后可得:

$$\frac{Z_{ce}}{Z_c} + \frac{Z_c}{Z_{ce}} = \frac{Z_{co}}{Z_c} + \frac{Z_c}{Z_{co}} \tag{3.3-23}$$

即 $Z_c^2 = Z_{ce}Z_{co}$ 或 $Z_c = \sqrt{Z_{ce}Z_{co}}$。于是各端口电压为:

$$\begin{cases} V_1 = b_1 = 1 \\[2mm] V_2 = b_2 = \dfrac{j(Z_{ce} - Z_{co})\sin\theta}{2Z_0\cos\theta + j(Z_{ce} + Z_{co})\sin\theta} = \dfrac{jk\sin\theta}{\sqrt{1-k^2}\cos\theta + j\sin\theta} \\[4mm] V_3 = b_3 = 0 \\[2mm] V_4 = b_4 = \dfrac{2Z_c}{2Z_c\cos\theta + j(Z_{ce} + Z_{co})\sin\theta} = \dfrac{\sqrt{1-k^2}}{\sqrt{1-k^2}\cos\theta + j\sin\theta} \end{cases} \tag{3.3-24}$$

式中,$k = \dfrac{Z_{ce} - Z_{co}}{Z_{ce} + Z_{co}}$。由式(3.3-24),得到任意频率上该定向耦合器的耦合系数为:

$$s_{21} = \frac{V_2}{V_1} = \frac{jk\sin\theta}{\sqrt{1-k^2}\cos\theta + j\sin\theta} \tag{3.3-25}$$

式(3.3-25)中如果在中心频率,则 $s_{21} = k$。可见 k 为中心频率的耦合系数。耦合系数用 dB 表示为:

$$C(\text{dB}) = 20\lg|s_{21}| = 20\lg\left| \frac{jk\sin\theta}{\sqrt{1-k^2}\cos\theta + j\sin\theta} \right| = 10\lg\frac{k^2\sin^2\theta}{1-k^2\cos^2\theta} \tag{3.3-26}$$

同时,可以得到传输系数:

$$s_{41} = \frac{V_4}{V_1} = \frac{\sqrt{1-k^2}}{\sqrt{1-k^2}\cos\theta + j\sin\theta} \tag{3.3-27}$$

根据以上公式,可以得到以下结论:

(1)当满足 $Z_c^2 = Z_{ce}Z_{co}$ 或 $Z_c = \sqrt{Z_{ce}Z_{co}}$ 时,$b_1 = b_3 = 0$,即耦合微带线定向耦合器完全匹配和完全隔离条件。

(2)主线①-④与耦合线②-③能量传输方向相反,故耦合微带线定向耦合器又称为反向定向耦合器。

(3)$|V_1|^2 = |V_2|^2 + |V_4|^2$,满足能量守恒。

(4)由式(3.3-25)和式(3.3-27)可知,s_{21} 与 s_{41} 相位差 $90°$,故平行耦合线定向耦合器是一全波段 90 度定向耦合器。在中心频率上 $\theta = 90°$ 时满足式(3.3-28)和式(3.3-29),此时,端口②的耦合输出波与端口①的输入波同相,端口④输出。波滞后端口①的入射波 $90°$。

$$s_{21}\big|_{\theta=90°} = \frac{V_2}{V_1} = k = \frac{Z_{ce} - Z_{co}}{Z_{ce} + Z_{co}} \tag{3.3-28}$$

$$s_{41}\big|_{\theta=90°} = \frac{V_4}{V_1} = -j\sqrt{1-k^2} \tag{3.3-29}$$

利用上述公式，可以计算出耦合微带线定向耦合器的耦合系数与奇模和偶模阻抗的关系，如表 3.3-1 所示。

表 3.3-1　耦合微带线定向耦合器耦合系数与奇模和偶模阻抗的关系（50Ω 归一化）

耦合系数（dB）	电压耦合系数	Z'_{co}	Z'_{ce}	耦合系数（dB）	电压耦合系数	Z'_{co}	Z'_{ce}
1	0.8913	0.2398	4.170	16	0.1585	0.8523	1.173
2	0.7943	0.3386	2.954	17	0.1413	0.8974	1.153
3	0.7079	0.4135	2.418	18	0.1259	0.8811	1.135
4	0.6310	0.4757	2.102	19	0.1122	0.8934	1.119
5	0.5623	0.5293	1.889	20	0.1000	0.9045	1.106
6	0.5012	0.5764	1.735	21	0.08913	0.9145	1.093
7	0.4467	0.6184	1.620	22	0.07943	0.9235	1.083
8	0.3981	0.6561	1.542	23	0.07079	0.9315	1.073
9	0.3548	0.6901	1.449	24	0.06310	0.9388	1.065
10	0.3162	0.7208	1.387	25	0.05623	0.9453	1.058
11	0.2818	0.7485	1.336	26	0.05012	0.9511	1.051
12	0.2512	0.7736	1.293	27	0.04467	0.9563	1.046
13	0.0039	0.7963	1.234	28	0.03981	0.9610	1.041
14	0.1995	0.8169	1.224	29	0.03548	0.9651	1.036
15	0.1778	0.8355	1.197	30	0.03162	0.9689	1.032

2. 技术指标

定向耦合器的技术指标如下。

（1）耦合度（耦合系数）。

耦合度定义为端口①的输入功率和端口②的输出功率之间的比值，即

$$C(\text{dB}) = 10\lg\frac{P_1}{P_2} = 10\lg\left|\frac{1}{s_{21}}\right|^2 = 20\lg\left|\frac{1}{s_{21}}\right| \tag{3.3-30}$$

其中，P_1 和 P_2 分别为端口①输入的功率和端口②输出的功率。

（2）隔离度。

由前面的分析可知，对于理想定向耦合器来说，当端口①输入功率时，隔离端口③无功率输出。但实际上由于制造误差、奇偶模相速不同等原因，隔离端口并非完全隔离，只是输出功率很小。因此为了表示耦合器的隔离性能，定义隔离度为：

$$I(\text{dB}) = 10\lg\frac{P_1}{P_3} = 10\lg\left|\frac{1}{s_{31}}\right|^2 = 20\lg\left|\frac{1}{s_{31}}\right| \tag{3.3-31}$$

上式表明，I 越大，隔离度越好。在理想情况下，P_3 趋于零（$P_3 \to 0$），则 I 趋于无穷大。

（3）定向性。

与隔离度对应，为了表示定向耦合器耦合通道的定向传输性能，定义定向性系数（简称定向性）为：

$$D(\text{dB}) = 10\lg \frac{P_2}{P_3} = 10\lg \left| \frac{s_{21}}{s_{31}} \right|^2 = 20\lg \left| \frac{s_{21}}{s_{31}} \right| \tag{3.3-32}$$

式（3.3-32）表明，D 越大，反向传输功率越小，定向性越好。在理想情况下，P_3 趋于零，则 D 趋于无穷大。隔离度和定向性两个指标和耦合度的关系为：

$$I = D + C \tag{3.3-33}$$

一般来讲，考虑加工精度的影响，单个传统定向耦合器的耦合度较弱，适合耦合度 $c \geqslant 6\text{dB}$ 的场合。且单个传统定向耦合器隔离度一般不超过 30dB，由 $D = I - C$ 可知，对于弱耦合（$c > 10\text{dB}$）的场合，方向性一般较差（约几个 dB）。若需要紧耦合（例如 3dB）耦合微带线定向耦合器，单节耦合器则会因耦合间隙太小，导致工艺上难以实现。下文将从最基本的原理出发给出一些改善耦合微带线定向耦合器方向性的方法。

对耦合微带或其他非 TEM 线，奇偶模相速相等的条件一般不满足，所设计的耦合器的定向性就会恶化。所以在设计弱定向耦合器时，必须采用适当的措施，使偶模和奇模相速相等，以提高方向性。

要得到理想的定向性，由前面推导可知，必须满足：

$$\begin{cases} Z_c^2 = Z_{ce} Z_{co} \\ v_{pe} = v_{po} \end{cases} \tag{3.3-34}$$

式（3.3-34）中第一个条件的实现可由微带线结构尺寸的设计来保证，然而第二个条件通常在耦合微带线中是不满足的，必须采取特殊的措施。

在耦合微带线中奇偶模的相速如下：

$$v_{pe} = \frac{1}{\sqrt{L_{0e} C_{0e}}}$$

$$v_{po} = \frac{1}{\sqrt{L_{0o} C_{0o}}} \tag{3.3-35}$$

观察图 3.3-3 所示的耦合微带线的奇偶模场分布可以发现，由于奇模的电场在空气介质中的部分要比偶模电场在空气介质中的部分多些，因此奇模等效相对介电常数 ε_{eo} 小于偶模等效相对介电常数 ε_{ee}，由 $v_{pe} = v_o / \sqrt{\varepsilon_{ee}}$ 和 $v_{po} = v_o / \sqrt{\varepsilon_{eo}}$，可得 $v_{pe} < v_{po}$。结合式（3.3-35），可以得到：

$$\frac{1}{L_{0e} C_{0e}} < \frac{1}{L_{0o} C_{0o}} \tag{3.3-36}$$

要使 $v_{pe} = v_{po}$，可采取加大 C_{0o} 而不改变 L_{0e}、C_{0e}、L_{0o} 的方法。具体实现有两种方法：一种是用曲折线法，另一种是介质加载法。图 3.3-8(a) 即曲折线改进定向性的方法，由于把耦合区的直线边界改变成折线边界，使耦合区加长，由式（3.3-3）可知，两根线的耦合分布电容加大，从而使奇模电容加大，而 L_{0e}、C_{0e}、L_{0o} 则变化较小，可以忽略。因此就可使偶模奇模相速相等，从而得到较好的方向性。

图 3.3-8(b) 示出了介质加载的情况，即在耦合微带线的金属图案上再加一块介质，它使两根微带线的耦合分布电容加大，从而使奇模电容加大。至于 L_{0e}、C_{0e}、L_{0o} 变化可以忽略。这样改变介质厚度和介电常数，就可使奇模、偶模相速相等，从而得到较好的方向性。

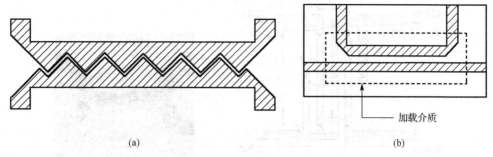

(a)　　　　　　　　　　　　　　　(b)

图 3.3-8　(a)曲折线定向耦合器；(b)介质加载定向耦合器

【例 3.4】 设计一个耦合微带线定向耦合器，其中心频率为 750MHz，耦合系数为 10dB。

解： 设计流程如下：

（1）由耦合系数求得（可通过查表（3.3-1））耦合线的偶模/奇模阻抗为：

$$Z'_{ce} = 1.387 ，\quad Z'_{co} = 0.728$$

（2）若定向耦合器终端接 50Ω 负载，则

$$Z_{ce} = 1.387 \times 50 = 69.37 ，\quad Z_{co} = 0.728 \times 50 = 36.04$$

（3）选定基片材料。

例如 FR4，其相对介电常数为 $\varepsilon_r = 4.5$，基片厚度 d=1.6mm，损耗角正切 $\tan\delta = 0.015$，上下覆铜厚度为 25μm。

（4）通过查表或式 3.3-5 计算耦合线段的线宽、间距和耦合段线长 l，其中耦合线段取奇偶模波长平均的 1/4，并将计算的数据代入仿真软件 ADS 中进行微调优化。最终尺寸为：耦合线宽 W=2.46mm，耦合线间距 S=0.34mm，耦合段线长 l=55.84mm，50Ω 微带线宽度 W_{50}=2.97mm。

前面的分析只是针对均匀介质的情况，而对实际的耦合微带线，由于电场分别处在空气和介质基片中，其奇、偶模相速是不相等的，导致耦合段对奇、偶模分别有电角度 θ_o 和 θ_e，而且两者不相等，从而 S_{41e} 和 S_{41o} 就不再相等，耦合越强，相差越大；耦合越弱，相差越小。因此在图 3.3-6 中隔离臂③口，奇、偶模的传输系数不能抵消而有信号输出，不能再维持理想方向性条件，即定向性变差。

针对上述问题，在实际微带线定向耦合器设计过程中，还需要考虑以下两个因素：1）奇偶模相位差对定向性的影响；2）制造公差的影响。

此外，由前面的分析可以知道，耦合器中耦合线的电长度是四分之一波长，因此其带宽是受此限制的。如果增加耦合器件的带宽，可以采用多节耦合级联的方式，其原理与四分之一波长进行阻抗匹配原理相同，这里不再叙述。

3.3.3　Lange 耦合器

当要求紧耦合（耦合度小于 6dB）时，可采用图 3.3-9 所示的交指结构（交指数 N=4），这种形式的耦合器又称为 Lange 耦合器或 Lange 电桥。

Lange 耦合器是从耦合线耦合器演变而来的，其演变过程见图 3.3-10。

应用奇偶模分析法可以求得其电压耦合系数为：

$$k = \frac{3(Z_{ce}^2 - Z_{co}^2)}{3(Z_{ce}^2 + Z_{co}^2) + 2Z_{ce}Z_{co}} \tag{3.3-37}$$

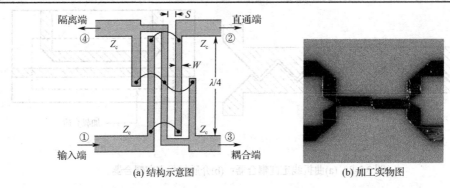

(a) 结构示意图 　　　　　　　　　(b) 加工实物图

图 3.3-9　Lange 耦合器

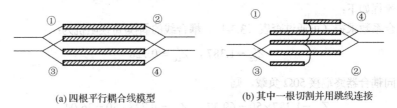

(a) 四根平行耦合线模型　　　　　(b) 其中一根切割并用跳线连接

图 3.3-10　Lange 耦合器的演变

对应奇、偶模特性阻抗为：

$$Z_{co} = \frac{4k+3-\sqrt{9-8k^2}}{2k\sqrt{(1+k)/(1-k)}} Z_c$$

$$Z_{ce} = \frac{4k-3+\sqrt{9-8k^2}}{2k\sqrt{(1-k)/(1-k)}} Z_c$$

（3.3-38）

式中，Z_c 为输入/输出线的特性阻抗。根据所求得的 Z_{ce}、Z_{co} 值便可确定导体带宽度 W 和间隙 S，耦合器的长度则为设计频率的 $\lambda_g/4$。

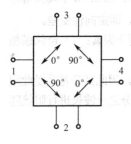

图 3.3-11　90° 电桥

Lange 电桥是 90° 电桥（如图 3.3-11 所示），这种电桥可以看作一个四端口网络，其中有两个端口有 90° 的相移，如功率从网络 1 端口输入，则功率会在 2、3 端口等分输出，输出的两个端口相位相差 90°，端口 4 隔离，其 S 矩阵可以表示为：

$$S = -\frac{1}{\sqrt{2}} \begin{bmatrix} 0 & 1 & j & 0 \\ 1 & 0 & 0 & j \\ j & 0 & 0 & 1 \\ 0 & j & 1 & 0 \end{bmatrix}$$

3.4　微带线三端口功分器

3.4.1　概述

微波功分器是将输入信号的功率分成相等或不相等的几路输出/输入信号的一种多端口微波网络，广泛应用于多路中继通信机、相控阵雷达等微波设备中。功分器的主要要求有：插损较小、幅度和相位一致性好、各支路之间的隔离度高、宽频带、电路形式简单、体积小、有足够的功率容量等。

　　最简单的微带功分器就是微带无耗 Y 形结功分器，如图 3.4-1(a)所示，其中，用 3 条无耗传输线模型（特性阻抗分别为 Z_c，Z_2，Z_3）表示无耗 Y 形结功分器，如图 3.4-1(b)所示。一般情况下，在每个结的不连续性处普遍伴随有高阶模式或杂散场，由前面 3.2.6 节可知，能量的存储用集总电纳 B 来代替。当端口①②③匹配且无反射时，则要求：

$$Y_{in} = \frac{1}{Z_c} = \frac{1}{Z_2} + \frac{1}{Z_3} + jB \tag{3.4-1}$$

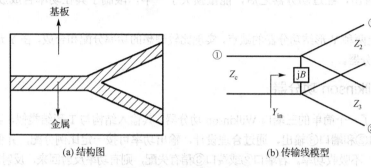

(a) 结构图　　　　　　　　　　(b) 传输线模型

图 3.4-1　无耗 Y 形结功分器

　　若传输线是无耗，其特性阻抗则为实数，并且假定 $B = 0$，则式（3.4-1）可简化为：

$$\frac{1}{Z_c} = \frac{1}{Z_2} + \frac{1}{Z_3} \tag{3.4-2}$$

　　若参量 B 不可忽略，那么通常通过将电抗性调谐元件添加到分配器上，来抵消电纳的影响（分析方法类似 3.2.6 节）。通过调节输出传输线的特性阻抗 Z_2 和 Z_3，以此来实现所需要的功分比。但根据微波网络理论，无耗 Y 形结功分器存在一个很大的缺点，即无法实现输出端口的彼此隔离。

　　针对无耗 Y 形结功分器的缺点，下面分析一下有耗 Y 形结功分器，即在 3 个端口的传输线上（特性阻抗均为 Z_c）分别加上电阻 R，其结构如图 3.4-2 所示。

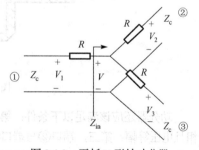

　　忽略不连续性处影响，即 $B=0$ 时，若要满足匹配条件，则可得：

$$(R+Z_0)//(R+Z_0) + R = Z_0 \tag{3.4-3}$$

图 3.4-2　无耗 Y 形结功分器

　　式（3.4-3）化简后可以得到 $R=Z_0/3$。可见，如果采用有耗匹配，则可以实现 3 个端口的同时匹配。

　　下面分析一下有耗 Y 形结功分器的特性，在 3 个端口同时匹配时，输入阻抗为：

$$Z_{in} = \frac{R+Z_c}{2} = \frac{2}{3} Z_c \tag{3.4-4}$$

　　Y 形结上以及输出端口②、③的电压分别为：

$$\begin{cases} V = V_1 \dfrac{\frac{2}{3}Z_c}{R + \frac{2}{3}Z_c} = \frac{2}{3}V_1 \\[4mm] V_2 = V_3 = V \dfrac{Z_c}{\frac{Z_c}{3} + Z_c} = \frac{3}{4}V = \frac{1}{2}V_1 \end{cases} \tag{3.4-5}$$

此时可以计算得到端口①和端口②、③的功率为：

$$\begin{cases} P_{\text{in}} = \dfrac{1}{2}\dfrac{V_1^2}{Z_c} \\[2mm] P_2 = P_3 = \dfrac{1}{8}\dfrac{V_1^2}{Z_c} = \dfrac{P_{\text{in}}}{4} \end{cases} \tag{3.4-6}$$

从上式可以看出，经过功分器之后，能量损失了一半，限制了其在功率合成放大器等领域的应用。

为了克服以上两种 Y 形结功分器的缺点，实现比较理想的功率分配和合成，在 Y 形结的基础上发展了 Wilkinson 功分器。

3.4.2 微带 Wilkinson 功分器

图 3.4-3 给出了一个简单的三端口 Wilkinson 功分器，其输入结构与 T 形结类似，当信号从端口①输入后，会从端口②和端口③输出，通过合理设计，输出功率可按一定比例分配，并保持电压同相，电阻 R 上无电流，不吸收功率。若端口②或端口③稍有失配，则有功率反射回来，反射功率一部分通过电阻 R 进入端口③，另一部分通过 1/4 波长线（l）进入端口③和端口①，这部分信号由于经过了两段 1/4 波长线，其相位与通过电阻进入端口③的信号相位相反，可以相互抵消，从而保证两个输出端有良好的隔离，并改善了输出端的匹配。

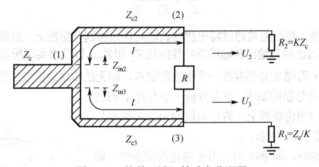

图 3.4-3　简单三端口等功率分配器

功分器还应该满足以下条件：第一，输入端口①匹配，无反射；第二，端口②与端口③的输出同相且电压等幅；第三，端口②与端口③的输出功率比可为任意指定值。设端口②和端口③输出负载电阻分别为 R_2 和 R_3，则由这些条件即可确定 R_2、R_3 及 Z_{02}、Z_{03} 的值。

端口②、③的输出功率与输出电压的关系为：

$$\begin{aligned} P_2 &= \dfrac{U_2^2}{2R_2} \\[2mm] P_3 &= \dfrac{U_3^2}{2R_3} \end{aligned} \tag{3.4-7}$$

若要求端口②和端口③的输出功率为 $1/K^2$，代入式（3.4-7），可得：

$$\dfrac{U_2^2}{2R_2}K^2 = \dfrac{U_3^2}{2R_3} \tag{3.4-8}$$

端口②和端口③的输出电压等幅，即 $U_2 = U_3$，代入式（3.4-8）可得 $R_2 = K^2 R_3$，假设 $R_2 = KZ_c$，

可得 $R_3 = Z_c / K$ 。

根据端口①匹配、无反射的条件，由 Z_{in2} 与 Z_{in3} 并联而成的总输入阻抗等于 Z_c，由于在中心频率处 $\theta = \beta / l = \pi / 2$，则 $Z_{in2} = Z_{c2}^2 / R_2$，$Z_{in3} = Z_{c3}^2 / R_3$，均为纯电阻，所以可得：

$$Y_c = \frac{1}{Z_c} = \frac{R_2}{Z_{c2}^2} + \frac{R_3}{Z_{c3}^2} \tag{3.4-9}$$

若使用输入电阻表示功率比，可得：

$$\frac{P_2}{P_3} = \frac{Z_{in3}}{Z_{in2}} = \frac{Z_{c3}^2 R_2}{Z_{c2}^2 R_3} = \frac{1}{K^2} \tag{3.4-10}$$

最终得到：

$$Z_{c2} = Z_c \sqrt{K(1+K^2)}$$
$$Z_{c3} = Z_c \sqrt{\frac{1+K^2}{K^3}} \tag{3.4-11}$$

由于端口②与端口③的输出电压等幅且同相，因此在端口②与③之间跨接隔离电阻 R，并不会影响其功分器的性能。但当端口②和③外接负载不等于 R_2 和 R_3 时，来自负载的反射波功率便分别由端口②与③输入。此时为使端口②与③彼此隔离，需在两端口间加一个吸收电阻，结合连接端口②和③的 1/4 波长微带线，起到端口隔离的作用。隔离电阻值的计算公式为：

$$R = \frac{1+K^2}{K} Z_c \tag{3.4-12}$$

当输出端口②和③所接负载并不是电阻 R_2 和 R_3，而是特性阻抗为 Z_c 的传输线，因此为了获得特定的功分比，需在其间各加一段 $\lambda_g / 4$ 传输线段，以此作为阻抗变换器，如图 3.4-4 所示。

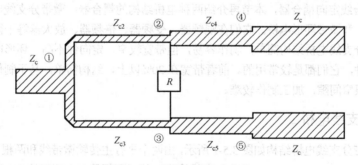

图 3.4-4　微带三端口功分器

变换段的特性阻抗分别为 Z_{c4} 和 Z_{c5}，其计算公式为：

$$\begin{cases} Z_{c4} = \sqrt{R_2 Z_c} = \sqrt{K} Z_c \\ Z_{c5} = \sqrt{R_3 Z_c} = \dfrac{Z_c}{\sqrt{K}} \end{cases} \tag{3.4-13}$$

对于等分功分器，则 $P_2 = P_3$，$K=1$，于是有：

$$\begin{cases} R_2 = R_3 = Z_c \\ Z_{c2} = Z_{c3} = \sqrt{2} Z_c \\ R = 2Z_c \end{cases} \tag{3.4-14}$$

当此功分器工作在中心频率时，其特性理想，然而若中心频率发生微小偏移，输入驻波和隔离度都将恶化，故此功分器实际工作的频带较窄，主要是因为单节的阻抗变化器需要加入一段 $\lambda_g/4$ 传输线，它的带宽比较窄。针对此问题，工程上通常采用多节阻抗变换器相级联的方式展宽工作频带。

作为合成器使用时，通常使用等功率分配情况下的功分器。假设端口②和③的输入电压波为 a_2 和 a_3、①、②、③端口输出电压波分别为 b_1，b_2，b_3，三端口均匹配的情况下有：

$$\begin{bmatrix} b_1 \\ b_2 \\ b_3 \end{bmatrix} = \frac{1}{\sqrt{2}} \begin{bmatrix} 0 & -j & -j \\ -j & 0 & 0 \\ -j & 0 & 0 \end{bmatrix} \begin{bmatrix} 0 \\ a_2 \\ a_3 \end{bmatrix} = \begin{bmatrix} -j\frac{1}{\sqrt{2}}(a_2 + a_3) \\ 0 \\ 0 \end{bmatrix} \tag{3.4-15}$$

当 $a_2 = a_3$ 时，可得：

$$P_1 = \frac{1}{2}\left(\frac{1}{2}|a_2 + a_3|^2\right) = \frac{1}{2}\left(|a_2|^2 + |a_3|^2\right) = P_2 + P_3 \tag{3.4-16}$$

当 $a_2 \neq a_3$ 时，可得：

$$P_1 = \frac{1}{2}\left(\frac{1}{2}|a_2 + a_3|^2\right) = \frac{1}{4}(a_2^2 + a_3^2) \leqslant \frac{1}{2}\left(|a_2|^2 + |a_3|^2\right) = P_2 + P_3 \tag{3.4-17}$$

可见在端口②和③的输入信号（幅度和相位）不平衡时，在合成端口输出的能量会下降。

3.5　微带分支线电桥和微带环形电桥

3.5.1　概述

除了微带耦合线定向耦合器，本节再介绍两种电桥结构的耦合器：微带分支线电桥（或称微带分支线定向耦合器）和微带环形电桥。它们在混频器、变频器、倍频器、放大器等平衡式微波电路中被广泛使用。微带分支线电桥结构简单，制作容易，但带宽较窄，定向性不高。环形电桥有普通环形桥和宽带环形桥两种，它们都是较常用的。前者带宽在 20% 以上，结构简单，易于制作；后者可达一个倍频程，但有个很窄间隙，加工制作较难。

3.5.2　微带分支线电桥

最简单的微带分支线电桥结构如图 3.5-1 所示，由两个平行主传输微带线和两根 1/4 波长的微带分支线构成，其间距都是中心频率的 1/4 波长。从能量流动的角度说，其工作原理可以定性地描述为：在端口①输入某一频率的信号后，在 A 参考点上，信号能量分别往 B 参考点和 D 参考点前进，从 A 点到达 B 点后能量一部分从端口②输出，另一部分又到了 C 点。到达了 C 点的能量，一部分从端口③输出，另外一部分又来到 D 点，因此在 D 点位置上信号能量由两部分组成。由于到达 D 点的两部分信号相位相差 180°，通过合理设计，可以使得在 D 点（端口④）处没有能量输出，称为隔离端口。由于到达 C 点的

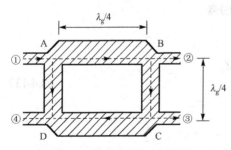

图 3.5-1　微带分支线电桥结构

能量比到达 B 点的能量多走了 1/4 波长，通过合理设计，可以使端口②和③的输出功率相同，而相位相差 90°，因此微带分支线电桥又被称为 90° 混合电桥。

由于分支线电桥通常是上下对称的，因而可以采用奇偶模分析法，原理如图 3.5-2 所示，图中 K_0，K_1 和 H_1 均为对应传输线的特性阻抗，其中特性阻抗为 K_1 和 H_1，传输线长度为 l，对应电长度为 $\theta=\beta l$。中心对称面 OO' 将定向耦合器分为上下两半。在偶模激励时，OO' 面是个磁壁，这可看成各分支线在中点开路。在奇模激励时，OO' 面是电壁，这可看成各分支线在其中点短路。图 3.5-2(b)和(c)分别给出了偶模和奇模激励时对应的等效电路图。

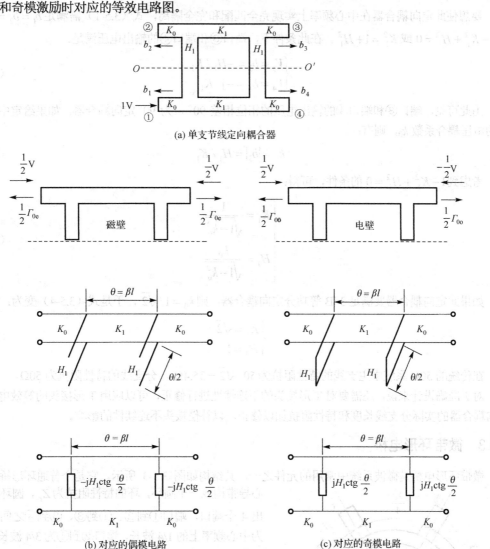

(a) 单支节线定向耦合器

(b) 对应的偶模电路　　　　　　　　　　　(c) 对应的奇模电路

图 3.5-2　分支线耦合器及其奇偶模等效电路

根据奇偶模分析法，当耦合器工作在中心频率时，端口①输入 1V 入射波进行激励，各端口的输出电压及端口①的反射波电压为：

$$\begin{cases} b_1 = \dfrac{1}{2}\left\{ \dfrac{j(1-K_1^2+H_1^2)}{-2H_1+j(1-K_1^2+H_1^2)} + \dfrac{j(1-K_1^2+H_1^2)}{2H_1+j(1-K_1^2+H_1^2)} \right\} \\[4mm] b_2 = \dfrac{1}{2}\left\{ \dfrac{j(1-K_1^2+H_1^2)}{-2H_1+j(1+K_1^2-H_1^2)} - \dfrac{j(1-K_1^2+H_1^2)}{2H_1+j(1+K_1^2-H_1^2)} \right\} \end{cases} \tag{3.5-1a}$$

$$\begin{cases} b_3 = \dfrac{1}{2}\left\{ \dfrac{2K_1}{-2H_1 + \mathrm{j}(1+K_1^2 - H_1^2)} - \dfrac{2K_1}{2H_1 + \mathrm{j}(1+K_1^2 - H_1^2)} \right\} \\ b_4 = \dfrac{1}{2}\left\{ \dfrac{2K_1}{-2H_1 + \mathrm{j}(1+K_1^2 - H_1^2)} + \dfrac{2K_1}{2H_1 + \mathrm{j}(1+K_1^2 - H_1^2)} \right\} \end{cases} \tag{3.5-1b}$$

要想使此定向耦合器在中心频率上实现完全匹配和完全隔离，式（3.5-1）需满足 $b_1 = b_2 = 0$，得出 $1 - K_1^2 + H_1^2 = 0$ 或 $K_1^2 = 1 + H_1^2$。在此条件下，端口③和端口④的输出电压满足：

$$\begin{cases} V_3 = b_3 = -H_1 / K_1 \\ V_4 = b_4 = -\mathrm{j} / K_1 \end{cases} \tag{3.5-2}$$

由此可见，端口③和端口④的输出电压的相位相差 90°，为 90° 定向耦合器。如果给定中心频率上的电压耦合系数 k_0，则有：

$$k_0 = |b_3| = H_1 / K_1 \tag{3.5-3}$$

考虑到 $1 - K_1^2 + H_1^2 = 0$ 的条件，可得：

$$\begin{cases} K_1 = \dfrac{1}{\sqrt{1 - k_0^2}} \\ H_1 = \dfrac{k_0}{\sqrt{1 - k_0^2}} \end{cases} \tag{3.5-4}$$

如果此定向耦合器要满足 3dB 等功分定向耦合器，则 $k_0 = 1/\sqrt{2}$，于是式（3.5-4）变为：

$$\begin{cases} K_1 = \sqrt{2} \\ H_1 = 1 \end{cases} \tag{3.5-5}$$

在传统的 50Ω 系统中主支线的特性阻抗为 $50/\sqrt{2} = 35.4\Omega$，分支线的特性阻抗为 50Ω。

对于准确设计来说，还需要对 T 形接头的不连续性进行修正，可以应用 T 形接头的等效电路，把定向耦合器的实际分支线长度和特性阻抗加以修正，以补偿接头不连续性的影响。

3.5.3　微带环形电桥

微带环形电桥是微波系统中常用的元件之一，其结构如图 3.5-3 所示。它是个普通环形桥，其中心导带构成一个圆环，环的特性阻抗为 Z_r，圆环四周引出 4 个端口，端口①到②、①到③、③到④之间的长度为中心频率上的 1/4 波长，端口②到④为 3/4 波长。当端口①有信号输入时，端口②和③将有信号等幅同相输出，端口④没有输出；当端口④有信号输入时，端口②和③将有信号等幅反相输出，端口①没有输出；当信号同时加于端口②和③时，端口①输出和信号，端口④输出差信号。这种环形桥的频带较窄，大约在 20%以上。下面开始讨论普通环形桥的原理和设计。

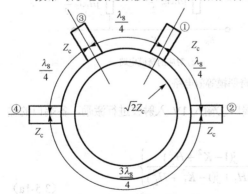

图 3.5-3　微带 3dB 混合环耦合器

微带普通环形电桥的特性也可以用奇偶模分析法来分析。在图 3.5-4(a)中，中心平面 OO' 是个对称面，可以由此把环形桥分成两半。环的特性阻抗为 Z_r，输入输出端口传输线特性阻抗为 Z_c。对于偶模激励，OO'

面是个磁壁，相当于开路；对于奇模激励，它是个电壁，相当于短路。

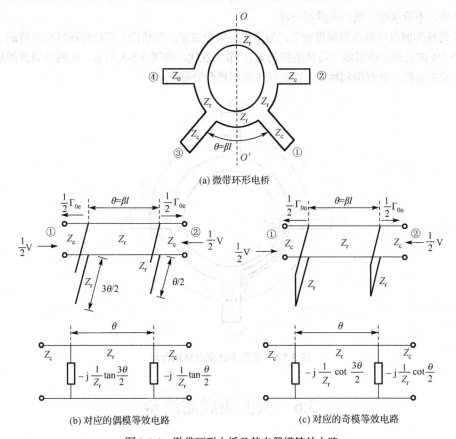

(a) 微带环形电桥

(b) 对应的偶模等效电路　　　　　　(c) 对应的奇模等效电路

图 3.5-4　微带环形电桥及其奇偶模等效电路

根据奇偶模分析法，在中心频率上 $\theta = 90°$，当各端口接上匹配负载 Z_c，并在端口①上以 1V 入射波电压激励时，各端口中心频率上的反射波电压为：

$$\begin{cases} b_1 = \dfrac{1}{2}(\Gamma_{0e} + \Gamma_{0o}) = \dfrac{(Z_r^2 - 2Z_c^2)}{Z_r^2 + 2Z_c^2} \\[2mm] b_2 = \dfrac{1}{2}(T_{0e} + T_{0o}) = \dfrac{(Z_r^2 - 2Z_c^2)}{j(Z_r^2 + 2Z_c^2)} \\[2mm] b_3 = 0 \\[2mm] b_4 = \dfrac{1}{2}(\Gamma_{0e} - \Gamma_{0o}) = \dfrac{-2Z_c Z_r}{j(Z_r^2 + 2Z_c^2)} \end{cases} \tag{3.5-6}$$

若要使此环形桥在中心频率上完全匹配和完全隔离，则必须满足 $b_1 = b_3 = 0$，即端口①激励时，端口①没有反射，端口③没有输出，而端口②和端口④的输出大小相等，符号相反，因此有：

$$Z_r^2 - 2Z_c^2 = 0 \tag{3.5-7}$$

化简后得：

$$Z_r = \sqrt{2} Z_c \tag{3.5-8}$$

同样，在端口②激励时，端口②没有反射，端口④没有输出，端口①和端口③的输出大小相等，符号相同，因而完全匹配和完全隔离的条件也是 $Z_r = \sqrt{2}Z_c$。故 $Z_r = \sqrt{2}Z_c$ 为此环形桥完全匹配和完全隔离的条件，不管从哪个端口激励都一样。

由于传统的混合环耦合器频带较窄，为了实现频带加宽，在结构上可把传统环形电桥的 3/4 波长段用一个 1/4 波长耦合微带线（特性阻抗为 Z_{cp}）节来取代，如图 3.5-5 所示。此两端短路的耦合微带线节是个宽带元件，具有倒相特性，因此叫作倒相耦合微带电路。

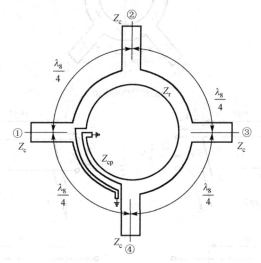

图 3.5-5　宽带 3dB 混合环耦合器

3.6　微波集成滤波器

3.6.1　概述

早在 1915 年，瓦格纳（Wagnar）和坎贝尔（Campbell）就提出了无源滤波器的概念，可以认为是滤波器理论的起源。滤波器在许多射频微波应用中扮演着重要的角色，它被用于在特定频段内对射频信号进行选择性通过或者阻断，因此它具有频率选择性。微波滤波器的结构类型繁多，从功能性的角度看，按照作用分有低通、高通、带通和带阻 4 种；按实现传输线的种类分为同轴、波导、微带线等；按照能量形式分有电磁波、自旋波和声波等；按照频带大小可以分为窄带、宽带和超宽带；按照功率容量可以分为大功率和小功率。

在滤波器发展的初期，其工作频率相对较低，而且基本都是以集总电感和集总电容为主的谐振式无源电路。随着微波技术的迅猛发展，微波滤波器在工程应用和设计方法方面已经取得了巨大成果。同时计算机辅助设计（CAD）工具（例如全波电磁（EM）仿真软件）的发展，也给微波滤波器的设计带来了重大变革，其设计过程更加方便快捷，结果更加精确。更高质量的无线通信在性能、尺寸、重量、成本等方面对微波滤波器提出了更多新的要求。针对这些要求，微波滤波器设计主要有以下几个发展趋势：

（1）进一步扩大滤波器的应用深度和广度，例如生物电子学、大数据通信以及毫米波通信、电子对抗、雷达等领域的进一步应用。

（2）通过引入新结构提升性能，例如基片集成波导（SIW）、复合左右手结构、耦合谐振电路、多模谐振、缺陷地结构等。

（3）利用新材料和新工艺技术进一步实现小型化，例如高温超导、低温共烧陶瓷（LTCC）、单片集成电路（MMIC）、微机电系统（MEMS）和微纳加工技术等。

（4）多功能滤波器的集成，例如利用二极管或者晶体管实现有源滤波器、集成滤波器 MMIC、无源/有源多功能（如滤波天线、滤波功放等）电路等。

（5）更高频率的应用，例如毫米波、太赫兹等频段。

微波滤波器的具体设计步骤为：先根据设计要求选取合适的响应函数来设计低通原型，然后应用频率变换和阻抗定标，完成从低通原型到带通和带阻滤波器的转换，最后基于理查德变换和科洛达恒等关系设计出微波滤波器的结构尺寸，大致过程如图 3.6-1 所示。在进行滤波器设计时主要技术指标有：插入损耗、截止频率、通带宽度、带外抑制、带内插损、群时延和寄生通带抑制等。

图 3.6-1　微波滤波器的大致设计流程

3.6.2　低通原型滤波器及其转换

1. 低通原型滤波器响应

集总元件低通原型滤波器是设计微波滤波器的基础。各种类型的低通、高通、带通、带阻滤波器，其传输特性大都是根据此原型滤波器特性推导出来的。图 3.6-2 为理想化的低通滤波器的响应曲线（或称衰减-频率特性），当频率小于截止频率即 $\omega < \omega_c$ 时，衰减 $L_{LR} = 0$，为通带；当频率大于截止频率即 $\omega > \omega_c$ 时，$L_{LR} \to \infty$，为阻带。但在实际中，这种理想的响应曲线是无法实现的，只能通过特殊函数进行逼近。基于特殊的逼近函数类型，低通原型的频率响应分为 4 种：最平坦度响应（或称巴特沃斯响应）、等波纹响应（或称切比雪夫响应）、椭圆函数响应和最平坦群时延响应（或称线性相位响应）。

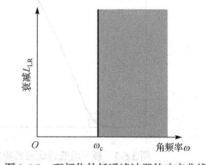

图 3.6-2　理想化的低通滤波器的响应曲线

对于一个二端口的滤波器网络，滤波器响应是由它的功率损耗比 L_{LR} 来定义的，即

$$L_{LR} = \frac{\text{来自源的可用功率}}{\text{传送到负载的功率}} = \frac{P_1}{P_L} = \frac{1}{1 - |\Gamma(\omega)|^2} \tag{3.6-1}$$

若负载和源都是匹配的，假设其电压转移函数为 S_{21}，则用 dB 表示的插入损耗（L_A）为：

$$L_A = 10\lg L_{LR} = 10\lg\left(\frac{1}{|S_{21}|^2}\right) \tag{3.6-2}$$

因为式（3.6-1）中的 $|\Gamma(\omega)|^2$ 是 ω 的偶函数，可以表示为 ω^2 的多项式，于是得到：

$$|\Gamma(\omega)|^2 = \frac{M(\omega^2)}{M(\omega^2) + N(\omega^2)} \tag{3.6-3}$$

式中，M 和 N 是 ω^2 的实数多项式。将这个形式代入式（3.6-1）可得：

$$L_{LR} = 1 + \frac{M(\omega^2)}{N(\omega^2)} \tag{3.6-4}$$

所以，对于物理上可实现的滤波器，它的功率损耗比必须满足上式。下面简单介绍一下典型滤波器响应。

（1）最平坦响应（巴特沃斯响应）。

最平坦响应在给定的滤波器复杂性或阶数情况下，响应通带顶部最平坦。其响应曲线如图 3.6-3 所示。

对于低通滤波器，最平坦响应定义的功率损耗比为：

$$L_{LR} = 1 + k^2 \left(\frac{\omega}{\omega_c}\right)^{2N} \tag{3.6-5}$$

式中，N 是滤波器的阶数，ω_c 是截止频率。在 $\omega = 0$ 时式（3.6-5）的前 $2N-1$ 阶导数都是零。在通带边缘上的衰减为 $L_{Ar}(dB) = 10\lg(1+k^2)$，$L_{Ar}$ 称为通带内最大衰减。若选 $L_{Ar}=-3dB$，则 $k=1$，对应的 ω_c 就是通常所说的 3dB 带宽，当 $0 < \omega < \omega_c$ 时为通带，$\omega \gg \omega_c$ 时为阻带。对于 $\omega \gg \omega_c$，$L_{LR} \approx k^2(\omega/\omega_c)^{2N}$，它表明插损增加率是 $20N$ dB/十倍频程。

（2）等波纹响应（切比雪夫响应）。

等波纹响应虽然在通带内衰减有起伏波纹的变化，但不超过预先给定值。而在此条件下，可得到相当陡峭的带外衰减特性。图 3.6-4 为等波纹低通滤波器响应的衰减特性。

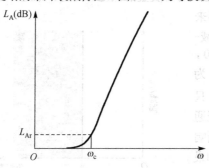

图 3.6-3　最平坦低通滤波器响应

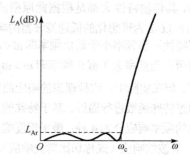

图 3.6-4　等波纹低通滤波器响应

其 N 阶低通滤波器功率损耗函数比定义为：

$$L_{LR} = 1 + k^2 T_N^2 \left(\frac{\omega}{\omega_c}\right) \tag{3.6-6}$$

其中，$T_N(x)$ 为 N 阶第一类切比雪夫多项式，定义为：

$$T_N(x) = \begin{cases} \cos(N\cos^{-1}x), & |x| \leq 1 \\ \cosh(N\cosh^{-1}x), & |x| \geq 1 \end{cases} \tag{3.6-7}$$

若 N 为偶数，则响应内 $L_A = 0$ 的频率有 $N/2$ 个；若 N 为奇数，$L_A = 0$ 的频率有 $(N+1)/2$ 个。因为对于 $|x| \leq 1$，$T_N(x)$ 在 ±1 之间振荡，所以 k^2 决定通带波纹的高度，对于大的 x，$T_N(x) \approx (2x)^N / 2$，所以对于 $\omega \gg \omega_c$，插入损耗变为：

$$L_{LR} \approx \frac{k^2}{4} \left(\frac{2\omega}{\omega_c}\right)^{2N} \tag{3.6-8}$$

其上升率也是 $20N\,\mathrm{dB}$/十倍频程。但在任意给定频率 $\omega \gg \omega_{\mathrm{c}}$ 处，对于等波纹响应的情况，插入损耗是 $(2^{2N})/4$ ，大于二项式响应，即 N 越大，选择性越好。

（3）椭圆函数响应。

与最平坦和等波纹响应不同，椭圆函数响应不仅要考虑通带内的最大衰减，而且还要考虑最小阻带衰减，并且在通带以及阻带内都有等波纹响应，此类滤波器称为椭圆函数低通滤波器，如图 3.6-5 所示。由图可见，与前文所述的两种滤波器响应不同的是这种滤波器的阻抗衰减极点不全在无限远处，因此利用这种滤波器可得到无限陡的截止率。图中 L_{Ar} 是通带最大衰减，L_{As} 是阻带最小衰减，ω_{c} 是通带边缘频率，ω_{s} 是阻带边缘频率（阻带边频）。

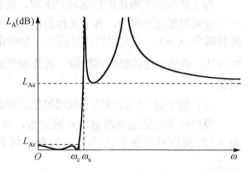

图 3.6-5　椭圆函数低通滤波器响应

其 N 阶低通滤波器功率损耗函数比定义为：

$$L_{\mathrm{LR}} = 1 + k^2 F_N^2 \left(\frac{\omega}{\omega_{\mathrm{c}}} \right) \tag{3.6-9}$$

其中，$F_N(x)$ 为 N 阶椭圆函数，定义如下：

$$\begin{cases} F_N(x) = M \dfrac{\displaystyle\prod_{i=1}^{N/2} (x_i^2 - x^2)}{\displaystyle\prod_{i=1}^{N/2} (x_{\mathrm{s}}^2 / x_i^2 - x^2)}, & N \text{为偶数} \\[4mm] F_N(x) = N \dfrac{x \displaystyle\prod_{i=1}^{(N-1)/2} (x_i^2 - x^2)}{\displaystyle\prod_{i=1}^{(N-1)/2} (x_{\mathrm{s}}^2 / x_i^2 - x^2)}, & N(\geqslant 3) \text{为奇数} \end{cases} \tag{3.6-10}$$

（4）线性相位响应。

以上几种滤波器设定为振幅响应，但在有些应用（诸如通信中的多路滤波器）中，为了避免信号干扰，需要在通带中有线性相位响应。因为陡的截止响应通常是与好的相位响应不兼容，甚至还常常伴随有差的衰减特性，因此滤波器的相位响应必须仔细加以综合。线性相位特性可以用式（3.6-11）的相位响应来实现：

$$\varphi(\omega) = A\omega \left[1 + p \left(\frac{\omega}{\omega_{\mathrm{c}}} \right)^{2N} \right] \tag{3.6-11}$$

式中，$\varphi(\omega)$ 是滤波器电压传递函数的相位，p 是常数。相关的量是群时延：

$$\tau_{\mathrm{d}} = \frac{\mathrm{d}\varphi}{\mathrm{d}\omega} = A \left[1 + p(2N+1) \left(\frac{\omega}{\omega_{\mathrm{c}}} \right)^{2N} \right] \tag{3.6-12}$$

此式表明线性相位滤波器的群时延是最平坦函数。

2. 低通原型滤波器

为了实现前文所述的特殊转移函数，需要对滤波器进行综合，最终得到对应低通原型滤波器。在一个低通原型滤波器中，各个元件的值及频率都进行了归一化处理，使源阻抗或者导纳等于 1，截止的角频率 $\omega_c = 1$。在实际设计过程中，当给定衰减、频率、相对带宽和响应等信息后，可以通过查表的方法，先确定滤波器所需阶数，再查询低通原型中每个元件对应的数值，完成各低通滤波器原型的构建。

（1）最平坦（巴特沃斯）低通原型滤波器。

根据最平坦低通滤波器的传输函数，可以根据插入损耗，计算得到对应图 3.6-3 中在截止频率 $\omega_c = 1$ 时滤波器的各个 g_i 的值。另外，对于不同的插入损耗，该类滤波器的阶数选取采用如下表达式：

$$n \geq \frac{\lg(10^{0.1 L_{As}} - 1)}{2 \lg \omega_s} \tag{3.6-13}$$

式中，L_{As} 为在 $\omega = \omega_s$（ω_s 为阻带边频，已进行过归一化处理）时的最小阻带衰减。

图 3.6-6 展示了两种最平坦响应的低通原型，这两种原型在设计时都可以被使用，它们呈对偶关系且都能给出相同的响应，图中 g_0 代表源阻抗，g_i（$i = 1, 2, \cdots, n$）代表各个电抗元件值，其中 n 代表电抗元件的个数，g_{n+1} 代表负载阻抗。g_0 和 g_{n+1} 都经过归一化处理，它们的值都为 1。对于一个给定的 g_i（$i = 1, 2, \cdots, n$），它既可以代表电感也可以代表电容，并且在原型图中要求电感和电容交替出现，如图 3.6-6 所示。另外，图 3.6-6(a)和(b)分别给出了偶数阶和奇数阶的原型滤波器，主要区别在于匹配负载前最后一级的元件是电感还是电容。

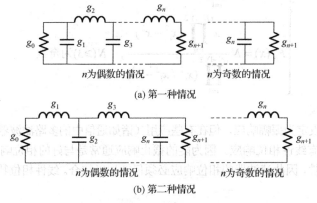

(a) 第一种情况

(b) 第二种情况

图 3.6-6 两种最平坦低通原型滤波器

这里给出由最平坦滤波器对应传输函数及插入损耗 $L = 3.01\text{dB}$ 推导得到的各个 g_i 值，即：

$$
\begin{aligned}
g_0 &= 1 \\
g_i &= 2 \sin\left(\frac{(2i-1)\pi}{2n}\right), \quad i = 1 \sim n \\
g_{n+1} &= 1
\end{aligned}
\tag{3.6-14}
$$

根据式（3.6-14），可以计算得到各阶最平坦低通原型滤波器的元件值，这里选取了 $N = 1 \sim 10$（对于 N 大于 10 的滤波器，通常使用低阶滤波器进行级联以获取更好的效果），如表 3.6-1 所示。

表 3.6-1 最平坦时延低通滤波器原型的元件值（$g_0=1$， $\omega_c=1$， $N=1\sim10$）

N	g_1	g_2	g_3	g_4	g_5	g_6	g_7	g_8	g_9	g_{10}	g_{11}
1	2.0000	1.0000									
2	1.5774	0.4226	1.0000								
3	1.2550	0.5528	0.1922	1.0000							
4	1.0598	0.5116	0.3181	0.1104	1.0000						
5	0.9303	0.4577	0.3312	0.2090	0.0718	1.0000					
6	0.8377	0.4116	0.3158	0.2364	0.1480	0.0505	1.0000				
7	0.7677	0.3744	0.2944	0.2378	0.1778	0.1104	0.0375	1.0000			
8	0.7125	0.3446	0.2735	0.2297	0.1867	0.1387	0.0855	0.0289	1.0000		
9	0.6678	0.3203	0.2547	0.2184	0.1859	0.1506	0.1111	0.0682	0.0230	1.0000	
10	0.6305	0.3002	0.2384	0.2066	0.1808	0.1539	0.1240	0.0911	0.0557	0.0187	1.0000

（2）等波纹（切比雪夫）低通原型滤波器。

对于等波纹低通滤波器，在知道其传输函数的基础上，根据其通带内的波纹（单位为 dB）和截止频率 $\omega_c=1$，可以得到各阶等波纹低通滤波器的 g_i 值[14]，如式（3.6-15）所示。滤波器阶数可以通过式（3.6-16）来计算，式中 ω_s（阻带边频）已进行过归一化处理。最终通过计算整理得到表 3.6-2 分别对应带内波纹为 0.1dB、0.5dB 和 3dB 时各元件对应的 g_i 值。

$$g_0 = 1$$

$$g_1 = \frac{2}{\gamma}\sin\left(\frac{\pi}{2n}\right), \qquad i = 1 \sim n$$

$$g_{n+1} = \begin{cases} 1, & n\text{为奇数} \\ \coth^2\left(\dfrac{\beta}{4}\right), & n\text{为偶数} \end{cases}$$

$$g_i = \frac{1}{g_{i-1}}\frac{4\sin\left[\dfrac{(2i-1)\pi}{2n}\right]\cdot\sin\left[\dfrac{(2i-3)\pi}{2n}\right]}{\gamma^2 + \sin^2\left[\dfrac{(i-1)\pi}{n}\right]}, \qquad i = 2,3,\cdots,n \tag{3.6-15}$$

其中，$\beta = \ln\left[\coth\left(\dfrac{L_{Ar}}{17.37}\right)\right]$，$\gamma = \sinh\left(\dfrac{\beta}{2n}\right)$。

$$n \geqslant \frac{\operatorname{arccosh}\sqrt{\dfrac{10^{0.1L_{As}}-1}{10^{0.1L_{Ar}}-1}}}{\operatorname{arccosh}\omega_s} \tag{3.6-16}$$

表 3.6-2 等波纹低通滤波器原型的元件值（$g_0=1$， $\omega_c=1$）

0.1dB 波纹									
N	g_1	g_2	g_3	g_4	g_5	g_6	g_7	g_8	g_9	g_{10}
1	0.3052	1.0000								
2	0.8431	0.6220	1.3554							
3	1.0316	1.1474	1.0316	1.0000						
4	1.088	1.3062	1.7704	0.8181	1.3554					
5	1.1468	1.3712	1.9750	1.3712	1.1468	1.0000				

0.1dB 波纹									
N	g_1	g_2	g_3	g_4	g_5	g_6	g_7	g_8	g_9	g_{10}
6	1.1681	1.4040	2.0562	1.5171	1.9029	0.8618	1.3554			
7	1.1812	1.4228	2.0967	1.5734	2.0967	1.4228	1.1812	1.0000		
8	1.1898	1.4346	2.1199	1.6010	2.1700	1.5641	1.9445	0.8778	1.3554	
9	1.1957	1.4426	2.1346	1.6167	2.2054	1.6167	2.1346	1.4426	1.1957	1.0000

0.5dB 波纹										
N	g_1	g_2	g_3	g_4	g_5	g_6	g_7	g_8	g_9	g_{10}	g_{11}
1	0.6986	1.0000									
2	1.4029	0.7071	1.9841								
3	1.5963	1.0967	1.5963	1.0000							
4	1.6703	1.1926	2.3661	0.8419	1.9841						
5	1.7058	1.2296	2.5408	1.2296	1.7058	1.0000					
6	1.7254	1.2479	2.6064	1.3137	2.4758	0.8696	1.9841				
7	1.7372	1.2583	2.6381	1.3444	2.6381	1.2583	1.7372	1.0000			
8	1.7451	1.2647	2.6564	1.3590	2.6964	1.3389	2.5093	0.8796	1.9841		
9	1.7504	1.2690	2.6678	1.3673	2.7239	1.3673	2.6678	1.2690	1.7504	1.0000	
10	1.7543	1.2721	2.6754	1.3725	2.7392	1.3806	2.7231	1.3485	2.5239	0.8842	1.9841

3dB 波纹										
N	g_1	g_2	g_3	g_4	g_5	g_6	g_7	g_8	g_9	g_{10}	g_{11}
1	1.9953	1.0000									
2	3.1013	0.5339	5.8095								
3	3.3487	0.7117	3.3487	1.0000							
4	3.4389	0.7483	4.3471	0.5920	5.8095						
5	3.4817	0.7618	4.5381	0.7618	3.4817	1.0000					
6	3.5045	0.7685	4.6061	0.7929	4.4641	0.6033	5.8095				
7	3.5182	0.7723	4.6386	0.8039	4.6386	0.7723	3.5182	1.0000			
8	3.5277	0.7745	4.6575	0.8089	4.6990	0.8018	4.4990	0.6073	5.8095		
9	3.5340	0.7760	4.6692	0.8118	4.7272	0.8118	4.6692	0.7760	3.5340	1.0000	
10	3.5384	0.7771	4.6768	0.8316	4.7425	0.8164	4.7260	0.8051	4.5142	0.6091	5.8095

有时，带内的最小回波损耗（L_R）或者最大驻波比（VSWR）是确定的，而带内波纹未知。这时可以通过最小回波损耗 L_R 或者 VSWR 来计算出带内波纹，即

$$L_{Ar} = -10\lg(1-10^{0.1L_R})dB \tag{3.6-17}$$

$$L_{Ar} = -10\lg\left[1-\left(\frac{VSWR-1}{VSWR+1}\right)^2\right]dB \tag{3.6-18}$$

（3）椭圆函数低通原型滤波器。

椭圆函数低通滤波器的通带和阻带都具有切比雪夫波纹，其参数需通过椭圆函数进行计算。图 3.6-7 展示了两种常用的椭圆函数低通原理滤波器的电路结构。图 3.6-7(a)中串联分支中的并联谐振回路用于实现有限频率的传输零点，因为并联谐振回路在谐振频率时等效为开路。在这种滤波器结构中，g_i（$i=1,3,5,\cdots$）代表并联电容值，g_i（$i=2,4,6,\cdots$）代表电感值，g_i'（$i=2,4,6,\cdots$）代表并联谐振回路中的电容值。图 3.6-7(b)中并联分支中的串联谐振回路用于实现有限频率的传输零点，因为串联谐振回路在谐振频率时等效为短路。在这种滤波器结构中，g_i（$i=1,3,5,\cdots$）代表串联电感值，g_i（$i=2,4,6,\cdots$）代表电容值，g_i'（$i=2,4,6,\cdots$）代表并联谐振回路中的电感值。另外，图 3.6-7 中的两种电路结构在设计时均可以被使用，它们能给出相同的频率响应。

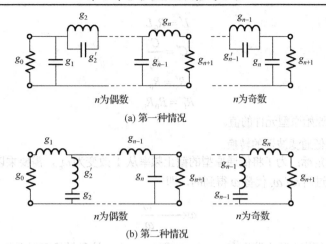

(a) 第一种情况

(b) 第二种情况

图 3.6-7　两种椭圆函数低通原型滤波器

不同于最平坦型和等波纹型低通原型滤波器，椭圆函数低通原理滤波器中各元件值没有简单的解析公式。进行滤波器设计时，在得知阻带边频、带内最大衰减等信息后，一般通过查表的方式[18]来获得图 3.6-7 中两种电路结构中的各元件值。

（4）线性相位响应低通原型滤波器。

具有最平坦时延或线性相位响应的滤波器，可以用相同的方法设计，采用图 3.6-6 所示的电路结构。但电压传递函数相位不像振幅那样有简单的表示式，学者们已推导整理出对应的滤波器元件值[14]。表 3.6-3 是针对归一化源阻抗和截止频率（$\omega_c' = 1$）给出的元件值。最终得出的通带内群时延是：$\tau_d = 1/\omega_c' = 1$。

表 3.6-3　最平坦时延低通滤波器原型的元件值（$g_0 = 1$，$\omega_c = 1$，$N = 1 \sim 10$）

N	g_1	g_2	g_3	g_4	g_5	g_6	g_7	g_8	g_9	g_{10}	g_{11}
1	2.0000	1.0000									
2	1.5774	0.4226	1.0000								
3	1.2550	0.5528	0.1922	1.0000							
4	1.0598	0.5116	0.3181	0.1104	1.0000						
5	0.9303	0.4577	0.3312	0.2090	0.0718	1.0000					
6	0.8377	0.4116	0.3158	0.2364	0.1480	0.0505	1.0000				
7	0.7677	0.3744	0.2944	0.2378	0.1778	0.1104	0.0375	1.0000			
8	0.7125	0.3446	0.2735	0.2297	0.1867	0.1387	0.0855	0.0289	1.0000		
9	0.6678	0.3203	0.2547	0.2184	0.1859	0.1506	0.1111	0.0682	0.0230	1.0000	
10	0.6305	0.3002	0.2384	0.2066	0.1808	0.1539	0.1240	0.0911	0.0557	0.0187	1.0000

3. 频率转换和阻抗定标

前一节的低通原型滤波器采用源阻抗 $R_s = 1\Omega$ 和截止频率 $\omega_c = 1$ 的归一化设计。对于实际的滤波器设计，需要基于低通滤波器模型，借助频率转换和阻抗定标来完成。

频率转换也叫频率映射，可以将例如前文提到的用于低通原型滤波器的切比雪夫响应转换到高通、带通或者带阻特性。但这种频率转换只适用于电抗器件，不适用于电阻器件。

阻抗定标是一个去归一化的过程。在原型设计中，源和负载电阻是 1（除了等波纹滤波器 N 为偶数时负载阻抗不为 1 外）。源阻抗 R_s 可以通过原型设计的阻抗值与 R_0 相乘得到。完成阻抗定标后，可以得到新的滤波器元件值，分别为：

$$L' = R_0 L \tag{3.6-19}$$

$$C' = \frac{C}{R_0} \tag{3.6-20}$$

$$R'_s = R_0 \tag{3.6-21}$$

$$R'_L = R_0 R_L \tag{3.6-22}$$

式中，L、C 和 R_L 是原始原型元件的值。

（1）低通原型到低通滤波器的转换。

低通滤波器频率定标：为了将低通原型的截止频率从 1 改变为 ω_c，需要乘以因子 $1/\omega_c$ 来定标滤波器的频率，这是通过用 ω/ω_c 代替 ω 得到的，即

$$\omega \leftarrow \frac{\omega}{\omega_c} \tag{3.6-23}$$

式中，ω_c 是新的截止频率，截止发生在 $\omega/\omega_c = 1$ 或 $\omega = \omega_c$ 处。这种转换可以看作是对原始通带的展宽或者扩大。

将式（3.6-23）代入低通原型滤波器的串联电抗 $j\omega L_k$ 和并联电纳 $j\omega C_k$ 中，可确定新的元件值，即

$$jX_k = j\frac{\omega}{\omega_c}L_k = j\omega L'_k \Rightarrow L'_k = \frac{L_k}{\omega_c}$$
$$jB_k = j\frac{\omega}{\omega_c}C_k = j\omega C'_k \Rightarrow C'_k = \frac{C_k}{\omega_c} \tag{3.6-24}$$

当阻抗和频率都按要求定标时，可以得到电容和电感的值，即

$$L'_k = \frac{R_0 L_k}{\omega_c}$$
$$C'_k = \frac{C_k}{R_0 \omega_c} \tag{3.6-25}$$

（2）低通原型到高通滤波器的转换。

对于低通到高通的情况，频率替换为式（3.6-26）。它能用来把低通响应转换到高通响应。该替换把 $\omega = 0$ 映射到 $\omega = \pm\infty$，反之亦然；截止发生在 $\omega = \pm\omega_c$ 处。为了将电感（或电容）转换到现实的电容（或电感），需要添加负号：

$$\omega \leftarrow -\frac{\omega_c}{\omega} \tag{3.6-26}$$

应用式（3.6-26）到低通原型滤波器的串联电抗 $j\omega L_k$ 和并联电纳 $j\omega C_k$ 中，得到新的元件值，即

$$jX_k = -j\frac{\omega_c}{\omega}L_k = \frac{1}{j\omega C'_k} \Rightarrow C'_k = \frac{1}{\omega_c L_k}$$
$$jB_k = -j\frac{\omega_c}{\omega}C_k = \frac{1}{j\omega L'_k} \Rightarrow L'_k = \frac{1}{\omega_c C_k} \tag{3.6-27}$$

这表明在完成转换后，串联电感 L_k 必须用电容 C'_k 代替，并联电容 C_k 必须用电感 L'_k 代替。整个转换过程如图 3.6-8 所示。

使用式（3.6.19）～式（3.6.22）包含的阻抗定标，可得到最终的电感和电容值，即

$$C'_k = \frac{1}{R_0 \omega_c L_k}$$
$$L'_k = \frac{R_0}{\omega_c C_k} \tag{3.6-28}$$

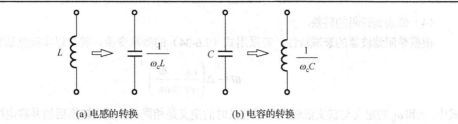

(a) 电感的转换　　　　　　　　　(b) 电容的转换

图 3.6-8　低通到高通的转换

（3）低通原型到带通滤波器的转换。

低通原型滤波器设计也能转换到带通的情形。假设 ω_1 和 ω_2 表示通带的边界，则带通响应可用式（3.6-29）进行频率替换获得。

$$\omega \leftarrow \frac{\omega_0}{\omega_2 - \omega_1}\left(\frac{\omega}{\omega_0} - \frac{\omega_0}{\omega}\right) = \frac{1}{\Delta}\left(\frac{\omega}{\omega_0} - \frac{\omega_0}{\omega}\right) \tag{3.6-29}$$

式中，$\Delta = (\omega_2 - \omega_1)/\omega_0$ 代表通带的相对宽度。中心频率 ω_0 能按 ω_1 和 ω_2 的算术平均值选择。

完成转换后各元件值可以结合式（3.6-29）中的串联电抗和并联电纳确定为：

$$jX_k = \frac{j}{\Delta}\left(\frac{\omega}{\omega_0} - \frac{\omega_0}{\omega}\right)L_k = j\frac{\omega L_k}{\Delta \omega_0} - j\frac{\omega_0 L_k}{\Delta \omega} = j\omega L'_k - j\frac{1}{\omega C'_k} \tag{3.6-30}$$

$$jB_k = \frac{j}{\Delta}\left(\frac{\omega}{\omega_0} - \frac{\omega_0}{\omega}\right)C_k = j\frac{\omega C_k}{\Delta \omega_0} - j\frac{\omega_0 C_k}{\Delta \omega} = j\omega C'_k - j\frac{1}{\omega L'_k} \tag{3.6-31}$$

式（3.6-30）表明低通原型的串联电感在转换后成为了串联 LC 电路，其元件值为：

$$L'_k = \frac{L_k}{\Delta \omega_0}$$

$$C'_k = \frac{\Delta}{L_k \omega_0} \tag{3.6-32}$$

式（3.6-31）表明低通原型的并联电容在转换后成为了并联 LC 电路，其元件值为：

$$L'_k = \frac{\Delta}{C_k \omega_0}$$

$$C'_k = \frac{C_k}{\Delta \omega_0} \tag{3.6-33}$$

低通原型中串联电感变换成串联谐振电路，并联电容变换成并联谐振电路的转换过程如图 3.6-9 所示。另外，这两个串联和并联谐振器单元有谐振频率 ω_0。

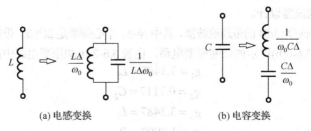

(a) 电感变换　　　　　　　　　(b) 电容变换

图 3.6-9　低通到带通的转换

（4）低通到带阻的转换。

根据带阻滤波器的衰减特性，若采用式（3.6-34）的频率变换，就可以实现低通到带阻的转换。

$$\omega \leftarrow \Delta\left(\frac{\omega_0}{\omega} - \frac{\omega}{\omega_0}\right)^{-1} \tag{3.6-34}$$

式中，Δ 和 ω_0 的定义与前文低通到带通转换时的定义是相同的，完成转换后的并联电纳和串联电抗为：

$$jB_k = \left(j\Delta\left(\frac{\omega_0}{\omega} - \frac{\omega}{\omega_0}\right)^{-1} L_k\right)^{-1} = j\omega\frac{1}{\omega_0\Delta L_k} - j\frac{\omega_0}{\omega\Delta L_k} = j\omega C_k' - j\frac{1}{\omega L_k'} \tag{3.6-35}$$

$$jX_k = \left(j\Delta\left(\frac{\omega_0}{\omega} - \frac{\omega}{\omega_0}\right)^{-1} C_k\right)^{-1} = j\frac{\omega}{\Delta\omega_0 C_k} - j\frac{\omega_0}{\omega\Delta C_k} = j\omega L_k' - j\frac{1}{\omega C_k'} \tag{3.6-36}$$

式（3.6-35）表明低通原型的串联电感在转换后成为了并联 LC 电路，其元件值为：

$$L_k' = \frac{\Delta L_k}{\omega_0}$$
$$C_k' = \frac{1}{L_k\Delta\omega_0} \tag{3.6-37}$$

式（3.6-36）表明低通原型的并联电容在转换后成为了串联 LC 电路，其元件值为：

$$L_k' = \frac{1}{\omega_0\Delta C_k}$$
$$C_k' = \frac{\Delta C_k}{\omega_0} \tag{3.6-38}$$

低通原型中串联电感变换成并联谐振电路，而并联电容变换成串联谐振电路的转换过程如图 3.6-10 所示。另外，这两个串联和并联谐振器单元有谐振频率 ω_0。

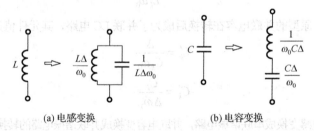

(a) 电感变换　　　　　　　　　(b) 电容变换

图 3.6-10　低通到带阻的转换

【例 3.5】　带通滤波器设计。

设计一个等波纹响应为 3dB 的带通滤波器，其中 $N=3$。中心频率是 2GHz，带宽是 15%，阻抗是 50Ω。

解： 本题选取图 3.6-6(b)所示的低通原型电路，由表 3.6-2 可知原型电路中的各元件值如下：

$$\begin{aligned}
g_1 &= 3.3487 = L_1 \\
g_2 &= 0.7117 = C_2 \\
g_3 &= 3.3487 = L_3 \\
g_4 &= 1.0000 = R_L
\end{aligned} \tag{3.6-39}$$

然后，根据式（3.6.19）～式（3.6.22）和式（3.6.32）、式（3.6.33）给出图 3.6-11 所示电路的阻抗定标和频率变换的元件值：

$$L_1' = \frac{L_1 Z_0}{\omega_0 \Delta} = 88.827\text{nH}$$

$$C_1' = \frac{\Delta}{\omega_0 L_1 Z_0} = 0.071\text{pF}$$

$$L_2' = \frac{\Delta Z_0}{\omega_0 C_2} = 0.839\text{nH}$$

$$C_2' = \frac{C_2}{\omega_0 \Delta Z_0} = 7.551\text{pF}$$

$$L_3' = \frac{L_3 Z_0}{\omega_0 \Delta} = 88.827\text{nH} \tag{3.6-40}$$

$$C_3' = \frac{\Delta}{\omega_0 L_3 Z_0} = 0.071\text{pF}$$

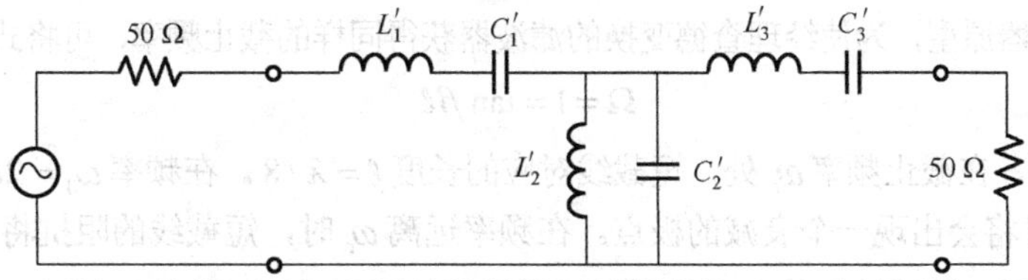

图 3.6-11　带通滤波器电路

最后得到的带通滤波器的频率响应如图 3.6-12(a)所示。由于 3dB 响应的带通滤波器在实际工程应用中意义不大，为进一步改善，可按低通原型设计更小波纹（如 0.1dB）的滤波器。或者在理论计算值的基础上利用 ADS 软件对元件进行优化，得到如图 3.6-12(b)所示的带通滤波器频率响应（中心频率 2GHz，带宽 15%，回波损耗小于–20dB，插入损耗约为 1.7dB，波纹为 0.25dB）。

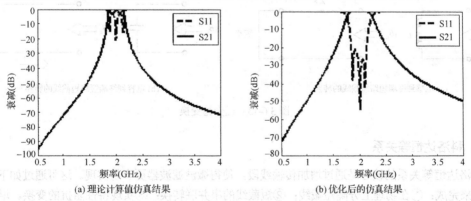

(a) 理论计算值仿真结果　　　　　　　　　　(b) 优化后的仿真结果

图 3.6-12　带通滤波器对应的频率响应

3.6.3　微波滤波器的实现

前面讨论的集总元件滤波器的设计，通常在低频时工作良好，但是在微波频率会出现两个问题。第一，集总元件（诸如电感和电容）通常只在有限的值的范围内可以使用，而且在微波频率下实现是困难的。第二，在微波频率滤波器中元件之间的距离不可忽视。本节将讲述如何通过理查德变换和科洛达恒等关系，将传统的集总元件构造的滤波器转换到微波滤波器。理查德变换用于把集总元件变换成传输线段，而科洛达恒等关系可用传输线段分隔各滤波器元件。因为这种添加的传输线段并不影响滤波器响应，所以这类设计称为冗余滤波器综合。可以充分利用这些传输线段设计微波滤波器，以改进滤波器响应。

1. 理查德变换

为了使用开路和短路传输线来综合 LC 网络，P.理查德引入了如下所示的变换：

$$\Omega = \tan \beta \ell = \tan\left(\frac{\omega \ell}{v_{\mathrm{p}}}\right) \tag{3.6-41}$$

式中，将 ω 平面映射到 Ω 平面，它以周期 $\omega \ell / v_{\mathrm{p}} = 2\pi$ 重复出现。因此，若用 Ω 替换频率变量 ω，则电感的电抗和电容的电纳可分别表示为：

$$jX_{\mathrm{L}} = j\Omega L = jL \tan \beta \ell \tag{3.6-42}$$

$$jB_{\mathrm{c}} = j\Omega C = jC \tan \beta \ell \tag{3.6-43}$$

以上结果表明，在滤波器阻抗已进行归一化的假设前提下，集总电感元件可以用 $\theta = \beta \ell$、$Z_{\mathrm{c}} = L$ 的终端短路短截线代替，而集总电容元件可以用 $\theta = \beta \ell$、$Z_{\mathrm{c}} = 1/C$ 的终端开路短截线代替。

对于低通滤波器原型，为使经理查德变换的滤波器获得同样的截止频率，可将式（3.6-41）表示为：

$$\Omega = 1 = \tan \beta \ell \tag{3.6-44}$$

由此可以得到，在截止频率 ω_{c} 处，短截线对应的长度 $\ell = \lambda / 8$。在频率 $\omega_0 = 2\omega_{\mathrm{c}}$ 处，传输线的长度将是 $\lambda / 4$，这时将会出现一个衰减的极点。在频率远离 ω_{c} 时，短截线的阻抗将不再与原来的集总元件阻抗匹配，这时，该滤波器的响应将不同于所希望的原型响应。此外，该响应是随频率呈周期性变化的，每 $4\omega_{\mathrm{c}}$ 重复一次。

从原理上说，集总元件滤波器设计中的电感和电容可以用终端短路和终端开路短截线取代，如图3.6-13所示，详见3.2.8节。所有短截线工作在 $\omega = \omega_{\mathrm{c}}$ 时电长度都为 $\lambda / 8$，因此这种线称为公比线（commensurate line）。

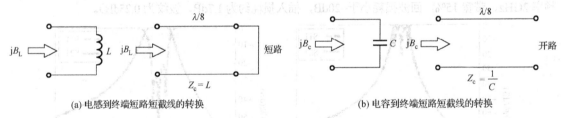

(a) 电感到终端短路短截线的转换　　　　　　　　　　(b) 电容到终端短路短截线的转换

图 3.6-13　理查德变换

2. 科洛达恒等关系

科洛达恒等关系的核心是通过增加传输线段，使得微波滤波器更容易实现。这可通过如下操作中的一个来完成：①在物理上分隔短截线；②短截线的串并联转换；③实现特性阻抗的变换。增加的传输线段称为单位元件，它在 ω_{c} 处长度为 $\lambda / 8$，所以单位元件与用于实现原型设计的电感和电容的短截线相对应。

4 个恒等关系如图3.6-14所示，其中每个方框代表指定特性阻抗（Z_n, n=1,2）和长度（在 ω_{c} 时 $\lambda / 8$）的单位元件或者传输线。分别用短路和开路短截线代表电感和电容。后面例题中将具体说明如何应用这些恒等关系设计低通滤波器。

【例3.6】 设计一个用微带线制作的低通滤波器，截止频率 2GHz，采用 3 阶形式，端口阻抗 50Ω，波纹为 0.5dB。

解： 由表 3.6.2 可得归一化低通滤波器原型元件值，即式（3.6-45），其集总元件电路如图 3.6-14(a)

所示。

$$g_1 = 1.5963 = L_1$$
$$g_2 = 1.0967 = C_2$$
$$g_3 = 1.5963 = L_3$$
$$g_4 = 1.0000 = R_L$$

(3.6-45)

下一步是用理查德变换将串联电感变为串联短截线，将并联电容变为并联短截线，如图 3.6-15(b) 所示。根据式（3.6-42）和式（3.6-43），串联短截线（电感）的特性阻抗是 L，并联短截线（电容）的特性阻抗是 $1/C$。所有短截线在 $\omega = \omega_c$ 处的长度都是 $\lambda/8$（通常直到设计的最后一步用归一化值是方便的）。

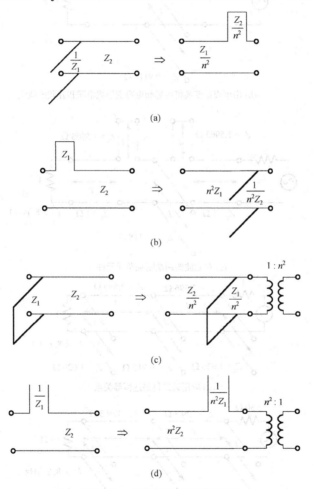

(a)

(b)

(c)

(d)

图 3.6-14 4 个科洛达恒等关系

图 3.6-15(b)中的串联短截线用微带形式实现是很困难的，所以可以用科洛达恒等关系之一将其变成并联短截线。首先在滤波器的两端添加单位元件，如图 3.6-15(c)所示。

因为这些冗余元件与源和负载匹配（$Z_0 = 1\Omega$），所以不会影响滤波器的性能。然后，对滤波器的两端应用图 3.6-13(b)中的科洛达恒等关系。对于这种情况，可以根据图 3.6-14 中传输线阻抗转换公式求得 $Z_1' = 1.626\Omega$，$Z_2' = 2.596\Omega$。完成转换后的结果如图 3.6-15(d)所示。

最后，对电路的阻抗和频率定标只需要用 50Ω 乘以归一化阻抗，并在 4GHz 时选择短截线长度为 $\lambda/8$。最终的电路如图 3.6-15(e)所示，图 3.6-15(f)是微带线布局图。

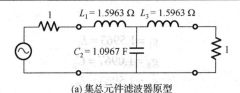

(a) 集总元件滤波器原型

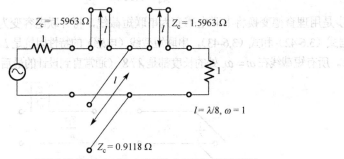

(b) 用理查德变换将电感和电容变换成串联和并联短截线

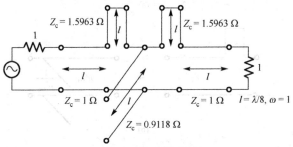

(c) 在滤波器两端附加单元元件

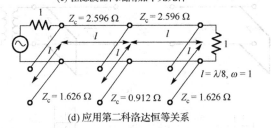

(d) 应用第二科洛达恒等关系

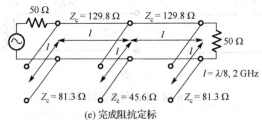

(e) 完成阻抗定标

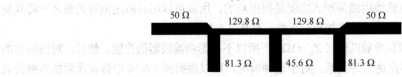

(f) 制作成微带线形式的滤波器

图 3.6-15 滤波器的设计过程

3. K、J 倒换器理论及其在滤波器设计中的应用

K 倒换器又称阻抗倒换器，它可以实现输入阻抗与负载阻抗之间的倒量变换，如图 3.6-16(a)所示。J 倒换器又称导纳倒换器，它可以实现输入导纳与负载导纳之间的倒量变换，如图 3.6-16(b)所示。另外，K 倒换器和 J 倒换器互为对偶电路。在进行分析时，在先求解出一种倒换器对应的等效关系后，可以通过对偶原理求解出另一个。

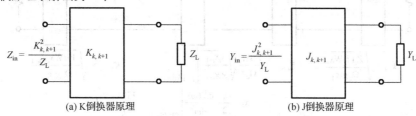

(a) K倒换器原理　　　　　　　　　　　(b) J倒换器原理

图 3.6-16　K、J 倒换器原理

从图中发现，可以通过改变 K 和 J 参数来实现对阻抗值和导纳值的调节。通过运用这些特性也使得我们能够把普通的滤波器电路转换为其等效电路的形式，从而便于进行理论分析及电路实现。例如，图 3.6-17 给出了通过 K 倒换器实现并联电容到串联电感的转换，图 3.6-18 给出了通过 J 倒换器实现串联电感到并联电容的转换。

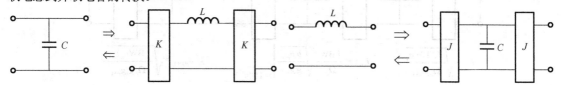

图 3.6-17　并联电容到串联电感的转换　　　　图 3.6-18　串联电感到并联电容的转换

基于以上转换原理，可以将图 3.6-6 的 LC 低通滤波器原型对应转换为图 3.6-19 所示的模型。

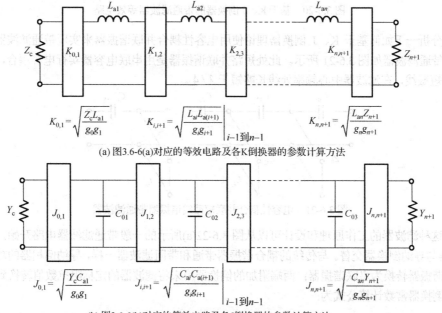

$$K_{0,1}=\sqrt{\frac{Z_c L_{a1}}{g_0 g_1}} \qquad K_{i,i+1}=\sqrt{\frac{L_{ai}L_{a(i+1)}}{g_i g_{i+1}}}\bigg|_{i-1到n-1} \qquad K_{n,n+1}=\sqrt{\frac{L_{an}Z_{n+1}}{g_n g_{n+1}}}$$

(a) 图3.6-6(a)对应的等效电路及各K倒换器的参数计算方法

$$J_{0,1}=\sqrt{\frac{Y_c C_{a1}}{g_0 g_1}} \qquad J_{i,i+1}=\sqrt{\frac{C_{ai}C_{a(i+1)}}{g_i g_{i+1}}}\bigg|_{i-1到n-1} \qquad J_{n,n+1}=\sqrt{\frac{C_{an}Y_{n+1}}{g_n g_{n+1}}}$$

(b) 图3.6-6(b)对应的等效电路及各J倒换器的参数计算方法

图 3.6-19　基于 K、J 倒换器的低通原型滤波器等效电路

　　同样，根据以上转换原理，可以得到如图 3.6-20 所示的基于 K、J 倒换器的带通滤波器（通带带宽为 FBW，中心频率为Ω_c）的通用等效电路模型及相应参数的计算方法。

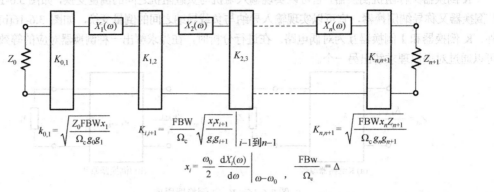

$$k_{0,1} = \sqrt{\frac{Z_0 \mathrm{FBW} x_1}{\Omega_c g_0 g_1}} \qquad K_{i,i+1} = \frac{\mathrm{FBW}}{\Omega_c}\sqrt{\frac{x_i x_{i+1}}{g_i g_{i+1}}}\bigg|_{i-1\text{到}n-1} \qquad K_{n,n+1} = \sqrt{\frac{\mathrm{FBW} x_n Z_{n+1}}{\Omega_c g_n g_{n+1}}}$$

$$x_i = \frac{\omega_0}{2}\frac{\mathrm{d}X_i(\omega)}{\mathrm{d}\omega}\bigg|_{\omega-\omega_0}, \qquad \frac{\mathrm{FBw}}{\Omega_c} = \Delta$$

(a) 基于K倒换器的带通滤波器等效电路及相应参数的计算

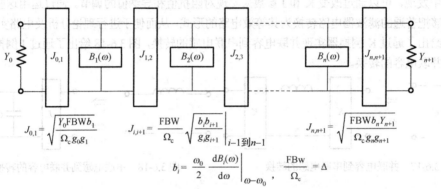

$$J_{0,1} = \sqrt{\frac{Y_0 \mathrm{FBW} b_1}{\Omega_c g_0 g_1}} \qquad J_{i,i+1} = \frac{\mathrm{FBW}}{\Omega_c}\sqrt{\frac{b_i b_{i+1}}{g_i g_{i+1}}}\bigg|_{i-1\text{到}n-1} \qquad J_{n,n+1} = \sqrt{\frac{\mathrm{FBW} b_n Y_{n+1}}{\Omega_c g_n g_{n+1}}}$$

$$b_i = \frac{\omega_0}{2}\frac{\mathrm{d}B_i(\omega)}{\mathrm{d}\omega}\bigg|_{\omega-\omega_0}, \qquad \frac{\mathrm{FBw}}{\Omega_c} = \Delta$$

(b) 基于J倒换器的带通滤波器等效电路及相应参数的计算

图 3.6-20　基于 K、J 倒换器的带通滤波器等效电路

　　下面分析一下如何基于 K、J 倒换器理论使用电容性耦合并联谐振器来实现带通滤波器。一个相关类型的带通滤波器如图 3.6-21 所示。此处短路并联谐振器是用串联电容器实行电容耦合，N 阶滤波器用 N 个短截线，在滤波器中心频率处线长略短于 $\lambda/4$。

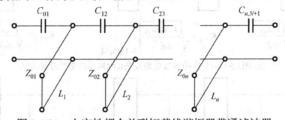

图 3.6-21　电容性耦合并联短截线谐振器带通滤波器

　　理解这种滤波器的工作原理和设计可以从图 3.6-22(a)所示的一般带通滤波器电路开始，此处并联 LC 谐振器与导纳倒换器交替。与传统的耦合谐振器带通和带阻滤波器一样，导纳倒相器的功能是把间隔的并联谐振器转换为串联谐振器；两端附加的倒换器用来将滤波器的定标阻抗数值转换到实际的数值。导纳倒换器常数计算公式为：

$$Z_c J_{01} = \sqrt{\frac{\pi\Delta}{4g_1}}$$

$$Z_c J_{n,n+1} = \frac{\pi\Delta}{4\sqrt{g_n g_{n+1}}} \qquad (3.6\text{-}46)$$

$$Z_c J_{N,N+1} = \sqrt{\frac{\pi\Delta}{4g_N g_{N+1}}}$$

同样，可求出耦合电容器的值为：

$$C_{01} = \frac{J_{01}}{\omega_0\sqrt{1-(Z_c J_{01})^2}}$$

$$C_{n,n+1} = \frac{J_{n,n+1}}{\omega_0} \qquad (3.6\text{-}47)$$

$$C_{N,N+1} = \frac{J_{N,N+1}}{\omega_0\sqrt{1-(Z_c J_{N,N+1})^2}}$$

注意，对两端电容的处理不同于内部元件。

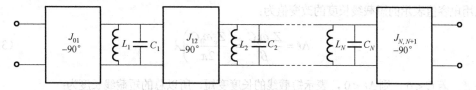

(a) 采用导纳倒换器的并联谐振器的一般带通滤波器电路

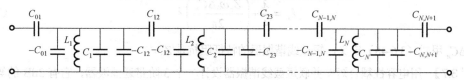

(b) 导纳倒换器的电路实现

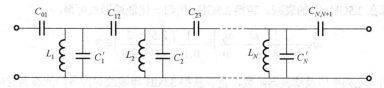

(c) 并联电容元件的合并

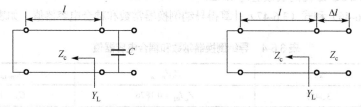

(d) 并联电容引起的谐振短截线长度的改变

图 3.6-22　电容性耦合并联短截线谐振器带通滤波器的等效电路图

现在，为了产生图 3.6-22(b)所示的等效集总元件电路，使用等效π型网络代替图 3.6-22(a)所示的导纳倒相器。注意，导纳倒换器电路并联的电容是负的，但是这个元件与 LC 谐振器的较大电容器并联在一起，可给出正的电容值。最后的电路如图 3.6-22(c)所示，其中有效谐振器电容值为：

$$C_n' = C_n + \Delta C_n = C_n - C_{n-1,n} - C_{n,n+1} \tag{3.6-48}$$

式中，$\Delta C_n = -C_{n-1,n} - C_{n,n+1}$，代表由于倒换器元件并联相加引起的谐振器电容的改变。

最终，图 3.6-22(c)所示的并联 LC 谐振器可用短路传输线短截线代替。注意，短截线谐振器的谐振频率不再是 ω_0，因为谐振电容值已经被调整了 ΔC_n。这意味着谐振器在中心频率 ω_0 时，其长度小于 $\lambda/4$。考虑了电容改变的短截线长度的变换如图 3.6-22(d)所示。在线的输入端，有一个并联电容的短路线段的输入导纳为：

$$Y = Y_L + j\omega_0 C \tag{3.6-49}$$

式中，$Y_L = -j\cot\beta\ell / Z_c$。若该电容用短传输线段 $\Delta\ell$ 代替，则输入导纳为：

$$Y = \frac{1}{Z_c}\frac{Y_L + j\frac{1}{Z_0}\tan\beta\Delta\ell}{\frac{1}{Z_0} + jY_L\tan\beta\Delta\ell} \approx Y_L + j\frac{\beta\Delta\ell}{Z_0} \tag{3.6-50}$$

最后一步的近似使用了 $\beta\Delta\ell \ll 1$，这是符合这类滤波器的实际情况的。比较式（3.6-49）和式（3.6-50）可得出用电容值表示的短截线长度的改变值为：

$$\Delta\ell = \frac{Z_c\omega_0 C}{\beta} = \left(\frac{Z_c\omega_0 C}{2\pi}\right)\lambda \tag{3.6-51}$$

注意，若 $C < 0$，则 $\Delta\ell < 0$，表示短截线的长度变短，所以总的短截线长度为：

$$\ell_n = \frac{\lambda}{4} + \left(\frac{Z_c\omega_0\Delta C_n}{2\pi}\right)\lambda \tag{3.6-52}$$

式中，ΔC_n 用式（3.6-48）定义，短截线谐振器的特征阻抗是 Z_c。

【例 3.7】用电容性耦合短路并联短截线谐振器设计一个 3 阶带通滤波器，它有 3dB 的等波纹响应，中心频率为 2GHz，带宽为 15%，输入/输出阻抗为 50Ω。问在 2.5GHz 时最终得到的衰减是多少？

解：首先计算在 2.5GHz 时的衰减。转换 2.5GHz 到归一化低通形式可得：

$$\omega \leftarrow \frac{1}{\Delta}\left(\frac{\omega}{\omega_0} - \frac{\omega_0}{\omega}\right) = \frac{1}{0.15}\left(\frac{2.5}{2} - \frac{2}{2.5}\right) = 3 \tag{3.6-53}$$

然后，根据归一化频率值及滤波器阶数，查表获得 3.0dB 等波纹对应各阶滤波器对应不同频率的衰减值，最终得到在 2.5GHz 处的衰减值为 40dB。

接着，用式（3.6-46）和式（3.6-47）计算得导纳倒换器常数和耦合电容器值，如表 3.6-4 所示。

表 3.6-4　导纳倒换器常数和耦合电容器值

n	g_n	$Z_c J_{n-1,n}$	$C_{n-1,n}$(pF)
1	3.3487	$Z_c J_{01} = 0.1876$	$C_{01} = 0.3040$
2	0.7117	$Z_c J_{12} = 0.0763$	$C_{12} = 0.1215$
3	3.3487	$Z_c J_{23} = 0.0763$	$C_{23} = 0.1215$
4	1.0000	$Z_c J_{34} = 0.1876$	$C_{34} = 0.3040$

然后用式（3.6-48）、式（3.6-51）和式（3.6-52）求出所需的短截线长度，如表 3.6-5 所示。

表 3.6-5　对应短截线的长度

n	$\Delta C_n(\text{pF})$	$\Delta l_n(\lambda)$	l
1	−0.4255	−0.04255	74.7°
2	−0.2430	−0.0243	81.3°
3	−0.4255	−0.04255	74.7°

　　注意，谐振器长度略小于 $90°(\lambda_g / 4)$。最后得到的带通滤波器的频率响应如图 3.6-23(a)所示。由于 3dB 响应的带通滤波器在实际工程应用中的意义不大，为进一步改善，可按低通原型设计更小波纹（如 0.1dB）的滤波器，或在理论计算值的基础上对元件进行优化，得到如图 3.6-23(b)所示的频率响应（中心频率 2GHz，带宽 15%，回波损耗小于−15dB，插入损耗为 2.6dB，波纹为 0.5dB）。

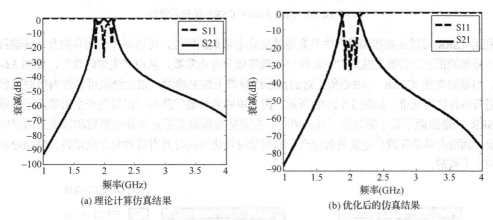

(a) 理论计算仿真结果　　　　　　　　　(b) 优化后的仿真结果

图 3.6-23　带通滤波器对应的频率响应

3.6.4　小型化滤波器设计

　　前面介绍了几种经典微波滤波器的工作特性及设计流程，因为它们独特的优良工作性能及简单的加工方式，曾经被广泛运用于众多射频前端系统组件中。但随着移动通信的快速发展，更为苛刻的运用环境和人们更为多样化的需求对微波滤波器设计提出了更高的设计指标和要求，因此许多经典的滤波器结构由于尺寸和加工工艺的限制，已不再适用于现代射频前端系统。许多学者通过对其他领域的探索，成功地将一些跨学科的技术应用到了滤波器设计上，实现了学科的交叉[16]。比如设计出工作于微波频段的人工电磁超材料结构，并将其特殊的电磁散射特性应用于小型化滤波器的设计；还有报道称将比较新颖的复合左右手传输线理论应用于滤波器设计，同样实现了小型化。这里简单介绍两种小型化滤波器设计方法。

1. 基于半模基片集成波导（HMSIW）的 SRR 加载滤波器

　　人工电磁超材料也是目前科学界研究领域的一大热点。1967 年，前苏联物理学家 V. G. Veselago 提出了电磁波可以在介电常数和磁导率同时为负值的材料中传播，但自然界中却不存在这种双负材料。直到 1996 年，英国帝国理工大学的 J. B. Pendry 教授采用细金属导线通过周期阵列的排列方式，实现了该阵列在微波频段具有等效负介电常数的特性。1999 年，他又提出了利用周期性金属开口环（SRR，Split Ring Resonator）实现等效负磁导率。SRR 结构除了被用来设计产生等效负磁导率外，在微波电路中，它也是一种具有高 Q 值的新型谐振器，有着非常广泛的应用。

下面介绍一种通过加载人工电磁超材料单元互补对称开口金属谐振环结构（CSRR）实现小型化的滤波器。根据电磁场的对偶性原理，从 SRR 结构很容易推导出 CSRR，其结构如图 3.6-24(b)所示。与 SRR（如图 3.6-24(a)所示）具有负的等效磁导率相对应，当入射电磁波的电场垂直于 CSRR 所在平面时，在 CSRR 谐振频率附近将产生负的等效介电常数，可以将其等效为电偶极子。

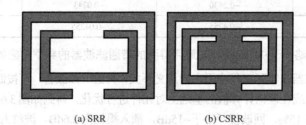

(a) SRR   (b) CSRR

图 3.6-24   SRR 结构和 CSRR 结构示意图

利用 CSRR 可以在某些频段产生具有等效负介电常数的特性，可以制作平面异向介质传输线。在微带线导带的正下方的板上蚀刻 CSRR 即可实现等效负介电常数，从而产生带阻效应，如图 3.6-25(a)所示。但是如果在 CSRR 环轴心所正对的微带线导带上蚀刻缝隙，则此缝隙可等效为串联电容，那么原阻带将转化为通带，如图 3.6-25(b)所示。因为串联容性缝隙阵列可以等效产生磁等离子体效应，当 CSRR 的谐振频率低于磁等离子体频率时，在某些频段将有等效负介电常数和等效负磁导率的频段重叠，因而由单负等效介电常数效应产生的阻带将转化为同时具有等效负介电常数和负磁导率的双负效应左手通带。

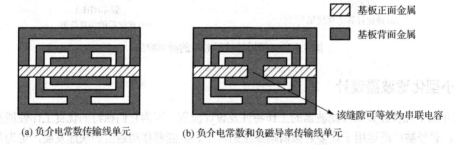

基板正面金属

基板背面金属

该缝隙可等效为串联电容

(a) 负介电常数传输线单元   (b) 负介电常数和负磁导率传输线单元

图 3.6-25   产生负介电常数或负磁导率的传输线单元

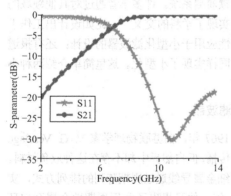

图 3.6.26   HMSIW 传输特性

基于 CSRR 这种在特定频段呈现通带和阻带的特性，可以将它运用于滤波器的设计，这样滤波器不仅具有锐截止、高抑制水平等优点，而且实现了小尺寸。根据基片集成波导（SIW）传输线理论，其传输特性呈现高通特性，而半模基片集成波导（HMSIW）是在 SIW 的基础上采用场对称性实现的一种半模结构，也表现出高通特性如图 3.6.26 所示。另外，CSRR 具有带阻特性（对应等效电磁参数中相对介电常数与相对磁导率异号的情况，如图 3.6.27 中的 6.3～8GHz 频带内），若将两者的性质结合起来即可实现带通滤波器。

由于 CSRR 结构与电偶极子类似，需要轴向电场对其进行垂直激励，而 HMSIW 在传输主模时电场在传输过程中与上下金属表面都垂直，所以无论把 CSRR 蚀刻在 HMSIW 的上表面或接地面上，它都可以被成功激励。为了实现小型化的目的，在采用 HMSIW 代替 SIW 实现体积减半的同时也采用双开口互补对称谐振环（DS CSRR）来使结构更加紧凑。为了设计特定工作频段使用的 DS CSRR 结构，先对单元进行仿真，并进行等效相对介电常数和磁导率的提取[17]，得出的参数反演曲线如图 3.6-28 所示。完成结构尺寸调整优化后，在 5.3～6.2GHz 之间，该材料的等效介电常数和等效磁导率同时为负值，呈现双负特性，根据电磁波理论，满足电磁波传播的条件。其余频段内等效介电常数和等效磁导率必定有一个为负，另一个为正，电磁波不能正常传播，因此构成阻带。

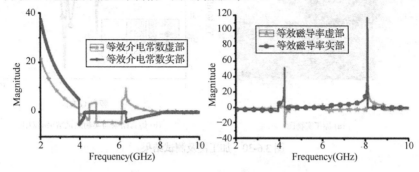

图 3.6-27 CSRR 结构等效电磁参数

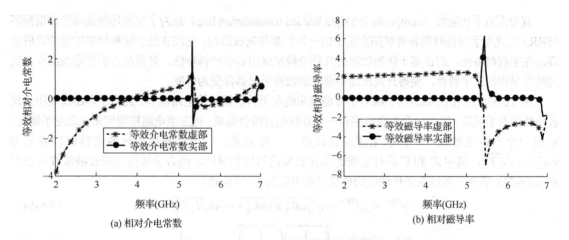

(a) 相对介电常数

(b) 相对磁导率

图 3.6-28 DS CSRR 结构等效电磁参数提取

完成超材料单元的设计后，将其加载到上文所述的 HMSIW 结构中，得到如图 3.6-29 所示的仿真模型。通过仿真优化调整，最后相关尺寸参数如表 3.6-6 所示。加工所得实物如图 3.6-30(a) 所示，仿真和实物测试结果的对比如图 3.6-30(b) 所示。

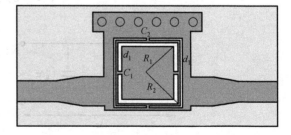

图 3.6-29 DS CSRR 加载的 HMSIW 滤波器结构

表 3.6-6 DS CSRR 加载的 HMSIW 滤波器的重要结构参数（单位：mm）

结构参数	R_1	R_2	C_1	C_2	d_1	d_2
尺寸	2.8	3.4	0.2	0.1	0.353	0.106

图 3.6-30(b)显示了该滤波器在实现小型化的同时达到了较好的阻抗匹配和较好的阻带衰减效果，

在中心频率的两倍频范围内，没有与该谐振器高次模式相对应的寄生响应出现，相对带宽达25%。

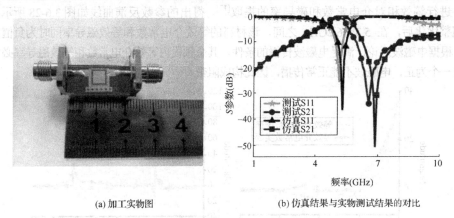

(a) 加工实物图　　　　　　　　　(b) 仿真结果与实物测试结果的对比

图 3.6-30　加工图及测试结果

2. 基于复合左右手传输线的小型化滤波器

复合左右手传输线（composite left/right handed transmission line）是为了克服传统金属开口谐振环（SRR）实现左手特性时的各种缺陷而提出的一种新型传输线结构，它能在低于转换频率的低频阶段呈现出左手材料特性，而在高于转换频率的高频阶段呈现出右手材料特性。复合左右手传输线结构在低频阶段呈现的左手特性，使得开发出超小型化的微波无源器件变为可能。

图 3.6-31(a)和(b)分别给出了纯右手传输线和纯左手传输线结构电路模型。纯右手电路模型用来代表传统的右手媒质，它由一个串联电感和一个并联电容组合而成；纯左手电路模型用来代表左手媒质，它由一个串联电容和一个并联电感组合而成。一般来说，一个传输线的传播常数可以表示为 $\gamma = j\beta = \sqrt{Z'Y'}$，其中 Z' 和 Y' 是传输线的单元长度的阻抗和导纳。纯右手传输线的传播常数可以用式（3.6-54）表示，而纯左手传输线的传播常数表示为式（3.6-55）。

$$\gamma^{\mathrm{PRH}} = j\beta^{\mathrm{PRH}} = \sqrt{(j\omega L'_{\mathrm{R}})(j\omega C'_{\mathrm{R}})} = j\omega\sqrt{L'_{\mathrm{R}}C'_{\mathrm{R}}} \tag{3.6-54}$$

$$\gamma^{\mathrm{PLH}} = j\beta^{\mathrm{PLH}} = \sqrt{\left(\frac{1}{j\omega L'_{\mathrm{L}}}\right)\left(\frac{1}{j\omega C'_{\mathrm{L}}}\right)} = -j\omega\frac{1}{\sqrt{L'_{\mathrm{L}}C'_{\mathrm{L}}}} \tag{3.6-55}$$

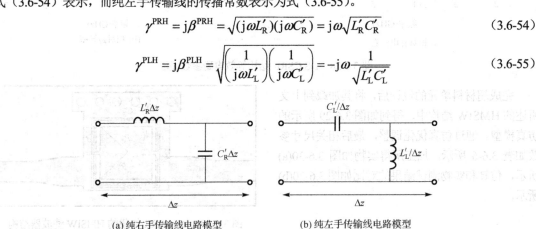

(a) 纯右手传输线电路模型　　　　　　　　　(b) 纯左手传输线电路模型

图 3.6-31　左右手传输线电路模型

已知电磁波在传输线中的群速度（$v_{\mathrm{g}} = \mathrm{d}\omega/\mathrm{d}\beta$）和相速度（$v_{\mathrm{p}} = \omega/\beta$），结合式（3.6-54）和式（3.6-55），可得纯右手传输线的群速度和相速度是相平行的，即 $v_{\mathrm{g}}v_{\mathrm{p}} > 0$，而纯左手传输线的群速度和相速度是相反的，即 $v_{\mathrm{g}}v_{\mathrm{p}} < 0$。但这里值得注意的一点是，在纯左手传输线模型中，电磁波的群速度是随着频率的升高而逐渐提高的，并趋近于无穷大。这有悖于爱因斯坦的相对论定理，群速度不可能

大于光速，这说明了图 3.6-31(b) 中的纯左手传输线在物理上是不可能实现的。学者们通过大量的研究，提出了许多替代的模型。G. V. Eleftheriades 提出了负反射指数的传输线模型，并根据该模型构造了能够实现左手材料特性的电路；美国加州大学洛杉矶分校的 Itoh 教授等人在 2004 年前后提出了复合左右手传输线结构，其基本单元的等效电路模型如图 3.6-32 所示，它是将纯左手传输线电路和纯右手传输线电路结合而得到的一个综合电路模型。其中，串联电容 C_L 代表左手电容效应，串联电感 L_R 代表右手电感

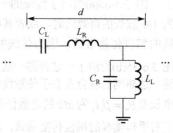

图 3.6-32　复合左右手传输线结构

效应，并联电容 C_R 代表右手电容效应，并联电感 L_L 代表左手电感效应，d 代表该单元结构的物理长度。该电路结构不仅能够实现传统传输线的右手材料特性，而且能够实现自然界中不存在的左手材料特性。

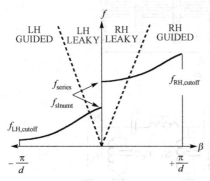

图 3.6-33　复合左右手传输线色散曲线图

该电路结构工作在左手模式时，相速度和群速度的传播方向相反；工作在右手模式时，相速度和群速度的传播方向相同。因此，复合左右手传输线结构可以在不同的频段分别表现出左手或者右手特性，具体来说，在低频阶段它表现出左手特性，在高频阶段它则表现出右手特性。其色散关系曲线如图 3.6-33 所示，图中下半段（低频段）即左手模式曲线，上半段（高频段）即右手模式曲线。若工作在图中的导波区域，该电路结构可扮演左右手传输线的角色。另外，色散关系图中左手曲线和右手曲线中频率和传播常数是非线性关系，而传统的右手媒质的色散曲线中频率和传播常数一般是线性关系。

对于复合左右手传输线单元，目前主要有 3 种实现方式，图 3.6-34 给出了实现复合左右手传输线单元的 3 种主要结构，其中图 3.6-34(a) 是使用集总电容、电感元件搭建的电路，这种方法最为简单，但不能应用于较高频段；图 3.6-34(b) 使用交指耦合结构来实现复合左右手传输线单元，其中的交指电容代表左手电容，接地的微带枝节代表左手电感，这种结构在平面电路中很实用；图 3.6-34(c) 为一种蘑菇云状的结构，它是由一块大的金属以及中间接地的金属通孔构成，大块金属与金属之间通过窄缝相连，金属与金属之间的窄缝形成左手电容，金属通孔形成左手电感，大块金属对地电容构成右手电容，其表面的寄生电流构成右手电感。这种结构能够方便地构造二维的复合左右手传输线结构。

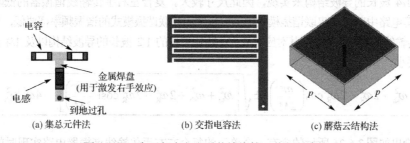

(a) 集总元件法　　　　　　　(b) 交指电容法　　　　　　　(c) 蘑菇云结构法

图 3.6-34　实现复合左右手传输线的 3 种主要途径

谐振器作为一种具有储能和频率选择功能的微波元件，已被广泛应用于各类微波、毫米波电路与系统中。基于复合左右手传输线结构的谐振器，具有与传统右手传输线结构谐振器所不同的独特特性，并且具有比传统右手传输线结构谐振器更小的体积，因此适合用于设计小型化的微波无源器件。

　　图 3.6-35(a)给出了传统的一边短路一边开路的微带线结构，其谐振频率 ω_m 发生在其物理长度 l_m 为 1/4 波长的奇数倍时，或者其电长度 $\theta_m = \beta_m l_m$ 为 $\pi/2$ 的奇数倍时，其中 m 是谐振阶数，β_m 为微带线的相位传播常数。因为传统的微带线只能作为延迟线且 β_m 只能为正数，所以 m 也只能是正的。图 3.6-35(b)给出了一边开路一边短路的复合左右手传输线结构，类似于传统的微带线结构，该一边开路一边短路的复合左右手传输线结构的谐振频率发生在其物理长度 l_c 为 1/4 波长的奇数倍时，或者其电长度 $\theta_n = \beta_n l_c$ 为 $\pi/2$ 的奇数倍时，即式（3.6-56）（式中，$n = \pm1, \pm3, \pm5, \cdots, \pm(2M-1)$）。其中，$\beta_n$ 为复合左右手传输线的相位传播常数，M 为复合左右手传输线的总的单元数，d 是复合左右手传输线单元的物理长度，n 为该传输线的谐振阶数。

$$\theta_n = \beta_n l_c = \beta_n M d = n\frac{\pi}{2} \tag{3.6-56}$$

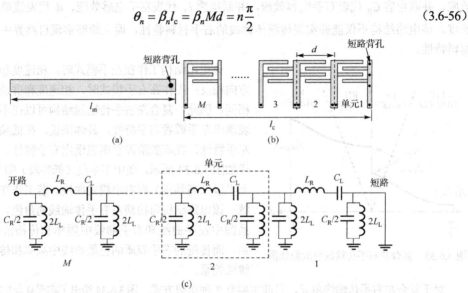

图 3.6-35　实现复合左右手传输线的 3 种主要途径：(a)传统的一边开路一边短路的微带线结构；(b)一边开路一边短路的复合左右手传输线结构；(c)一边开路一边短路的复合左右手传输线结构等效电路

　　与传统微带线不同的是，复合左右手传输线的相位传播常数 β_n 可以是负数，因此 n 不仅可以是正的奇数，还可以是负的奇数。结合周期性边界条件和串并联谐振频率公式，最终可得该复合左右手传输线谐振频率式（3.6-57）。从式中可以看出这种一端短路一端开路的复合左右手传输线谐振器是串联谐振与并联谐振混合的结果。在传统谐振电路中，串联谐振器一般由 1/2 波长的导波结构来实现，并联谐振器由 1/4 波长的导波结构来实现，因此尺寸较大。复合左右手传输线谐振器的低阶谐振模式的谐振频率比其电路中对应的串联谐振模式的谐振频率和并联谐振模式的谐振频率都要低，所以在实现该复合左右手传输线的物理结构时，其对应尺寸大小将比单纯的 1/2 波长的导波结构以及 1/4 波长的导波结构的尺寸都要小。

$$\omega^2 = \frac{\left[\omega_{se}^2 + \omega_{sh}^2 + 2\omega_R^2 - 2\omega_R^2\cos\left(\dfrac{n\pi}{2M}\right)\right] \pm \sqrt{\left[\omega_{se}^2 + \omega_{sh}^2 + 2\omega_R^2 - 2\omega_R^2\cos\left(\dfrac{n\pi}{2M}\right)\right]^2 - 4\omega_{se}^2\omega_{sh}^2}}{2} \tag{3.6-57}$$

　　下面将给出如图 3.6-36 所示的含有一个单元的复合左右手传输线谐振器电路实现时的一些关键设计参数的计算方法，即式（3.6-58）和式（3.6-59）。式中，l、w_2、N、h 分别为交指的长度、宽度、谐振器个数和基片的厚度，ω_1、ω_2 和 ω_{se} 分别为该谐振器的两个谐振频率及串联谐振频率。ω_1 和 ω_2 可以通过计算谐振器输入导纳为零的点得到，ω_{se} 可以通过计算输入阻抗为零的点得到。

$$C_L \approx (\varepsilon_r + 1)l\left[(N-3)A_1 + A_2\right]$$

$$A_1 = 4.409 \tanh\left[0.55\left(\frac{h}{w_2}\right)^{0.45}\right] \text{(pF/um)} \tag{3.6-58}$$

$$A_2 = 9.92 \tanh\left[0.52\left(\frac{h}{w_2}\right)^{0.5}\right] \text{(pF/um)}$$

$$L_R = \frac{1}{C_L \omega_{se}^2}$$

$$C_R = \frac{C_L \omega_{se}^4}{2(\omega_1^2 \omega_{se}^2 + \omega_2^2 \omega_{se}^2 - \omega_{se}^4 - \omega_1^2 \omega_2^2)} \tag{3.6-59}$$

$$L_L = \frac{2(\omega_1^2 \omega_{se}^2 + \omega_2^2 \omega_{se}^2 - \omega_{se}^4 - \omega_1^2 \omega_2^2)}{C_L \omega_{se}^2 \omega_1^2 \omega_2^2}$$

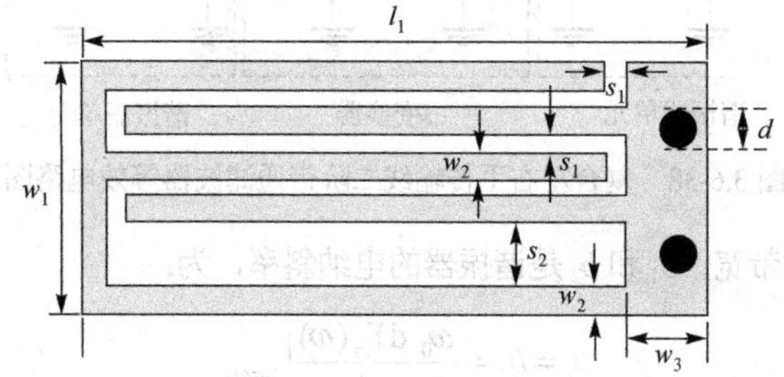

图 3.6-36　含有一个单元的复合左右手传输线谐振器

　　基于复合左右手传输线谐振器，用在滤波器设计时，能引入固有的传输零点。由于传输零点的引入，该复合左右手传输线滤波器将在带外传输零点处保持很高的抑制，达到提高滤波器性能的目的。本小节选取一个基于复合左右手传输线谐振器的二阶单通带滤波器进行介绍。

　　图 3.6-37 给出了该基于复合左右手传输线的小型化二阶带通滤波器的结构示意图，该滤波器由两个一端开路一端短路的复合左右手传输线谐振器组成，这两个谐振器并肩排列，并在下端通过金属通孔接地，谐振器旁是用于缝隙耦合馈入信号的耦合微带线。该滤波器的等效电路如图 3.6-38 所示，两个谐振器通过一个容性 J 变换器相连，该 J 变换器用来等效两个谐振器之间的电容耦合。在输入/输出端口处，另外两个电容性的 J 变换器被用来等效输入/输出端口的电容耦合。该滤波器的中心频率定在 2.7GHz，传输零点频率定在 4.6GHz，第一个杂波通带频率定在 7GHz，滤波器原型采用切比雪夫低通滤波器原型，纹波水平为 0.1dB，相对带宽为 4.5%。

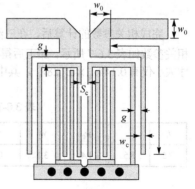

图 3.6-37　复合左右手传输线二阶带通滤波器的结构图

　　设计流程如下：由谐振器物理尺寸计算出初始值 C_L =0.17pF，然后设计公式 3.6-59，计算出其他集总电路的元件值，分别是 C_R =0.20pF，L_L =7.61nH，L_R =7.042nH。查表[18]得归一化的二阶切比雪夫低通滤波器的元件值为 $g_0=1$，$g_1=0.8431$，$g_2=0.622$，$g_3=1.3554$。在得到这些归一化的元件值之后，等效图中的 J 变换器参数计算方法如下：

$$J_{01} = \sqrt{\frac{Y_c \Delta b_1}{g_0 g_1}}$$

$$J_{12} = \Delta \sqrt{\frac{b_1 b_2}{g_1 g_2}} \quad\quad (3.6\text{-}60)$$

$$J_{23} = \sqrt{\frac{\Delta b_2 Y_c}{g_2 g_3}}$$

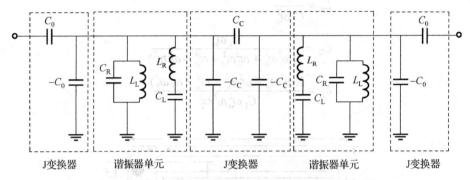

图 3.6-38 复合左右手传输线二阶带通滤波器等效电路图

式中，Δ 为滤波器的相对带宽；b_1 和 b_2 是谐振器的电纳斜率，为：

$$b_1 = b_2 = \frac{\omega_0}{2} \frac{\mathrm{d}Y_{in}(\omega)}{\mathrm{d}\omega}\bigg|_{\omega=\omega_0} \quad\quad (3.6\text{-}61)$$

式中，$Y_{in}(\omega)$ 为谐振器的输入导纳；J 变换器中的电容值为：

$$C_o = \frac{J_{01}}{\omega_0 \sqrt{1 - \left(\frac{J_{01}}{Y_0}\right)^2}}, \quad C_C = \frac{J_{12}}{\omega_0} \quad\quad (3.6\text{-}62)$$

完成相关参数的计算后，在三维全波仿真软件中建模仿真并进行微调，得到最终的滤波器结构，相关参数如表 3.6-7 所示。加工后得到的滤波器实物和测试结果如图 3.6-39(a)和图 3.6-39(b)所示，其尺寸大小仅有 $0.144\lambda_g \times 0.128\lambda_g$，其中 λ_g 为电磁波在该介质中的导波波长。

表 3.6-7 滤波器的重要结构参数（单位：mm）

l_1	l_c	w_0	w_1	w_2	w_c	w_3	s_0	s_1	s_2	g	d
7.5	8.5	1.4	3.1	0.3	0.3	1	0.52	0.2	1	0.1	0.8

习　题

1. 用微带线实现并联的 LC 谐振电路，并画出其等效电路。

2. 简述微波集成电路中的不连续性类型，以及产生不连续性时带来的影响和不连续性等效电路的分析方法。

3. 根据图 3.2-9 微带间隙等效电路，在已知 S 参数的情况下，推导出 C_1 和 C_{12}。

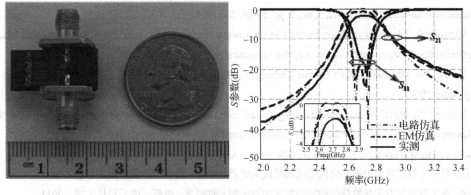

(a) 滤波器加工实物图　　　　　　　　(b) 实测和仿真结果的对比

图 3.6-39　加工实物及仿真结果对比

4. 设计一个耦合微带线定向耦合器，其中心频率为 1.5GHz，耦合系数为 8dB，基板相对介电常数为 10，损耗角正切 $\tan\delta = 0.015$，上下覆铜 17μm，基板厚度为 1.5mm，特征阻抗为 50Ω。

5. 功率分配器设计：输出功率 $P_2 = P_3$，工作频率 $f_0 = 1.8\text{GHz}$，基片的 $\varepsilon_r = 9.6$，$h = 0.8\text{mm}$，各端口均为 50Ω 系统，当 $t/h = 0.01$ 时，求出该电路所需要的物理尺寸（注意对不连续性的修正），绘制示意图，并在图上标注相应的值。（注：参考设计公式自行计算。）

6. 设计一个分支线定向耦合器，其耦合度为 3dB，中心频率在 5GHz，各端口阻抗为 50Ω，该耦合器采用陶瓷基片（$\varepsilon_r = 9.6$），基板厚度为 1.2mm。试画出该定向耦合器的示意简图并标注尺寸。

7. 设计一个最平坦低通滤波器，其截止频率为 2GHz，阻抗为 50Ω，在 6GHz 处插入损耗至少为 45dB。

8. 采用电容性耦合短路并联短截线谐振器设计一个有 3dB 等波纹响应的带通滤波器，中心频率为 3GHz，带宽为 12%，阻抗为 50Ω，在 3.5GHz 时至少有 60dB 的衰减。

9. 一个 0.5dB 的等波纹响应带通滤波器，它的阶数 N 为 4。中心频率为 2.5GHz，带宽为 15%，阻抗为 50Ω。试求该滤波器在 3.5GHz 处的衰减是多少。

参 考 文 献

[1] M. Kirschning, R. H. Jansen, N. H. L. Koster, "Accurate model for open end effectof microstrip lines", *Electronics Letters*, 17, Feb. 1981, pp.123–125.

[2] 吴万春. 集成固体微波电路. 北京：国防工业出版社，1981.

[3] 林为干. 微波网络. 北京：国防工业出版社，1978.

[4] 黄宏嘉. 微波原理. 北京：科学出版社，1963.

[5] 徐锐敏. 微波网络及其应用. 北京：科学出版社，2001.

[6] 清华大学微带电路编写组. 微带电路. 北京：人民邮电出版社，1975.

[7] Eoin Carey, Sverre Lidholm, "Millimeter-Wave Integrated Circuits", America:Springer Science&Business Media, 2005.

[8] Inder Bahl, "Lumped Elements for RF and Microwave Circuits", Boston:Artech House, 2003.

[9] D. A. Daly, S. P. Knight, M. Caulton and R. Ekholdt, "Lumped Elements in Microwave Integrated Circuits", in IEEE Transactions on Microwave Theory and Techniques, vol. 15, no. 12, pp. 713-721, December 1967.

[10] M. Caulton, S. P. Knight and D. A. Daly, "Hybrid Integrated Lumped-Element Microwave Amplifiers", in IEEE

Journal of Solid-State Circuits, vol. 3, no. 2, pp. 59-66, Jun 1968.

[11] L. Vletzorreck, "Analysis of discontinuities in microwave circuits with a new eigenmode algorithm based on the method of lines", Microwave Conference,25th European, vol.2, pp.804-808,1995.

[12] B. Razavi, "A Millimeter-Wave Circuit Technique", IEEE Journal of Solid-State Circuits,Vol.43, pp.2090-2098, September 2008.

[13] T. Jackson, "A Novel System for Providing Broadband Multimedia Services to the Home-The Mesh Network", Microwave&RF Conference Proceedings,Wembley, London, pp. 6~91, September 1998.

[14] Jia-Sheng Hong, Microstrip Filters for RF/Microwave Applications, 2001.

[15] 蒋迪. 基于互补开环谐振器和向列型液晶微波关键器件研究. 成都: 电子科技大学, 2014.

[16] 杨涛. 基于复合左右手传输线结构的小型化微波无源元件研究. 成都: 电子科技大学, 2011.

[17] D. R. Smith, D. C. Vier, T. Koschny, and C. M. Soukoulis, "Electromagnetic parameter retrieval from inhomogeneous metamaterials", Phys. Rev. E, vol. 71, pp. 036617, Mar. 2005.

[18] 现代微波滤波器的结构与设计，科学出版社，1973
    作者：甘本祓，关万春

第 4 章 微波固态器件

上一章针对几种不同用途的微波无源器件，介绍了它们的基本概念、设计方法和应用等情况。本章将从半导体物理基础和材料特性出发，重点介绍微波固态器件物理基础和几种常用微波固态器件的工作原理。

4.1 半导体物理基础

4.1.1 晶体的能带结构和导电机理

1. 晶体的能带结构

多数金属和半导体的分子、原子或离子呈有规则的周期性排列，形成空间点阵（晶格），属于晶体结构。晶体内粒子运动规律可用薛定谔方程描述：由于晶体中各原子间的相互影响，原来各原子中能量相近的能级将分裂成一系列和原能级接近的新能级。例如，当 N 个原子靠近形成晶体时，由于各原子间的相互作用，对应于原来孤立原子的一个能级，就分裂成 N 条靠得很近的能级，使原来处于相同能级上的电子不再有相同的能量，而处于 N 个很接近的新能级上。这些新能级基本连成一片，形成能带（energy band），如图 4.1-1 所示。通常，能带宽度为 $\Delta E \sim eV$ 的数量级，能带内相邻能级的间距约为 $10^{-23} eV$。晶体中原子的外层电子共有化程度显著，能带较宽（ΔE 较大），内层电子相应的能带很窄（ΔE 较小）；晶格点阵间距越小，能带越宽，ΔE 越大；并且相邻两能带有可能重叠（即没有能带间隙——能隙）。

晶体中的一个电子只能处于某一个能带中的某一条能级上。按照能带中电子的填充情况，能带可分为满带、导带、价带、空带和禁带，它们各自的定义及性质如下。

图 4.1-1 晶体中的能级和能带

（1）满带：能带中各能级都被电子填满。晶体加外电场时，满带中的电子只能在带内不同能级间交换，不能改变电子在能带中的总体分布。此时，满带中的电子由原占据的能级向带内任一能级转移时，必有电子沿相反方向转换，因此不会产生定向电流，不能起导电作用。

（2）导带：被电子部分填充的能带。晶体加外电场时，导带中的电子可向带内未被填充的高能级转移，但无相反的电子转换，因而可形成电流。

（3）价带：价电子能级分裂后形成的能带。有的晶体的价带是导带，有的晶体的价带也可能是满带。

（4）空带：所有能级均未被电子填充的能带。空带由原子的激发态能级分裂而成，正常情况下空着；当有激发因素（热激发、光激发）时，价带中的电子可被激发进入空带；在外电场作用下，这些电子的转移可形成电流，所以空带也是导带。

（5）禁带：能带之间的能量间隙区，电子不能填充。禁带的宽度对晶体的导电性具有重要的作用。若上下能带重叠，其间禁带就不存在。

2. 导体和绝缘体的能带结构

不同的晶体具有不同的能带结构，不同能带结构的晶体导电性能也不同。晶体按照导电性能不同，可分为 3 大类：导体、绝缘体和半导体。一般来说，导体的电阻率 $\rho < 10^{-3}\,\Omega\cdot m$；绝缘体的电阻率 $\rho > 10^{-3}\,\Omega\cdot m$；半导体的电阻率介于两者之间。通常说的介质就是绝缘体，如陶瓷和大多数高分子材料等。半导体包括：元素半导体，如硅（Si）、锗（Ge）、硼（B）等；化合物半导体，如 GaAs、InP 等；金属氧化物及很多无机物。

1）导体的能带结构

导体的能带结构有 3 种情况，如图 4.1-2 所示。图 4.1-2(a)所示的能带结构中没有满带，只有导带和空带，导带和空带不重叠。这类导体有 Li 等一些一价金属；图 4.1-2(b)所示的能带结构中没有满带，只有导带和空带，但导带和空带重叠。这类导体有 Na、K、Cu、Al、Ag 等金属。图 4.1-2(c)所示的能带结构中有满带，但满带和空带（或导带）重叠。这类导体包括部分二价元素，如 Be、Ca、Mg、Zn、Ba 等。

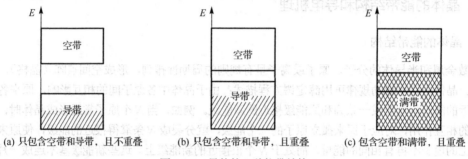

(a) 只包含空带和导带，且不重叠　　(b) 只包含空带和导带，且重叠　　(c) 包含空带和满带，且重叠

图 4.1-2　导体的 3 种能带结构

在导体的 3 种能带结构中，电子都可以在外电场作用下很容易地从低能级跃迁到高能级，形成定向电流，而无需跨越禁带，因此导体显示出很强的导电能力。

2）绝缘体的能带结构

图 4.1-3 给出了绝缘体的能带结构示意图。绝缘体能带结构中具有空带/导带、禁带和满带。其禁带较宽，禁带宽度为 $3\sim6eV$。因此，一般的热激发、光激发或外加不太强的电场时，满带中的电子很难越过禁带而跃迁到空带/导带中，这就是绝缘体不导电的能带机理。但当外电场非常强时，电子有可能越过禁带跃迁到空带上去形成电流，这时则称绝缘体被强电场击穿了。

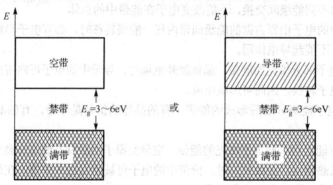

图 4.1-3　绝缘体的能带结构

3. 半导体的能级

纯净的半导体称为本征半导体，其导电性能介于导体和绝缘体之间。若在纯净的半导体中适当掺

入某些特定的杂质原子，就可以提高半导体的导电能力。掺入杂质的半导体称为非本征半导体。

1）本征半导体

本征半导体的能带结构和绝缘体类似，包括空带/导带、禁带和满带。但半导体的禁带宽度很小，为 $0.1 \sim 2\text{eV}$，如图 4.1-4 所示。

半导体的禁带宽度 E_g 在数值上比绝缘介质小很多，并随温度的升高而降低。图 4.1-5 分别给出了 Si 和 GaAs 材料 E_g 随温度变化的经验规律。其中，Si 在 0K 时禁带宽度约为 1.17eV，常温下（300K）约为 1.12eV；GaAs 在 0K 时禁带宽度约为 1.519eV，常温下约为 1.42eV。

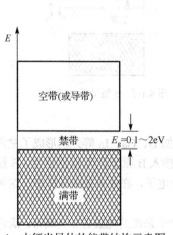

图 4.1-4　本征半导体的能带结构示意图

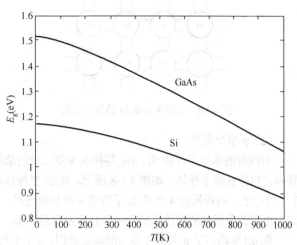

图 4.1-5　半导体禁带宽度 E_g 随温度变化的情况

本征半导体较小的禁带宽度使得通过热激发、光照及很小的电场都可以使满带中的电子越过禁带到空带中去，同时在满带中形成带正电的"空穴"。这些电子和空穴都是自由的载流子——本征载流子，在外电场作用下都可以形成定向流动，形成传导电流。这就是本征半导体的导电性。

2）非本征半导体

在纯净的半导体中适当掺入某些特定的杂质原子时，除了可以提高半导体的导电能力，还可以改变半导体的导电机制。根据掺入杂质后导电机制的不同，非本征半导体分为 n 型半导体和 p 型半导体。非本征半导体导电是多数载流子在外电场作用下形成定向运动的结果。n 型半导体是以电子导电为主，p 型半导体是以空穴导电为主。

（1）n 型半导体。

对四价的本征半导体 Si、Ge 等掺入少量五价的杂质元素（如 P、As 等）就形成了电子型半导体，也称 n 型半导体。如图 4.1-6 所示，没有掺杂的 Si 原子与相邻的 4 个 Si 原子共有 4 个价电子，形成 4 个共价键。在 Si 半导体晶格中，掺入 P 原子替代 Si 的位置，与周围的 4 个 Si 原子形成共有的 4 个价电子，成为 4 个共价键。P 原子有 5 个价电子，多出一个电子在杂质离子的电场范围内运动。由量子力学可知，在非本征半导体中，这种具有多余电子的杂质的能级位于禁带中，且非常靠近空带（或导带）。

图 4.1-7 给出了 n 型半导体的能级示意图。n 型半导体中，杂质的能级更靠近空带（或导带），杂质价电子极易向空带跃迁，形成自由电子。这样，n 型半导体中杂质原子供应自由电子，这样的杂质原子称为施主杂质；相应地，施主杂质能级称为施主能级 E_D。施主能级 E_D 和空带/导带底部能级 E_C 之间的能级差很小，通常为 $\Delta E_D \sim 10^{-2}\text{eV}$ 数量级。这样，即使 n 型半导体中掺入少量杂质，也会比纯净半导体（本征半导体）中的空带/导带中的自由电子浓度大很多倍，从而大大增强了半导体的导电性

能。对于 n 型半导体，电子是多数载流子，空穴是少数载流子。n 型半导体的导电机制是空带/导带中电子在外电场作用下定向运动形成传导电流。

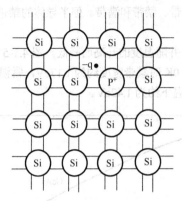

图 4.1-6　n 型半导体 Si 晶体结构图

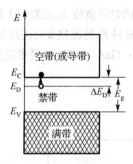

图 4.1-7　n 型半导体能级

（2）p 型半导体。

对四价的本征半导体 Si、Ge 等掺入少量三价的杂质元素（如 B、Ga、In 等）就形成了空穴型半导体，也称 p 型半导体。如图 4.1-8 所示，在 Si 半导体晶格中，掺入 B 原子替代 Si 的位置，B 原子有 3 个价电子，与周围的 4 个 Si 原子形成 4 个共价键时，缺少 1 个电子。在非本征半导体中，这种具有缺少电子的杂质的能级位于禁带中并且非常靠近满带。

图 4.1-9 给出了 p 型半导体的能级示意图。p 型半导体中，由于杂质的能级更靠近满带，满带中的电子极易向杂质能级跃迁，使满带中形成空穴。这样，p 型半导体中杂质原子接受电子，这样的杂质原子称为受主杂质；相应地，受主杂质能级称为受主能级 E_A。通常，受主能级 E_A 和满带顶部能级 E_V 之间的能级差 $\Delta E_A < 10^{-1} \text{eV}$。这样，掺杂后，半导体中满带的空穴浓度远大于纯净半导体（本征半导体）时的浓度，从而增强了半导体的导电性能。对于 p 型半导体，空穴是多数载流子，电子是少数载流子。p 型半导体的导电机制是满带中空穴在外电场作用下定向运动形成传导电流。

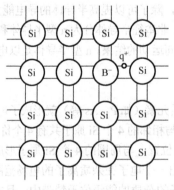

图 4.1-8　p 型半导体 Si 晶体结构图

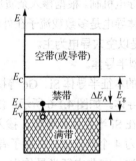

图 4.1-9　p 型半导体能级

4.1.2　半导体电磁场基本方程

半导体内电磁场基本方程是以研究半导体器件为出发点，在适当的边界条件下，求解这组方程，可得到器件工作的机理，即半导体内载流子漂移或扩散规律。半导体内的电磁场基本方程由电流密度方程、连续方程（电荷守恒方程）、电场散度方程（高斯定律）和电场旋度方程（法拉第电磁感应定律）

组成。当器件物理尺寸比工作波长短很多,或射频周期比电荷载流子弛豫时间长时,可认为载流子在晶格处于热平衡条件下运动。此时,这组方程就可用来近似描述载流子的漂移和扩散。当晶格热平衡条件不满足时,还需在这组方程中添加附加条件。对于具有不同类型载流子的半导体器件,每一种载流子各有一组方程。比如双极型晶体管器件,其中电子和空穴对器件的工作均很重要,需要有两组方程来描述它们各自的运动情况。

1)半导体内的电流密度

半导体内电子和空穴的电流密度可表达为:

$$J_n = q\mu_n nE + qD_n \nabla n \tag{4.1-1}$$

$$J_p = q\mu_p pE - qD_p \nabla p \tag{4.1-2}$$

式中,基本电荷 $q = 1.6 \times 10^{-19} C$, n 和 p 分别为电子和空穴浓度, μ_n 和 μ_p 分别为电子和空穴的迁移率,单位是 $cm^2 / (V \cdot S)$; D_n 和 D_p 分别为电子和空穴的扩散系数。这两个方程的第一项表示运动载流子在外电场作用下的漂移情况,对应的电流称为漂移电流;第二项表示由电荷浓度不均匀引发的电荷运动——扩散,对应的电流称为扩散电流。式(4.1-1)和式(4.1-2)必须满足的条件是半导体内载流子处于以线性电荷迁移为主的低场区。在此区域,电荷载流子速度 v 和电场幅度 E 呈线性关系,即 $v = \mu E$,比例常数 μ 即为迁移率。

在热平衡状态下,半导体内载流子总电流密度应为电子电流和空穴电流密度之和,即

$$J = J_n + J_p = \sigma E \tag{4.1-3}$$

式中, σ 为半导体导电率。由式(4.1-1)~式(4.1-3)得到:

$$\sigma = \sigma_n + \sigma_p = q(\mu_n n + \mu_p p) \tag{4.1-4}$$

对于非本征半导体,扩散系数和迁移率有如式(4.1-5)所示的关系:

$$D = \mu \frac{kT}{q} \tag{4.1-5}$$

式中,玻尔兹曼常数 $k = 8.62 \times 10^{-5} eV/K$, T 是开氏温度, kT 的单位为 eV。

式(4.1-1)~式(4.1-5)适合于线性电荷迁移为主的低场区,即载流子迁移率和扩散系数与电场无关的情况下。

许多器件都工作在强电场条件下。在强电场情况下,载流子速度饱和,扩散系数与电场有关,电流密度表达式需要修正:采用载流子速度表达漂移电流项,即 $v \to \mu E$;扩散系数是电场的函数,即 $D \to D(E)$。于是得到:

$$J_n = qnv_n(E) + qD_n(E)\nabla n \tag{4.1-6}$$

$$J_p = qpv_p(E) - qD_p(E)\nabla p \tag{4.1-7}$$

2)连续方程

由电荷守恒定律可以得到电荷连续方程:一体积内电荷的时间变化率等于流出该体积内电荷的流动率。下面给出电荷连续性方程的微分形式,即

$$\frac{\partial n}{\partial t} = \frac{1}{q}\nabla \cdot J_n - \frac{\delta_n}{\tau_n} + g_n \tag{4.1-8}$$

$$\frac{\partial p}{\partial t} = -\frac{1}{q}\nabla \cdot J_{\mathrm{p}} - \frac{\delta_{\mathrm{p}}}{\tau_{\mathrm{p}}} + g_{\mathrm{p}} \tag{4.1-9}$$

式中，等号右侧第一项表示流出体积内的电荷数量。电流密度包括扩散和漂移电流两部分，由式（4.1-1）和式（4.1-2）表达。第二项表示半导体内超过热平衡时电荷的减少数量，其结果是电子和空穴复合。式中，τ_{n} 和 τ_{p} 为载流子（电子、空穴）平均寿命；δ_{n} 和 δ_{p} 为超过热平衡时运动载流子密度，$\delta_{\mathrm{n}} = n - n_0$，$\delta_{\mathrm{p}} = p - p_0$。$n_0$ 和 p_0 分别为热平衡时的载流子密度。第三项表示体积内由热激发或其他因素产生的载流子。激发产生载流子的因素除了热激发外，还包括雪崩倍增、隧道效应、光照或 X 射线等辐射源照射激发等。

3）电场散度方程（高斯定律）

半导体内高斯定律微分形式——电场散度方程为：

$$\nabla \cdot E = -\frac{q}{\varepsilon}(p - n + N_{\mathrm{D}} - N_{\mathrm{A}}) \tag{4.1-10}$$

等式右边括号内为电荷密度，式中，N_{D} 为施主原子浓度，N_{A} 为受主原子浓度。

4）电场旋度方程（法拉第电磁感应定律）

半导体内法拉第电磁感应定律的微分形式为：

$$\nabla \times E = -\frac{\partial B}{\partial t} \tag{4.1-11}$$

4.2　微波固态器件基础

4.2.1　微波半导体材料特性

不同类型的半导体器件是通过控制半导体内自由电荷的产生、运动和消除来实现的。半导体材料的物理特性决定了微波固态器件的性能。决定微波半导体器件的半导体材料特性主要有相对介电常数、导电率、电子迁移率、电子饱和速度、禁带宽度、击穿电压、导热率等。不同类型的半导体材料特性相差很大，只有某些半导体材料适合用于制造微波器件。第 2 章表 2.2-2 给出了常用微波半导体材料的物理特性。

对于微波集成电路来说，基片具有较高的相对介电常数有利于器件和电路的小型化。通常采用的微波半导体材料介电常数要求 $\varepsilon_{\mathrm{r}} > 0$。

导电率是微波半导体材料最重要的特性参数之一。对于微波半导体器件来说，低导电率衬底材料是所需的：一方面，高电阻率衬底可得到良好的器件电隔离，而无需采用更为复杂的隔离措施（如反偏置结）；另一方面，高电阻率基片材料有利于低损耗传输线实现，这对微波单片集成电路来说更为重要。由式（4.1-4）可知，半导体晶体内自由电荷密度和电荷迁移率决定了半导体晶体材料的导电率。通常，半导体晶体可以通过掺入极少量的某种杂质来增加其导电率。微波半导体器件往往在高电阻率本征材料内通过掺入少量杂质原子来增加载流子密度，增强局部有源区的导电能力，并通过外电场对导通电流的控制（受控电流源，见式（4.1-1）或式（4.1-2））来实现不同类型器件/电路功能。

由电荷载流子速度 v 和电场幅度 E 的关系即 $v = \mu E$ 可知，在低电场区，载流子速度和电场强度之间的线性比例常数即为迁移率。迁移率是确定半导体器件在低电场区工作状态的重要参数。迁移率直接决定了半导体材料的寄生电阻（见式（4.1-4）），并和器件的射频噪声特性相关。对小信号工作情况而言，器件工作在低电场区，较高的迁移率意味着较快的载流子运动速度（信号渡越器件的时间远小于信号工作周期）、低的寄生电阻和低的射频噪声，因此微波或高速数字器件往往希望半导体材料具有较高的迁移率。随着电场值增大，载流子速度趋于饱和。载流子饱和速度 v_s 往往决定了器件的最高工作频率。迁移率 μ 通常随温度 T 升高而降低；载流子饱和速度 v_s 也随温度 T 升高而降低，并具有关系：$v_s \sim 1/T$。Si 材料是数字、低频集成电路中应用最为广泛的半导体材料，具有突出的低成本优势，广泛地应用于微波低频段，被称为第一代微波半导体材料。GaAs 材料具有高的电阻率、高电子迁移率和高电子饱和速度，是当前绝大多数微波、毫米波频段半导体器件/单片集成电路所采用的衬底材料，被称为第二代半导体材料。

对于微波高功率器件，禁带宽度、击穿电压、导热率、最高工作温度等是至关重要的参数。近年来，以 SiC 和 GaN 为代表的宽禁带半导体材料以其宽的禁带宽度、高的击穿场强、高饱和漂移速度、优越的抗辐射能力，逐渐成为制作高频率、大功率、耐高温、抗辐射的微波毫米波大功率半导体器件的理想材料。另外，SiC 可方便地形成 SiO_2 氧化层，并具有更优良的导热能力，有利于制作各种功率 MOS 器件。GaN 具有比 SiC 更高的迁移率，更为重要的是，可形成调制掺杂的 AlGaN/GaN HEMT 结构，可实现更高的电子迁移率、高的峰值电子速度和饱和电子速度，可用于制作具有更好的高频大功率性能的高电子迁移率晶体管（HEMT）器件。由于 SiC 良好的导热性能以及 GaN 和 SiC 材料晶格失配小的原因，当前 GaN HEMT 外延的衬底一般都采用 SiC 材料。也有人采用 Si 衬底上生长 GaN 外延层，这主要是从生产成本、外延片尺寸、Si 工艺与电路融合等方面考虑的。目前，Cree、Nitronex、Triquint、HRL、Northrop Grumman、RFMD、三菱等公司以及中电集团 13 所、55 所等均推出了商用微波毫米波 GaN 功率器件，在微波频段低端单管输出能力可达百瓦以上，效率超过 50%；在 Ka 波段 GaN 功率单片输出能力达 40dBm，效率大于 20%；在 W 频段 GaN 功率单片输出能力大于 27dBm。以 GaN 功率单片为单个功率单元，采用功率合成技术，在毫米波频段可实现数百瓦的输出功率，并具有较高的效率，因此以 GaN 为基础的微波毫米波固态功率放大器几乎可以替代同频段的中、低功率行波管放大器（TWTA），其重大意义是显而易见的。

4.2.2 pn 结

基本上微波半导体器件都是利用半导体 pn 结或肖特基势垒结实现各种不同的电路功能的，掌握 pn 结和肖特基势垒结基本工作原理是了解各种微波半导体器件的前提和基础。pn 结是两种不同类型的半导体材料接触后形成的，而肖特基势垒结是由半导体和金属接触形成的。本节将叙述 pn 结及其工作原理，下一节将叙述半导体和金属接触之间的情况。

1. pn 结的形成

在半导体中，由于掺杂不同，可形成 n 型半导体和 p 型半导体。若对半导体的一部分注入施主杂质，形成 n 区；另一部分注入受主杂质，形成 p 区。由于 n 区内电子多空穴少，而 p 区空穴多电子少，在 n 区和 p 区的交界面处存在着两种载流子的浓度梯度，使得 n 区内的电子向 p 区扩散，而 p 区的空穴向 n 区扩散，且两者在交界面附近复合，如图 4.2-1(a)所示。这种扩散和复合的结果是在交界面处靠近 p 区一侧，剩下受主杂质的负离子，这些离子也带电，但由于受晶体结构的束缚，它们不能移动，于是在交界面处靠近 p 区一侧形成负离子的薄层；同样，在交界面靠近 n 区一侧，剩下施主杂质的正离子，形成正离子薄层。这种在交界面两侧所形成的正负电荷薄层区域称为空间电荷区（又称势垒区），简称 pn 结，如图 4.2-1(b)所示。

由于交界面正、负电荷薄层的作用，在空间电荷区将产生方向为 n 区→p 区的电场，该电场称为 pn 结的内建电场 $E_{内}$。于是，在内建电场的作用下，载流子将做漂移运动，电子和空穴的漂移运动方向与它们各自的扩散运动方向相反。所以，内建电场还起到了阻碍电子和空穴继续扩散的作用。因此，在 pn 结中载流子发生了两种对立的运动：一种是两种载流子由于浓度梯度原因而产生的扩散运动，另一种是两种载流子在内建电场作用下产生的漂移运动，pn 结的形成就是这两种对立运动的结果。开始时，扩散运动占优，随着扩散运动的进行，空间电荷区加宽，内建电场越来越强，于是漂移运动越来越强，直到扩散运动和漂移运动达到动态平衡，空间电荷层保持相对稳定，空间电荷区的宽度不再扩大。

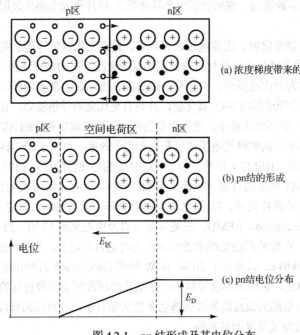

(a) 浓度梯度带来的扩散现象

(b) pn结的形成

(c) pn结电位分布

图 4.2-1   pn 结形成及其电位分布

空间电荷区能阻止多数载流子继续扩散，又称阻挡层或势垒层。另外，空间电荷区由于两种载流子数量都很少，常常被称为耗尽层。耗尽层很薄，厚度一般在 10^{-7} m 量级。

电场导致空间电荷区两侧存在一个电位差——内建电压（或称接触电位差），用 V_D 表示。内建电压 V_D 与半导体材料、掺杂浓度和温度等有关，可表达为：

$$V_D \approx \frac{kT}{q} \ln\left(\frac{N_A N_D}{n_i^2}\right) = V_T \ln\left(\frac{N_A N_D}{n_i^2}\right) \tag{4.2-1}$$

式中，N_D 为 n 型半导体中的施主杂质浓度，N_A 为 p 型半导体中的受主杂质浓度，n_i 为本征半导体载流子浓度。T 是开氏温度，玻尔兹曼常数为 $k = 8.62 \times 10^{-5}$ eV/K。常温下（$T = 300$K），$V_T = kT/q \approx 26$mV。由于 n_i 随温度升高而迅速增加，故内建电压随温度升高而降低，典型值为 -2.5mV/℃。图 4.2-1(c) 给出了 pn 结的电位分布情况。对于内建电压为 V_D 的 pn 结，n 区的电子必须具有高于 qV_D 能量，才能运动到 p 区。因此，pn 结的势垒高度定义为 qV_D。

另外，在 pn 结动态平衡下，空间电荷区的宽度主要由掺杂浓度确定。当 n 区和 p 区两边掺杂浓度相同时，pn 结交界面两侧的空间电荷层厚度是一样的；当两边掺杂浓度不一样时，掺杂浓度大的一边空间电荷层较薄，最后形成不对称的 pn 结，如图 4.2-2 所示。比如，当 n 区施主杂质浓度小于 p 区受主杂质浓度时，即 $N_A > N_D$，则 p 区一侧的空间电荷层较薄，这时不对称的 pn 结可表示为 p⁺n 结；反之，若 $N_A < N_D$，可表示为 pn⁺结。

pn 结有同质结和异质结两种类型。由两种相同的半导体单晶材料组成的结称为同质结（Homojunction）；相反，由两种不同的半导体单晶材料组成的结称为异质结（Heterojunction）。一般，

pn 结的两边是用同一种材料做成的，为同质结。与同质结相比，异质结两侧的材料具有不同的禁带宽度，会使 pn 结界面处出现能带的凸起和凹陷，使得能带出现不连续的复杂界面态。异质结可实现高频高增益，已被广泛运用在微波半导体器件中，比如 SiGe HBT、GaAs HBT 等。制造 pn 结的方法有合金法、扩散法、离子注入法和外延生长法等。制造异质结通常采用外延生长法。

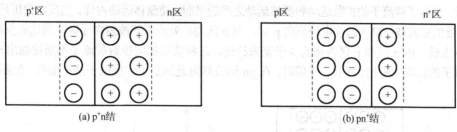

图 4.2-2　不对称 pn 结

2. pn 结的伏安特性

1）正向偏压时的 pn 结

当 pn 结加正向偏压（或称 pn 结加正向偏置）时，即将直流电压 V 的正极接到 p 区，负极接到 n 区，如图 4.2-3(a)所示。由于势垒区（空间电荷区）内载流子浓度很小，电阻很大，势垒区外的 p 区和 n 区中载流子浓度很大，电阻很小，所以外加正向偏压基本降落在势垒区。正向偏压在势垒区中产生了与内建电场 $E_内$ 方向相反的电场 $E_外$，因而减弱了势垒区中的电场强度，这就表明空间电荷相应减少，故势垒区的宽度也减小，同时势垒高度从 qV_D 下降为 $q(V_D - V)$。

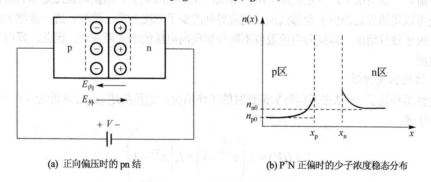

(a) 正向偏压时的 pn 结　　　　　　(b) P^+N 正偏时的少子浓度稳态分布

图 4.2-3　pn 结的正向偏置情况

势垒区电场减弱，破坏了载流子的扩散运动和漂移运动之间的平衡，削弱了漂移运动，使扩散电流大于漂移电流。所以在加正向偏压时，电子将不断地从 n 区向 p 区扩散，而空穴也将从 p 区不断地扩散到 n 区，这两股多数载流子的流动，形成了 pn 结的正向电流。

在正向偏压下，n 区的电子和 p 区的空穴（都称为多子）由于扩散运动越过 pn 结，分别注入 p 区和 n 区，破坏了 p 区和 n 区的平衡状态，因此这些注入 p 区和 n 区的电子和空穴统称为非平衡少数载流子（简称非平衡少子）。这些非平衡少子通过势垒区后，首先积累在结的边界处，以至于在 p 区和 n 区形成一定的浓度梯度。比如，在 p 区一侧边界处的非平衡少子（电子）浓度比 p 区内部大，形成浓度梯度，将推动非平衡少子向 p 区内部扩散，同时不断地与 p 区内的多子（空穴）复合，使非平衡少子浓度梯度越来越小，直至达到平衡的浓度。当然，相同的状况也发生在 n 区。图 4.2-3(b)给出了 p^+n 正偏时的 p 区和 n 区少子浓度分布情况。图中，x_p 和 x_n 分别为 p 区和 n 区与 pn 结之间的边界位置，n_{p0} 和 n_{n0} 分别为 p 区和 n 区内热平衡时的少子浓度。

2）反向偏压时的 pn 结

当 pn 结加反向偏压（或称 pn 加反向偏置）时，即将直流电压 V 的负极接到 p 区，正极接到 n 区，如图 4.2-4(a)所示。反偏 pn 结时，外加偏压 V 在势垒区产生的电场 $E_{外}$ 与内建电场方向 $E_{内}$ 一致，势垒区的电场增强，势垒区也变宽，空间电荷数量变多，势垒高度从 qV_D 上升到 $q(V_D+V)$。反偏势垒区电场增强后，破坏了载流子的扩散运动和漂移运动之间的平衡，使漂移运动占优。当反向偏压足够大时，n 区边界处的空穴被势垒区的强电场驱向 p 区，而 p 区边界处的电子被驱向 n 区。当这些少数载流子被电场驱走后，由 n 区和 p 区内部的少子就来补充，这种情况如同少数载流子不断被抽出来，称为少数载流子的抽取或吸出。所以，反偏时，在 pn 结边界附近的少子浓度低于热平衡值，如图 4.2-4(b)所示。

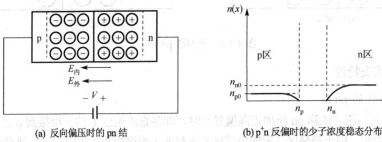

(a) 反向偏压时的 pn 结   (b) p⁺n 反偏时的少子浓度稳态分布

图 4.2-4   pn 结的反向偏置情况

在反向电压作用下，pn 结的电流主要取决于少子的漂移运动，表现为一个从 n 区流入、从 p 区流出的反向电流。一般情况下，少数载流子浓度很低，反向电流很小。当反向偏压足够大时，足够强的势垒区电场可以将边界处的少子全部抽走，使边界处的少子浓度为零。这时，进一步增大的反向电压并不能使载流子数目增加，即反向电流数值不随外加反向电压的增大而变化。因此，反向电流常称为反向饱和电流。

3）pn 结的伏安特性

前面定性地描述了 pn 结在不同外加偏置时的工作情况。定量描述 pn 结导通电流 I 与偏置电压 V 可用如下表达式：

$$I = I(V) = I_s\left(e^{\frac{qV}{kT}} - 1\right) = I_s\left(e^{\frac{V}{V_T}} - 1\right) \tag{4.2-2}$$

式中，I_s 为反向饱和电流。式（4.2-2）又称为 pn 结伏安特性方程，或称为理想二极管方程。根据该方程，可得出 pn 结 I-V 特性曲线，如图 4.2-5 所示。

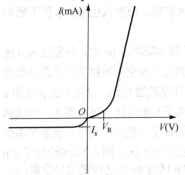

图 4.2-5   pn 结 I-V 特性曲线

由图可知，对于 pn 结加正向偏置的情况，正向偏压 V 从零开始逐渐增大时，正向电流 I 增加缓慢；当正向电压 V 增大到 V_R 后，正向电流 I 按指数规律迅速增大。因此，V_R 称为起始导通电压，V_R 的数值大小与内建电压 V_D 接近，也与半导体材料、掺杂浓度及温度有关。常温下，对于 Si pn 结，$V_R \approx 0.6V$；对于 Ge pn 结，$V_R \approx 0.2V$。通常，pn 结正向偏压 V 都是零点几伏，满足条件：$e^{qV/kT} \gg 1$。于是，正向偏置时，pn 结的 I-V 特性还可简化为：

$$I \approx I_s e^{\frac{qV}{kT}} = I_s e^{\frac{V}{V_T}} \tag{4.2-3}$$

对于 pn 结反向偏置的情况，当反向偏压从零开始增大时，反

向电流稍有增加，直到$|V|$大于几倍$V_T = kT / q$后，$\mathrm{e}^{\frac{qV}{kT}} = \mathrm{e}^{\frac{V}{V_T}} \to 0$，于是，反向偏置时，pn 结的 I-V 特性可简化为$I \approx -I_s$。

如前所述，常温下，$V_T = q / kT = 0.26\mathrm{mV}$，所以一般当反向偏压大于 0.1V 后，反向电流就不再随反向偏压变化，而是保持为一定数值I_s，故I_s被称为反向饱和电流。反向饱和电流实际上是少子漂移电流，数值较小，由半导体材料、结面积、掺杂浓度等决定。

实际上，pn 结的 I-V 特性表明了 pn 结具有单向导电性能，即 pn 结加正向偏置时，正向电流较大，呈现导通状态；加反向偏置时，具有很小的反向饱和电流，分析中往往可以略去（即$I_s \to 0$），认为 pn 结呈截止状态。

事实上，式（4.2-2）和式（4.2-3）是理想化的 pn 结 I-V 特性。在制造过程中，受半导体材料的纯度、制造工艺等因素影响，实际的 pn 结的 I-V 特性应该由式（4.2-4）表达更为接近。

$$I = I(V) = I_s \left(\mathrm{e}^{\frac{qV}{\eta kT}} - 1 \right) = I_s \left(\mathrm{e}^{\frac{V}{\eta V_T}} - 1 \right) \tag{4.2-4}$$

或近似为：

$$I = \begin{cases} I_s \mathrm{e}^{\frac{qV}{\eta kT}} & \text{正向偏置} \\ -I_s & \text{反向偏置} \end{cases} \tag{4.2-5}$$

式中，η为理想化因子，通常$\eta = 1 \sim 2$。显然，理想情况下$\eta = 1$。

3. pn 结的电容

pn 结有两种电容：势垒电容C_T和扩散电容C_D。pn 结在高频率情况下，其结电容特性明显。

1）势垒电容C_T

pn 结势垒区（空间电荷区）的空间电荷量随外加电压变化，体现出电容效应，称为势垒电容（也称空间电荷电容），用C_T表示。当 pn 结加逐渐增大的正向偏压时，外加电场使多子向着 pn 结运动，中和了势垒区中一部分电离施主和电离受主，势垒区宽度变窄，空间电荷数量减少。反之，当正向偏压减小时，多子背离 pn 结运动，使势垒区宽度增加，空间电荷数量增多。对于 pn 结加反向偏压的情况，也可得出类似分析结果：pn 结上外加电压的变化，引起势垒区宽度和空间电荷量的变化。

pn 结势垒电容可用一个平板电容等效，即

$$C_T = \frac{\varepsilon A}{L(V)} \tag{4.2-6}$$

式中，A为 pn 结截面积；ε为势垒区的介电常数；L为势垒区宽度。实验表明，L随外加偏压V呈非线性变化，故势垒电容C_T也与外加电压V呈非线性变化关系。正向电压升高时，势垒区宽度L减薄，电容增大；反向电压升高时，势垒区宽度L增厚，电容减小。图 4.2-6 给出了 pn 结势垒电容C_T随外加电压V呈非线性变化的趋势。pn 结势垒电容随外加电压而变化的特性，可用来制作成变容二极管，用于频率变换、调谐等电路中。

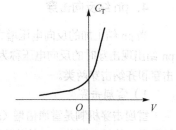

图 4.2-6　pn 结势垒电容势垒电容和外加电压V的非线性关系

2）扩散电容C_D

正向偏压时，p 区的空穴向 n 区扩散，n 区的电子向 p 区扩散，分别与 n 区和 p 区内的多数载流子复合，形成具有浓度梯度分布的非平衡少子的状态。当正向偏压增加时，由 p 区向 n 区扩散的空穴

以及由 n 区向 p 区扩散的电子数量增加，而这些非平衡少子与多数载流子复合的数目却不会产生明显变化，这样，使得 pn 结边界处 n 区和 p 区一侧（又称扩散区）的非平衡少数载流子浓度增大，相应的浓度梯度也增大。这种由于外加电压变化引起的 pn 结扩散区非平衡少子数量变化所体现出来的电容效应称为 pn 结的扩散电容 C_D。

由 pn 结扩散电容 C_D 的定义可知，它表征的是扩散区非平衡少子电荷 Q 的变化量与外加电压 V 的变化量之比：

$$C_D = \frac{dQ}{dV} \approx \frac{\Delta Q}{\Delta V} \tag{4.2-7}$$

可以证明，pn 结扩散电容 C_D 与 pn 结的导通电流 I 成正比，且满足：

$$C_D = \frac{\tau q}{\eta kT} I = \frac{\tau}{\eta V_T} I \tag{4.2-8}$$

式中，τ 为非平衡少子平均寿命，η 为理想化因子（$\eta = 1 \sim 2$；当 I 较大时，$\eta \to 1$）。

3）pn 结的总电容 C_j

综上所述，pn 结的总电容 C_j 为势垒电容 C_T 和扩散电容 C_D 之和（并联）：

$$C_j = C_T + C_D \tag{4.2-9}$$

当 pn 结正向电流很大时，C_D 可以达到很大的数值，这时 pn 结电容的主要部分是扩散电容；当 pn 结反偏时，导通电流 I 很小，$I = -I_s \to 0$，可以认为 $C_D \to 0$。这时，pn 结电容的主要部分是势垒电容。

势垒电容是势垒区的空间电荷量随外加电压变化而体现出来的电容效应，也就是说，势垒电容是在变化的电场作用下，势垒区"充入"和"放出"多数载流子——这一充放电的结果。因此，可以说势垒电容是相应于多数载流子电荷变化的一种电容效应，因此势垒电容不管是在低频、还是高频下都将起到很大的作用。与此相反，扩散电容是相应于少数载流子电荷变化的一种电容效应，与少数载流子的积累有关，而少数载流子的产生与复合都需要一个时间（称为寿命 τ）过程，所以扩散电容在高频下基本上不起作用。

另外，pn 结的单向导通特性就是通常所指的 pn 结的开关特性。pn 结的开关速度就是 pn 结的导通时间，它主要取决于扩散区内非平衡少子的注入和复合时间，其本质是 pn 结的扩散电容对开关速度的影响。

综上所述，pn 结的扩散电容与势垒电容不同。pn 结的扩散电容是少数载流子引起的电容，对于 pn 结的开关速度有很大影响，在正偏时起很大作用，在反偏时可以忽略，在低频时很重要，在高频时可以忽略。pn 结的势垒电容是多数载流子引起的电容，且在反偏和正偏时都起作用。在低频和高频下都很重要，pn 结器件的最高工作频率往往就取决于势垒电容。

4. pn 结反向击穿

当 pn 结上加的反向电压增大到一定数值时，反向电流突然剧增，这种现象称为 pn 结的反向击穿。pn 结出现击穿时的反向电压称为反向击穿电压，用 V_{BR} 表示，如图 4.2-7 所示。反向击穿可分为雪崩击穿和齐纳击穿两类。

1）雪崩击穿

雪崩击穿机制是雪崩倍增（avalanche multiplication）效应。当 pn 结反向电压较高时，耗尽层内电场很强，使得做漂移运动的载流子获得很大的动能。当这些高速的载流子碰撞到晶体中的原子时，足够大的动能将撞击出新的价电子，产生新的电子-空穴对。这些新的载流子（电子-空穴对）又被强电场加速再去碰撞其他原子，产生更多的载流子，……，如此连锁反应，使 pn 结内载流子数目剧增，并在较高的反向电压作用下做快速漂移运动，形成很大的反向击穿电流。这一过程就像一个雪球就能产生一场雪崩一样，因此被称为雪崩倍增效应。这种较高反向偏压下的击穿被称为雪崩击穿，其物理本质是在强电场作用下高速载流子的碰撞电离。

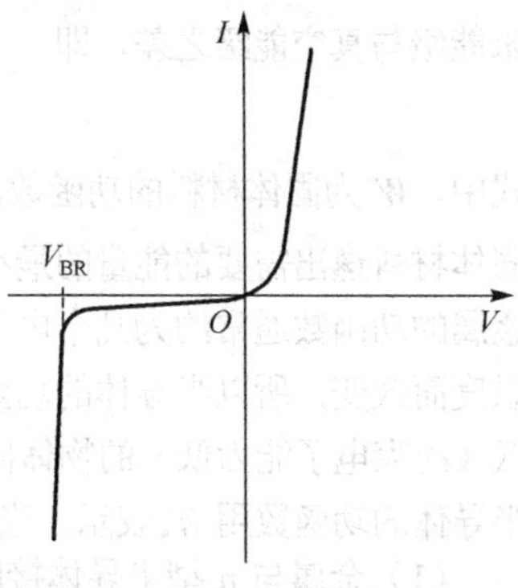

图 4.2-7　pn 结反向击穿

雪崩击穿一般发生在掺杂浓度较低、外加电压又较高的 pn 结中。这是因为掺杂浓度较低的 pn 结空间电荷区宽度较宽，漂移运动的载流子能够获得更大的动能，发生碰撞电离的机会更多。

2）齐纳击穿

齐纳击穿机制是隧道（tunneling）效应。隧道效应是一种量子机制过程，它能使粒子在不管有任何障碍存在时都能移动一小段距离。如果耗尽层足够薄，那么载流子就能靠隧道效应跳跃过去。隧道效应电流主要取决于耗尽层宽度和耗尽区电场强度。当制作 pn 结的半导体掺杂浓度很高时，pn 结耗尽层很窄，具有很高的耗尽区内建电场。这样，即使施加较小的反向电压（例如 6V 以下），耗尽区中的电场都可以达到很高的值。在强电场作用下，会强行促使 pn 结耗尽区内原子的价电子从共价键中拉出来，产生大量的"电子-空穴对"，使 pn 结反向电流剧增。把这种在强电场作用下，使耗尽层中原子直接激发的击穿现象称为齐纳击穿。显然，齐纳击穿的物理本质是场致电离。

齐纳击穿一般发生在掺杂浓度较高的 pn 结中。这是因为掺杂浓度较高的 pn 结，空间电荷区的电荷密度很大，宽度较窄，只要加不大的反向电压，就能建立起很强的电场，发生齐纳击穿。一般来说，击穿电压小于 6V 时所发生的击穿为齐纳击穿，高于 6V 时所发生的击穿为雪崩击穿。一般雪崩击穿发生在掺杂浓度较低的半导体器件（如整流二极管）中，而齐纳击穿多数出现在杂质浓度较高的半导体器件（如稳压管/齐纳二极管）中。

必须指出，上述两种击穿现象都属于电击穿，其过程是可逆的，但它有一个前提条件，就是反向电流和反向电压的乘积不超过 pn 结容许的耗散功率，超过了就会因为热量散不出去而使 pn 结温度上升，直到过热而烧毁，这种现象就是热击穿。所以热击穿和电击穿的概念是不同的。电击穿往往可为人们所利用（如稳压管），而热击穿则必须尽量避免。

4.2.3　金属-半导体接触

1. 金属-半导体接触

人们对金属-半导体接触的研究历史比较早。1874 年，F. Braun 发现 Cu-FeS₂、Pb-S 等金属和硫化物半导体接触具有整流作用。1938 年，W. Schottky 在能带论的基础上提出金-半接触处形成势垒（肖特基势垒），奠定了金-半接触的理论基础。但 20 世纪 40 年代以来，随着 pn 结二极管的出现，金属-半导体接触在器件方面的应用地位降低，直到 20 世纪 60 年代出现了平面工艺制作出金属-半导体二极管（肖特基势垒二极管），它具有近乎理想的伏安特性，优良的高频特性和低噪声特性，推动了微波半导体器件以及微波集成电路的快速发展。相应地，肖特基势垒器件在微波应用领域的快速发展也推动了金属-半导体接触理论的进一步发展。

金属-半导体接触（金-半接触）是半导体器件的重要部分之一，接触情况直接影响到器件的性能。金属-半导体接触大致可以分为两种：一种是具有整流特性的肖特基接触（也叫整流接触或肖特基势垒结），另一种是类似普通电阻的欧姆接触。

金属-半导体接触的特性和两种材料的功函数有关。所谓功函数，又称为逸出功，是指材料的费

米能级与真空能级之差，即

$$W = E_0 - E_F \tag{4.2-10}$$

式中，W 为固体材料的功函数，E_F 为费米能级，E_0 为真空中电子的能级。可见，功函数是使电子从固体材料逸出需要的能量的最小值，标志着该材料束缚电子能力的强弱。金属和半导体的功函数不同。金属的功函数通常约为几个电子伏特，且随原子序数呈周期性变化。半导体由于其费米能级随掺杂和温度而改变，所以半导体的功函数不是常数。当两种不同功函数的固体材料接触后，电子要从功函数低（约束电子能力低）的物体向功函数高（约束电子能力高）的物体流动。金属的功函数用 W_m 表示，半导体的功函数用 W_s 表示。当金属和半导体接触时，主要有如下几种情况。

（1）金属与 n 型半导体接触时，若 $W_m > W_s$，则电子由半导体进入金属。此时在接触面处金属一侧将有电子积累，带负电；而接触面处半导体一侧留下不能移动的带正电离子。于是和 pn 结的形成过程一样，在接触面处半导体一侧形成一个带正电的空间电荷区（势垒区，又称耗尽层）。势垒电场由半导体一侧指向金属一侧，阻止电子进一步从半导体向金属移动。因此该势垒是电子势垒，而相应的耗尽层为 n 型阻挡层。该势垒层随外加电场将发生变化。

（2）金属与 n 型半导体接触时，若 $W_m < W_s$，则电子由金属进入半导体。此时在接触面处半导体一侧将有电子积累，并向 n 型半导体扩散，使接触面处半导体具有较高的电子浓度，形成导电层。该层称为 n 型反阻挡层。

（3）金属与 p 型半导体接触时，若 $W_m > W_s$，则电子由半导体进入金属，或空穴由金属进入半导体。此时在接触面处半导体一侧将有空穴积累，并向 p 型半导体扩散，使接触面处半导体具有较高的空穴浓度，形成导电层。该层称为 p 型反阻挡层。

（4）金属与 p 型半导体接触时，若 $W_m < W_s$，则电子由金属进入半导体，或空穴由半导体进入金属。此时在接触面处半导体一侧形成一层带负电的势垒层或耗尽层。势垒电场由金属一侧指向半导体一侧，阻止空穴进一步从半导体向金属移动，为空穴势垒，而相应的耗尽层为 p 型阻挡层。该势垒层随外加电场将发生变化。

2. 肖特基势垒结

上述（1）和（4）两种情况为肖特基接触，具有类似 pn 结单向导电的整流特性。当然，金-半接触形成的肖特基势垒结和 pn 结工作原理是不同的，它们具有以下区别：一方面，对于 pn 结，正向电流从 p 区流向 n 区，为 pn 结扩散区内非平衡少子（电子和空穴）的扩散电流；另一方面，对于肖特基接触（肖特基势垒结），正向的判定要看是哪种阻挡层。对于具有 n 型阻挡层的金-半接触，金属接正、半导体接负时形成从金属到半导体的正向电流（即从半导体到金属的电子流）；金属接负、半导体接正时形成反向电流。对于具有 p 型阻挡层的金-半接触，金属接负、半导体接正时形成从半导体到金属的空穴流（正向电流）；金属接正、半导体接负时形成反向电流。金属与半导体接触的正向电流都是相应于多子由半导体到金属的运动所形成的电流。

pn 结和肖特基势垒结都可以利用它们的整流特性制成二极管，前者为 pn 结二极管，后者为肖特基势垒二极管（Schottky Barrier Diode, SBD）。两者具有以下区别：SBD 是多子器件，相对于 pn 结二极管（少子器件）而言，无论正偏或反偏时其载流子都不发生明显积累（扩散电容很小），因此具有良好的开关特性，更适合用于高频领域。另外，在相同势垒高度下，SBD 的反向饱和电流比 pn 结大得多，那么正向电流的特性也有所不同，SBD 具有较低的正向导通电压（0.3V 左右）。

3. 欧姆接触

上述（2）和（3）两种情况为欧姆接触。肖特基势垒结的特点是接触区的电流-电压特性是非线性的，呈现出二极管整流效应。与肖特基势垒结不同，欧姆接触的特点是不产生明显的附加阻抗，而且不会使半导体内部的平衡载流子浓度产生明显的改变。理想的欧姆接触的接触电阻与半导体体电阻相比可以忽略不计；当有电流通过时，欧姆接触上的电压降应当远小于半导体器件本身的电压降，且接触区的 I-V 曲线是线性的。

良好的欧姆接触的评价标准是：

（1）接触电阻很低，以至于不会影响器件的欧姆特性，即不会影响器件 I-V 的线性关系。对于器件电阻较高的情况（如 LED 器件等），可以允许有较大的接触电阻。但是目前随着器件小型化的发展，要求的接触电阻要更小。

（2）热稳定性要高，包括在器件加工过程和使用过程中的热稳定性。在热循环的作用下，欧姆接触应该保持一个比较稳定的状态，即接触电阻的变化要小，尽可能地保持一个稳定的数值。

（3）欧姆接触的表面质量要好，且金属电极的黏附强度要高。金属在半导体中的水平扩散和垂直扩散的深度要尽可能浅，金属表面电阻也要足够低。

欲形成好的欧姆接触，有两个先决条件：①金属与半导体间有低的势垒高度；②半导体有高浓度的杂质掺入。前者可使金属-半导体界面电流中热激发部分增加，后者则使半导体耗尽区变窄，电子有更多的机会直接穿透金属-半导体界面（隧道效应），达到接触电阻降低的目的。因此制作欧姆接触时，可以降低势垒高度或提高掺杂浓度，或者两者并用。

由于掺杂浓度越高的衬底越容易形成欧姆接触。因此，通常选择重掺杂的衬底来制作欧姆接触。可以通过多种方式来提高掺杂浓度，常用的方法是在半导体生长过程中增加杂质含量，或者通过离子注入等方式来在半导体表面形成重掺杂。另外，在金属选择上，原则上选用与半导体功函数的差值尽可能小的金属，尽可能降低势垒高度。

通常，在半导体器件制作过程中采用合金工艺实现电极金属和半导体间的紧密接触。具体地说，就是在半导体表面蒸镀好金属电极后，在一定的气体保护下和某一特定的温度下，使蒸镀好电极的半导体材料在其中保温一段时间。合金的温度和时间决定了能否在接触界面形成高掺杂层，是形成良好的欧姆接触的关键。在保温过程中，金属电极和半导体材料通过发生一系列的物理、化学反应，能够明显降低金-半接触区的势垒高度，使电子比较容易地通过金-半接触区，形成比较好的欧姆接触。

4.3　二　极　管

微波二极管主要有肖特基二极管、变容二极管、阶跃恢复二极管、雪崩渡越时间二极管（IMPATT管）和转移电子效应二极管（GUNN 二极管）等。早期，高频率微波信号难以获取，人们采用 IMPATT管和 GUNN 管振荡获取固态微波、毫米波信号，或者采用阶跃二极管实现高次倍频获取高频率微波信号，目前已逐渐被高效率、高可靠性的三端器件替代。肖特基（Schottky）二极管也称肖特基势垒二极管，它是一种低功耗、超高速半导体器件；变容二极管（Varactor Diodes）又称"可变电抗二极管"，利用势垒电容与其反向偏置电压的依赖关系及原理制成。一直以来，肖特基二极管和变容二极管常用于变频、混频和高速开关电路。本节将对这两种器件的结构及其工作原理作进行细的介绍。

4.3.1　肖特基二极管

肖特基二极管是利用肖特基势垒结整流特性制成的。如前所述，肖特基势垒结具有类似 pn 结的单向导电整流特性，与 pn 结不同的是，在肖特基势垒结中，金属与半导体接触的正向电流是由 n 型半导体中多子向金属运动所形成的电流。由肖特基势垒制作的肖特基二极管是多子器件，器件扩散电容很小，具有良好的开关特性，适用于高频领域。图 4.3-1 给出了两种不同的肖特基二极管的管芯结构，其对应的等效电路如图 4.3-2 所示。

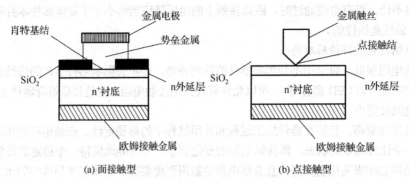

(a) 面接触型　　　　　　　　　　(b) 点接触型

图 4.3-1　肖特基二极管的管芯结构

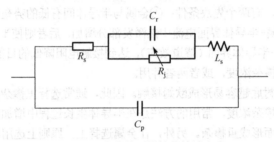

图 4.3-2　肖特基二极管的等效电路

　　图 4.3-2 中，L_s、C_p、R_s 分别为封装的寄生电感、寄生电容和寄生电阻。R_j 和 C_r 为结电阻和结电容，它们是非线性参数。结电阻的表达式为：

$$R_j = \frac{dV}{dI} = \frac{1}{I_s \frac{e}{nkT} e^{ev/nkT}} = \frac{1}{\alpha I_s e^{\alpha v}} \quad \left(\alpha = \frac{e}{nkT}\right) \tag{4.3-1}$$

其中，I_s 为零偏压电流，k 是玻尔兹曼常数，T 是肖特基结的温度，n 是理想因子，与势垒高度、温度、晶体和金属材料有关。结电容的表达式为：

$$C_r = \left|\frac{dq}{dV}\right| = \frac{eA}{2}\left[\frac{2\varepsilon N_d}{e}\right](\Phi_s - v) = \frac{C_r(0)}{\left(1 - \frac{V}{\Phi_s}\right)^{1/2}} \tag{4.3-2}$$

其中，A 为交界面的面积，N_d 为半导体的参杂浓度，Φ_s 为势垒的电势差，$C_r(0)$ 为 0 偏压的结电容。

　　以上的封装结构的二极管的接触势垒都不会是理想的肖特基势垒，肖特基势垒二极管的伏安特性为：

$$I = f(V) = I_s\left[\exp\left(\frac{qV}{nkT}\right) - 1\right] \tag{4.3-3}$$

当势垒是理想的肖特基势垒时，$n=1$；当势垒不理想时，$n>1$。面接触型二极管，$n=1.05\sim1.1$；点接触型二极管，$n>1.4$。其伏安特性曲线如图 4.3-3 所示。

肖特基势垒二极管的主要相关参数为截止频率和噪声比。

1）截止频率 f_c

从图 4.3-2 中可以看出，结电容 C_r 和电阻 R_s 对非线性电阻有分压和分流的作用，R_s 越大，它的电压降就越大，R_j 的分压就越小，能量损失就很大；C_r 越大，它的分流就越大，R_j 的分流就越小，能量损失就越大。

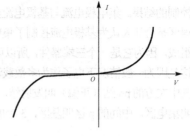

图 4.3-3　肖特基势垒二极管的伏安特性

当外加电压角频率为 ω_c，$R_j = 1/\omega_c C_r$ 时，信号在 R_s 上的损耗为 3dB，二极管不能正常工作。定义这时外加信号频率 f_c 为二极管的截止频率，表达式为：

$$f_c = \frac{\omega_c}{2\pi} = \frac{1}{2\pi R_s C_{r0}} \qquad (4.3\text{-}4)$$

式中，C_{r0} 是零偏压下二极管的结电容；f_c 是该二极管的工作频率上限，它是该二极管的品质因数，f_c 越大，二极管高频特性越好。

2）噪声比 t_m

噪声比又称为噪声温度，t_m 定义为二极管的噪声功率与相同电阻热噪声功率的比值。表达式为：

$$t_m = \frac{\dfrac{n}{2}R_j + R_s}{R_j + R_s} \qquad (4.3\text{-}5)$$

当 $R_j \gg R_s$ 时，其噪声比为 $t_m \approx \dfrac{n}{2}$，对于理想肖特基势垒 $n = 1$，则 $t_m \approx 0.5$。

4.3.2　变容二极管

变容二极管是一种结电容随外加偏压变化而变化的非线性器件，它的非线性电容可以采用 pn 结或肖特基结形成，它在微波电路中常作为倍频器的主要元件。采用肖特基结的变容管的结构在性质上与普通肖特基二极管是相同的，但由于高效率和高输出功率的要求，变容管的反向击穿电压要相对高些，因此变容管外延层中的掺杂浓度应非常低，但结面积比较大。

与采用肖特基结的变容管相比，采用 pn 结的变容管的动态截止频率相对较低。这是因为在制造 pn 结型变容管时需要一个 p 区扩散阶跃，扩散过程限制了 p 区的最小尺寸，所以它的最小尺寸要受到限制，p 区的串联电阻也比肖特基势垒二极管的金属阳极串联电阻高。

另外，许多微波 pn 结型变容管用硅材料制造，很多肖特基结变容管用砷化镓材料制造，硅的少子寿命比砷化镓的大，所以 pn 结型变容管更适合在频率相对低的场合使用；在比较高的频率中，砷化镓材料的串联电阻比较低，因而动态品质因数较高。由于 p 区串联电阻及其欧姆接触的影响，pn 结型变容管的品质因数低于肖特基结二极管的。

4.4　双极晶体管

双极晶体管主要分为双极型晶体管（BJT）和异质结双极晶体管（HBT）。一般来说，双极型晶体管的功耗较大，具有较高的工作频率和较低的噪声特性，故常用于低噪声、高线性度和高频模拟电路与高速数字电路中。但常规 BJT 难以实现超高频、超高速，这是由于它本身存在若干固有的内在矛盾。HBT 是采用异质发射结的双极晶体管。相对于 BJT，它具有更高的开关速度和截止频率，输出功率更高，电流增益更大。另外，其低噪声和良好的高频特性使它在微波电路设计中得到广泛的应用。本节将对这两种器件的结构及其工作原理给出详细的介绍。

4.4.1　双极型晶体管

与场效应晶体管不同，双极晶体管不是电流控制器件，而是电压控制器件，是基极和集电极电压控制的结果。集电极电流与基极电流的比值也称电流增益（β），它是固定的，用于设置偏置点，这样做的误区是会让人认为基极电流控制了集电极电流。双极型晶体管是一个 pn 结型器件，由两个背靠背的 pn 结组成。因为它是一个三端器件，所以可以是 pnp 结构或者 npn 结构，npn 结构在高频应用中使用较为广泛，这是因为一般情况下电子作为多数载流子相对于空穴拥有更好的传输特性，图 4.4-1 所示为其基本结构。其中左方的 pn 结（正偏）叫发射结，右方的 pn 结（反偏）叫集电结，左方的 n 区叫发射区，右方的 n 区叫集电区，中间的 p 区叫基区，3 个电极分别称为发射极（E）、集电极（C）和基极（B）。

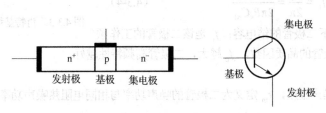

图 4.4-1　npn 型双极型晶体管结构

　　实际使用时，晶体管 3 个电极中的任何一个都可作为输入/输出的公共端，而不仅限于用图 4.4-1 所示的发射极作为公共端口。以 npn 管为例，其连接方式有 3 种，如图 4.4-2 所示，称为共基极连接、共发射极连接和共集电极连接。npn 型晶体管的基本物理响应可以通过分析共射结构来解释：基射之间施以正向偏压，基集之间施以反向偏压。电子横跨发射结注入，通过基区，在集电极端被收集，相反，空穴在基极端被收集。由此导致集电极端和发射极端之间出现电子流，并且基极端和发射极端出现空穴流。两对电流之间的比例就是电流增益。

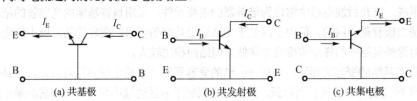

(a) 共基极　　　　　　　　(b) 共发射极　　　　　　　(c) 共集电极

图 4.4-2　npn 型双极型晶体管连接方式

1．工作原理

　　双极型晶体管的横截面结构示意图如图 4.4-3 所示。双极型晶体管的关键方面是两个 pn 结相互作用，因为设计的基区厚度远小于基区中少数载流子的扩散长度，在 npn 器件中基区的少数载流子是电子。一般而言，以这样的方式设计双极型器件中 3 个区域的半导体掺杂等级，发射极区掺杂物浓度远高于基区掺杂物浓度，相应地，基区掺杂物浓度又远高于集电极区掺杂物浓度，理想的掺杂物浓度轮廓如图 4.4-4 所示。图 4.4-5 所示为 npn 型双极型晶体管的能带结构图，主要工作原理如下。

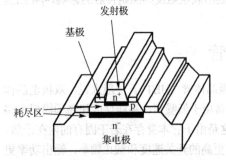

图 4.4-3　双极型晶体管横截面结构示意图

1）基极漏电流

　　在基极集电极结中，与基极和集电极一样也会形成耗尽区。这将导致电子从基极流向集电极。如果在集电极与发射极加上正偏置电压，就会导致更多的电子被从基极集电极结中拉出，增加了耗尽区的厚度直到基极集电极之间的内建电压（VJBC）等于加在基极的电压。电路中唯一的电流是由在基极的少数电子漂移过基极集电极进入集电极形成的很小的泄漏电流。当一个 BJT 在基极发射极之间电压为零或者是反向偏置时它处于关闭状态。

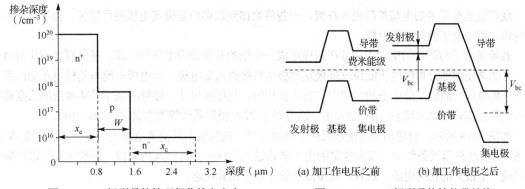

图 4.4-4　双极型晶体管理想化掺杂方案　　　　图 4.4-5　npn 双极型晶体管能带结构

2）基极与发射极之间的反向偏置特性

如图 4.4-6 所示，如果在基极和发射极之间加上负电压，电子将会从发射极中牵引出来，空穴将从基极牵引出来，从而扩大基极发射极之间的耗尽区厚度。这里将只有少数载流子电子从基极越过基极发射极结漂移进发射极形成小的泄漏电流。

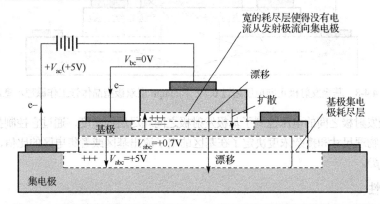

图 4.4-6　基极发射极间反向偏置下的 npn 型双极型晶体管工作原理示意图

3）基极与发射极之间的正向偏置特性

如图 4.4-7 所示，如果一个小的负电压加在基极与发射极之间，这样的偏置将有效减小基极发射极之间的内建电势，导致耗尽层变薄使更多的电子扩散进入基极。从另一个角度看，加在发射极的负电压有可能使电子靠近接触结，同时使基极的正电荷也靠近接触结，降低了耗尽层的厚度。

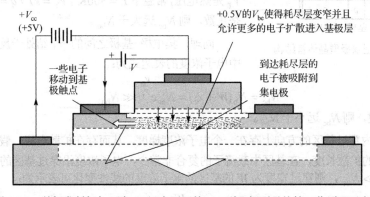

图 4.4-7　基极发射极加正向 0.5V 电压下的 npn 型双极型晶体管工作原理示意图

现在这里有很多的电荷扩散进入基极，一些将漂移到顶端的基极集电极耗尽层区，由于这里存在强电场，所以电子被扫进集电极。

其他的电子与基极的空穴中和并在基极形成一个低的基极边缘电压和电流。基区有意制作得薄一些，目的是使大部分扩散电子能跨过基极发射极结直接进入集电极。集电极电流与基极电流的比值与在基极集电极结间的扩散电子和空穴中和的比值相似。耗尽区尺寸、接触区域半导体掺杂的浓度确定了双极型晶体管的电流增益（β）的大小。通常对于 Si 双极型晶体管而言其 β 为 50～100。

如图 4.4-8 所示，当增加发射极基极的正偏电压时，耗尽层不断变薄直到完全消失（V_{be}=+0.7V 对于 Si）。在这种偏置条件下，很大数量的电子能够进入基极区并被扫入集电极，导致从发射极到集电极形成一个很大的正向电流。这时双极型晶体管工作在饱和状态。

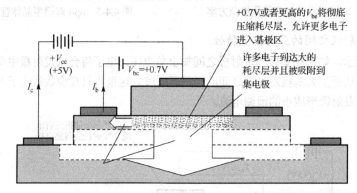

图 4.4-8　基极发射极正向电压超过 0.7V 下的 npn 型双极型晶体管工作原理示意图

总之，基极发射极之间的电压控制了基极发射极之间耗尽层的宽度，通过它控制扩散进基区电子的数量。基区的物理尺寸和掺杂浓度决定了在基区的电子流出基区或者集电区的比值，代表了相对固定的电流增益（β）。

2. 基本特性

对于图 4.4-9 所示的 npn 器件，当其射基极之间的 pn 结处于正向偏置时，基极中电子浓度的表达式为：

$$N_{be} = N_b(x_e) = N_{bo}e^{\frac{V_{be}}{V_T}} \gg N_{bo} \tag{4.4-1}$$

式中，N_{be} 为基极中电子的平衡浓度，V_{be} 为发射结的电压，V_T 是热电压，常温下 $T = 300K$，$V_T = kT/q \approx 26mV$。由于 V_{be} 是正数，则 N_{be} 远大于 N_{bo}。

同理，集电极–基极之间的 pn 结处于反向偏置时，基极中电子浓度的表达式为：

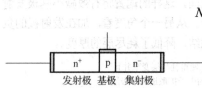

图 4.4-9　npn 型双极型晶体管结构

$$N_{bc} = N_b(W + x_e) = N_{bo}e^{\frac{V_{cb}}{V_T}} \ll N_{bo} \tag{4.4-2}$$

式中，V_{cb} 是负数，则 N_{bc} 远小于 N_{bo}。

由于在基区内穿过基区的方向上存在一个电子浓度梯度，从而存在扩散电流。假如基区厚度远小于其少数载流子的扩散长度，在基区中载流子的复合非常少，电子浓度沿穿过基区的方向线性变化。同时，由于 $N_{be} \gg N_{bc}$，则穿过宽度为 W 的基区的电子浓度的线性变化可表示为：

$$N_b(x) = N_{be}\frac{W - x + x_e}{W} \tag{4.4-3}$$

则穿过基区的扩散电流可以表示为：

$$I_{nb} = qD_n A \frac{\partial N_b}{\partial x} \tag{4.4-4}$$

式中，q 是电子电荷，D_n 是电子的扩散系数，A 是器件的横截面面积。

将式（4.4-3）代入式（4.4-1）中，然后经过式（4.4-3）微分得到式（4.4-5）：

$$I_e \approx I_c \approx I_{nb} = \frac{qD_n A N_{bo} e^{\frac{qV_{be}}{kT}}}{W} \tag{4.4-5}$$

因此，射基极之间的电压变化将导致发射极和集电极电流按指数规律变化。尽管基极中的电子复合量很小，并且发射极和集电极电流大致相等，但空穴横穿处于正向偏置的发射极–基极之间的 pn 结，从基极注入到发射极，基极中有电流流过。这种情形的分析与前文介绍的内容非常类似，基极电流由流过的空穴扩散电流决定，空穴扩散电流是由器件的 n 型掺杂区中存在的空穴浓度产生的。假设图 4.4-4 所示的发射极宽度 x_e 远小于空穴扩散长度（垂直结构的实际器件中的确如此），基极电流可描述为：

$$I_b = \frac{qD_p A P_{eo} e^{\frac{qV_{be}}{kT}}}{x_e} \tag{4.4-6}$$

式中，D_p 是空穴的扩散系数，P_{eo} 是发射极中空穴的扩散浓度。

现比较式（4.4-5）和式（4.4-6）中的 I_e 和 I_b 两者的数量级：W 和 x_e 大致相同，但发射极区掺杂物浓度远高于基区掺杂物浓度，则 $N_{bo} \gg P_{eo}$，所以基极电流远小于发射极和集电极电流。

前文已经提到基于双极型晶体管的 3 种常见的连接方式，下面以共射极连接方式为例对晶体管的直流工作特性进行分析。共射极配置的晶体管电路其实是一个电流放大器，输入电流是基极电流，由式（4.4-6）给出，输出电流是集电极电流，由式（4.4-5）给出。两者的比率 $\beta = I_c / I_b \approx I_e / I_b$，即为电流增益，可以表示为：

$$\beta = \frac{D_n N_{bo} x_e}{D_p P_{eo} W} = \frac{D_n N_D x_e}{D_p N_A W} \tag{4.4-7}$$

式中，N_D 和 N_A 分别是发射极和基极中的 n 型半导体和 p 型半导体掺杂物浓度。

综上所述，发射极比基极具有高得多的掺杂物浓度，因此，电流增益远大于 1。同时，值得指出的是，$D_n / D_p = \mu_n / \mu_p$ 分别是电子和空穴的迁移速率。在绝大多数半导体材料中，电子迁移率远大于空穴的迁移率，所以为获得高水平的电流增益，通常倾向于使用 npn 双极型器件。

从式（4.4-7）可见，获得高电流增益应当采用下列方法：

① 增大电子迁移率；
② 最大化发射极中的掺杂物浓度；
③ 最小化基极中的掺杂物浓度；
④ 减小基极宽度。

然而在优化器件的垂直结构时，必须兼顾到其他方面的考虑。首先，增加发射极中的掺杂物浓度将导致发射极中材料特性发生变化，特别是发射极层的有效能量带隙将减小，这个能量带隙的减小将导致注入到发射极的空穴浓度增加。其次，降低基极中的掺杂物浓度以及基极宽度将导致基极的电阻值增大，这将限制器件的高频性能，原因可参考相关文献，在此不做详细介绍。

以上分析表明在双极型器件中流动的发射极电流、基极电流和集电极电流由加载在晶体管中 pn

结之间的电压决定，这种分析能够构建出器件的电流-电压（*I-V*）曲线簇图。图 4.4-10 给出了双极型晶体管共发射极配置的输出特性，在图中绘制了各种基极电流下集电极电流与集电极-发射极之间电压的函数关系曲线。在这种配置中，为了产生一个稳定的基极电流，要求在基极-发射极之间加载一定的正向电压。因此，在低集电极-发射极电压下，集电极-基极之间的 pn 结可能实际上处于正向偏置，如上面所述，这将限制了集电极电流。集电极-发射极之间的电压增大到集电极-基极间 pn 结变成反向偏置时，集电极电流迅速增大。

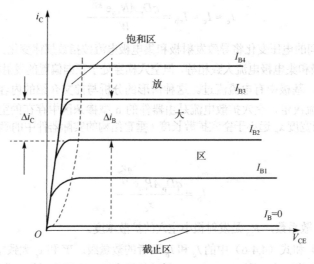

图 4.4-10 双极晶体管共射结构 *I-V* 特性曲线

继续增大发射极-集电极之间的电压至超过前述电压后，分析式（4.4-7）后可以发现，一个常数集电极电流取决于器件的电流增益。然而，进一步观察此式发现器件的 β 值依赖于基极的宽度 W。这个宽度值实际上应是基极的有效宽度，它由发射极-基极和集电极-基极之间的两个 pn 结形成的耗尽区决定。同时，发射极-基极间 pn 结宽度基本上保持为一个常数，它由流过的基极电流固定，集电极-基极间的 pn 结宽度随着集电极电压的变化而变化。因此，β 值依赖于偏置电压，使器件的输出电导值大小有限。

在共发射极配置中，跨导 g_m 定义为 $g_\mathrm{m} = \partial I_\mathrm{c} / \partial V_\mathrm{be}$，由于式（4.4-5）描述的集电极电流与发射结电压之间呈指数依赖关系，所以 g_m 值较大。对式（4.4-5）进行微分，导出 $g_\mathrm{m} = I_\mathrm{c} q / kT$。在诸如功率放大器等要求大输出电压波动的应用中，大幅值的 g_m 是一个需要考虑的重要因素。共基极晶体管的输出电流 I_c 受输入电流 I_e 的控制，$I_\mathrm{c} = \alpha I_\mathrm{e}$，其中 α 称为电流传输系数，其值接近于 1，所以以共基极晶体管组态的放大器又被称为续流器。共集电极晶体管的输出电流 I_e 受输入电流 I_b 控制，其电流传输方程为 $I_\mathrm{e} = (1+\beta)I_\mathrm{b}$，共集电极晶体管组态的放大器又称为电压跟随器。可以看出 α 与 β 具有如下关系：

$$\alpha = \frac{\beta}{1+\beta} \tag{4.4-8}$$

3. 等效电路模型

1）BJT 小信号等效电路模型

小信号等效电路模型一方面可以分析器件的增益、噪声等特性，另一方面可以利用外推技术得出大信号等效电路模型。因此，准确建立小信号等效电路模型是大信号建模及器件应用的首要工作。理论上认为，在器件的静态工作点上叠加振幅小于热电压（kT/q）的交流信号状态为小信号状态，可近似采用线性分析方法，即利用在静态工作点上求出的元件参量值来分析器件的小信号特性。

前一节中已经讲述了双极型晶体管的工作特性由发射极、基极和集电极中流过的电流控制，响应也受到加载于晶体管中 pn 结间的电压控制的原理。两个 pn 结都存在与电压相关的耗尽区，因此影响器件的高频响应的电容也与结间电压有关。描述双极型晶体管的集总元件小信号等效电路如图 4.4-11 所示。

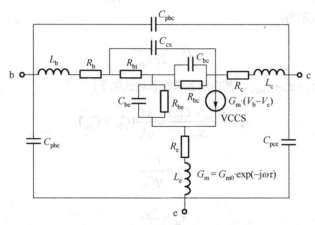

图 4.4-11　BJT 小信号等效电路模型

该模型包含了电极处的接触电阻 R_b、R_c、R_e，引线的寄生电感 L_b、L_c、L_e，压焊点的寄生电容 C_{pbe}、C_{pbc}、C_{pce}。其中，R_{be}、C_{be}、R_{bc}、C_{bc}、R_{bi}、C_{cx}、VCCS（压控电流源）构成 BJT 的本征区，这些参数由偏置条件决定，与 BJT 的工作状态有关。本征区外围是只与制作工艺有关的寄生部分。利用这个等效电路的本征区部分，能够推导出一组表征器件工作特性的关键 RF 指标。

双极型器件的 f_T 定义为共发射极的短路电流增益下降到单位 1 时的频率。利用图 4.4-11 所示的简化等效电路，发射极-基极之间内在的电压降 V_{be} 可表示为：

$$V_{be} = \frac{i_b}{g_{be} + j\omega(C_{be} + C_{bc})} \tag{4.4-9}$$

式中，g_{be} 是正向偏置下基极-发射极之间 pn 结的等效电导，C_{be} 是基极-发射极间内在的电容，C_{bc} 是基极-集电极间内在的电容。

所以依赖于频率的短路电流增益 $\beta(\omega)$ 可以表示为：

$$\beta(\omega) = \frac{-i_{out}}{i_{in}} = \frac{G_m}{g_{be} + j\omega(C_{be} + C_{bc})} \tag{4.4-10}$$

$\beta(\omega)$ 也可以用器件的直流电流增益 β 表示为：

$$\beta(\omega) = \frac{\beta}{1 + \dfrac{j\omega(C_{be} + C_{bc})}{g_{be}}} \tag{4.4-11}$$

当频率 $f = f_T$ 时，$\beta(\omega)$ 下降到单位 1，整理式（4.4-11）得到：

$$\beta = 1 + \frac{j2\pi f_T(C_{be} + C_{bc})}{g_{be}} \tag{4.4-12}$$

假设 $\beta \gg 1$，则式（4.4-12）可重写为：

$$f_{\mathrm{T}} \approx \frac{\beta g_{\mathrm{be}}}{2\pi(C_{\mathrm{be}} + C_{\mathrm{bc}})} \approx \frac{g_{\mathrm{be}}}{2\pi(C_{\mathrm{be}} + C_{\mathrm{bc}})} \tag{4.4-13}$$

本质上，这种分析采用了对与发射极-基极间 pn 结和基极-集电极间 pn 结相关的耗尽区进行光电转换引起的延迟定义 f_{T}。通过引进与集电极中耗尽区内载流子渡越过程相关的时间常数 τ_{ct}、集电极充电时间 τ_{c}、基区内渡越时间 τ_{b} 和寄生电容的充电时间 τ_{para}，能够推导出更完整的 f_{T} 的表达式。此时，短路电流增益可表示为：

$$f_{\mathrm{T}} \approx \frac{1}{2\pi\tau_{\mathrm{eff}}} \tag{4.4-14}$$

式中，$\tau_{\mathrm{eff}} = \tau_e + \tau_b + \tau_{ct} + \tau_c + \tau_{\mathrm{para}}$，其中的各参数表达式如下：

$$\tau_{\mathrm{e}} = \frac{(C_{\mathrm{be}} + C_{\mathrm{bc}})}{g_{\mathrm{m}}} = \frac{kT}{qI_{\mathrm{e}}}(C_{\mathrm{be}} + C_{\mathrm{bc}}) \tag{4.4-15}$$

$$\tau_{\mathrm{b}} = \frac{W^2}{\eta D_{\mathrm{b}}} \tag{4.4-16}$$

$$\tau_{\mathrm{ct}} = \frac{x_{\mathrm{bc}}}{v_{\mathrm{sat}}} \tag{4.4-17}$$

$$\tau_{\mathrm{c}} = r_{\mathrm{c}} C_{\mathrm{c}} \tag{4.4-18}$$

从式（4.4-16）中可以看出基区的掺杂策略对总时延影响较大。式（4.4-17）中的 x_{bc} 表示基极-集电极之间的耗尽区宽度，v_{sat} 表示电子的饱和速率。式（4.4-18）中 r_{c} 是集电极上的串联电阻，C_{c} 是集电极电容。因此，若要增大 f_{T} 值，器件应当具有大的直流增益、小的动态基极电阻、小的 pn 结间电容并应当工作在大电流状态。反之，这意味着器件应当具有小的横截面面积以及最小化电容、一个薄的高掺杂的基区和大的电流增益。

一个器件的最大可用增益定义为输入和输出二端口都满足最佳匹配条件时的前向功率增益。最高工作频率 $f_{\max}$ 是 MAG 降低到单位 1 时的频率。对于由图 4.4-11 所示的集总元件式等效电路表示的双极型器件，其 MAG 可以表示为：

$$\mathrm{MAG} = \frac{\left(\dfrac{f_{\mathrm{T}}}{f^2}\right)}{8\pi C_{\mathrm{c}} r_{\mathrm{b}}} \tag{4.4-19}$$

由此可得到：

$$f_{\max} = \left(\frac{f_{\mathrm{T}}}{8\pi C_{\mathrm{c}} r_{\mathrm{b}}}\right)^{1/2} \tag{4.4-20}$$

所以，要得到大的 $f_{\max}$ 值，器件应该具有这些特点：① f_{T} 高；②电容小；③基极电阻小。对应的垂直的器件结构应该具有这些特征：①基极重掺杂；②基区宽度小；③电流增益大。

2）BJT 大信号等效电路模型

利用小信号模型进行大信号分析时，无法计算谐波特性、1dB 功率压缩点（$P_{1\mathrm{dB}}$）、三阶交调截断点（IP3）等非线性重要参数，所以对非线性强的器件（如功率放大器、混频器等）采用大信号非线性模型进行设计是必需的。由于在大信号工作条件下，静态工作点上的大振幅交流信号往往覆盖整个输出特性区域，因此在固定偏置下计算的元件参量是不够的，必须对非线性元件进行非线性分析，建立器件的非线性模型。

图 4.4-12 给出了 BJT 的大信号等效电路模型——VBIC 大信号等效电路模型。VBIC 模型的常用 SPICE 参数有 30 多个，这些参数决定了模型的直流、交流等特性，具体参数见表 4.4-1。

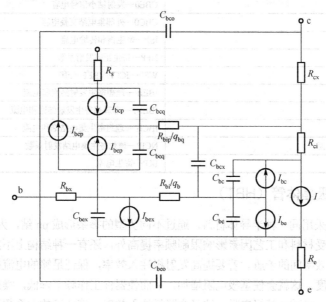

图 4.4-12 VBIC 大信号等效电路模型

表 4.4-1 VBIC 模型的 SPICE 参数

SPICE 参数	参数名称
IS—饱和传输电流	PE—发射结衰减系数
NF—正向发射系数	ME—发射结结指数
NR—反向发射系数	AJE—发射结电容平滑因子
VEF—正向 Early 电压	CJC—零偏集电结结电容
VER—反向 Early 电压	PC—集电结衰减系数
IKF—正向膝电压	MC—集电结指数
IKR—反向膝电压	AJC—集电结电容平滑因子
IBEI—理想发射结饱和电流	CJEP—零偏发射结外部结电容
NEI—理想发射结发射系数	CJCP—零偏集电结外部结电容
IBEN—非理想发射结饱和电流	PS—集电极-衬底结衰减因子
NEN—非理想发射结发射系数	MS—集电极-衬底结指数
WBE—IBEI/VBEI 比值	AJS—集电极-衬底电容平滑因子
IBCI—理想集电结饱和电流	FC—正偏结电容阈值
NCI—理想集电结发射系数	TF—正向渡越时间
IBCN—非理想集电结饱和电流	XTF—TF 对偏差系数的依赖
NCN—非理想集电结发射系数	ITF—ICC 决定的 TF 系数
AVC1—集电结弱雪崩参数 1	VTF—VBC 决定的 TF 系数
AVC2—集电结弱雪崩参数 2	QTF—基极宽度调制的 TF 变量

SPICE 参数	参数名称
RE—发射极电阻	TR—理想反向渡越时间
RBX—外部基极电阻	TD—正向超相移延迟时间
RBI—内部基极电阻	CBE0—发射结小信号电容
RS—衬底电阻	CBC0—外部集电结交叠电容
RBP—寄生基极电阻	ISP—寄生饱和传输电流
RCX—外部集电极电阻	NFP—寄生正向发射系数
RCI—内部集电极电阻	WSP—ICCP/VBEP 比值
GAMM—外延掺杂参数	IBEIP—理想寄生发射结饱和电流
VO—外延漂移饱和电压	IBENP—非理想寄生发射结饱和电流
HRCF—大电流 RC 因子	IBCIP—理想寄生集电结饱和电流
QCO—零偏压时集电极电荷	NCIP—理想寄生集电结发射系数
CJE—零偏发射结结电容	IKP—寄生电流

4.4.2　异质结双极晶体管（HBT）

　　硅双极晶体管是采用同一种半导体材料，通过不同类型的掺杂形成 pn 结，为同质结双极晶体管。这种双极晶体管除了受材料和工艺因素影响限制频率提高外，还有一种结构上不能克服的缺点，即基极电阻与发射极注入效率间的矛盾。若要提高发射极注入效率，保证足够的电流放大系数，就要求降低基区表面的杂质浓度，这就会使基极电阻增加，从而使器件工作频率降低，噪声增加；反之，提高基区表面的杂质浓度，可减小基极电阻，这又会降低注入效率，使电流放大系数减小，基区表面掺杂浓度的提高还会增加发射结电容，这也使工作频率降低。而由不同半导体材料接触形成的异质结双极晶体管 HBT 可以从根本上克服同质结双极管存在的矛盾。

　　现代 HBT 是由 Kroemer 在 1957 年提出的，在 20 世纪 70 年代开始出现了有价值的结果。后来，基于 III-V 族化合物半导体 AlGaAs/GaAs HBT 得到了巨大发展。20 世纪 80 年代，具有优秀微波特性的 HBT 制造工艺得到进一步提高。1986 年，首次报道了 AlGaAs/GaAsHBT 的功率放大性能，在 3GHz 连续波输出功率为 320mW，增益为 7dB，功率附加效率达到了 30%。1987 年，X 波段功率 HBT 相继问世，功率密度高达 2W/mm，接近 GaAs MESFET 的两倍，但输出功率只有几十毫瓦到几百毫瓦。直到 1989 年，输出功率一举提高 2.43W，功率密度大于 3W/mm。1990 年，Ku 波段功率 HBT 脱颖而出，将工作频率提高到一个新水平，引起人们的极大关注。目前，HBT 用于功率放大时的工作频率尚处于微波范围，但是在 Rockwell 公司的实验室里已经观测到其工作在毫米波频段的实验结果，在 59GHz，功率密度达到 1.7W/mm，功率附加效率达到了 25%，增益为 2.5dB，输出功率为 45mW。到了 20 世纪 90 年代早期，这些器件的电流增益频率响应达到 200GHz。采用亚微米技术，HBT 的 f_T 推进到了 300GHz 的范围。

　　1987 年报道了采用 SiGe 作为 HBT 的基极的进展，这类器件发展迅速且与 AlGaAs/GaAs HBT 有着基本相同的微波特性。SiGe 材料用于基极区，由于 SiGe 的能带间隙比 Si 小，因此可以得到具备宽禁带发射极特点的器件。同时，SiGe/Si HBT 具有兼容标准 Si 制造工艺的优点，从而使得该器件具有诱人的价格前景。

　　HBT 的制造采用发射极比基极有更宽禁带的半导体。如前所述，为了实现良好的性能而需要将发射极载流子注入基极，构成必要的少数载流子。在基极和发射极区域的载流子包括少数和多数载流子，而基极的另外一些多数载流子返回发射极，这样会降低晶体管的性能。反向注入的载流子降低了载流子注入效率和晶体管增益。在标准双极晶体管中，降低反向注入的唯一方法是制造发射极杂质浓度比基极高很多的器件，通常是 1～2 倍。然而，通过在发射极引入宽禁带半导体，反向注入载流子因为能带的不连续而被阻塞。这样，发射区的掺杂可使晶体管的性能优化并且不需要考虑反向注入。可通过选择异质结能带，使 HBT 的电流增益与基极和发射极掺杂无关。这样就实现了制造高掺杂的基极和低掺杂的发射极的微波晶体管。因此，与标准双极晶体管比较，HBT 降低了基极电阻、输出电导以及发射极耗尽电容，从而大大改善了高频性能。

采用高掺杂的基极可以得到低基极电阻。HBT 正是因此才具有优秀的高频特性。异质结双极晶体管比标准双极晶体管有更高的 f_T，并且利用 AlGaAs/GaAs 器件和 InGaAs/InP 器件分别得到大于 200GHz 和 300GHz 的 f_{max} 值。使用 SiGe/Si 也可得到良好的结果。在这些器件中，SiGe 用在基区，SiGe 材料的高电子迁移率有助于产生一个低基极电阻，因此具有优秀的低噪声特性。

另外，因为 HBT 和 BJT 同属于晶体管，所以 HBT 的大信号与小信号等效电路模型与 BJT 的相似，这里不再重复描述。

4.5　场效应晶体管（MESFET、HEMT、pHEMT）

常见的场效应晶体管主要有金属半导体场效应晶体管、异质结场效应晶体管和金属-氧化物半导体场效应晶体管。其中金属半导体场效应晶体管（MESFET）也称作肖特基势垒栅场效应晶体管，这类晶体管可工作在射频与微波频段，是一种重要的微波场效应晶体管。异质结场效应晶体管（HFET）的典型代表是高电子迁移率晶体管（HEMT）。高电子迁移率晶体管也称为调制掺杂场效应晶体管（Modulation-Doped Field Effect Transistor，MODFET），它利用掺杂半导体材料（诸如 GaAlAs/GaAs）异质结带隙能上的差别，可以极大提高最高频率，同时保持其低噪声性能和高功率额定值。金属-氧化物半导体场效应晶体管是由金属、氧化物及半导体 3 种材料制成的器件，是一种可以广泛使用在模拟电路与数字电路的场效晶体管。

本节主要介绍金属半导体场效应晶体管和异质结场效应晶体管的工作原理。

4.5.1　金属半导体场效应晶体管（MESFET）

由于 GaAs 材料的微波性能优越，本小节只介绍 GaAs MESFET。

1）基本结构和工作原理

典型的 GaAs MESFET 的结构如图 4.5-1 所示。它是在 GaAs 衬底（绝缘层）上外延一薄层 n 型高纯度半导体高导电层，称为导电通道或 n 型沟道。它经源极（S）和漏极（D）的欧姆接触与外电路相连接，而在栅极（G）的金属与 n 型半导体之间形成肖特基势垒。因为 GaAs 的费米能级大于肖特基金属的费米能级，所以 GaAs 中多余的 n 型载流子溢出而进入金属一侧，并在其后形成耗尽区，这在栅极的欧姆接触与半导体导电区域间形成势垒。在零偏压时的势垒值定义为固有势垒，对于 MESFET，其值约为 0.75V。势垒的存在把栅极接触与导电通道中移动的电子隔开，图中 L 表示栅极长度，a 表示 n 型外延层的厚度，一般来说 $a < L/3$。

对于结构如图 4.5-1 所示的 MESFET，在漏极和源极之间加上正电压，将会有多数载流子（电子）从源极经栅极下的沟道漂移到漏极，形成从漏极到源极的电流。根据金属-半导体的原理，栅极金属与 n 型半导体接触形成肖特基势垒后，将在 n 型半导体中形成空间电荷层（耗尽层），如果在栅极和源极之间加上负电压（栅压），使金属-半导体处于反偏，这时空间电荷层将展宽，使沟道变窄，从而加大沟道电阻，因此控制栅压可以改变耗尽层宽窄，从而调节沟道宽度，达到最终控制漏源电流的目的。这就是金属半导体场效应晶体管的基本工作原理。

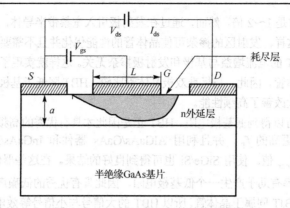

图 4.5-1　GaAs MESFET 的结构示意图

2）GaAs MESFET 的伏安特性关系

场效应管的输出特性曲线是描述当栅源电压为常量时，漏极电流与漏源电压之间的关系。

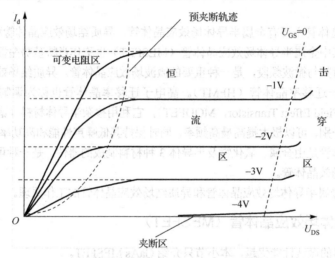

图 4.5-2　GaAs MESFET 的伏安特性

当漏极和栅极加上偏压时，耗尽区的大小发生变化，电流通道的截面积大小也就随之发生变化，从而影响了 I-V 特性。由此可将场效应管的输出特性曲线区分为 3 个部分，如图 4.5-2 所示，下文将对各个区域的工作原理和特性进行详细介绍。

（1）夹断区：在漏源电压 U_{DS} 很小时，改变负栅压 u_{GS}，若负栅压的绝对值增大到使沟道厚度减小为零，即沟道被耗尽层夹断，即使再加大漏源电压 U_{DS}，漏极电流 I_d 依然为零，此时的 U_{DS} 称为夹断电压 U_P。对于特定的场效应管，它的夹断电压是固定值。

（2）放大区（也称为可变电阻区）：当 $|U_{GS}|$ 小于 $|U_P|$ 时，场效应管的沟道导通，此时漏极电流 I_d 随 U_{DS} 的增大而增大，其曲线在图 4.5-2 中标注为可变电阻区。

（3）饱和区（也称为恒流区）：在非饱和区时 U_{DS} 的增加对沟道的厚度也有控制作用，且使沟道的厚度不均匀。由于漏电流 I_d 在沟道电阻上产生的压降越来越大，使得沟道宽度相应变窄，近源端的沟道宽，接近漏端的沟道窄，当 U_{DS} 增加到等于夹断电压 U_P 时，沟道就在靠近漏端的地方先截断。但是载流子到达夹断区域后会在电场作用下掠过耗尽层，所以 I_d 并不会截止，当 $U_{DS}>|U_P|$ 后，耗尽层变得更宽，增加的漏源电压主要落在较长的的夹断区上，而使得夹断点和源极间的电场基本上保持不变，

于是沟道中的电流 I_d 基本保持不变。此时曲线标注为图 4.5-2 中的恒流区。图 4.5-3 所示为当 $U_{GS} = 0$，U_{DS} 逐渐增大时耗尽层的变化情况。

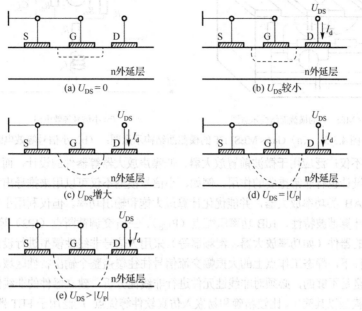

图 4.5-3 GaAs MESFET 在零栅压下的工作原理

根据图 4.5-2 可以画出在固定漏源电压 U_{DS} 时的转移特性曲线，也叫场效应管的输入特性曲线，该特性满足：

$$I_d = I_{dss} \left(1 - \frac{U_{GS}}{U_{GS(off)}}\right)^2 \tag{4.5-1}$$

式中，I_{dds} 是 $U_{GS} = 0$ 情况下产生预夹断时的 I_d 值，称为饱和漏极电流。应当指出，为保证结型场效应管栅–源间的耗尽层加反向电压，对于 n 沟道管，$U_{GS} \leqslant 0$；对于 p 沟道管，$U_{GS} \geqslant 0$。在此默认全部是 n 外延层。图 4.5-4 表明了耗尽型 GaAs MESFET 的转移特性。

3）GaAs MESFET 的等效电路模型

与微波双极晶体管分析类似，在低功率电平的电路设计中，需要小信号等效电路。小信号等效电路模型一方面可以分析器件的增益、噪声等特性，另一方面可以利用外推技术得出大信号等效电路模型。因此，准确建立小信号等效电路模型是大信号建模

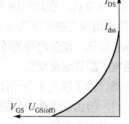

图 4.5-4 GaAs MESFET 的转移特性

以及器件应用的首要工作。理论上认为，在器件的静态工作点上叠加振幅小于热电压（kT/q）的交流信号状态为小信号状态，可近似采用线性分析方法，即利用在静态工作点上求出的元件参量值来分析器件的小信号特性。

图 4.5-5 为 GaAs MESFET 的小信号等效电路及具有重叠的集总元件式等效电路的 MESFET 横截面结构示意图。模型中固有的元件为栅源之间未耗尽区域的沟道电阻，C_{gs} 为栅源电容，C_{gd} 为栅漏反馈电容，R_{ds} 为漏源电阻，g_m 为跨导；杂散元件 C_{ds} 为漏源极之间的衬底电容，R_d 为漏极–通道电阻（包括接触电阻），R_s 为源极–通道电阻，R_g 为栅极金属电阻。L_g、L_d 和 L_s 为引线电感。模型中固有元件的值取决于通道掺杂、通道类型、材料和尺寸，大的附加电阻将严重减小功率增益和效率，并增加其噪声系数。

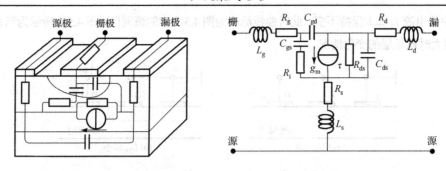

(a) GaAs MESFET的横截面结构示意图　　　　　　(b) 小信号等效电路

图 4.5-5　（a）GaAs MESFET 的横截面结构示意图；（b）小信号等效电路

小信号模型不仅广泛应用于微波前置放大器、低噪声放大器等器件的设计，而且对器件的大信号特性分析和器件设计也有非常重要的作用。例如，小信号模型不仅可以用来推导出大信号模型，还可以用来设计 A、AB 类功率放大器，并能优化计算最大饱和输出功率。但仅利用小信号模型进行大信号分析时，无法计算谐波特性、1dB 功率压缩点（P_{1dB}）、三阶交调截断点（IP3）等非线性重要参数，所以对非线性强的器件（如功率放大器、混频器等）采用大信号非线性模型进行设计是必需的。由于在大信号工作条件下，静态工作点上的大振幅交流信号往往覆盖整个输出特性区域，因此在固定偏置下计算的元件参量是不够的，必须对非线性元件进行非线性分析，建立器件的非线性模型。

大信号经验模型以其简单、比较精确和易嵌入仿真软件等优点，广泛用于 FET 器件的大信号建模。大信号工作引起 MESFET 器件发生变化的主要等效电路元件有栅源电容 C_{gs}、栅漏反馈电容 C_{gd} 和跨导 g_m。这些元件与偏置电压的关系如下。

（1）栅源电容 C_{gs}：在均匀掺杂情况下，栅偏置越接近夹断区，耗尽层越深，C_{gs} 越小；反之，C_{gs} 越大。由于耗尽层宽度随偏压的增加而增加，所以 C_{gs} 随漏偏压增加也略有所增加。

（2）栅漏反馈电容 C_{gd}：在漏压较低时，栅的漏侧耗尽层较浅，C_{gd} 较大，随着漏压上升，漏侧耗尽层展宽，C_{gd} 变小，并且 C_{gd} 随着沟道耗尽层加深而变小。当漏压升高到沟道电流饱和以后，C_{gd} 随耗尽层的加深和加宽变化缓慢。

（3）跨导 g_m：在均匀沟道掺杂的情况下，耗尽层越浅，单位栅压改变的耗尽层深度越大，所以跨导 g_m 随沟道深度的加深而变小。在实际 FET 中，这个情况由于缓冲层与有源层边界处载流子浓度或迁移率的变化，能使跨导的改变加剧。在源漏电压很小时，跨导随偏压变化，当电流达到饱和之后，跨导随电子漂移速度变化。

当然，除了以上 3 个元件之外，小信号模型中绝大多数元件（R_i、G_{gs}、G_{ds}、R_d、R_s 等）都是与偏置相关的，但由于这些元件随偏置变化不是很明显，再加上应用软件的限制，所以器件的大信号建模通常只包含两个内容：一是非线性漏源电流（I_{ds}）、非线性栅电容（C_{gs} 和 C_{gd}）模型表达式函数的建立；二是模型参数的提取。

自 1980 年 Curtice 建立了第一个经验模型以来，对 GaAs FET 的大信号经验建模发展非常迅速，Statz、Materka、TOM、Curtice Cubic、Angelov、Park 和 EESOF 等模型已被广泛应用于器件和电路设计。各种经验模型的主要区别是在精度、表达式复杂度、参数提取难易和收敛速度，以及是否符合实际器件的物理特性等方面。这些也是经验模型的评估标准。图 4.5-6 给出了一种 TOM 非线性大信号模型等效电路拓扑结构图。

TOM 非线性漏源电流模型公式如下：

$$I_{ds} = \frac{I_{ds0}}{1 + \delta I_{ds0} v_{ds}} \tag{4.5-2}$$

$$I_{ds0} = \beta \cdot (V_{gs} - V_t)^Q \cdot \tanh(\alpha \cdot v_{ds}) \tag{4.5-3}$$

$$V_t = V_{t0} - \gamma \cdot v_{ds} \tag{4.5-4}$$

式中，V_{t0} 表示阈值电压，δ 是一个拟合参数，β 是一个与漏源输出电导有关的参数，α 是一个与膝电压相关的参数，γ 的引入提高了低电流区的拟合准确度，Q 描述 FET 器件 I_{ds} 与 V_{gs} 的非平方律关系，也是一个与跨导压缩特性相关的参数。具体建模过程将在第 6 章中详细介绍。

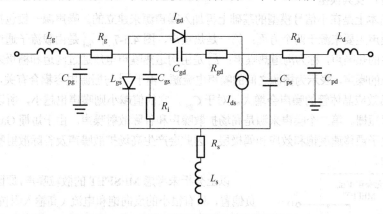

图 4.5-6 大信号模型等效电路拓扑结构图

4）基本特性

（1）频率特性

MESFET 的高频性能取决于载流子在沟道中的渡越时间，而渡越时间又取决于沟道中载流子的迁移率。MESFET 的特征频率的定义与双极晶体管的基本相同，即共源极交流短路电流放大系数下降到 1 时所对应的频率。特征频率 f_T 表示为：

$$f_T \approx \frac{g_m}{2\pi(C_{gs} + C_{gd})} \tag{4.5-5}$$

式（4.5-5）说明可以通过减小栅面积提高 f_T。栅面积减小可以减小栅极和沟道之间的总电容，因此，短栅长、小栅宽有利于提高场效应晶体管的高频性能。

MESFET 的最高振荡频率是用单向最大资用功率增益下降到 1 时的频率定义的。由于采用的等效电路不同，因此有多种表达式，在忽略的情况下，单向最大资用功率增益表达式为：

$$MAG = \frac{1}{4f^2}\left(\frac{g_m}{2\pi C_{gs}}\right)^2 \frac{r_d}{R_g + R_i + R_s} \tag{4.5-6}$$

式中，$r_d = 1/R_{ds}$ 为沟道电阻。令 $MAG = 1$ 可求得：

$$f_{max} = \frac{f_T}{2}\sqrt{\frac{r_d}{R_g + R_i + R_s}} \tag{4.5-7}$$

联立式（4.5-6）和式（4.5-7）可得：

$$MAG = \left(\frac{f_{max}}{f}\right)^2 \tag{4.5-8}$$

式（4.5-8）说明 MESFET 的单向最大资用功率增益以每倍频程 6dB 的速率下降。

提高 f_T 和提高 f_{max} 对器件设计和工艺的要求是一致的，栅长 L 是提高 MESEET 工作频率的关键尺寸，必须保证栅长 L 与沟道厚度 d 满足 $L/d>1$，而沟道厚度 d 的大小将影响击穿电压，因此继续提高 MESFET 的工作频率与提高器件的承受功率是矛盾的。由于在 Si 和 GaAs 中电子比空穴有高得多的迁移率，从提高工作频率的角度看，n 沟道的 MESFET 比较适合于工作在射频和微波频率。由于 GaAs 的电子迁移率比 Si 的电子迁移率又要高 5 倍多，故经常采用的是 GaAs MESFET。典型情况下，GaAs MESFET 可使用在 60～70 GHz 范围内。

（2）噪声特性及其模型

噪声模型基本上是在小信号模型的基础上再加入噪声源来建立的。噪声源一般包括本征噪声源和寄生噪声源。噪声主要来源于两个方面：第一是热噪声，图 4.5-7 中 $\overline{i_{nd}^2}$ 是由载流子通过沟道时的不规则热运动而产生的热噪声，称为沟道热噪声；$\overline{i_{ng}^2}$ 是由沟道热噪声电压通过沟道和栅极之间的电容耦合而在栅极上感应的噪声，表示为栅源之间的噪声电流源。由于 $\overline{i_{ng}^2}$ 与栅源电容耦合有关，因此随着频率的上升，微波场效应晶体管的噪声会增大。对于 C_{gs}，它的值越小则噪声也越小，所以从低噪声角度出发也希望采用短栅。第二个噪声来源是高场扩散噪声和谷际散射噪声。由于短栅 GaAs MESFET 在高场下会出现电子漂移速度饱和效应和偶极层，因此会产生高场扩散噪声及谷际散射噪声，也会使晶体管的噪声增加。

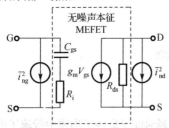

图 4.5-7　本征 MESFET 噪声等效电路

以上分析未考虑 MESFET 的散粒噪声，原因是栅源之间是负偏置，只有很小的反向饱和电流（高输入阻抗），可以不计其散粒噪声影响，这是场效应晶体管比双极型晶体管噪声低的一个主要原因。由于 MESFET 的噪声以热噪声为主，因此可以采用致冷的办法有效降低其热噪声。

噪声模型开创性的工作是由 Vander Ziel 开展的，他根据肖特基提出的沟道内电子具有常数迁移率的假设，建立了 MESFET 小信号的参数以及内在的噪声特性。他指出 MESFET 的内在噪声本质上是热噪声，并且可以在等效电路中加入两个白噪声源来描述。其中，一个在漏极，另一个在栅极，两个噪声源是部分相关的。尽管这种假设在对于短栅长器件不再适用，原因是随着栅长的缩短，栅极下的电场强度变大。在强电场情况下，半导体内的电子迁移率不再保持常数，电子在强电场下的漂移速度不再保持线性。但是，通过测试拟合得到的这两个相关噪声源还是具有较高的准确性，因此此方法得到广泛的应用。PUCEL 模型正是采用栅极和漏极的本征噪声源来表征器件噪声特性的模型，是目前场效应晶体管最常用的噪声模型之一。

图 4.5-8 是一种噪声模型。它是在小信号模型的基础上在栅极和漏极分别加入了两个本征噪声电流源（I_{ng} 和 I_{nd}）而得到的。I_{ng} 是栅极感应噪声源，I_{nd} 是漏极沟道噪声源。它们对应的表达式分别为：

$$\overline{I_{ng}^2} = 4kT\Delta f \omega^2 C_{gs}^2 R / g_m \tag{4.5-9}$$

$$\overline{I_{nd}^2} = 4kT\Delta f g_m P \tag{4.5-10}$$

两个噪声源 I_{ng} 和 I_{nd} 具有的部分相关性，可以表示为：

$$\overline{I_{ng}^* \cdot I_{nd}} = C\sqrt{\overline{I_{ng}^2} \cdot \overline{I_{ng}^2}} = 4kT\Delta f \omega C_{gs} C\sqrt{PR} \tag{4.5-11}$$

式中，C 为相关噪声因子，Δf 为噪声带宽，T 为热力学温度。R 为栅极感应噪声因子，P 为漏极沟道噪声因子。在低噪声偏置区域，P 一般为 1～1.5，R 为 0.5～0.7。与 PUCEL 模型对应的器件噪声分量可以表示为：

$$F_{\min} = 1 + 2\sqrt{P + R - 2C\sqrt{PR}}\frac{f}{f_T}\sqrt{g_m(R_s + R_g) + \frac{PR(1 - C^2)}{P + R - 2C\sqrt{PR}}} \tag{4.5-12}$$

$$G_n = g_m\left(\frac{f}{f_T}\right)^2 P + R - 2C\sqrt{PR} \tag{4.5-13}$$

$$R_{opt} = \frac{1}{\omega C_{gs}}\sqrt{\frac{g_m(R_s + R_g) + \dfrac{PR(1 - C^2)}{P + R - 2C\sqrt{PR}}}{P + R - 2C\sqrt{PR}}} \tag{4.5-14}$$

$$X_{opt} = -\frac{1}{\omega C_{gs}}\frac{P - C\sqrt{PR}}{P + R - 2C\sqrt{PR}} \tag{4.5-15}$$

由式（4.5-12）可见，MESFET 的 $F_{\min}$ 随频率的增长近似为线性的，速率为3dB/倍频程，比晶体三极管最小噪声系数上升的趋势缓慢得多，因此在 C 波段以上通常选用 MESFET 作为低噪声放大器的核心器件。

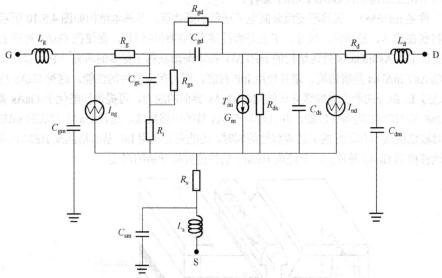

图 4.5-8　MESFET 噪声模型等效电路拓扑

4.5.2　异质结场效应晶体管（HEMT、pHEMT）

异质结场效应管的结构如图4.5-9所示。在半绝缘的 GaAs 的衬底上，采用分子束外延技术（MBE），连续生长出高纯（非掺杂）的 GaAs 层，掺 Si 的 n 型 AlGaAs 层和掺 Si 的高掺杂 n⁺ GaAs 层。在薄层 n AlGaAs 的两边存在着两种结，一边是金属-半导体接触的肖特基栅结，另一边是与未掺杂 GaAs 形成的异质结。让两种不同能带电平的材料互相接触，因而在其交汇处（异质结）的能带产生弯曲，自由电子将从高掺杂的高能级的 AlGaAs 区域扩散进入未掺杂低能级的 GaAs 区域，因而在低能级的 GaAs 区域的交界处产生了一个二维电子气（2DEG），其中堆积了大量的电子。这些脱离了施主的电子受施主的影响被最小化，由于这个区域的少掺杂而成为高导电区，电子在 2DEG 中有很高的迁移率。利用 2DEG 成为 FET 的电流通道而制成的晶体管称为高导电迁移率晶体管（HEMT），在栅极上加上电压很容易实现对电流的调制。HEMT 有较高的跨导和较低的噪声，并有比 GaAs MESFET 高的工作频率，可用于微波毫米波的功率放大。在 X 频段以上其性能优于 MESFET。

高电子迁移率晶体管具有优秀的噪声特性和极低的噪声系数。优秀的噪声系数主要来自由高 2DEG 沟道电荷密度，以及极高电子迁移率所造成的低沟道电阻和源电阻。HEMT 有着晶体管中最低

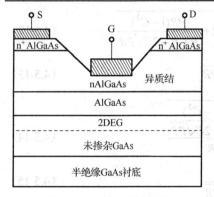

图 4.5-9　HEMT 基本结构

的噪声系数，被广泛地应用在低噪声接收机前端。HEMT 和 pHEMT 的发展很快，器件的工作频率已经达到毫米波高端。在以 InP 材料为衬底的 HEMT 中，其 f_{max} 已达 405GHz，此器件的低噪声性能非常突出。

另一种 HFET 是 pHEMT，其结构是在无掺杂的 GaAs 和掺杂的 AlGaAs 层之间引入一薄层 InGaAs。较低能级的 InGaAs 夹在两个较高能级的 InGaAs 和 GaAs 之间，由施主原子提供的自由电子将移动到 InGaAs 这一薄层内，产生一个电子势阱，这些电子有十分高的移动速度，并可以由栅极所加电压进行调制，其原理基本与 HEMT 相同。这种 pHEMT 器件具有比 GaAs MESFET 和 GaAs HEMT 更高的跨导和优良的 RF 特性，因此在许多应用中正在迅速取代 GaAs HEMT 器件。

还有一种是 mHEMT，又称渐变组分高电子迁移率晶体管，其基本结构如图 4.5-10 所示。由于传统的 InP 衬底在成本、易碎性、尺寸、工艺兼容性等方面的种种问题，促使在 GaAs 衬底上采用渐变组分技术生长 InAlAs/InGaAs 外延结构的 mHEMT 技术渐渐获得了更多的研究。它可以在 GaAs 衬底上实现 InGaAs / InAlAs 异质结构，避开使用 InP 衬底，同时保证器件的性能。这种 GaAs 基异质结构 mHEMT 通过 In 组分的渐变来减缓异质结构与 GaAs 界面的应力，可提供性能优于 GaAs 基 pHEMT 而接近于 InP 基 HEMT 的器件性能，并且可与 GaAs 基的电路集成。这种 GaAs 衬底的 mHEMT 技术在具有相对较低的成本和较好的工艺兼容性的同时，还能充分利用 InP 基晶格匹配 HEMT 的原理优势将其完美地移植到 GaAs 基片上，把经典 HEMT 的性能发挥到新的高度。

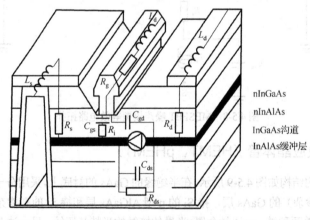

图 4.5-10　mHEMT 基本结构

近年来，随着宽禁带半导体器件的出现，GaN HEMT 器件得到了迅猛的发展。与 GaAs、InP 等传统半导体 HEMT 器件不同，由于III-N 族化合物具有的极化效应强度远大于 GaAs、InP 等材料，因此即使 GaN HEMT 在未掺杂下也能实现很高的 2DEG 密度。

典型的 GaN HEMT 器件如图 4.5-11 所示。从底部往上依次是衬底（蓝宝石或者 SiC）、核层（GaN、AlGaN 或者 AlN），缓冲层（GaN）、势垒层（AlGaN）、电极和钝化层（SiN）。GaN HEMT 中极化效应包括自发极化（Spontaneous Polarization，SP）和压电极化（Piezoelectric Polarization，PE）。由电通量密度 D，电场强度 E 和极化强度 P 之间的本构关系 $D = \varepsilon_0 \varepsilon_r E + P$ 可得到相应的泊松方程：

$$-\varepsilon_0 \varepsilon_r \nabla^2 \varphi = \rho - \nabla \cdot P \tag{4.5-16}$$

式中，φ 为标量电位。由式（4.5-16）可知，极化效应改变了电势分布，因而也改变了薛定谔方程计算的 2DEG 能级分布。

图 4.5-12 为导带能量分布图，可见极化效应是 GaN 材料中影响 2DEG 的重要物理现象。下文将对不同极化效应展开介绍。

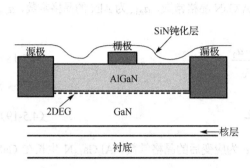

图 4.5-11　GaN HEMT 横截面示意图

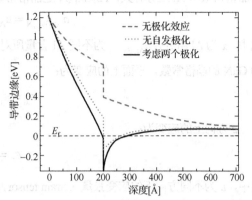

图 4.5-12　不同极化状态下的导带能量分布示意图

1. 自发极化效应

GaN 材料属于六方最密堆（hexagonal close-packed，hcp），晶体生长方式以生长面原子不同分为镓原子面（Ga-face）和氮原子面（N-face）两种，如图 4.5-13 所示。

由图 4.5-13 可知，当 c/a=1.633 时，可将氮原子的质心视为和镓原子在同一点上，此时将不会产生自发极化效应。然而在许多三族氮化物中，其 $c/a \neq 1.633$，将导致氮原子与镓原子的重心无法重合于同一点，因而会产生出自发极化的现象，形成偶极（dipole），此时的氮原子的集合产生一向下的自发极化量（PSP）。而对 AlGaN 势垒层而言，其表面也同样为

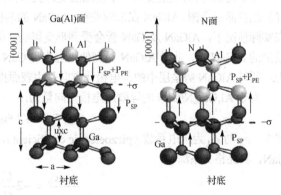

(a) 以镓原子面为生长面　　(b) 以氮原子面为生长面

图 4.5-13　晶体生长方式极化示意图

Ga（Al）面，所以 AlGaN 势垒层中的自发极化向量也应与 GaN 层中的自发极化向量同向，方向皆由表面指向衬底。此外，自发极化的产生与应力无关，所以对于应力释放的结构仍然有自发极化。自发极化正比于自发极化系数，即 $P_{\text{sp}} = P_{\text{sp}} \cdot z$，其中 z=[0001]。表 4.5-1 为纤锌矿（Wurtzite）晶格结构的氮化物晶格常数和极化参数，其中 a_0 和 c_0 为晶体在不受任何应变作用下的晶格常数。

表 4.5-1　氮化物的极化参数

纤锌矿晶格结构	AlN	GaN	InN	BN
a_0(Å)	3.112	3.189	3.54	2.534
c_0(Å)	4.982	5.185	5.705	4.191
c_0/a_0	1.601	1.627	1.612	1.654
P_{sp}(C/m²)	−0.081	−0.029	0.032	—

2. 压电极化效应

在 AlGaN 势垒层中的压电极化方向也是由表面指向衬底的,压电极化效应主要是由两个异质结构的材料在生长时产生的应力造成。当势垒层为一个三元化合物时,以 $Al_xGa_{1-x}N$ 生长在 GaN 上为例,其晶格常数与 Al 组分有关,$Al_xGa_{1-x}N$ 之晶格常数与 Al 的含量关系为:

$$a_{Al_xGa_{1-x}N} = a_{AlN}x + a_{GaN}(1-x) \tag{4.5-17}$$

式中,x 为 Al 组分,$a_{Al_xGa_{1-x}N}$ 为不同 Al 含量所对应的 AlGaN 晶格常数,a_{AlN} 为 AlN 的晶格常数,a_{GaN} 为 GaN 的晶格常数。平面上的应变为:

$$\varepsilon_x = \varepsilon_y = \frac{a - a_0}{a_0} \tag{4.5-18}$$

z 方向上的应变为:

$$\varepsilon_z = \frac{c - c_0}{c_0} \tag{4.5-19}$$

式中,ε 为不同方向下的应变张量(strain tensor),a、c 为应变后的晶格常数。$Al_xGa_{1-x}N$ 生长在 GaN 上所产生的应变在平面方向分量为:

$$\varepsilon_x = \varepsilon_y = \frac{a_{GaN} - a_{Al_xGa_{1-x}N}}{a_{Al_xGa_{1-x}N}} \tag{4.5-20}$$

当 ε_x 为负时,势垒层受到一个压缩应变;为正时,势垒层受到一个拉伸应变。图 4.5-14 为 AlGaN/GaN 异质结界面示意图。AlGaN 在未应变前,AlGaN 的晶格常数(3.112Å)小于 GaN 的晶格常数(3.175Å)。在实际情况下,AlGaN 及 GaN 皆会受到形变影响,但是如果在 GaN 厚度够厚时,可假设应变均落在较薄的 AlGaN 上,此时 AlGaN 受到伸张应力与 GaN 匹配成长,等效为受到一个由表面指向衬底的压力,所以 AlGaN 势垒层中的压电极化方向是由表面指向衬底的。

对于 $Al_xGa_{1-x}N$/GaN 的等效压电极化向量为:

$$P_{PE} = e_{33}\varepsilon_z + e_{31}(\varepsilon_x + \varepsilon_y) \tag{4.5-21}$$

式中,e_{33} 与 e_{31} 为压电系数(piezoelectric coefficient),ε 为不同方向下的应变张量。对于六面体结构的 GaN,其晶格关系满足:

$$\frac{c - c_0}{c_0} = -2\frac{C_{13}}{C_{33}}\frac{a - a_0}{a_0} \tag{4.5-22}$$

式中,C_{13} 与 C_{33} 为弹性常数。求解式(4.5-18)~式(4.5-22)可得:

$$P_{PE} = 2\frac{a - a_0}{a_0}\left(e_{31} - e_{33}\frac{C_{13}}{C_{33}}\right) \tag{4.5-23}$$

对 AlGaN 而言,系数 $e_{31} - e_{33}C_{13}/C_{33} < 0$。因此对于拉伸应变(tensile strain),$(a-a_0)/a_0 > 0$,压电极化是负值,代表压电极化方向与晶向相反,即为表面指向基板,因此可见理论计算结果与利用晶格应力判断方向相符。AlGaN/GaN 异质结构中的极化效应如图 4.5-15 所示。

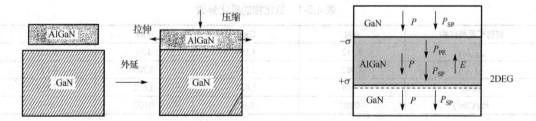

图 4.5-14　应变前后的 AlGaN/GaN 势垒层示意图　　　　图 4.5-15　AlGaN/GaN 异质结构中的极化效应

　　图 4.5-16 为两种极化效应的方向示意图，AlGaN/GaN 异质结界面极化不连续造成了正极化电荷的生成，其原因是 GaN 材料中的偶极比 AlGaN 势垒层的影响大，然而总的极化大小是自发极化与压电极化的总和，因此，在受到伸张应力时，如图 4.5-16(a)所示，自发极化与压电极化方向平行，极化总和增大，反之受到压缩应力时，如图 4.5-16(b)所示，自发极化与压电极化方向相反，极化总和减少。

(a) AlGaN 层伸张应力　　　　　　　(b) GaN 层压缩应力

图 4.5-16　两种极化效应的方向示意图

3. 临界厚度

　　由 AlGaN/GaN 异质结极化效应可知，AlGaN 层的厚度以及 Al 组分的含量会影响极化效应诱发出的电子浓度，铝含量越高，其电子浓度越高，如图 4.5-17 所示。然而随着生长技术的进步，只要控制 AlGaN 的生长厚度不超过临界厚度，就可以尽量减少差排错位的产生，此时 AlGaN 受到拉伸应力的形变与 GaN 匹配成长，同时会改变能带的结构。

　　如表 4.5-2 所示，其改变的程度也要视晶格不匹配的程度（即 Al 组分 x）而定，当 x 越大时晶格不匹配的程度越大，e 值也就越大。

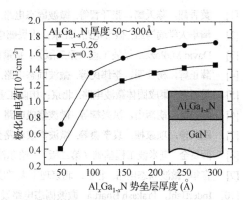

图 4.5-17　不同 Al 含量对应的界面电荷密度

表 4.5-2　AlGaN/GaN 异质结中 Al 组分对应的能带变化

Al 组分	带隙 ΔE_G(eV)	能带带阶 ΔE_c(eV)
0.1	3.62	0.17
0.2	3.85	0.33
0.3	4.09	0.51
0.4	4.35	0.69

　　图 4.5-18 为临界厚度相对于 AlN 含量的变化示意图，可见 AlGaN 的 Al 组分越大，生长厚度需要越薄，以避免差排错位的产生。

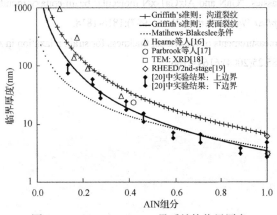

图 4.5-18　$Al_xGa_{1-x}N$/GaN 异质结构临界厚度

习 题

1. 半导体材料大致可分为 3 代，试简述各个时期主要的半导体材料与晶体管器件及它们的主要特性。

2. 试简述微波半导体器件建模的意义。

3. 试给出传统的 HEMT 小信号等效电路模型拓扑图，并给出各元件对应的物理意义。

参 考 文 献

[1] 黄香馥，陈天麟，张开智等. 微波固态电路. 成都：成都电讯工程学院出版社，1988.

[2] 清华大学编写组. 微带电路. 北京：人民邮电出版社，1976.

[3] David M. Pozar. 微波工程（第三版）. 张肇仪，周乐柱，吴德民，等译. 北京：电子工业出版社，2006.

[4] 薛正辉，杨仕明，李伟民等. 微波固态电路. 北京：北京理工大学出版社，2004.

[5] 吴万春. 集成固体微波电路. 北京：国防工业出版社，1981.

[6] 高葆新，胡南山，洪兴楠等. 微波集成电路. 北京：国防工业出版社，1995.

[7] 顾其诤，项家桢，袁孝康等. 微波集成电路分析与设计. 北京：电子工业出版社，2006.

[8] 薛良金. 毫米波工程基础（第二版）. 哈尔滨：哈尔滨工业大学出版社，2004.

[9] 言华. 微波固态电路. 北京：北京理工大学出版社，1995.

[10] InderBahl，Prakash Bhartia. 微波固态电路设计（第二版）. 郑新，等译. 北京：电子工业出版社，2004.

[11] 赵国湘，高葆新等. 微波有源电路. 北京：国防工业出版社，1990.

[12] 喻梦霞，李桂萍. 微波固态电路. 成都：电子科技大学出版社，2008.

[13] 廖承恩. 微波技术基础. 西安：西安电子科技大学出版社，1994.

[14] 徐跃杭. 新型高频场效应器件特性与建模技术研究[D].电子科技大学，2010.

[15] 陈星弼. 微电子器件. 北京：电子工业出版社，2011.

[16] Hearne, S. J., et al. "Brittle-ductile relaxation kinetics of strained AlGaN/GaN heterostructures." *Applied Physics Letters*76.12(2000):1534-1536.

[17] Parbrook, Peter J., et al. "Crack Nucleation in AlGaN/GaN Heterostructures." *Mrs Proceedings* 743(2002).

[18] Sitar, Z, et al. "Growth of AlN/GaN layered structures by gas source molecular‐beam epitaxy." 8.2(1990):316-322.

[19] Grandjean, N, and J. Massies. "GaN and AlxGa1-xN molecular beam epitaxy monitored by reflection high-energy electron diffraction." *Applied Physics Letters* 71.13(1997):1816-1818.

[20] Lee, S. R, et al. "In situ measurements of the critical thickness for strain relaxation in AlGaN /GaN heterostructures." *Applied Physics Letters* 85.25(2004):6164-6166.

第 5 章　微波混合集成电路

5.1　概　　述

微波混合集成电路是在氧化铝陶瓷、蓝宝石、铁氧体以及复合基板等绝缘介质衬底上，采用薄膜或厚膜技术制作出无源元件和线路，再将单独封装的微波固态器件、微波裸芯片、片式元件以适当的方式焊接到电路中，实现一定功能的微波集成电路。微波混合集成电路是微波集成电路最早的形式，也是当前微波集成电路的主要形式之一，它实现了绝大多数微波电路与系统功能，是应用最为广泛的微波集成电路形式，也是微波集成电路最为成熟的形式。

按照电路设计原则，微波集成电路的无源元件可分为集总参数元件和分布参数元件两类。集总元件主要用在微波低波段，可用薄膜和厚膜等技术进行制作。这种元件与低频集成电路元件相差不多，只是尺寸更小些，制作工艺更复杂。一般来说，1GHz 以下以集总参数设计电路为主，1GHz 以上以分布参数设计电路为主。随着光刻技术的发展，集总参数元件的使用频率上限正在不断提高。分布参数元件随着所用集成传输线的不同，元件结构和设计方法大不一样。用于混合微波集成电路的传输线，初期主要是带状线，目前主要是微带线，此外还有悬置微带、槽线、共面波导以及鳍线，近年来随着工艺的进步，介质集成波导（SIW）等新的传输结构也得到发展。

微波集成电路具有电路结构简单、连接和调整部分少、采用半导体固态器件等优点，大大提高了电路特性和整机可靠性能。工艺上可采用薄、厚膜技术，特别适合大批生产，成本更为低廉。在计算机仿真技术飞速发展的今天，各种电路设计软件的出现和发展为微波混合集成电路的开发提供了前所未有的帮助与便利。目前，微波混合集成电路正朝着建模与自动化制作、多层电路（MCM 技术）和低成本的方向发展。下面给出了两个微波集成电路实例，图 5.1-1 示出了 Ka 波段 LTCC 收发组件，图 5.1-2 所示是毫米波 MCM 接收前端。

图 5.1-1　Ka 波段 LTCC 收发组件

图 5.1-2　毫米波 MCM 接收前端

5.2　微波混合集成晶体管放大器

微波晶体管放大器广泛用于射频和微波系统中，早期微波放大器主要依赖于微波电子管和隧道二极管，但是随着技术的革新，在中低频领域，微波晶体管基本替代了行波管放大器和隧道二极管放大器作为低噪声放大器使用。可作微波晶体管放大器的元件通常有硅或锗化硅双极结型晶体管、砷化镓双极晶体管、砷化镓或磷化铟场效应管、砷化镓高电子迁移率晶体管等。与其他微波放大器相比，微波晶体管放大器有价格低廉、可靠性高、消耗功率小、容易集成、体积小重量轻、便于批量化生产等优点，因而在未超过 100GHz 频率范围内，广泛应用于需要小体积、低噪声系数、宽频带和中小功率容量等场合。虽然在高频率和高功率场合仍需要用微波电子管，但是随着技术的日益革新，晶体管正朝着高频率、低噪声、大功率及高效率的方向发展。

5.2.1 微波晶体管放大器理论

1. 晶体管的 S 参量

晶体管内部发生的物理过程过于复杂，为了描述晶体管特性，我们将晶体管看成是一个有源的线性二端口网络，从而可用微波网络参量来表征。在微波频段，散射参量（S 参量）相比 Y、H 参量具有突出的优点和特征，且便于测量，因而通常用 S 参量来表征晶体管特性。S 参量是基于波动概念引导出来的，物理意义明确。在测量晶体管的 S 参量时只需将传输线端接匹配负载，测量参考面可以任意延长，因而测量方便且不容易发生振荡，以免影响测量结果。Y、H 参量是基于电压电流概念引导出来的，测量时要求将晶体管两端短路或开路，而实际上在分布参数的传输系统中，理想的开路和短路难以实现，并且开路或短路面较难接近管子的端面，因此导致 Y、H 参量不好测量。另外，在晶体管两端短路或开路时，晶体管容易发生振荡，导致测量结果不准确。故在微波和射频频率，S 参量都有逐渐推广的趋势。

有源网络的 S 参量分析方法及测量与无源网络有区别，为了说明 S 参量的物理意义，下面结合具体的有源网络重新引入归一化 S 参量。

如图 5.2-1 所示，任意线性网络，包括有源和无源，都可以由 4 个散射参量 S_{11}、S_{12}、S_{21}、S_{22} 来表征其特性。

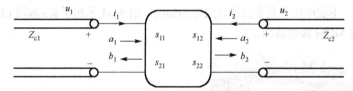

图 5.2-1　S 参量表征双端口网络

S 参量是与网络两个端口上的入射、反射波相联系的。故端口 1、2 的电压、电流可以表示为：

$$V_k = V_{ik} + V_{rk} \quad (k=1,2)$$
$$I_k = I_{ik} + I_{rk}$$

（5.2-1）

现在引入归一化的复数电压（或电流）入射波 a_k 和反射波 $b_k (k=1,2)$，它们的定义如下：

$$a_k = \frac{V_{ik}}{\sqrt{Z_{ck}}} = \sqrt{Z_{ck}} I_{ik}$$

（5.2-2a）

$$b_k = \frac{V_{rk}}{\sqrt{Z_{ck}}} = \sqrt{Z_{ck}} I_{rk}$$

（5.2-2b）

式中，Z_{ck} 为第 $k(k=1,2)$ 端口上接的传输线特性阻抗，在实际应用中传输线的特性阻抗都是实数，在后面的分析中也都假定 Z_{ck} 是正实数。

由式（5.2-2）可求得

$$|a_k|^2 = \frac{|V_{ik}|^2}{Z_{ck}} = Z_{ck}|I_{ik}|^2 = P_{ik} \tag{5.2-3a}$$

$$|b_k|^2 = \frac{|V_{rk}|^2}{Z_{ck}} = Z_{ck}|I_{rk}|^2 = P_{rk} \tag{5.2-3b}$$

式中，P_{ik} 为第 k 端口上的入射功率；P_{rk} 为第 k 端口上的反射功率。

如果以端口上的归一化入射波为自变量，归一化反射波为因变量，则由式（5.2-3）可以定义出晶体管的 S 参量：

$$[S] = \begin{pmatrix} S_{11} & S_{12} \\ S_{21} & S_{22} \end{pmatrix} \tag{5.2-4}$$

这时的线性二端口网络方程为：

$$\begin{pmatrix} b_1 \\ b_2 \end{pmatrix} = \begin{pmatrix} S_{11} & S_{12} \\ S_{21} & S_{22} \end{pmatrix} \begin{pmatrix} a_1 \\ a_2 \end{pmatrix} \quad \text{或} \quad \begin{cases} b_1 = S_{11}a_1 + S_{12}a_2 \\ b_2 = S_{21}a_1 + S_{22}a_2 \end{cases} \tag{5.2-5}$$

其中，反射系数为：

$$S_{11} = \frac{b_1}{a_1}\Big|_{a_2=0} = \frac{V_{r1}}{V_{i1}}\Big|_{V_{i2}=0}, \quad S_{22} = \frac{b_2}{a_2}\Big|_{a_1=0} = \frac{V_{r2}}{V_{i2}}\Big|_{V_{i1}=0}$$

传输系数为：

$$S_{21} = \frac{b_2}{a_1}\Big|_{a_2=0} = \frac{V_{r2}}{V_{i1}}\sqrt{\frac{Z_{c1}}{Z_{c2}}}\Big|_{V_{i2}=0}, \quad S_{12} = \frac{b_1}{a_2}\Big|_{a_1=0} = \frac{V_{r1}}{V_{i2}}\sqrt{\frac{Z_{c2}}{Z_{c1}}}\Big|_{V_{i1}=0}$$

由此可见，晶体管的 S 参量与 Z_{c1}、Z_{c2} 均有关，对不同的传输线特性阻抗 Z_{ck} 测量出来的 S 参量是不相同的。因此，二端口网络端口传输线特性阻抗 Z_{ck} 也称测量 S 参量时的系统参考阻抗。一般情况下，$Z_{c1} = Z_{c2} = 50\Omega$。

设计微波晶体管放大器常采用微波网络分析方法，通过给晶体管加上适当的偏置电压和电流使其工作在合适的工作状态，再在输入/输出端接适当的匹配网络来达到较好的增益、噪声、稳定性、输入输出驻波、功率附加效率等特性。若将微波晶体管和偏置看成一个二端口网络，输入电路和输出匹配电路也当成一个二端口网络，这样电压源、输入匹配网络、晶体管、输出匹配网络、负载便构成了一个完整的单级放大器网络，如图 5.2-2 所示，这样可利用上述 S 参量对微波晶体管放大器的主要技术性能（驻波比、功率关系、增益、稳定性、噪声等）进行分析。

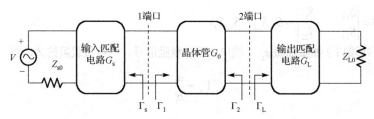

图 5.2-2　单级放大器网络

这里假定 $Z_{s0} = Z_{L0} = 50\Omega$，其简化等效电路如图 5.2-3 所示，其中 a_k、b_k（$k = 1,2$）分别表示归一化电压（或电流）入射波与反射波。

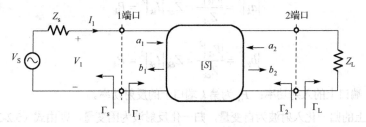

图 5.2-3　放大器简化网络

2. 反射系数

在放大器的设计中，为了将波源的功率有效地传递给负载以满足功率增益的要求，就必须在输入端和输出端进行匹配。如图 5.2-2 所示，放大器输入端的匹配网络对输入端阻抗与信号源进行匹配，输出端的匹配网络对输出端阻抗与负载进行匹配。在图 5.2-3 中，设从放大器的输入端口（1 端口）向信号源看去的等效信号源阻抗为 Z_s；而从放大器的输出端口（2 端口）向负载看去的等效负载阻抗为 Z_L。当器件接任意负载时，放大器的输入阻抗（1 端口向负载看过去的阻抗）为 $Z_1 = Z_{in}$；而输入端口接任意信号源阻抗 Z_s 时，放大器的输出阻抗（2 端口向源端看过去的阻抗）为 $Z_2 = Z_{out}$。器件本身用式（5.2-5）的 S 参量表示。

为了便于利用 S 参量进行分析，信号源阻抗 Z_s、负载阻抗 Z_L、输入阻抗 Z_1 和输出阻抗 Z_2 也分别用它们相对于参考阻抗 Z_c 的反射系数来表示，即用信号源反射系数 Γ_s、负载反射系数 Γ_L、输入端反射系数 Γ_1 和输出端反射系数 Γ_2 表示。这些反射系数的表达式为：

$$\Gamma_s = \frac{Z_s - Z_c}{Z_s + Z_c}, \quad \Gamma_L = \frac{Z_L - Z_c}{Z_L + Z_c} \tag{5.2-6a}$$

$$\Gamma_1 = \frac{Z_1 - Z_c}{Z_1 + Z_c}, \quad \Gamma_2 = \frac{Z_2 - Z_c}{Z_2 + Z_c} \tag{5.2-6b}$$

若仅在端口 1 加激励信号源 a_s，端口 2 不加激励信号，只接负载阻抗 Z_L，则由式（5.2-5）将 b_1 写成关于 a_1 的表达式，则：

$$\Gamma_L = \frac{a_2}{b_2} \tag{5.2-7a}$$

$$\Gamma_1 = \frac{b_1}{a_1} = S_{11} + \frac{S_{12}S_{21}\Gamma_L}{1 - S_{22}\Gamma_L} = \frac{S_{11} - D\Gamma_L}{1 - S_{22}\Gamma_L} \tag{5.2-7b}$$

式中，$D = \Delta(S) = \begin{vmatrix} S_{11} & S_{12} \\ S_{21} & S_{22} \end{vmatrix} = S_{11}S_{22} - S_{12}S_{21}$。

类似地，仅在端口 2 加激励源 a_L，端口 1 不加激励信号，只接负载阻抗 Z_s，则

$$\Gamma_s = \frac{a_1}{b_1} \tag{5.2-8a}$$

$$\Gamma_2 = \frac{b_2}{a_2} = S_{22} + \frac{S_{12}S_{21}\Gamma_s}{1 - S_{11}\Gamma_s} = \frac{S_{22} - D\Gamma_s}{1 - S_{11}\Gamma_s} \tag{5.2-8b}$$

3. 功率关系

现在来分析放大器的输入功率和输出功率。为此，首先将图 5.2-3 中的激励源 V_s 用归一化电压波和源反射系数 Γ_s 来表示。由图 5.2-3 可以写出回路方程：

$$V_s = Z_s I_1 + V_1 \tag{5.2-9}$$

其中，$I_1 = I_{i1} - I_{r1}$，$V_1 = V_{i1} + V_{r1}$。

两边除以传输线特性阻抗 $\sqrt{Z_c}$，并考虑式（5.2-2）的归一化波定义，可得：

$$
\begin{aligned}
\frac{V_s}{\sqrt{Z_c}} &= \frac{Z_s}{\sqrt{Z_c}} I_1 + \frac{V_1}{\sqrt{Z_c}} \\
&= \frac{Z_s}{Z_c}(I_{i1}\sqrt{Z_c} - I_{r1}\sqrt{Z_c}) + \frac{V_{i1} + V_{r1}}{\sqrt{Z_c}} \\
&= \overline{z}_s(a_1 - b_1) + (a_1 + b_1) \\
&= (1 + \overline{z}_s)\left(a_1 - \frac{\overline{z}_s - 1}{\overline{z}_s + 1} b_1\right) \\
&= (1 + \overline{z}_s)(a_1 - \Gamma_s b_1)
\end{aligned}
\tag{5.2-10}
$$

式中，$\overline{z}_s = Z_s / Z_c$ 是归一化源阻抗。定义：

$$a_s = \frac{V_s}{\sqrt{Z_c}\,(1 + \overline{z}_s)} \tag{5.2-11}$$

结合式（5.2-10）、式（5.2-11）可得：

$$a_s = a_1 - \Gamma_s b_1 \tag{5.2-12}$$

当放大器的输出端口接任意负载 $Z_L \neq Z_c$，即 $a_2 \neq 0$ 时，将放大器输入端口的反射波 $b_1 = \Gamma_1 a_1$ 代入式（5.2-12）得：

$$a_1 = \frac{a_s}{1 - \Gamma_s \Gamma_1} \tag{5.2-13}$$

因此，传送到晶体管输入端的信号功率 P_1 为：

$$P_1 = |a_1|^2 - |b_1|^2 = (1 - |\Gamma_1|^2)|a_1|^2 = \frac{1 - |\Gamma_1|^2}{|1 - \Gamma_s \Gamma_1|^2}|a_s|^2 \tag{5.2-14}$$

当输入端口信号源阻抗经输入网络的变换，在放大器的输入端口上达到共轭匹配时，即 $\Gamma_1 = \Gamma_s^*$ 时，放大器输入端口得到的功率是信号源输出的最大功率，即信号源的资用功率。此时信号源的资用功率 P_{1a} 为：

$$P_{1a} = \frac{1}{1 - |\Gamma_s|^2}|a_s|^2 \tag{5.2-15}$$

同样，如果从放大器输出端口向放大器看去，可将放大器用电压波为 V_0 和反射系数为 Γ_2 的等效信号源表示，如图 5.2-4 所示。

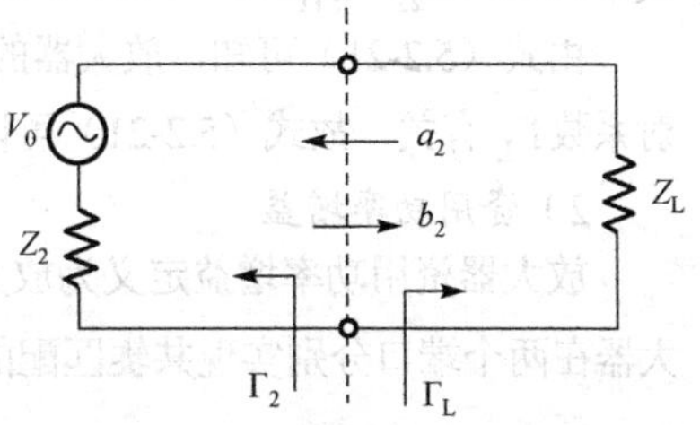

同前述方法，在端口 2 引入等效电波源 a_0，其中：

图 5.2-4 输出端口等效电路

$$b_2 = \frac{a_0}{1 - \Gamma_2 \Gamma_L} \tag{5.2-16}$$

放大器输出端口传送给负载的功率 P_2 为：

$$P_2 = |b_2|^2 - |a_2|^2 = \left(1 - |\Gamma_L|^2\right)|b_2|^2 = \frac{1 - |\Gamma_L|^2}{|1 - \Gamma_2 \Gamma_L|^2}|a_0|^2 \tag{5.2-17}$$

如果负载阻抗经输出网络的变换后，在放大器的输出端口上达到共轭匹配时，即 $\Gamma_L = \Gamma_2^*$ 时，则负载得到放大器可能输出的最大功率，即放大器输出端口的资用功率 P_{2a}。

将 $a_2 = b_2 \Gamma_L$ 代入式（5.2-5）可得：

$$b_2 = \frac{a_1 S_{21}}{1 - \Gamma_L S_{22}} \tag{5.2-18}$$

联立式（5.2-13）、式（5.2-17）和式（5.2-18）可得放大器输出端口的资用功率 P_{2a} 为：

$$P_{2a} = \left(1 - |\Gamma_L|^2\right)|b_2|^2 = \frac{|S_{21}|^2 \left(1 - |\Gamma_L|^2\right)}{|1 - S_{22}\Gamma_2^*|^2 |1 - \Gamma_s \Gamma_1|^2}|a_s|^2 \tag{5.2-19}$$

4．增益

1）工作功率增益

放大器工作功率增益定义为放大器输出端口传送到负载的功率 P_2 与信号源实际传送到放大器输入端口的功率 P_1 之比。它是放大器在实际工作中产生的真正功率增益的量度。联立式（5.2-14）、式（5.2-17）和式（5.2-18）可得：

$$G_p = \frac{P_2}{P_1} = \frac{|S_{21}|^2 \left(1 - |\Gamma_L|^2\right)}{|1 - S_{22}\Gamma_L|^2 \left(1 - |\Gamma_1|^2\right)} \tag{5.2-20}$$

将式（5.2-7b）中的 Γ_1 代入式（5.2-20）并化简得：

$$G_p = \frac{|S_{21}|^2 \left(1 - |\Gamma_L|^2\right)}{|1 - S_{22}\Gamma_L|^2 \left(1 - \left|\frac{S_{11} - D\Gamma_L}{1 - S_{22}\Gamma_L}\right|^2\right)} \tag{5.2-21}$$

$$= \frac{|S_{21}|^2 \left(1 - |\Gamma_L|^2\right)}{1 - |S_{11}|^2 + |\Gamma_L|^2 \left(|S_{22}|^2 - |D|^2\right) - 2\,\mathrm{Re}[\Gamma_L C_1]}$$

式中，$C_1 = S_{22} - S_{11}^* D$。

由式（5.2-21）可知，放大器的工作功率增益 G_p 除了与放大器的 4 个 S 参量有关外，仅与负载反射系数 Γ_L 有关，故式（5.2-21）可以用来衡量负载变化时对增益的影响。

2）资用功率增益

放大器资用功率增益定义为放大器输出端口的资用功率 P_{2a} 与信号源的资用功率 P_{1a} 之比。它是放大器在两个端口分别实现共轭匹配的特殊情况下产生的功率增益。由式（5.2-15）和式（5.2-19）可得：

$$G_a = \frac{P_{2a}}{P_{1a}} = \frac{|S_{21}|^2 \left(1 - |\Gamma_2|^2\right)\left(1 - |\Gamma_s|^2\right)}{|1 - S_{22}\Gamma_2^*|^2 |1 - \Gamma_s \Gamma_1|^2} \tag{5.2-22}$$

将式（5.2-7b）和式（5.2-8b）的 Γ_1、Γ_2 表达式代入式（5.2-22）得：

$$G_a = \frac{|S_{21}|^2\left(1-|\Gamma_s|^2\right)}{1-|S_{22}|^2+|\Gamma_s|^2\left(|S_{11}|^2-|D|^2\right)-2\mathrm{Re}[\Gamma_s C_2]} \tag{5.2-23}$$

式中，$C_2 = S_{11} - S_{22}^* D$。

由式（5.2-23）可知，放大器的资用功率增益 G_a 除了与放大器的 4 个 S 参量有关外，仅与源反射系数 Γ_s 有关，而与输出端口失配程度无关，可以用来衡量信号源变化时对增益的影响。从资用功率增益定义可知其实际意义：插入放大器后负载可能得到的最大功率是无放大器时可能得到的最大功率的多少倍。

3）转换功率增益

转换功率增益 G_t 定义为放大器输出端口实际传送到负载的功率 P_2 与放大器输入端口信号源的资用功率 P_{1a} 之比。它是放大器在输入口单独实现共轭匹配的特殊情况下的功率增益量度，不是一个实际的工作功率增益。由式（5.2-13）、式（5.2-15）、式（5.2-17）和式（5.2-18）可得：

$$G_t = \frac{P_2}{P_{1a}} = \frac{|S_{21}|^2\left(1-|\Gamma_s|^2\right)\left(1-|\Gamma_L|^2\right)}{|1-S_{22}\Gamma_L|^2|1-\Gamma_s\Gamma_1|^2} \tag{5.2-24}$$

将式（5.2-7b）中的 Γ_1 代入式（5.2-24）并化简得：

$$G_t = \frac{|S_{21}|^2\left(1-|\Gamma_s|^2\right)\left(1-|\Gamma_L|^2\right)}{\left|(1-S_{11}\Gamma_s)(1-S_{22}\Gamma_L)-S_{12}S_{21}\Gamma_s\Gamma_L\right|^2} \tag{5.2-25}$$

由式（5.2-25）可知，放大器的转换功率增益 G_t 除了与放大器的 4 个 S 参量有关外，还与源反射系数 Γ_s 和负载反射系数 Γ_L 有关，即与负载和源端匹配程度都有关。根据转换功率增益的定义，它的物理意义是：插入放大器后负载得到的实际功率是无放大器时可能得到的最大功率的多少倍。转换功率增益是放大器设计时最有用的增益。若将转换功率增益看成是 3 部分增益的乘积，则这 3 部分增益分别是：

$$G_1 = \frac{\left(1-|\Gamma_s|^2\right)}{|1-\Gamma_s\Gamma_1|^2} \tag{5.2-26}$$

$$G_2 = |S_{21}|^2 \tag{5.2-27}$$

$$G_3 = \frac{\left(1-|\Gamma_L|^2\right)}{|1-S_{22}\Gamma_L|^2} \tag{5.2-28}$$

G_1、G_3 分别是图 5.2-2 中输入匹配网络和输出匹配网络决定的附加功率增益 G_s、G_L，而 G_2 则是晶体管的增益。当 $\Gamma_s = \Gamma_L = 0$，即晶体管的输入端和输出端都匹配时，此时的转换功率增益 $G_t = |S_{21}|^2$，从中不难看出晶体管 S_{21} 的意义。但是要想获得最大的输出功率，输入/输出端要求是共轭匹配。

根据上述 3 个功率增益的定义及其物理意义很容易判断，在一般情况下，对同一放大器而言，$G_p > G_t$，$G_a > G_t$，即 3 个功率增益中，转换功率增益 G_t 是最小的一个功率增益。只有当放大器的输入端口和输出端口都同时实现共轭匹配时，这 3 个功率增益才相等。

5. 稳定性

放大器性能指标得以实现的前提是放大器能稳定工作而不产生自激振荡，因而设计放大器时必须要考虑到它能稳定工作，否则放大器的增益将趋于无限大，其他的设计指标变得毫无意义。对于稳定性的探讨，一方面对于需要在稳定条件下工作的器件，要防止自激振荡的产生；另一方面对于小功率振荡器而言，正是需要利用其不稳定性，因而对稳定性的研究是很有意义的。对于稳定性问题的严格的数学分析比较复杂，对于工程设计而言，设计时可以借助稳定性判别圆对稳定性加以判别和辅助设计，让设计满足稳定性条件即可。

能产生自激振荡的前提条件是存在等效负阻。要研究微波电路在哪些工作频率和终端条件下会产生振荡的趋势，微波网络自身满足怎样的参数会绝对稳定，可以从放大器输入或输出端口是否有等效负阻进行判断。

有源网络的稳定性可以划分为两类——绝对稳定（或无条件稳定）和潜在不稳定（或有条件稳定）。绝对稳定是指网络端接落在反射系数 Γ_1 和 Γ_2 单位圆内的所有负载均是稳定的（即便单位圆以外的负载具有负阻性质），即不存在可以引起振荡的负载；潜在不稳定是指在反射系数 Γ_1 和 Γ_2 单位圆的某区域内，输入或输出阻抗等效为负阻，此时放大器有内反馈，可能（并非一定）会造成自激振荡。前者是不存在不稳定的情况，后者是存在不稳定的因素，当条件满足时就会振荡起来。要使放大器稳定工作就是要设计负载落在稳定区或潜在不稳定区时，可以外接适当的负载，使之不满足自激振荡的条件。

1）端口的稳定性

设网络某一端口的输入阻抗是 $Z = R + jX$，这个端口相对于参考阻抗 Z_c 的反射系数为：

$$\Gamma = \frac{Z - Z_c}{Z + Z_c} = \frac{R - Z_c + jX}{R + Z_c + jX} \tag{5.2-29}$$

则 $|\Gamma| = \sqrt{\dfrac{(R - Z_c)^2 + X^2}{(R + Z_c)^2 + X^2}}$。

显然，当 $R>0$ 时，有 $|\Gamma|<1$，称该端口绝对稳定；当 $R<0$ 时，由 $|\Gamma|>1$，称该端口不稳定。故判定稳定性可以从输入阻抗入手，看有没有负阻存在。另外需要说明的是，只要网络中的一个端口不稳定，则整个网络都不稳定。

2）晶体管放大器的稳定性

对于晶体管稳定性判别圆的推导，可令式（5.2-7b）的输入端反射系数 $|\Gamma_1|=1$，从而得出关于负载反射系数 Γ_L 需满足的圆方程，即可得稳定判别圆（判断输入端口的稳定性）。在 Γ_L 平面绘制出此圆，此圆正是在 Γ_s 平面内 $|\Gamma_s|=1$ 的圆在 Γ_L 平面的映射，根据映射关系可以判断 $|\Gamma_s|<1$ 对应的区域在稳定性判别圆的圆内还是圆外，它与圆平面 $|\Gamma_L|<1$ 的交集便是稳定区，其他区域是不稳定区。只有当稳定区是全部圆平面 $|\Gamma_L|<1$ 时，晶体管才绝对稳定，可以接任何负载。同理，也可通过式（5.2-8b）推导出另外一个稳定性判别圆（判断输出端口的稳定性），两端口稳定性等价。结合稳定性判别圆讨论晶体管的稳定性便可得出绝对稳定性条件，这里不做具体推导，而直接给出晶体管在端口接任何源阻抗、负载阻抗的情况下放大器绝对稳定的充要条件：

$$\begin{cases} 1 - |S_{11}|^2 > |S_{12}S_{21}| \\ 1 - |S_{22}|^2 > |S_{12}S_{21}| \\ K_s > 1 \end{cases} \tag{5.2-30}$$

式中，K_s 为放大器的稳定系数：

$$K_s = \frac{1 - |S_{11}|^2 - |S_{22}|^2 + |D|^2}{2|S_{12}S_{21}|}$$

式（5.2-30）任何一个条件不满足，放大器都是潜在不稳定的。因此，式（5.2-30）就是晶体管放大器绝对稳定的判别准则。

由前面的分析可知，如果端口反射系数的模值大于 1，则是不稳定的。但是，如果在该端口接适当的负载，也可使之达到稳定。为了理解这一点，下面以输入端口为例进行分析。假定按上述方法判别得到端口 1 是潜在不稳定的，且设 $|\Gamma_1|>1$。这时端口 1 的归一化反射电压波为：

$$b_1 = \Gamma_1 a_1 \tag{5.2-31}$$

如果在端口 1 上外接反射系数为 Γ_s 的负载，如图 5.2-5 所示，这时经端口外接 Γ_s 再反射回网络端口 1 的入射电压波为：

$$a_1' = \Gamma_s b_1 = \Gamma_s \Gamma_1 a_1 \tag{5.2-32}$$

如果这时的入射电压波 a_1' 比原来的入射电压波 a_1 小，即 $a_1' < a_1$，则接上负载后的端口是稳定的。

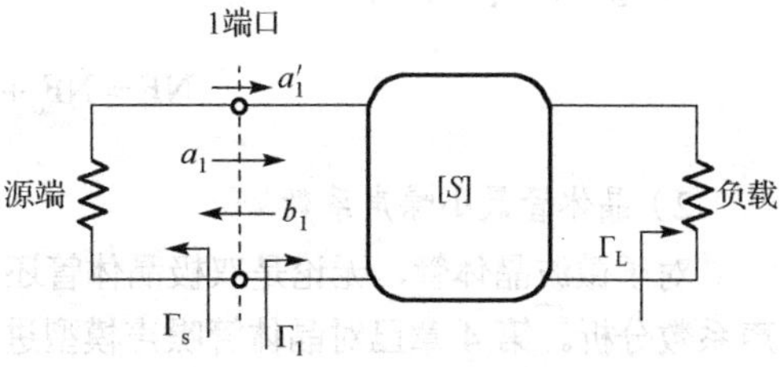

因此，由上式可求得端口接负载后的稳定条件是：

图 5.2-5　端口接负载的稳定性

$$|\Gamma_s \Gamma_1| < 1 \tag{5.2-33}$$

同样，考虑到外接负载后，端口 2 的稳定条件为：

$$|\Gamma_L \Gamma_2| < 1 \tag{5.2-34}$$

需要注意的是，上述稳定性是在某一频率点上的稳定特性。由于晶体管 S 参量及输入/输出反射系数均会随频率变化而变化，因此晶体管在某个频率点稳定并不代表它在频带内稳定。

6. 噪声系数

1）基本概念

除增益和稳定性外，噪声系数也是放大器的重要指标。微波放大器中的总输入噪声包括自身产生的噪声和外部输入噪声。放大器在将信号功率进行放大的同时，总输入噪声也将被放大。在多级放大系统的噪声特性上，第一级放大器的噪声系数起着决定性作用，特别是收发机的前端放大器要求有尽可能低的噪声系数。放大器的噪声系数定义为放大器输入端的信号噪声功率比与输出端信号噪声功率比的比值，表征了信号通过系统后，系统内部噪声造成信噪比恶化的程度。表示为：

$$\mathrm{NF} = \frac{S_{\mathrm{in}}/N_{\mathrm{in}}}{S_{\mathrm{out}}/N_{\mathrm{out}}} = \frac{N_{\mathrm{out}}}{N_{\mathrm{in}}} \cdot \frac{1}{G} \tag{5.2-35}$$

式中，G 表示为功率增益，$G = \dfrac{S_{\mathrm{out}}}{S_{\mathrm{in}}}$。

对于一个放大器，当与源匹配时，此时的输入噪声功率即为信号源在 T_0 时产生的热噪声功率：

$$N_{\mathrm{in}} = kT_0 B \tag{5.2-36}$$

式中，k 是波尔兹曼常数，$k = 1.380 \times 10^{-23}$ J/K；T_0 是环境温度（开尔文温度），一般室温 T_0=300K；B 是工作频带宽度。

放大器输出噪声功率是输入功率和放大器内部产生的噪声功率之和：

$$N_{\mathrm{out}} = kGB(T_0 + T_{\mathrm{e}}) \tag{5.2-37}$$

式中，T_{e} 为放大器等效噪声温度。

$$\mathrm{NF} = \frac{T_0 + T_e}{T_0} = 1 + \frac{T_e}{T_0} \tag{5.2-38}$$

对于图 5.2-6 所示的多级放大器的级联形式，总的输出噪声功率为：

$$N_{out} = kBG_1G_2 \cdots G_n\left(T_0 + T_{e1} + \frac{T_{e2}}{G_1} + \frac{T_{e3}}{G_1G_2} + \cdots\right) \tag{5.2-39}$$

将 $T_{ei} = (NF_i - 1) \cdot T_0$ 代入式（5.2-38），并由噪声系数定义可得总噪声系数为：

$$\mathrm{NF} = \mathrm{NF}_1 + \frac{\mathrm{NF}_2 - 1}{G_1} + \frac{\mathrm{NF}_3 - 1}{G_1G_2} + \cdots \tag{5.2-40}$$

2）晶体管最小噪声系数

对于微波晶体管，无论是双极晶体管还是场效应管，都可以根据器件等效噪声电路模型进行噪声系数分析。第 4 章已对晶体管噪声模型进行了分析，噪声系数与器件的参数、工作状态及工作频率有关。

噪声系数随频率的变化特性如图 5.2-7 所示。当工作频率 f_0 与晶体管的特征频率 f_T 满足 $f_T > (3-5)f_0$ 时，微波双极晶体管的最小噪声系数可以表示为：

$$\mathrm{NF}_{min} \approx 1 + K\left(\frac{f}{\sqrt{1-\alpha_0 f_\alpha}}\right)^2 \tag{5.2-41}$$

式中，α_0 和 f_α 分别是晶体管共基极直流短路电流增益和截止频率，K 是取决于晶体管参量的常数。

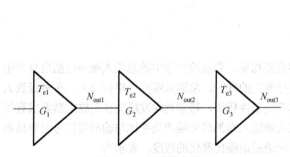

图 5.2-6　级联放大器

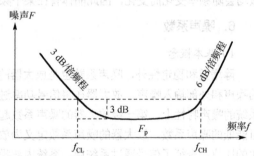

图 5.2-7　晶体管噪声系数随频率的变化曲线

对于场效应晶体管，其最小噪声系数可表示为：

$$\mathrm{NF}_{min} \approx 1 + K'\frac{f}{f_T} \tag{5.2-42}$$

式中，K' 是取决于场效应管参量的常数。

由式（5.2-41）和式（5.2-42）可知，随着工作频率的提高，微波场效应晶体管的噪声系数比微波双极晶体管的噪声系数增加得缓慢。

无论是双极晶体管还是微波场效应管，都可以将它们看作一个二端口网络来分析。在一般情况下，可将线性二端口网络的噪声系数 NF 表示为：

$$\mathrm{NF} = \mathrm{NF}_{min} + \frac{R_n}{\mathrm{Re}[Y_s]}\left|Y_s - Y_{sopt}\right|^2 \tag{5.2-43}$$

式中，R_n 为线性二端口网络的等效噪声阻抗；$Y_s = G_s + jB_s$，表示信号源内阻；$Y_{sopt} = G_{sopt} + jB_{sopt}$，表示获得最小噪声系数 NF_{min} 要求的最佳信号源导纳。

由式（5.2-43）可知，二端口网络的噪声系数完全由 NF_{min}、R_n、G_{sopt} 和 B_{sopt} 4 个噪声参量决定。这 4 个参量都可以用测量的方法得到。

线性二端口网络的噪声系数的另一种表示方法为：

$$NF = NF_{min} + N' \frac{\left| \Gamma_s - \Gamma_{sopt} \right|^2}{1 - \left| \Gamma_s \right|^2} \qquad (5.2-44)$$

式中，$N' = \dfrac{4N}{1 - \left| \Gamma_{sopt} \right|^2} = \dfrac{4R_n \, \mathrm{Re}[Y_{sopt}]}{1 - \left| \Gamma_{sopt} \right|^2}$。

由式（5.2-44）知，线性二端口网络的噪声系数完全由 NF_{min}、N（或 N'）以及 T_{sopt} 决定，通常将它们称为线性二端口网络的噪声参量，它们也可以用实验的方法测量得到，而且比式（5.2-43）的 4 个噪声参量更便于测量，测量精度也更高。

5.2.2　微波晶体管放大器的设计

1. 匹配网络设计

单端式微波晶体管放大器的基本结构形式如图 5.2-2 所示。输入匹配网络用来实现微波晶体管的输入端口与信号源之间的匹配，输出匹配网络用来完成微波晶体管的输出端口与负载之间的匹配。特别是输入匹配网络，可以按最大功率增益匹配，也可按照最小噪声系数匹配，这要根据放大器的用途及对其提出的要求决定。微波晶体管放大器的设计，主要是输入匹配网络和输出匹配网络的设计。

根据微波晶体管放大器应用频段和要处理的信号电平的不同，匹配网络可以是集总参数的，也可以是分布参数的。而分布参数网络可以是同轴型的、带线型的、微带型的和波导型的，但目前应用最广泛的是微带型匹配网络。后面的设计也主要是以微带型匹配网络为例。

1）并联型匹配网络

按电路结构形式的不同，放大器的匹配网络（输入匹配网络和输出匹配网络）可分为并联型、串联型、串-并联型（或并-串联型）3 种基本结构形式，其中基本并联型匹配网络结构形式如图 5.2-8 所示。

图 5.2-8 中，1 口与 2 口分别为微带匹配网络的输入端口和输出端口。并联枝节终端根据电纳补偿（或谐振）的要求和结构上的方便，既可以是开路端口也可以是短路端口；并联枝节的长度按电纳补偿（或谐振）要求来决定；主线长度根据匹配网络两端要求匹配的电导条件决定。

作为并联型匹配网络的一个例子，图 5.2-9 所示是一个共发射极微带型微波晶体管放大器的典型结构。其输入和输出匹配网络分别采用 Γ 形和反 Γ 形并联匹配网络，基极和集电极的直流电压供给均采用并联馈电方法，直流偏置采用典型的两级 $\lambda_g / 4$ 高低阻抗开路线引入。

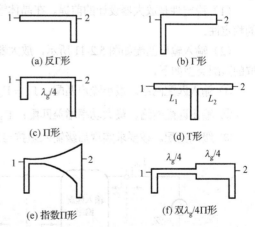

(a) 反Γ形　　　　(b) Γ形

(c) Π形　　　　(d) T形

(e) 指数Π形　　　　(f) 双λ_g/4Π形

图 5.2-8　并联微带匹配网络基本结构形式

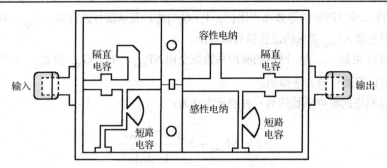

图 5.2-9   单级微带型放大器结构

2）串联型匹配网络

基本的串联型匹配网络的结构形式如图 5.2-10 所示。

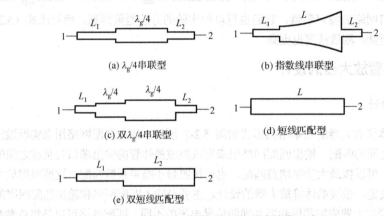

(a) $\lambda_g/4$串联型   (b) 指数线串联型

(c) 双$\lambda_g/4$串联型   (d) 短线匹配型

(e) 双短线匹配型

图 5.2-10   串联型匹配网络基本结构形式

串联型匹配网络中，线段 L_1 和 L_2 是将端口 1 和端口 2 的复数阻抗变换成实数阻抗的一些特殊线段，如相移线段、串联谐振线段或 $\lambda_g/8$ 变换器等。

另外，在讲具体的放大器电路设计之前，必须先了解并掌握晶体管放大器设计的注意事项。

（1）稳定性是放大器设计的前提。在晶体管不稳定的情况下，采用有耗网络可以有效改善放大器的稳定性。

（2）输入输出匹配如图 5.2-11 所示，放大器设计时兼顾噪声和增益的需求，对输入和输出网络采取的匹配类型如下。

① 输入匹配网络。最小噪声匹配：$\Gamma_s = \Gamma_{sopt}$ 和最大功率增益匹配：$\Gamma_1 = \Gamma_s^*$；

② 输出匹配网络。最大功率增益匹配：$\Gamma_2 = \Gamma_L^*$；

③ 级间匹配。按要求实现后级输入阻抗与前级输出阻抗之间的匹配，并实现前后级的隔直。

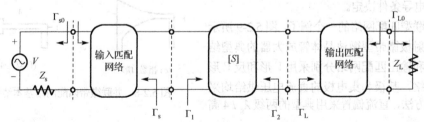

图 5.2-11   单级放大器网络结构

（3）放大器增益平坦度和输入（输出）驻波比。对多级放大器的高增益、低噪声设计，前级主要实现低噪声设计，第二级实现高增益设计，后级主要照顾增益平坦度、驻波比等指标，实现增益平坦度和带内低驻波比等指标。

2. 低噪声放大器设计（绝对稳定情况）

根据不同的要求（高功率增益或低噪声系数，宽频带或窄频带）和所用放大器件的不同（绝对稳定或潜在不稳定，单向器件或双向器件），微波晶体管放大器的设计差别极大，结果多样。但是，正如前面所说，放大器的稳定性则是电路设计中第一个要考虑的问题。所以，下面首先讨论放大器件在绝对稳定情况下的设计，并以具体设计例子来说明。

微波晶体管放大器的设计方法可分为解析设计法、图解设计法、实验设计法和计算机辅助设计（CAD）等几种方法。常用的方法是图解法和计算机辅助设计法。

1）单向情况下的设计

设计步骤：

（1）由晶体管的 S 参数判定其稳定性。

（2）设计输入匹配网络，器件能进行单向化设计时 S_{12} 很小，可看作 $S_{12}=0$。若按最小噪声系数设计，可实现 Γ_{S0} 与 Γ_{sopt} 之间的匹配；若按最大功率增益设计，$\Gamma_1 = S_{11} + \dfrac{S_{12}S_{21}\Gamma_L}{1-S_{22}\Gamma_L}\bigg|_{S_{12}=0} = S_{11}$，设计输入匹配网络，可实现 Γ_{S0} 与 Γ_S 之间的匹配（$\Gamma_S = \Gamma_1^*$）。

（3）输出匹配网络是最大增益匹配，$\Gamma_2 = S_{22} + \dfrac{S_{12}S_{21}\Gamma_S}{1-S_{11}\Gamma_S}\bigg|_{S_{12}=0} = S_{22}$，设计输出匹配网络，实现 Γ_{L0} 与 Γ_L 之间的匹配（$\Gamma_L = \Gamma_2^*$）。

例 5.2.1　用 Fujitsu 晶体管 FLL351 来设计 L 波段放大器。当晶体管工作在 2GHz，$V_{ds}=10$V，$I_{ds}=0.72$A 时，S 参数为 $S_{11}=0.901\angle168.3°$、$S_{12}=0.040\angle25.3°$、$S_{21}=1.652\angle42.8°$、$S_{22}=0.554\angle170.7°$。判断晶体管在上述条件下工作时的稳定性，计算转换功率增益，并设计单级放大器的输入输出共轭匹配网络。

解： 由上面给出的 S 参数值，知 $S_{12}=0.040\angle25.3°$ 很小，可近似认为 $S_{12}\approx0$ 来进行单向化设计。

① 稳定性判断。

$$D = S_{11}S_{22} - S_{12}S_{21} = 0.44 - 0.24i$$

$$K_s = \frac{1-|S_{11}|^2 - |S_{22}|^2 + |D|^2}{2|S_{12}S_{21}|} = 1.0122$$

由稳定性判断条件可知 $K_s > 1$，$1-|S_{22}|^2 > |S_{12}S_{21}|$，$1-|S_{11}|^2 > |S_{12}S_{21}|$，晶体管此时在 2GHz 时是绝对稳定的。

② 计算输入输出端口的反射系数。

单向化设计时输入端口反射系数：$\Gamma_1 = S_{11} + \dfrac{S_{12}S_{21}\Gamma_L}{1-S_{22}\Gamma_L}\bigg|_{S_{12}=0} = S_{11}=0.901\angle168.3°$

单向化设计时输出端口反射系数：$\Gamma_2 = S_{22} + \dfrac{S_{12}S_{21}\Gamma_s}{1-S_{11}\Gamma_s}\bigg|_{S_{12}=0} = S_{22}=0.554\angle170.7°$

③ 双共轭匹配时晶体管的增益。

微波集成电路

174

由式（5.2-25）～式（5.2-28）可将转化功率增益写成$G_t = G_1 \cdot G_2 \cdot G_3$，其中，输入端匹配网络增

益$G_1 = \dfrac{\left(1-|\Gamma_s|^2\right)}{|1-\Gamma_s\Gamma_1|^2}\Bigg|_{\Gamma_s=\Gamma_1^*} = \dfrac{1}{1-|\Gamma_1|^2} = 7.25\text{dB}$，晶体管增益$G_2 = |S_{21}|^2 = 4.36\text{dB}$，输出匹配网络增益

$G_3 = \dfrac{1}{1-|\Gamma_2|^2} = 1.59\text{dB}$，故最大功率匹配总增益为：

$$G_t = 7.25 + 4.36 + 1.59 = 13.2\text{dB}$$

④ 输入匹配网络。

输入输出匹配网络结构如图 5.2-12 所示，输入匹配网络是将源端口反射系数Γ_{S0}匹配成二端口反射系数$\Gamma_S = \Gamma_1^* = 0.901\angle-168.3°$；输出匹配网络是将负载端口反射系数$\Gamma_{L0}$匹配成三端口反射系数$\Gamma_L = \Gamma_2^* = 0.554\angle-170.7°$。

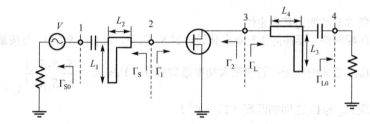

图 5.2-12 单级放大器输入输出匹配网络

这里输入匹配网络采用 Γ 形，设源内阻是 50Ω，在史密斯（Smith）导纳圆图上进行匹配设计，如图 5.2-13 所示。向电源看去，1 端口的反射系数Γ_{S0}位于图 5.2-13 中的 A 点，Γ_S位于 C 点。并联一个开路枝节 L_1 后，反射系数沿等电导圆顺时针移动电长度$\overline{l}_1$，使向电源看过去的反射系数位于 B 点，B 和 C 位于等反射系数圆上。串联枝节 L_2 后便可使 2 端口向电源看过去的反射系数是Γ_S，这样便完成了输入端的共轭匹配。采用 RF60 介质基板（相对介电常数 6.15），两个枝节的长度分别为：

$$L_1 = \lambda_g \cdot \overline{l}_1 = \frac{150}{\sqrt{6.15}} \times 0.21 = 12.7\text{mm}$$

$$L_2 = \lambda_g \cdot \overline{l}_2 = \frac{150}{\sqrt{6.15}} \times 0.02 = 1.2\text{mm}$$

需要注意的是，源和匹配网络之间有隔直电容，匹配时应将隔直电容的容抗值也算进去，同时还要考虑管子封装参数，这时源端反射系数将有变化。这里仅介绍匹配流程，因此忽略并未将其计算在内。若知道电容值的大小，则匹配方法相同。

⑤ 输出匹配网络。

输出匹配网络是将负载端口反射系数Γ_{L0}匹配成 3 端口反射系数$\Gamma_L = \Gamma_2^* = 0.554\angle-170.7°$。输出匹配网络的设计大致与输入端口匹配相同，参见图 5.2-12，采用反 Γ 形匹配。不妨设负载阻抗是 50Ω，在史密斯导纳圆图上进行匹配设计，如图 5.2-14 所示。向负载看去，4 端口的反射系数Γ_{L0}位于图 5.2-14 中的 A 点，Γ_L位于 C 点。并联一个开路枝节 L_3 后，反射系数沿等电导圆顺时针移动电长度$\overline{l}_3$，使向电源看过去的反射系数位于 B 点，B 和 C 位于等反射系数圆上。串联枝节 L_4 后便可使 3 端口向负载看过去的反射系数是Γ_L，这样便完成了输出端的共轭匹配。同样采用 RF60 介质基板，两个枝节的长度分别为：

$$L_3 = \lambda_g \cdot \bar{l}_3 = \frac{150}{\sqrt{6.15}} \times 0.146 = 8.8\text{mm}$$

$$L_4 = \lambda_g \cdot \bar{l}_4 = \frac{150}{\sqrt{6.15}} \times 0.058 = 3.5\text{mm}$$

这里同样未将隔直电容及封装参数考虑在内，若知道隔直电容的容抗值及封装的等效电路，可借助 CAD 计算出端口反射系数进行匹配。

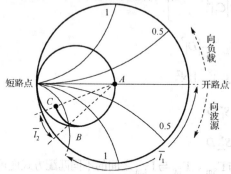
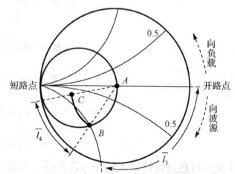

图 5.2-13 输入匹配的设计   图 5.2-14 输出匹配的设计

至此输入输出级匹配即告完成。实际上 FLL351 要工作在 $V_{ds}=10\text{V}$，$I_{ds}=0.72\text{A}$，必须先设计好直流偏置电路后，才能进行输入输出匹配，图 5.2-12 是未加偏置的结构。同时在 2GHz 时晶体管稳定并不代表着在工作频带内稳定，可能需要采取稳定性措施。

2）双向情况下的设计

若按最小噪声系数设计，则设计步骤如下：

（1）设计输入匹配网路，实现 Γ_{S0} 与 Γ_{sopt} 之间的匹配。

计算：$\Gamma_2 = S_{22} + \dfrac{S_{12}S_{21}\Gamma_{sopt}}{1 - S_{11}\Gamma_{sopt}}$。

（2）设计输出匹配网络，实现 Γ_{L0} 与 Γ_L 之间的匹配（$\Gamma_L = \Gamma_2^*$）。

若按最大功率增益设计，应遵循以下设计方法：

对于线性二端口网络，满足绝对稳定条件，则此二端口网络的负载反射系数 Γ_L 和源反射系数 Γ_S 都可以在它们各自的单位圆内任意取值。那么，绝对稳定的二端口网络就可以在输入端口和输出端口同时实现共轭匹配，以获得最大的功率传输。当二端口网络的两个端口同时实现共轭匹配时，所得的功率增益就是最大功率增益 G_m。

二端口网络输入端口共轭匹配的条件是 $\Gamma_S = \Gamma_1^*$，而输出端口共轭匹配的条件是 $\Gamma_L = \Gamma_2^*$，因此，两个端口同时实现共轭匹配时，就应同时满足这个条件：

$$\begin{cases} \Gamma_S = \Gamma_1^* \\ \Gamma_L = \Gamma_2^* \end{cases} \tag{5.2-45}$$

将式（5.2-7b）和式（5.2-8b）式代入式（5.2-45），得：

$$\begin{cases} \Gamma_S = \left(S_{11} + \dfrac{S_{12}S_{21}\Gamma_L}{1 - S_{22}\Gamma_L} \right)^* \\ \Gamma_L = \left(S_{22} + \dfrac{S_{12}S_{21}\Gamma_S}{1 - S_{11}\Gamma_S} \right)^* \end{cases} \tag{5.2-46}$$

解得：

$$\begin{cases} \Gamma_{Sm} = C_2^* \left[\dfrac{B_1 - \sqrt{B_1^2 - 4|C_2|^2}}{2|C_2|^2} \right] \\[4mm] \Gamma_{Lm} = C_1^* \left[\dfrac{B_2 - \sqrt{B_2^2 - 4|C_1|^2}}{2|C_1|^2} \right] \end{cases} \tag{5.2-47}$$

式中，
$$B_1 = 1 + |S_{11}|^2 - |S_{22}|^2 - |D|^2$$

$$B_2 = 1 + |S_{22}|^2 - |S_{11}|^2 - |D|^2$$

$$C_1 = S_{22} - S_{11}^* D$$

$$C_2 = S_{11} - S_{22}^* D$$

于是，可通过设计输入输出匹配网络，实现 Γ_{S0} 与 Γ_{Sm}、Γ_{L0} 与 Γ_{Lm} 之间的不同匹配方式便可实现晶体管放大器的最大增益或最小噪声。

例 5.2.2　晶体管 AT41511 采用 SOT-23 封装，在较高频率下有较小的噪声系数和较高的增益。在 2.4GHz 直流工作点为 $V_{CE} = 2.7\text{V}$、$I_C = 5\text{mA}$ 时，S 参数为 $S_{11} = 0.47\angle148°$、$S_{12} = 0.117\angle46°$、$S_{21} = 2.337\angle50°$、$S_{22} = 0.42\angle-51°$、$\Gamma_{opt} = 0.40\angle177°$。现用它设计中心频率为 2.4GHz 的低噪声放大器，若不考虑直流偏置及封装参数，请给出相应的设计。

解：

① 判断管子的稳定性。

$$|D| = |S_{11}S_{22} - S_{12}S_{21}| = 0.076$$

$$K_s = \frac{1 - |S_{11}|^2 - |S_{22}|^2 + |D|^2}{2|S_{12}S_{21}|} = 1.113$$

由稳定性判断条件可知 $K_s > 1$，$1 - |S_{22}|^2 > |S_{12}S_{21}|$，$1 - |S_{11}|^2 > |S_{12}S_{21}|$，晶体管此时在 2.4GHz 时是绝对稳定的。

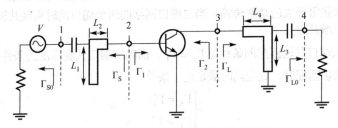

图 5.2-15　双向设计时的输入输出匹配网络

② 计算端口反射系数。

要设计低噪声放大器，应该使噪声系数比较小，同时要满足一定的增益要求，一般是对输入端进行最小噪声匹配，使得图 5.2-15 的 $\Gamma_S = \Gamma_{opt}$，以尽可能地减小噪声。同时要考虑到增益要求以及输出驻波系数，对输出端进行共轭匹配，使得 $\Gamma_2 = \Gamma_L^*$。

最佳信源反射系数：$\Gamma_{\text{opt}} = 0.40\angle 177°$

输出端口反射系数：$\Gamma_2 = S_{22} + \dfrac{S_{12}S_{21}\Gamma_{\text{opt}}}{1 - S_{11}\Gamma_{\text{opt}}} = 0.52\angle -60.72°$

③ 晶体管的转换功率增益。

将 $\Gamma_S = \Gamma_{\text{opt}}$ 和 $\Gamma_L = \Gamma_2^*$ 代入晶体管增益表达式可求出晶体管的转换功率增益：

$$G_t = \frac{|S_{21}|^2(1-|\Gamma_S|^2)(1-|\Gamma_L|^2)}{|(1-S_{11}\Gamma_S)(1-S_{22}\Gamma_L) - S_{12}S_{21}\Gamma_S\Gamma_L|^2} = 8.66 = 9.37\text{dB}$$

这是理想情况下的增益，实际设计中要加入偏置电路，考虑到晶体管封装参数、不完全匹配及负载与频率的变化，G_t 通常比理论值低。

④ 输入匹配网络

输入匹配网络将源端口反射系数 Γ_{S0} 转换成晶体管输入端反射系数 Γ_{opt}，$\Gamma_S = \Gamma_{\text{opt}} = 0.40\angle 177°$。设源内阻是 50Ω，向电源看去，1 端口的反射系数 Γ_{S0} 位于史密斯导纳圆图中的 A 点，如图 5.2-16 所示。Γ_S 位于 C 点。从 A 点开始，并联一个开路枝节 L_1 后，反射系数将沿等电导圆顺时针移动电长度 $\bar{l}_1$，向电源看过去的反射系数位于 B 点，B 和 C 位于等反射系数圆上。图中 B 点对应的反射系数值为 $0.40\angle 113.69°$，只需串联一个很短的枝节 L_2 后便可使 2 端口向电源看过去的反射系数是 Γ_S，这样便完成了输入端的匹配。采用 RF60 介质基板（相对介电常数 6.15），两个枝节的长度分别为：

$$L_1 = \lambda_g \cdot \bar{l}_1 = \frac{125}{\sqrt{6.15}} \times 0.115 = 5.8\text{mm}$$

$$L_2 = \lambda_g \cdot \bar{l}_2 = \frac{125}{\sqrt{6.15}} \times 0.096 = 4.8\text{mm}$$

⑤ 输出匹配网络。

输出匹配网络将负载端口反射系数 Γ_{L0} 转换成晶体管输出端反射系数 Γ_2 的共轭，$\Gamma_L = \Gamma_2^* = 0.52\angle 60.72°$。类似地，采用反 Γ 形枝节匹配网络，不妨设负载阻抗是 50Ω。向负载看去，4 端口的反射系数 Γ_{L0} 位于史密斯导纳圆图中的 A 点，如图 5.2-17 所示。Γ_L 位于 C 点。并联一个短路枝节 L_3 后，反射系数沿等电导圆顺时针移动电长度 $\bar{l}_3$，使向电源看过去的反射系数位于 B 点，B 和 C 位于等反射系数圆上。串联枝节 L_4 后便可使 3 端口向负载看过去的反射系数是 Γ_L，这样便完成了输出端的共轭匹配。

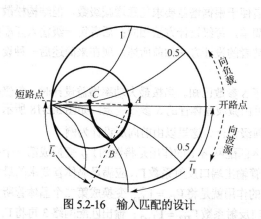

图 5.2-16　输入匹配的设计　　　　图 5.2-17　输出匹配的设计

采用 RF60 介质基板，两个枝节的长度分别为：

$$L_3 = \lambda_g \cdot \overline{l_3} = \frac{125}{\sqrt{6.15}} \times 0.108 = 5.4\text{mm}$$

$$L_4 = \lambda_g \cdot \overline{l_4} = \frac{125}{\sqrt{6.15}} \times 0.084 = 4.2\text{mm}$$

上述匹配网络均是在点频上的匹配，在 $f = 2.4\text{GHz}$ 周围匹配会有一定偏离。实际的放大器设计需要考虑很多因素，必须加直流偏置电路，源端和负载端要有隔直电容，管子封装参数对设计也有很大影响，通常很难进行理论上的精确计算。因此，放大器的设计一般要借助计算机辅助设计来完成。

3. 低噪声放大器设计（不稳定情况）

在保证满足增益和噪声系数指标要求的前提下，设计放大器输出匹配网络时，要保证放大器输入口稳定（Γ_L 在 Γ_L 平面稳定区选取）；设计放大器输入匹配网络时，要保证放大器输出口稳定（Γ_S 在 Γ_S 平面稳定区选取）。

潜在不稳定器件设计的一般步骤：

（1）设计输出匹配网络，选择输入口稳定的且保证增益要求的 Γ_L（在 Γ_L 平面上等增益圆上选取）。

（2）计算出 $\Gamma_1 = S_{11} + \dfrac{S_{12}S_{21}\Gamma_L}{1 - S_{22}\Gamma_L}$。

（3）当按最小噪声系数设计时，$\Gamma_S = \Gamma_{\text{sopt}}$；当按最大功率增益设计时，$\Gamma_1 = \Gamma_S^*$。计算出 $\Gamma_2 = S_{22} + \dfrac{S_{12}S_{21}\Gamma_S}{1 - S_{11}\Gamma_S}$，并判断输出口是否稳定。

（4）若输出口不稳定，则重新选择 Γ_L，重复步骤（1）～步骤（3）。

（5）若输出口稳定，则分别设计输入输出匹配网络，完成 Γ_{S0} 与 Γ_S、Γ_{L0} 与 Γ_L 的匹配转换。

当晶体管是潜在不稳定情况时，串联或并联有耗网络均能大幅度提高稳定性，这时会增大输出噪声，牺牲增益。

4. 多级放大器

在实际应用中，为了达到较高增益的要求，常常需要将放大器级联构成多级放大器。为此，就必须进行多级放大器的设计。

进行多级放大器的设计时，首先需要确定放大器级间连接的方式。根据上下级之间进行匹配的方式，级间连接方式可分为两大类，一类是每级设计成各自带输入输出网络的单级放大器，级间用短线连接；另一类是级间用一个匹配网络直接匹配。前者便于根据增益要求任意增减级数，但结构松散；后者结构紧凑，但不便于任意增减级数。前者设计简单，每级设计方法相同；后者第一级输入匹配网络、级间匹配网络和末级输出匹配网络设计不同。前者的设计方法如前所述，现在来简述后一种设计方法。

假定所用的晶体管都是绝对稳定的，且每只管子 S 参数已知。当按最大功率增益设计时，每级晶体管两端口同时实现共轭匹配所要求的 Γ_{Sm} 和 Γ_{Lm} 可由微波晶体管的 S 参数决定，如图 5.2-18 所示。设计的方向可由前级向后级设计，也可以由后级向前级设计。这里以由前向后设计为例。

假定根据增益要求确定要用 n 级放大器，则输入匹配网络 1 的作用是将源的 Γ_{S0} 变换成第一个晶体管所要求的最佳源反射系数 Γ_{Sm1}，而第一个晶体管输出端口反射系数 Γ_{I2} 应满足晶体管要求的最大输出功率匹配条件，即 $\Gamma_{I2} = \Gamma_{Lm1}^*$；级间匹配网络 2 的作用就是将 $\Gamma_{I2} = \Gamma_{Lm1}^*$ 变换成第二个晶体管所要求的最佳源反射系数 Γ_{Sm2}，第二个晶体管的输出端口反射系数 $\Gamma_{II2} = \Gamma_{Lm2}^*$；输出匹配网络 3 再将 Γ_{II2} 共轭匹配成 Γ_{L0}^*。

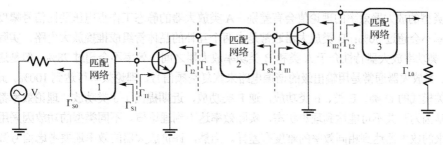

图 5.2-18　多级放大器

很显然，对于多级放大器（$n>3$），如果所有的管子都相同，则所有的级间匹配网络都相同（仅设计一次即可），而输入输出匹配网络不同，需要分别设计。

如果多级放大器按照低噪声设计，则多级设计总是从前向后设计，以保证每级输入匹配网络都按照低噪声设计。这时，匹配网络 1 将 Γ_{S0} 变换成 Γ_{sopt1}，晶体管 1 的输出端口反射系数 $\Gamma_{I2}=S_{22}+\dfrac{S_{12}S_{21}\Gamma_{\text{sopt1}}}{1-S_{11}\Gamma_{\text{sopt1}}}$，网络 2 再将 Γ_{I2} 变换成 Γ_{sopt2}，再按 $\Gamma_{II2}=S_{22}+\dfrac{S_{12}S_{21}\Gamma_{\text{sopt2}}}{1-S_{11}\Gamma_{\text{sopt2}}}$ 计算晶体管 2 的端口反射系数，匹配网络 3 再将 Γ_{II2} 共轭匹配成 Γ_{L0}^{*}。

基本串联或并联型匹配网络结构已在前面介绍，根据传输线理论，大多数匹配网络可借助史密斯圆图很容易地完成。

5．功率放大器

功率放大器被广泛用于雷达、通信、导航和电子对抗等领域，用来提高信号功率。功放除满足基本的增益、驻波比及频带要求外，还突出要求提高输出功率、效率，并减小失真。前面基于小信号 S 参数的放大器设计是对于小信号输入而言，因为输入功率足够小，晶体管放大器工作在线性放大区，可看成是线性器件。此时 S 参数物理意义明确，且输出功率不受输入功率和负载阻抗的影响。在大信号输入情况下，输入功率高于 1dB 功率压缩点或在三阶截断点范围内，晶体管的输入/输出端阻抗随输入功率和负载的变化而变化，设计方法将不同于小信号分析方法而是更为复杂，常采用的分析方法有大信号 S 参数法、负载牵引法、动态阻抗法等。另外，随着大容量现代微波通信技术和应用的发展，系统对功率放大器要求更高，希望放大器效率更高、失真尽可能小、输出功率更大。

1）效率

考虑到设备成本和体积，为使直流电资源得到高效利用，功率放大器的效率是很重要的一个指标。一般功率管的效率 η（也称为集电极效率或漏极效率）定义为晶体管的输出射频功率与电源消耗功率的比值：

$$\eta=\frac{P_{\text{out}}}{P_{\text{DC}}}\qquad(5.2\text{-}48)$$

这个定义衡量了功放把直流功率转换成射频功率的能力，缺点是没有考虑传送到放大器的输入功率。因为大多数功率放大器都有相对低的增益，所以式（5.2-48）往往会高估实际效率。考虑到输入功率的作用，定义功率附加效率为：

$$\eta_{\text{PAE}}=\frac{P_{\text{out}}-P_{\text{in}}}{P_{\text{DC}}}=\left(1-\frac{1}{G}\right)\frac{P_{\text{out}}}{P_{\text{DC}}}=\left(1-\frac{1}{G}\right)\eta\qquad(5.2\text{-}49)$$

式中，G 是放大器的功率增益。该式还能反映功放的功率放大能力。η 相同时，增益高的功放 η_{PEA} 大，所以用功率附加效率描述功放效率更为合理。

不同类型的放大器效率的理论值会有差别，A 类放大器的静态工作点电压要比信号幅度值大，所以实际效率不会超过 50%；B 类放大器通常是由两个互补的晶体管组成推挽放大电路，实际效率低于 78%；AB 类功率放大器特性介于 A 类和 B 类功率放大器之间，效率不会超过 78%，但是通常会比 A 类的高；C 类放大器通常是用输出级的谐振电路来恢复基频信号，理论效率可达到 100%。此外，还有工作在开关模式的 D 类、E 类、F 类功放，逆 F 类功放，近期提出了 J 类功放，理论效率都可以做得很高，但是因为开关不可能达到理想状态，实际效率达不到理论值。不同类型的功放因采用的结构不同，做出来的放大器达到相同效率的难度有差异。当然，评价放大器的效率还要考虑信号源类型，如放大器对脉冲调制信号的放大效率很容易做得比正弦信号高。

对于如何提高功率放大器的效率，人们也想出了不少解决方法，常见的方法有谐波控制技术、Doherty 技术、包络跟踪技术、包络分离和恢复技术等。谐波控制技术是通过调整高次谐波的阻抗从而在频域上抑制高次谐波，在时域上表现为电压电流的不重叠，从而提高效率，如 F 类和逆 F 类。Doherty 功放由一个主功放和一个辅助功放组成，主功放始终工作在 B 类或 AB 类，而辅助功放工作在 C 类，只有信号超过设定值时才工作。当辅助功放工作时主功放以最大效率工作，两个功放合在一起的效率远高于单个 B 类功放效率。包络跟踪技术是采用包络调制器提取信号电压包络，再将此包络电压作为放大器的偏置电压，因为放大器的直流偏置点是随着信号强弱动态变化的，所以放大器能达到较高的效率。但是包络跟踪技术受到包络调制器工作频率的限制，目前还难以在毫米波频段应用。

2）线性度

功率放大器工作在大信号状态下，这将使放大器的非线性效应变得非常明显。非线性能引起寄生频率的产生和交调失真，在微波毫米波收发机中，这是一个严重的问题，特别是在多载波系统中，某处的寄生信号很可能会进入邻近信道造成严重干扰。通常衡量放大器非线性常用的指标有 1dB 压缩点、三阶互调等。

下面将通过数学表达式来分析非线性器件的特性，然后提出衡量器件非线性特性的参数。对一个非线性器件，可以将其看成一个只有输入和输出的二端口器件，用多项式展开式表示它的输入输出特性，即

$$V_o = f(V_i) = \sum_{n=1}^{\infty} a_n V_i^n \qquad (5.2\text{-}50)$$

当一个频率为 ω 的余弦信号 $v = A\cos(\omega t)$ 输入时，取式（5.2-50）的前三项（高阶分量很小），可得输出电压为：

$$V_o = (a_0 + \frac{1}{2}a_2 A^2) + (a_1 A + \frac{3}{4}a_3 A^3)\cos(\omega t) + \frac{1}{2}a_2 A^2 \cos(2\omega t) + \cdots \qquad (5.2\text{-}51)$$

当有两个频率信号 $v_1 = A_1 \cos(\omega_1 t)$ 和 $v_2 = A_2 \cos(\omega_2 t)$ 同时输入时，同样取式（5.2-50）的前三项，可得输出电压为：

$$
\begin{aligned}
V_o = {} & a_0 + \left[a_1 A_1 + \frac{3a_3}{4}(A_1^3 + 2A_1 A_2^2) \right]\cos(\omega_1 t) + \left[a_1 A_1 + \frac{3a_3}{4}(A_2^3 + 2A_1^2 A_2) \right]\cos(\omega_2 t) \\
& + \frac{a_2}{2}\{ A_1^2 \cos(2\omega_1 t) + A_2^2 \cos(2\omega_2 t) + 2A_1 A_2 [\cos(\omega_1 + \omega_2)t + \cos(\omega_1 - \omega_2)t] \} \\
& + \frac{a_3}{4}A_1^3 \cos(3\omega_1 t) + \frac{a_3}{4}A_2^3 \cos(3\omega_2 t) + \frac{3a_3}{4}A_1 A_2^2 [\cos(2\omega_1 + \omega_2)t + \cos(2\omega_1 - \omega_2)t] \\
& + \frac{3a_3}{4}A_1^2 A_2 [\cos(\omega_1 + 2\omega_2)t + \cos(2\omega_2 - \omega_1)t] + \cdots
\end{aligned}
\qquad (5.2\text{-}52)
$$

若当 $n \geq 2$ 时 a_n 不全为零，式（5.2-50）描述了器件的输出对输入响应不是线性函数。式（5.2-51）和式（5.2-52）分别描述了此类器件对单个和两个输入信号的响应，输出都会产生额外的频率分量，多个信号以此类推，这正是器件的非线性导致的。

1dB 压缩点：式（5.2-51）表明了功率放大器对单个输入信号的增益 $G = a_1 + \frac{3}{4} a_3 A^2$，当输入信号很小时 $G = a_1$ 是常数；通常 $a_3 < 0$，随着输入信号的不断增大，增益将会被压缩。1dB 压缩点就是输出功率相比线性功率增益下降 1dB 时的输出功率电平，它也可用对应的输入功率来定义。若 G_0 是小信号（线性）功率增益，G_1 为 1dB 压缩点处的实际功率增益，则有：

$$G_1(\text{dB}) = G_0(\text{dB}) - 1 \tag{5.2-53}$$

放大器的动态范围描述了放大器的线性放大区，用 $P_{\text{out,1dB}}$ 和 $P_{\text{out,mds}}$ 之差表示。其中 $P_{\text{out,1dB}}$ 是 1dB 压缩点输出功率，$P_{\text{out,mds}}$ 是对应于最小输入信号的输出功率。

三阶互调：式（5.2-52）表明功率放大器对双音信号的响应特性。当干扰频率 ω_2 和有用信号频率 ω_1 相隔比较近时，输出产生的众多频率中 $2\omega_1 - \omega_2$ 和 $2\omega_2 - \omega_1$ 就是三阶互调产物，它距离 ω_1 很近，很难用滤波器滤除；同时它的分量比较大，对有用信号频率 ω_1 干扰较大。忽略高次方项的影响，有用信号线性功率输出为 $P_{\omega_1} = \frac{1}{2} a_1^2 A_1^2$，三阶互调产物理想输出功率为 $P_3 = \frac{1}{2} \left(\frac{3}{4} a_3 A_1^2 A_2 \right)^2$ 或 $P_3 = \frac{1}{2} \left(\frac{3}{4} a_3 A_2^2 A_1 \right)^2$。可以看出，输入功率每增加 1dB，有用信号输出功率增加 1dB，三阶互调输出增加 3dB。将两者的输入输出特性绘制在一张图中，对应的理想响应延长线交点就是三阶截断点，如图 5.2-19 所示。

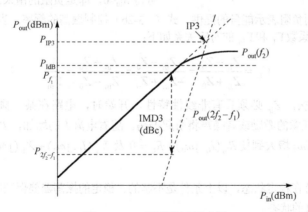

图 5.2-19　三阶截断点示意图

对于 AB 类、B 类、C 类等功率放大器设计，需要注意的是，此时放大器处于非线性工作状态，必须运用非线性分析方法，采用大信号 S 参数进行设计；功率放大器由于处于非线性工作状态，其非线性将会产生大量的谐波分量和交调分量，故此时匹配网络的设计尤为重要，正确设计匹配网络可以实现对大信号阻抗匹配和谐波抑制的功能。

在提高功率放大器线性化技术上人们已做了多方面研究，最常见的几种方法有功率回退技术、负反馈技术、预失真技术、前馈法等。由于篇幅所限，这里只做简要介绍。功率回退技术是通过减小输入信号功率，由上面推导知输入信号减小 1dB，三阶互调改善 3dB，而线性输出功率仅减小 1dB，故可改善功放的线性特性。功率回退技术虽然简单方便，但是代价高、成本大。负反馈技术是通过将放大器的失真信号反馈到放大器输入端，抵消其非线性失真，对放大器输出信号非线性失真具有一定的改善。但因微波电路波长较短，相位控制较困难，难以达到与输入信号的理想反相，改善量有限且稳定性差，而且仅用于低频段和窄带情况。预失真技术就是人为地加入一个特性与包括功放在内的系统非线性失真恰好相反的系统，进行相位和增益补偿，分为数字预失真和模拟预失真。数字预失真是在基带数字信号进行处理，而模拟预失真是在功放前端用模拟器件完成。前馈放大器内部没有反馈回路，是无条件稳定的，并且具有线性度高、线性度与增益无直接关系、良好的噪声特性和适用于宽带等优点。

5.3　微波振荡器

5.3.1　微波振荡器基本原理

图 5.3-1 所示为基本的单端口负阻振荡电路，其中 Z_{in} 是有源器件（如二极管）的输入阻抗。Z_L 为器件终端连接的无源负载。

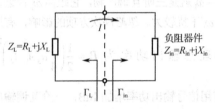

图 5.3-1　单端口负阻振荡电路原理图

由基尔霍夫电压定律可知：

$$(Z_L + Z_{in})I = 0 \tag{5.3-1}$$

为了使电流 I 不等于零，则必须满足：

$$R_L + R_{in} = 0 \tag{5.3-2a}$$

$$X_L + X_{in} = 0 \tag{5.3-2b}$$

由于负载是无源的，即 $R_L > 0$，因此由式（5.3-2a）可得 $R_{in} < 0$，即是负阻的由来。在该振荡电路中，负载表示能量的消耗，而负阻表示能量的提供。式（5.3-2b）控制振荡的频率。当振荡处于稳定状态时，$Z_L = -Z_{in}$，可得反射系数 Γ_L 和 Γ_{in} 的对应关系如下：

$$\Gamma_L = \frac{Z_L - Z_0}{Z_L + Z_0} = \frac{-Z_{in} - Z_0}{-Z_{in} + Z_0} = \frac{Z_{in} + Z_0}{Z_{in} - Z_0} = \frac{1}{\Gamma_{in}} \tag{5.3-3}$$

要使整个电路起振，Z_{in} 必须具有非线性特性。开始时，电路在某一频率下出现不稳定，即 $R_{in}(I, j\omega) + R_L < 0$。任意的激励或者噪声将引起振荡。随着电流 I 的增加，$R_{in}(I, j\omega)$ 应当增大（绝对值减小）。当 $R_{in}(I, j\omega)$ 增大到使 $R_{in}(I_0, j\omega_0) + R_L = 0$ 及 $X_{in}(I_0, j\omega_0) + X_L(j\omega_0) = 0$ 时，振荡器进入稳定状态。

要想使振荡器保持在稳定状态，以上条件是不够的。稳定的振荡器要保证电流或者频率出现轻微波动时，能够回到原来的状态。

设电流的微小变化为 ΔI，频率 $s = \alpha + j\omega$ 的微小变化为 Δs。设 $Z = Z_{in}(I, s) + Z_L(s)$。将 Z 在稳定工作点 (I_0, ω_0) 处进行泰勒级数展开：

$$Z(I, s) = Z(I_0, s_0) + \frac{\partial Z}{\partial s}\bigg|_{s_0, I_0} \Delta s + \frac{\partial Z}{\partial I}\bigg|_{s_0, I_0} \Delta I = 0 \tag{5.3-4}$$

要实现振荡，$Z(I, s)$ 必须等于零。由于 $Z(I_0, s_0)$ 等于零，可得：

$$\Delta s = \Delta\alpha + j\Delta\omega = \frac{-\partial Z / \partial I}{\partial Z / \partial s}\bigg|_{s_0, I_0} \Delta I \tag{5.3-5}$$

因为 $\dfrac{\partial Z}{\partial s} = -j\dfrac{\partial Z}{\partial \omega}$，由式（5.3-5）改写可得：

$$\Delta s = \Delta \alpha + \mathrm{j}\Delta \omega = \frac{-\mathrm{j}(\partial Z / \partial I)(\partial Z^* / \partial \omega)}{|\partial Z / \partial \omega|^2}\Delta I \qquad (5.3\text{-}6)$$

如果电流和频率引起的瞬态是衰减的，则当 $\Delta I > 0$ 时，$\Delta \alpha < 0$，因此可得：

$$\mathrm{Im}\left[(\partial Z / \partial I)(\partial Z^* / \partial \omega) \right] = 0 \qquad (5.3\text{-}7)$$

可得：

$$\frac{\partial R}{\partial I}\frac{\partial X}{\partial \omega} - \frac{\partial X}{\partial I}\frac{\partial R}{\partial \omega} > 0 \qquad (5.3\text{-}8)$$

由于负载是无源的，因此可得：

$$\frac{\partial R_{\mathrm{in}}}{\partial I}\frac{\partial}{\partial \omega}(X_{\mathrm{L}} + X_{\mathrm{in}}) - \frac{\partial X_{\mathrm{in}}}{\partial I}\frac{\partial R_{\mathrm{in}}}{\partial \omega} > 0 \qquad (5.3\text{-}9)$$

因为 $\partial R_{\mathrm{in}} / \partial I > 0$，所以当 $\partial(X_{\mathrm{L}} + X_{\mathrm{in}}) / \partial \omega \gg 0$ 时，式（5.3-9）成立。这意味着高 Q 电路的稳定性更强。

5.3.2 二极管振荡器

1. 负阻二极管

有些二极管可以在微波频率下产生振荡，常用的有雪崩渡越时间二极管（IMPATT）和耿氏二极管（Gunn）。这两种二极管属于负阻振荡器，振荡频率可达到毫米波，振荡功率也在逐渐提高。与雪崩二极管相比，耿氏二极管的输出功率较低，工作频带宽度较窄，但是其噪声特性远胜于雪崩二极管，通常被用作微波或者毫米波频段的本振信号。

2. 雪崩二极管

当二极管的两端加上的反偏电压超过击穿电压时，会产生雪崩击穿。运动的载流子即空穴获得能量后，将价电子打入导带，产生电子-空穴对。在雪崩击穿状态下，电子-空穴对随时间按指数规律增长，这种现象叫作雪崩倍增。当二极管两端的电压小于击穿电压时，电流将按指数规律衰减，雪崩停止。这样就形成了很窄的脉冲电流。由于雪崩倍增效应的发生会有一个过程，当二极管两端电压达到最大时，电流的相位会滞后于电压 $\pi / 2$，这种现象叫作雪崩二极管的电感效应。此时，通过调节漂移区的长度，可以使电流产生 $\pi / 2$ 的相移，从而雪崩电流与交流电压就产生了 $180°$ 的相差，二极管就等效于产生了负阻特性。因此根据前面所述理论就可以产生微波振荡。

3. 耿氏二极管

耿氏二极管又叫体效应二极管，是利用半导体材料的体效应的微波器件。它是依靠电子从低能谷向高能谷转移，产生负微分迁移率，从而实现微波振荡。它依靠材料本身的负阻特性实现微波振荡。体效应二极管等效电路如图 5.3-2 所示。图中，$-R_{\mathrm{d}}$ 为高场区电阻（即负阻），R_0 为低场区电阻（即正阻）。实际上负阻值要比正阻值高几十倍，因此可以忽略 R_0 和 C_0，视为 $-R_{\mathrm{d}}$ 与 C_{d} 并联。

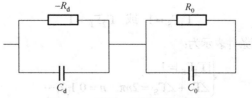

图 5.3-2 耿氏二极管等效电路图

5.3.3　场效应晶体管振荡器

场效应晶体管振荡器通常用于频率较低的振荡器，可以采用 S 参数法进行分析。类似于放大器设计，振荡器同样有不稳定性以及阻抗匹配等问题。振荡器起振时是小信号条件，稳定于大信号条件。

对于场效应晶体管振荡器，可以将其看作反馈振荡器，因此可以采用微波网络的分析方法。电路图如图 5.3-3 所示。

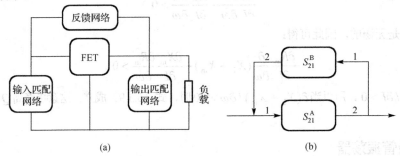

图 5.3-3　反馈振荡器电路图

通过 S 参数网络分析，可以得到振荡平衡的条件：

$$S_{21}^{A} \cdot S_{21}^{B} = 1 \tag{5.3-10}$$

分别用幅度和相位表示可得：

$$\begin{cases} |S_{21}^{A}| \cdot |S_{21}^{B}| = 1 \\ \angle S_{21}^{A} + \angle S_{21}^{B} = 2n\pi, \quad n = 0,1,2,\cdots \end{cases} \tag{5.3-11}$$

式（5.3-11）必须满足两个端口匹配的条件。

与此同时，也可将该振荡器视为负阻振荡器进行分析。当潜在不稳定的晶体管的一个端口满足一定的端接条件时，另一端口的输入阻抗表现为负阻。与前一节放大器的分析相反，为了引起自激，需要满足以下条件：

当晶体管的 $|S_{11}| < 1$，$|S_{22}| < 1$ 时，起振条件为：

$$\begin{cases} K < 1 \\ |\Gamma_{S}\Gamma_{in}| > 1 \text{ 或 } |\Gamma_{L}\Gamma_{out}| > 1 \end{cases} \tag{5.3-12}$$

当晶体管的 $|S_{11}| > 1$，$|S_{22}| > 1$ 时，起振条件为：

$$\begin{cases} |S_{11}| > 1 \text{ 或 } |S_{22}| > 1 \\ |\Gamma_{S}\Gamma_{in}| > 1 \text{ 或 } |\Gamma_{L}\Gamma_{out}| > 1 \end{cases} \tag{5.3-13}$$

式中，Γ_{in} 与 Γ_{out} 取决于晶体管的小信号 S 参数。

而振荡的平衡条件为：

$$\Gamma_{1}\Gamma_{S} = 1 \quad \text{或} \quad \Gamma_{2}\Gamma_{L} = 1 \tag{5.3-14}$$

用幅值平衡和相位平衡条件表示为：

$$\begin{cases} |\Gamma_{1}\Gamma_{S}| = 1 \\ \angle \Gamma_{1} + \angle \Gamma_{S} = 2n\pi, \quad n = 0,1,2,\cdots \end{cases} \tag{5.3-15}$$

$$\begin{cases} |\Gamma_2\Gamma_L| = 1 \\ \angle\Gamma_2 + \angle\Gamma_L = 2n\pi, \quad n = 0,1,2,\cdots \end{cases} \tag{5.3-16}$$

式（5.3-14）、式（5.3-15）及式（5.3-16）中的 Γ_1、Γ_2 由场效应晶体管的大信号 S 参数决定。

例 5.3.1　下面两只晶体管中哪一只可以用来制作一个 2GHz 的振荡器？选择合适的管子并说明采用此管设计振荡器的过程。两只晶体管在 2GHz 时的 S 参数如下：

晶体管 A：$S_{11} = 0.48\angle25°$，$S_{12} = 0.08\angle62°$，$S_{21} = 3.1\angle30°$，$S_{22} = 0.3\angle-120°$

晶体管 B：$S_{11} = 0.91\angle78°$，$S_{12} = 0.02\angle-54°$，$S_{21} = 4.2\angle61°$，$S_{22} = 1.2\angle172°$

解　① 要设计 2GHz 的振荡器，晶体管必须在 2GHz 具有潜在的不稳定性，因此需要计算稳定性系数。

晶体管 A 的稳定性：
$$\begin{cases} K_A = \dfrac{1 - |S_{11}|^2 - |S_{22}|^2 + |D|^2}{2|S_{12}S_{21}|} = 1.68 \\ 1 - |S_{11}|^2 - |S_{12}S_{21}| = 0.52 \\ 1 - |S_{22}|^2 - |S_{12}S_{21}| = 0.66 \end{cases}$$

故晶体管 A 在 2GHz 时是绝对稳定的。

晶体管 B 的稳定性系数：$K_B = \dfrac{1 - |S_{11}|^2 - |S_{22}|^2 + |D|^2}{2|S_{12}S_{21}|} = -0.088$

故晶体管 B 在 2GHz 时存在潜在不稳定性，因而要选晶体管 B 进行设计。

② 设计晶体管的端口反射系数。

根据 S 参数，可以绘制出晶体管 B 的稳定性判别圆。晶体管在 2GHz 时是潜在不稳定的，且 Γ_S 有相当一部分落在不稳定区，因此设计输入阻抗时有很大余地。但是为了尽可能实现振荡，希望输出反射系数 Γ_{out} 尽可能大，以便和更多的负载产生振荡。

输出反射系数 Γ_{out} 的表达式为：

$$\Gamma_{out} = S_{22} + \frac{S_{12}S_{21}}{1 - S_{11}\Gamma_S}\Gamma_S$$

根据上式，可知应当选 $\Gamma_S = 1/S_{11}$，这样 $\Gamma_{out} \to \infty$，实际上并不能做到完全匹配，并且这样选择 Γ_S 的话，振荡器对负载变化非常敏感，可将 Γ_S 设计成接近 S_{11}^{-1}。这里设计 $\Gamma_S = 1\angle-122°$，此时的 $\Gamma_{out} = 1.31\underline{/173°}$。

根据谐振时 $\Gamma_L \cdot \Gamma_{out} = 1$，应将负载端反射系数设计为 $\Gamma_L = 0.76\underline{/-173°}$。

③ 完成输入端和负载端匹配电路设计。

整个振荡器设计，由反射系数求出相应阻抗，接入匹配网络即可。

$$Z_S = Z_0 \times \frac{1+\Gamma_S}{1-\Gamma_S} = -27.72\mathrm{j}$$

$$Z_L = Z_0 \times \frac{1+\Gamma_L}{1-\Gamma_L} = 6.8 - 2.99\mathrm{j}$$

输入端串联电容 $C_1 = 2.9\mathrm{pF}$ 即可，输出端采用反 Γ 形匹配网络，串联电容 $C_2 = 3.9\mathrm{pF}$，并联接地电感 $L_1 = 1.6\mathrm{nH}$。在史密斯阻抗圆图上的匹配见图 5.3-4。

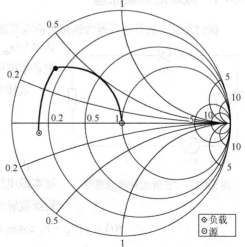

◇ 负载
◉ 源

图 5.3-4　输出匹配网络设计

图 5.3-5 给出了振荡器的结构示意图。实际设计时仅按上述理论值进行设计是不够的，还要考虑晶体管封装参数、偏置电路的影响以及器件对频率和负载变化的敏感性等问题，这些问题在例题中并没有展现出来。

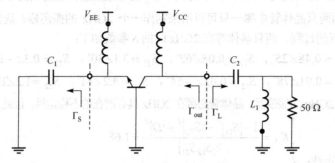

图 5.3-5　晶体管振荡器结构图

5.4　微波混频器

混频器是一种实现频率变换的微波器件。混频器有 3 个端口，它的功能如图 5.4-1 所示。理想混频器的输出信号频率是两个输入信号频率的和频或者差频。我们知道，二极管和晶体管等非线性器件会产生输入信号的谐波或者交调信号，这为实现两个信号的和频或差频提供了可能。

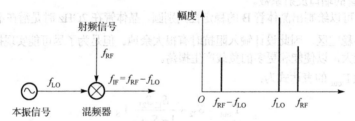

图 5.4-1　混频器原理图及差频频谱

5.4.1　微波混频器原理

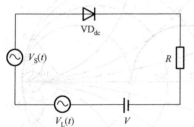

图 5.4-2　二极管混频器原理图

我们先以二极管混频器为例来分析混频器的工作原理。二极管混频电路的原理图如图 5.4-2 所示，其中 VD_{dc} 表示二极管直流偏压，$V_S(t)$ 表示接收的微弱信号，$V_L(t)$ 表示本振信号。

设接收信号与本振信号分别为

$$V_S(t) = V_S \cos \omega_S t \qquad (5.4-1)$$

$$V_L(t) = V_L \cos \omega_L t \qquad (5.4-2)$$

由于本振功率远大于接收信号功率，因此二极管的工作点主要随本振电压变化。现将二极管电流 $i = f(v)$ 在 $V_{dc} + V_L(t)$ 处进行泰勒级数展开，可得

$$i(t) = f(V_{dc} + V_L \cos \omega_L t) + f'(V_{dc} + V_L \cos \omega_L t)V_S \cos \omega_S t$$
$$+ \frac{1}{2} f''(V_{dc} + V_L \cos \omega_L t)V_S^2 \cos^2 \omega_S t + \cdots \qquad (5.4-3)$$

由于 $V_S(t)$ 较小，式（5.4-3）中二次以上的高次项可以忽略，则可以得到下式：

$$i(t) = f(V_{dc} + V_L \cos\omega_L t) + f'(V_{dc} + V_L \cos\omega_L t)V_S \cos\omega_S t \tag{5.4-4}$$

可以将 $f'(V_{dc} + V_L \cos\omega_L t)$ 定义为二极管的时变电导 $g(t)$。现在将时变电导 $g(t)$ 进行傅里叶级数展开得到：

$$g(t) = g_0 + 2\sum_{n=1}^{\infty} g_n \cos n\omega_L t \tag{5.4-5}$$

其中，

$$g_n = \frac{\omega_L}{2\pi} \int_0^{\frac{2\pi}{\omega}} g(t)\cos(n\omega_L t)\mathrm{d}t \tag{5.4-6}$$

因此可以得到二极管电流 $i(t)$ 的表达式：

$$
\begin{aligned}
i(t) &= f(V_{dc} + V_L \cos\omega_L t) + g_0 V_S \cos\omega_S t \\
&\quad + 2g_1 V_S \cos\omega_L t \cos\omega_S t + 2g_2 V_S \cos 2\omega_L t \cos\omega_S t + \cdots \\
&= f(V_{dc} + V_L \cos\omega_L t) + g_0 V_S \cos\omega_S t \\
&\quad + \sum_{n=1}^{\infty} g_n V_S \cos(n\omega_L \pm \omega_S)t
\end{aligned}
\tag{5.4-7}
$$

由式（5.4-7）可以看出，二极管电流由本振电流、基波信号电流、中频信号电流、高次交调电流构成。将以上分析结果绘制成频谱，如图 5.4-3 所示。

由于杂散信号的存在，实际输出信号功率会低于输入信号功率，造成变频损耗。在所有杂散频率中，因为中频频率远小于信号频率，因此镜像频率离信号频率较近，往往很难滤除。其他频率因为离信号频率较远，较容易滤除。因此在设计混频器时，需要格外注意镜像频率。

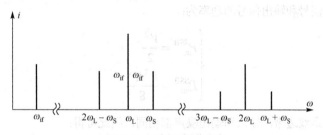

图 5.4-3　混频器频谱分布

在上述分析中，假设信号功率较小，因此忽略了信号的谐波。当信号的谐波分量不能忽略时，输出的频谱更为复杂。实际频谱应表示为 $m\omega_L + n\omega_S (m, n = \pm1, \pm2, \cdots)$，这样会消耗更多的信号功率，增加变频损耗，导致信号失真。

混频器的指标主要有变频损耗、噪声系数、动态范围、工作频率、隔离度等。

变频损耗为输入微波资用功率和中频负载功率之比，即

$$L_c = 10\lg \frac{P_{RF}}{P_{IF}} \tag{5.4-8}$$

变频损耗包括频率变换产生的损耗、杂散频率的损耗以及端口阻抗不匹配带来的反射损耗。变频损耗是混频器最重要的指标，变频损耗直接影响混频器的性能，而且对混频器噪声系数影响较大。通常混频器的变频损耗与本振功率及混频器的设计有关。

混频器中的噪声主要由二极管或者晶体管及造成电阻性损耗的热源产生。通常来说，二极管混频器的噪声系数比晶体管混频器的噪声系数低。混频器噪声系数有两种——单边带噪声系数和双边带噪声系数。

在双边带情况下，设输入信号为：

$$V_{in}^{DSB}(t) = V\cos(\omega_L - \omega_{if})t + V\cos(\omega_L + \omega_{if})t \tag{5.4-9}$$

则与本振信号混频后得到中频信号为：

$$V_{out}^{DSB} = \frac{VK}{2}\cos(\omega_{if}t) + \frac{VK}{2}\cos(-\omega_{if}t) = VK\cos(\omega_{if}t) \tag{5.4-10}$$

其中 K 为变频系数。

输入信号功率可计算为：

$$P_{in}^{DSB} = \frac{V^2}{2} + \frac{V^2}{2} = V^2 \tag{5.4-11}$$

输出信号功率可计算为：

$$P_{out}^{DSB} = \frac{V^2 K^2}{2} \tag{5.4-12}$$

在单边带条件下，输入信号为：

$$V_{in}^{SSB} = V\cos(\omega_L - \omega_{if})t \tag{5.4-13}$$

则可以得到中频信号为：

$$V_{out}^{SSB} = \frac{VK}{2}\cos(\omega_{if}t) \tag{5.4-14}$$

可以计算出输入信号和输出信号的功率为：

$$\begin{cases} P_{in}^{SSB} = \dfrac{V^2}{2} \\ P_{out}^{SSB} = \dfrac{V^2 K^2}{8} \end{cases} \tag{5.4-15}$$

无论是单边带还是双边带，输入和输出噪声都相同，因此可得：

$$\frac{F_{DSB}}{F_{SSB}} = \frac{P_{in}^{DSB} / P_{out}^{DSB}}{P_{in}^{SSB} / P_{out}^{SSB}} = \frac{1}{2} \tag{5.4-16}$$

由此可说明单边带的情况下，噪声系数是双边带情况下的两倍。

混频器动态范围是指混频器工作时能够接收的信号功率范围。一般来说，下限是指基底噪声功率，上限是指 1dB 压缩点的输入信号功率。

工作频率是指满足混频器指标的频率范围，包括信号工作频率范围及本振频率范围。

隔离度是指混频器端口之间的隔离度，包括信号与本振隔离度、本振与中频隔离度及信号与中频隔离度。

5.4.2 单端混频器

采用一只混频晶体管的混频器电路称为单端混频器。单端混频器的电路形式如图 5.4-4 所示。

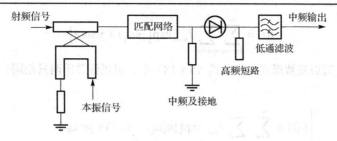

图 5.4-4　单端混频器电路图

本振信号与射频信号通过定向耦合器馈入。利用定向耦合器能够保证射频信号与本振信号的隔离。定向耦合器的耦合度不能太大，否则会造成信号的功率损失，一般耦合度为 10dB 比较合适。匹配网络保证射频能加载到二极管上。中频及直流利用一段短路微带线接地，减少中频及直流对输入端的影响，而且由于对高频信号相当于开路，所以不影响高频信号的传输。二极管输出口利用一段 $\lambda/4$ 开路线实现高频短路，防止高频信号泄漏到输出端。最后用一个低通滤波器滤出需要的中频信号。

由于单端混频器除结构简单外，噪声系数与隔离度都较其他混频器差，因此实际应用得并不多。

5.4.3　平衡混频器

由多只混频管构成的混频器称为平衡混频器。平衡混频器包括单平衡混频器、双平衡混频器及双双平衡混频器等。平衡混频器在噪声系数上较单端混频器有所改善，而且平衡混频器往往能抵消一部分谐波分量，从而减少了变频损耗。

1．单平衡混频器

单平衡混频器主要有两种结构，90°相移型平衡混频器以及180°相移型平衡混频器。

90°相移型平衡混频器的等效电路如图 5.4-5 所示。射频信号与本振信号通过功率混合电路加载到两个反向的混频二极管上，再通过功率合成得到中频信号。

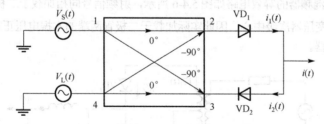

图 5.4-5　90°单平衡混频器的等效电路

由图 5.4-5 可以得到加载到二极管上的电压分别为：

$$\begin{cases} V_1 = V_S \cos(\omega_S t) + V_L \cos(\omega_L t - \pi/2) \\ V_2 = V_S \cos(\omega_S t + \pi/2) - V_L \cos(\omega_L t) \end{cases} \tag{5.4-17}$$

按照 5.4.1 节中时变电导的推导过程，将式（5.4-3）中的任意 m 阶导数都看成对应的时变电导 $g_m(t)$，即 $g_m(t) = f^{(m)}(V_{dc} + V_L \cos(\omega_L t))$，将每个时变电导 $g_m(t)$ 都按傅里叶级数展开写成 $g_m(t) = \sum_{n=-\infty}^{\infty} g_{m,n} \mathrm{e}^{\mathrm{j}n\omega_L t}$。将信号都用复数形式表示，则可由式（5.4-3）得到非线性晶体管电压电流的简洁表达式：

$$i(t) = \sum_{n=-\infty}^{\infty} \sum_{m=-\infty}^{\infty} \dot{I}_{n,m} \exp[jn\omega_L t + jm\omega_S t] \tag{5.4-18}$$

将式（5.4-17）写成复数形式并代入式（5.4-18）中，可以计算出两只相同二极管 VD_1 和 VD_2 两端的电流为：

$$\begin{cases} i_1(t) = \sum_{n=-\infty}^{\infty} \sum_{m=-\infty}^{\infty} \dot{I}_{n,m} \exp[jn(\omega_L t - \pi/2) + jm\omega_S t] \\ i_2(t) = \sum_{n=-\infty}^{\infty} \sum_{m=-\infty}^{\infty} \dot{I}_{n,m} \exp[jn(\omega_L t + \pi) + jm(\omega_S t + \pi/2)] \end{cases} \tag{5.4-19}$$

这样就可以计算出输出电流为：

$$\begin{aligned} i(t) &= i_1(t) - i_2(t) \\ &= \sum_{n=-\infty}^{\infty} \sum_{m=-\infty}^{\infty} \left\{ \dot{I}_{n,m} \exp[j(n\omega_L + m\omega_S)t]\exp(jn\pi)\left[\exp\left(-j\frac{3n\pi}{2}\right) - \exp\left(j\frac{m\pi}{2}\right)\right]\right\} \\ &= \sum_{n=-\infty}^{\infty} \sum_{m=-\infty}^{\infty} \left\{ \dot{I}_{n,m} \exp[j(n\omega_L + m\omega_S)t]\exp(jn\pi)\left[\exp\left(j\frac{n\pi}{2}\right) - \exp\left(j\frac{m\pi}{2}\right)\right]\right\} \end{aligned} \tag{5.4-20}$$

由式（5.4-20）可以分析出，中频电流为：

$$i_{if}(t) = 4|\dot{I}_{-1,+1}|\cos\left[(\omega_S - \omega_L)t + \pi/2\right] \tag{5.4-21}$$

而且，当

$$\exp\left(j\frac{n\pi}{2}\right) - \exp\left(j\frac{m\pi}{2}\right) = 0 \tag{5.4-22}$$

时，许多频率分量能够互相抵消，从而能减少许多干扰信号，并降低了变频损耗。

180°相移型平衡混频器的等效电路如图 5.4-6 所示，射频信号同相加载于二极管 VD_1 和 VD_2 上。但是本振电压加载于变压器次级中心，因此实际加载于二极管两端的本振电压正好反相，因此构成了 180°相移型平衡混频器。

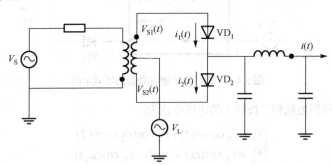

图 5.4-6 180°相移型平衡混频器的等效电路

如图 5.4-6 所示，二极管 VD_1 和 VD_2 的电压分别为：

$$\begin{cases} V_1 = V_S \cos(\omega_S t) + V_L \cos(\omega_L t) \\ V_2 = V_S \cos(\omega_S t) - V_L \cos(\omega_L t) = V_S \cos(\omega_S t) + V_L \cos(\omega_L t + \pi) \end{cases} \tag{5.4-23}$$

因此可以得到二极管 VD_1 和 VD_2 的电流为：

$$\begin{cases} i_1(t) = \sum_{n=-\infty}^{\infty}\sum_{m=-\infty}^{\infty}\dot{I}_{n,m}\exp(\mathrm{j}n\omega_{\mathrm{L}}t+\mathrm{j}m\omega_{\mathrm{S}}t) \\ i_2(t) = \sum_{n=-\infty}^{\infty}\sum_{m=-\infty}^{\infty}\dot{I}_{n,m}\exp[\mathrm{j}n\omega_{\mathrm{L}}(t+\pi)+\mathrm{j}m\omega_{\mathrm{S}}t] \end{cases} \tag{5.4-24}$$

由此得到输出电流为：

$$\begin{aligned} i(t) &= i_1(t)-i_2(t) \\ &= \sum_{n=-\infty}^{\infty}\sum_{m=-\infty}^{\infty}\left\{\dot{I}_{n,m}\exp[\mathrm{j}(n\omega_{\mathrm{L}}+m\omega_{\mathrm{S}})t][1-\exp(\mathrm{j}n\pi)]\right\} \end{aligned} \tag{5.4-25}$$

由式（5.4-25）可以分析出，该混频器的本振的偶次谐波的组合分量将被抵消。由于本振信号反相，因此可以抵消本振噪声。

例 5.4.1　在任何接收系统中，都要考虑混频器的镜频抑制问题。图 5.4-7 是一个镜像抑制混频器的结构图，它由两个相同的单平衡混频器构成，经过移相后，混频器的镜频产物能相互抵消，从而实现镜频抑制。试定性分析其工作原理。

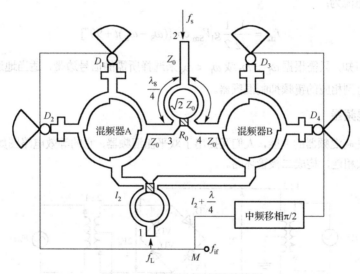

图 5.4-7　镜频抑制混频器结构图

解：设无源电路是理想无耗电路，且除移相电路外，其他电路无相移。信号电压和本振电压分别为 $V_{\mathrm{S}}=V_{\mathrm{Sm}}\cos(\omega_{\mathrm{S}}t)$、$V_{\mathrm{L}}=V_{\mathrm{Lm}}\cos(\omega_{\mathrm{L}}t)$。

信号经过功分器、本振经过功分器后移相 90° 后分别加到混频器 A 和 B 上，则混频器 A 和 B 相应输入端口的电压分别为：

$$\text{A：}\begin{cases} V_{\mathrm{S1}}=\dfrac{1}{\sqrt{2}}V_{\mathrm{Sm}}\cos(\omega_{\mathrm{S}}t) \\ V_{\mathrm{L1}}=\dfrac{1}{\sqrt{2}}V_{\mathrm{Lm}}\cos(\omega_{\mathrm{L}}t) \end{cases} \qquad \text{B：}\begin{cases} V_{\mathrm{S1}}=\dfrac{1}{\sqrt{2}}V_{\mathrm{Sm}}\cos(\omega_{\mathrm{S}}t) \\ V_{\mathrm{L1}}=\dfrac{1}{\sqrt{2}}V_{\mathrm{Lm}}\cos(\omega_{\mathrm{L}}t-90°) \end{cases}$$

由于混频二极管在本振电压的激励下其非线性电导为：

$$g_1(t)=g_0+2\sum_{n=1}^{\infty}g_n\cos(n\omega_{\mathrm{L}}t)$$

若仅考虑基波混频，则混频器 A 的混频电流可表示为：

$$I_1 = (g_1 \cos\omega_L t)(\frac{1}{\sqrt{2}}V_{Sm}\cos\omega_S t)$$

$$= \frac{1}{\sqrt{2}}\frac{1}{2}V_{Sm}g_1 \cos(\omega_S - \omega_L)t + \frac{1}{\sqrt{2}}\frac{1}{2}V_{Sm}g_1 \cos(\omega_S + \omega_L)$$

相应的中频电流为：

$$I_{if1} = \frac{1}{\sqrt{2}}\frac{1}{2}g_1 V_{Sm}\cos(\omega_S - \omega_L)t$$

同理，混频器 B 的电流为：

$$I_1 = g_1 \cos(\omega_L t - 90°)\left(\frac{1}{\sqrt{2}}V_{Sm}\cos\omega_S t\right)$$

$$= \frac{1}{\sqrt{2}}\frac{1}{2}g_1 V_{Sm}\cos[(\omega_S - \omega_L)t + 90°] + \frac{1}{\sqrt{2}}\frac{1}{2}g_1 V_{Sm}\cos[(\omega_S + \omega_L)t - 90°]$$

相应的中频电流为：

$$I_{if2} = \frac{1}{\sqrt{2}}\frac{1}{2}g_1 V_{Sm}\cos[(\omega_S - \omega_L)t + 90°]$$

从以上分析可知，只需根据 $\omega_L > \omega_S$ 或 $\omega_L < \omega_S$ 来选择所需的信号边带，适当地选择端口加入 90° 移相器，就可以得到相应的镜频抑制混频器。

2. 双平衡混频器

为了进一步提高混频器的性能，人们又提出了双平衡混频器，它的等效电路图如 5.4-8 所示，由 4 个混频二极管顺次相连，构成二极管环路。

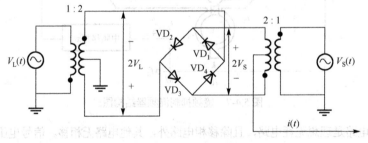

图 5.4-8　双平衡混频器的等效电路

根据等效电路图，可以计算出 4 个二极管上的电压分别为：

$$V_1 = V_S \cos(\omega_S t + \pi) + V_L \cos(\omega_L t + \pi) \tag{5.4-26}$$

$$V_2 = V_S \cos(\omega_S t) + V_L \cos(\omega_L t + \pi) \tag{5.4-27}$$

$$V_3 = V_S \cos(\omega_S t) + V_L \cos(\omega_L t) \tag{5.4-28}$$

$$V_4 = V_S \cos(\omega_S t + \pi) + V_L \cos(\omega_L t) \tag{5.4-29}$$

则可以得到混频电流为：

$$i_1(t) = \sum_{n=-\infty}^{\infty}\sum_{m=-\infty}^{\infty}\dot{I}_{n,m}\exp[jn(\omega_L t + \pi) + jm(\omega_S t + \pi)] \tag{5.4-30}$$

$$i_2(t) = \sum_{n=-\infty}^{\infty} \sum_{m=-\infty}^{\infty} \dot{I}_{n,m} \exp[jn(\omega_L t + \pi) + jm\omega_S t] \tag{5.4-31}$$

$$i_3(t) = \sum_{n=-\infty}^{\infty} \sum_{m=-\infty}^{\infty} \dot{I}_{n,m} \exp[jn\omega_L t + jm\omega_S t] \tag{5.4-32}$$

$$i_4(t) = \sum_{n=-\infty}^{\infty} \sum_{m=-\infty}^{\infty} \dot{I}_{n,m} \exp[jn\omega_L t + jm(\omega_S t + \pi)] \tag{5.4-33}$$

因此，总的输出电流为

$$\begin{aligned}
i(t) &= i_1(t) - i_2(t) + i_3(t) - i_4(t) \\
&= \sum_{n=-\infty}^{\infty} \sum_{m=-\infty}^{\infty} \left\{ \dot{I}_{n,m} \exp[j(n\omega_L + m\omega_S)t][1 - \exp(jn\pi)][1 - \exp(jm\pi)] \right\}
\end{aligned} \tag{5.4-34}$$

由式（5.4-34）可以分析出，所有射频和本振信号的偶次谐波组合分量都被抵消，可见，在单平衡混频器的基础上，双平衡混频器又进一步减少了谐波分量。

双双平衡混频器由两组双平衡混频器组成，分析方法与双平衡混频器类似，在此不再赘述。

5.5　微波倍频器

5.5.1　微波倍频原理

1. 非线性电阻倍频理论

倍频器分为电阻倍频器和电抗倍频器。电阻倍频器能提供较宽的带宽和较高的功率。但是电阻倍频器相比电抗倍频器的效率较低。但在高频段，倍频器的电阻特性不能忽略，不能采用电抗倍频器的分析方法。

非线性电阻倍频器的工作原理如图 5.5-1 所示，对于输入频率为 ω 的信号，由于电阻的非线性特性，在电路中会产生频率的 n 次谐波的信号，因此电阻上的电流和电压可以表示为：

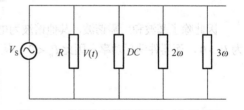

图 5.5-1　非线性电阻倍频器的工作原理图

$$v(t) = \sum_{n=-\infty}^{\infty} V_n \exp(jn\omega t) \tag{5.5-1}$$

$$i(t) = \sum_{n=-\infty}^{\infty} I_n \exp(jn\omega t) \tag{5.5-2}$$

其中的系数表达式为：

$$V_n = \frac{1}{T} \int_0^T v(t) \exp(-jn\omega t)\,dt \tag{5.5-3}$$

$$I_n = \frac{1}{T} \int_0^T i(t) \exp(-jn\omega t)\,dt \tag{5.5-4}$$

因此可以计算出 n 次谐波的功率：

$$P_n = 2\operatorname{Re}\{V_n I_n^*\} = V_n I_n^* + V_n^* I_n \tag{5.5-5}$$

在式（5.5-3）两边分别乘以 $n^2 I_n^*$ 并求和，可以得到：

$$\sum_{n=-\infty}^{\infty} n^2 V_n I_n^* = \frac{1}{T} \int_0^T v(t) \sum_{n=-\infty}^{\infty} n^2 I_n^* \exp(-jn\omega t) dt \tag{5.5-6}$$

对式（5.5-2）的两边对 t 求二次偏导得到：

$$\frac{\partial^2 i(t)}{\partial t^2} = -\sum_{n=-\infty}^{\infty} n^2 \omega^2 I_n \exp(jn\omega t) = -\sum_{n=-\infty}^{\infty} n^2 \omega^2 I_n^* \exp(-jn\omega t) \tag{5.5-7}$$

于是式（5.5-6）可以表示为：

$$-\sum_{n=-\infty}^{\infty} n^2 V_n I_n^* = \frac{1}{\omega^2 T} \int_0^T v(t) \frac{\partial^2 i(t)}{\partial t^2} dt$$

$$= \frac{1}{2\pi\omega} v(t) \frac{\partial i(t)}{\partial t} \Big|_{t=0}^T - \frac{1}{2\pi\omega} \int_0^T \frac{\partial v(t)}{\partial t} \frac{\partial i(t)}{\partial t} dt \tag{5.5-8}$$

因为 $v(t)$ 和 $i(t)$ 是周期为 T 的周期性函数，因此可以得知 $v(0) = v(t)$ 和 $i(0) = i(t)$，由此可以得到式（5.5-8）中等式右端第一项为零。因此式（5.5-8）可以简化为：

$$\sum_{n=0}^{\infty} n^2 P_n = \sum_{n=-\infty}^{\infty} n^2 V_n I_n^* = \frac{1}{2\pi\omega} \int_0^T \frac{\partial i}{\partial v} \left(\frac{\partial v(t)}{\partial t} \right)^2 dt \tag{5.5-9}$$

对于正的非线性电阻，由于上式的积分为正，所以可以得到：

$$\sum_{n=0}^{\infty} n^2 P_n \geqslant 0 \tag{5.5-10}$$

因此除了基波和所需谐波，其他谐波为电抗性负载，则式（5.5-10）可以简化为 $P_1 + n^2 P_n > 0$。因为 $P_1 > 0$，而器件消耗功率，因此 $P_n < 0$，从而得到理论上最大的变换效率为：

$$\left| \frac{P_n}{P_1} \right| \leqslant \frac{1}{n^2} \tag{5.5-11}$$

式（5.5-11）表明电阻性倍频器的效率是按倍频系数的平方减小的。

2. 非线性电抗倍频理论

假如将正弦电压加载到线性电容上，产生的电流也是正弦的。但如果加载到非线性电容上，如变容二极管，则产生的电流将发生畸变，因此产生了高次谐波。利用这种非线性电抗，就能实现倍频功能。

假设用两个频率为 ω_1 和 ω_2 的信号驱动非线性电容。电容器上的电压可以用傅里叶级数的形式表示为：

$$v(t) = \sum_{n=-\infty}^{\infty} \sum_{m=-\infty}^{\infty} V_{nm} \exp[j(n\omega_1 + m\omega_2)t] \tag{5.5-12}$$

电容器上的电荷也可以用傅里叶级数表示为：

$$Q(t) = \sum_{n=-\infty}^{\infty} \sum_{m=-\infty}^{\infty} Q_{nm} \exp[j(n\omega_1 + m\omega_2)t] \tag{5.5-13}$$

因此可以得到：

$$i(t) = \frac{\partial Q}{\partial t} = \sum_{n=-\infty}^{\infty} \sum_{m=-\infty}^{\infty} j(n\omega_1 + m\omega_2)Q_{nm} \exp[j(n\omega_1 + m\omega_2)t]$$

$$= \sum_{n=-\infty}^{\infty} \sum_{m=-\infty}^{\infty} I_{nm} \exp[j(n\omega_1 + m\omega_2)t] \tag{5.5-14}$$

因为在无耗电容器上没有功率损耗，如果频率 ω_1 和 ω_2 不产生混频，则非线性引起的谐波平均功率不存在。因此可得：

$$P_{nm} = 2\operatorname{Re}\{V_{nm}I_{nm}^*\} = V_{nm}I_{nm}^* + V_{nm}^* I_{nm} = V_{nm}I_{nm}^* + V_{-n,-m}I_{-n,-m}^* = P_{-n,-m} \tag{5.5-15}$$

由于功率守恒，因此得到：

$$\sum_{n=-\infty}^{\infty} \sum_{m=-\infty}^{\infty} P_{nm} = 0 \tag{5.5-16}$$

用 $\dfrac{n\omega_1 + m\omega_2}{n\omega_1 + m\omega_2}$ 乘以式（5.5-16），可以得到：

$$\omega_1 \sum_{n=-\infty}^{\infty} \sum_{m=-\infty}^{\infty} \frac{nP_{nm}}{n\omega_1 + m\omega_2} + \omega_2 \sum_{n=-\infty}^{\infty} \sum_{m=-\infty}^{\infty} \frac{mP_{nm}}{n\omega_1 + m\omega_2} = 0 \tag{5.5-17}$$

联立式（5.5-15）、式（5.5-17）和 $I_{nm} = j(n\omega_1 + m\omega_2)Q_{nm}$ 可得：

$$\omega_1 \sum_{n=-\infty}^{\infty} \sum_{m=-\infty}^{\infty} n(-jV_{nm}Q_{nm}^* - jV_{-n,-m}Q_{-n,-m}^*) + \omega_2 \sum_{n=-\infty}^{\infty} \sum_{m=-\infty}^{\infty} m(-jV_{nm}Q_{nm}^* - jV_{-n,-m}Q_{-n,-m}^*) = 0 \tag{5.5-18}$$

我们可以调整电路使得 V_{nm} 为常量，因此 Q_{nm} 也是常量，从而得到：

$$\sum_{n=-\infty}^{\infty} \sum_{m=-\infty}^{\infty} \frac{nP_{nm}}{n\omega_1 + m\omega_2} = 0 \tag{5.5-19}$$

$$\sum_{n=-\infty}^{\infty} \sum_{m=-\infty}^{\infty} \frac{mP_{nm}}{n\omega_1 + m\omega_2} = 0 \tag{5.5-20}$$

将 $P_{-n,-m} = P_{nm}$ 代入式（5.5-19）得到：

$$\sum_{n=-\infty}^{\infty} \sum_{m=-\infty}^{\infty} \frac{nP_{nm}}{n\omega_1 + m\omega_2} = \sum_{n=0}^{\infty} \sum_{m=-\infty}^{\infty} \frac{nP_{nm}}{n\omega_1 + m\omega_2} + \sum_{n=0}^{\infty} \sum_{m=-\infty}^{\infty} \frac{-nP_{-n,-m}}{-n\omega_1 - m\omega_2} = 2\sum_{n=0}^{\infty} \sum_{m=-\infty}^{\infty} \frac{nP_{nm}}{n\omega_1 + m\omega_2} = 0 \tag{5.5-21}$$

采用类似方法处理式（5.5-20），可以得到 Manley-Rowe 关系的常用形式：

$$\sum_{n=0}^{\infty} \sum_{m=-\infty}^{\infty} \frac{nP_{nm}}{n\omega_1 + m\omega_2} = 0 \tag{5.5-22}$$

$$\sum_{n=-\infty}^{\infty} \sum_{m=0}^{\infty} \frac{mP_{nm}}{n\omega_1 + m\omega_2} = 0 \tag{5.5-23}$$

实际上电抗性倍频器是一种特殊情况，当 $m = 0$ 时，得到：

$$\sum_{n=1}^{\infty} P_{n0} = 0 \quad \text{或} \quad \sum_{2}^{\infty} P_{n0} = -P_{10} \tag{5.5-24}$$

如果除了 n 次谐波，其他所有频率都无耗，则可以得到：

$$\left| \frac{P_{n0}}{P_{10}} \right| = 1 \tag{5.5-25}$$

因此，理论上，电抗型倍频器是可以达到 100%转换效率的。但实际上，由于电路以及匹配中存在损耗，转换效率无法达到 100%。

5.5.2 二极管倍频器

倍频器主要利用变容二极管、阶跃恢复二极管、场效应管等器件实现。这一节主要讨论变容二极管倍频器以及阶跃恢复二极管倍频器。

1. 变容二极管倍频器

由于变容二极管的非线性容抗的作用，当用大信号激励变容管时，将会产生多种谐波，提取所需的谐波即可实现倍频功能。而且变容二极管的损耗较小，倍频效率较高。

在实际的倍频电路中，除了输入/输出回路以外，还会有空闲回路，它是除了所需谐波以外的其他谐波的工作回路，但并不从该回路输出功率，因此称为空闲回路。空闲回路可以将其他的谐波返回变容二极管，通过非线性变频转化为所需谐波分量，从而提高了倍频器的倍频效率。图 5.5-2 为变容二极管倍频器的等效电路图，其中 C_j、L_j 和 R_j 为空闲滤波回路。

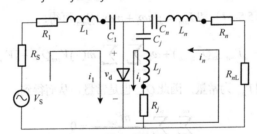

图 5.5-2 变容二极管倍频器的等效电路图

根据电荷分析法建立方程：

$$\begin{cases} V_S \cos(\omega_1 t) = R_S i_1 + v_1 + v_d \\ 0 = v_j + v_d \\ 0 = R_{nL} i_n + v_n + v_d \end{cases} \tag{5.5-26}$$

式中，

$$v_k = R_k i_k + L_k \frac{di_k}{dt} + \frac{1}{C_k} \int i_k dt \tag{5.5-27}$$

$$= R_k \omega_k Q_k \cos \omega_k t - X_k \omega_k Q_k \sin \omega_k t, \qquad k = 1, j, n$$

其中，$V_S \cos(\omega_1 t)$ 是信号电压；v_d 表示变容管两端电压；R_S 为信号源内阻；R_{nL} 为负载电阻。利用该方程可以对倍频器进行分析。

图 5.5-3 是一种典型的变容二极管 4 倍频器电路，在输入端微带线抵消变容二极管的电抗分量，用 1/4 波长线做输入端阻抗匹配。对地短接的 1/4 波长线既可作为滤波，也可提供偏置。输出端的 1/4 输出频率波长线作为阻抗变换，另外两条分支线滤除基波分量以及二次谐波分量。

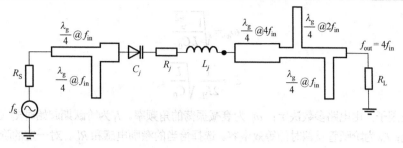

图 5.5-3 一种变容二极管的 4 倍频器电路

2. 阶跃恢复二极管倍频器

阶跃恢复二极管（SRD）是一种比较特殊的变容管。在交流电压的激励下，它会产生一个窄脉冲串，这样的波形蕴含着许多谐波分量，利用这个特性可以实现高次倍频。

阶跃恢复二极管的原理框图如图 5.5-4 所示。输入匹配网络完成信号源内阻和 SRD 的输入阻抗的匹配，使输入电压有效地加载到二极管上。SRD 的作用是把每一个周期信号转换成为一个大幅度窄脉冲。输出信号谐振电路调谐在所需谐波上，将脉冲变换为振荡衰减，把能量集中在所需频率上。最后输出滤波电路将第 n 次谐波加载到负载上。

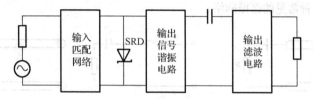

图 5.5-4 阶跃恢复二极管原理图

1）脉冲发生器

图 5.5-5 为阶跃二极管脉冲发生器电路图，输入信号 $v_S = V_S \sin(\omega_1 t + \theta)$，通过一个激励电感 L 来激励阶跃管，以便利用电感储能，从而得到大幅度的阶跃电流。图中 R_L 为脉冲发生器的等效负载，V_0 为负偏压。可以将电路分为正向导通和反向截止两种工作状态下的线性电路来讨论。

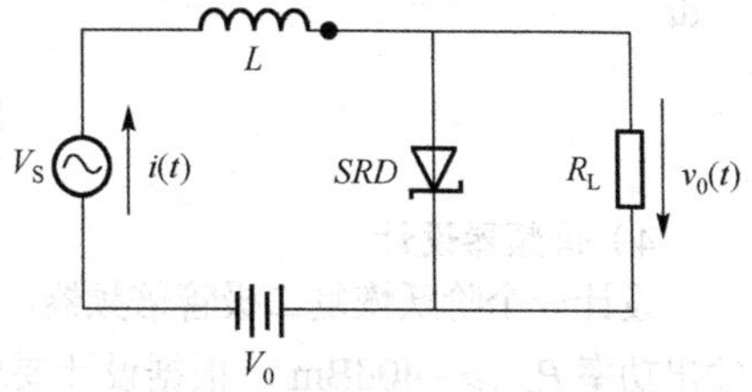

当导通时：

$$i(t) = I_0 + \frac{V_S}{\omega_1 L}[\cos\theta - \cos(\omega_1 t + \theta)] - \frac{V_0 + \phi}{L}t \quad (5.5\text{-}28)$$

$$v_0(t) = \phi \quad (5.5\text{-}29)$$

图 5.5-5 阶跃二极管脉冲发生器电路图

式中，I_0 为导通期起始时刻，电感 L 中的初始电流；ϕ 为 SRD 的势垒电位。

当截止时：

$$i_L(t) = -I_1 e^{-\gamma t}\left(\cos\omega_n t - \frac{\gamma}{\omega_n}\sin\omega_n t\right) \quad (5.5\text{-}30)$$

式中，

$$\gamma = \frac{1}{2R_L C_0} = \frac{\xi\omega_n}{\sqrt{1-\xi^2}} \quad (5.5\text{-}31)$$

$$\omega_n = \sqrt{\frac{1-\xi^2}{LC_0}} \qquad (5.5\text{-}32)$$

$$\xi = \frac{1}{2R_L}\sqrt{\frac{L}{C_0}} \qquad (5.5\text{-}33)$$

ξ 为阻尼因子，由电路参数决定；ω_n 为衰减振荡的角频率。I_1 为阶跃期起始时刻（$t=t_0$），电感 L 中的初始电流；C_0 为阶跃管反偏时的等效电容。选择恰当的激励电感和 R'_L，对一定的阶跃管使 $\xi < 1$，则 $i_L(t)$ 为衰减振荡。那么负载上的电压也是衰减振荡电压，表达式为：

$$v_0(t-t_0) = \frac{1}{C_0}\int i\,\mathrm{d}t = -I_1 \frac{\sqrt{L/C_0}}{\sqrt{1-\xi^2}}\,\mathrm{e}^{\frac{\xi\omega_n(t-t_0)}{\sqrt{1-\xi^2}}}\sin\omega_n(t-t_0) \qquad (5.5\text{-}34)$$

实际上，负载 R'_L 能观察到的仅仅是此衰减振荡波形的第一个负半周期。因为电压超过管子的接触电势时，SRD 又重新处于导通状态，管压将重新位于 ϕ，脉冲发生器又将恢复到导通期的等效电路。所以在输入频率 f_1 的连续信号作用下，脉冲发生器输出波形是周期为 T_1 的窄脉冲串。

2）谐振电路

SRD 倍频器电路中的谐振电路是将窄脉冲变为阻尼振荡波，因而使分散的能量集中于所需谐波附近。图 5.5-6 给出了 3 种常见的谐振网络。

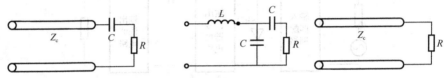

图 5.5-6　SRD 倍频器常用的谐振网络

3）偏置电压的选择

阶跃管倍频器中偏置电压的设置是使脉冲发生器的电流阶跃发生在电流 $-I_1$ 的瞬间（$t=t_0$），此时 $L\dfrac{\mathrm{d}i}{\mathrm{d}t}=0$，因此偏置电压为：

$$V_0 = -V_S\sin\left(\theta-\frac{\pi}{n}\right)-\phi \qquad (5.5\text{-}35)$$

4）倍频器设计

设计一个阶跃恢复二极管倍频器，要求输入信号频率 $f_1 = 500\text{MHz}$，输出信号频率 $f_n = 3\text{GHz}$，输出功率 $P_{\min} \geqslant -40\text{dBm}$。根据设计要求确定设计步骤如下。

（1）选择阶跃二极管。

选择过程中需要考虑的二极管参数有：截止频率 f_c、阶跃时间 t_t、少数载流子寿命 τ、结电容 C_j、反向击穿电压 V_B 等，选取原则见参考文献[2]。所选阶跃二极管的结电容 $C_j = 0.2\text{pF}$，阶跃时间 $t_t = 80\text{ps}$，反向峰值击穿电压 $V_B \geqslant 30\text{V}$。

（2）设计脉冲发生器。

实际脉冲发生器的等效电路如图 5.5-7 所示，电路中除了激励电感 L 和 SRD 外，还包括调谐电容 C_T，输入匹配网络 L_M、C_M，稳定的偏置电路。图 5.5-7 所示为自给偏置网络，其中 L_{b1} 为高频扼流圈，用以防止 R_b 对高频分路。高频滤波器 L_{b2} 和 C_b 是为了增加电路稳定性，防止或削弱电路和信号源之间不必要的耦合，以免引起寄生震荡。C_b 还对偏压源起隔直作用。取 $\xi = 0.3$，根据设计指标和所选取的阶跃管，很容易计算出各元件的取值，具体计算公式见参考文献[2]。

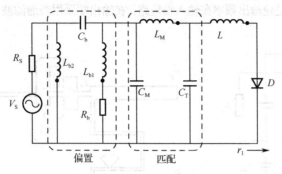

图 5.5-7 实际脉冲发生器等效电路

（3）设计谐振电路。

如图 5.5-8 所示，在脉冲发生器后接上谐振电路是为使分散频谱的能量集中于输出频率 $f = nf_0$ 附近，以提高效率。组件输出频率较高，谐振电路由 1/4 波长微带线实现，即 3GHz 的 1/4 波长微带线。

（4）设计输出滤波器。

如图 5.5-8 所示，倍频器输出带通滤波器采用平行耦合微带线带通滤波器。由于 500MHz 输入信号的 7 次谐波离输出频率 3.5GHz 相差 500MHz，500MHz 输入信号的 5 次谐波离输出频率 2.5GHz 差 500MHz。平行耦合微带线带通滤波器很容易做到 40dB 的谐波抑制。

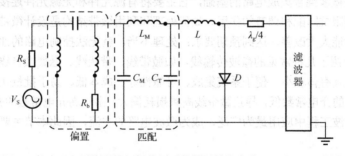

图 5.5-8 加偏压后倍频器输出电路

5.5.3 FET 倍频器

场效应管倍频器与二极管倍频器相比，频带更宽，变频增益大于 1，直流功耗小，热耗散小，对输入信号电平要求更低，因此场效应管倍频器也得到了广泛的应用。

图 5.5-9 是单栅场效应管倍频器原理图，根据栅压不同，可以将这种倍频器分为 A 类、B 类、AB 类 3 种倍频器，对应于 3 种工作状态。在 A 类倍频器中，栅极偏置电压在 φ（栅极肖特基势垒电压）附近，利用 I_{ds} 的限幅效应得到半波，导通角为 $\theta = 2\pi$。A 类倍频器直流分量较大，平均直流分量为 $0.613 I_{DSS}$（最大漏源极电流）。在 B 类倍频器中，栅极偏置在夹断电压附近，利用管子夹断效应得到尖峰脉冲电流。这种倍频器直流分量小（等于 $0.25 I_{DSS}$），因而管耗小、效率高，且不容易产生自激振荡，是目前广泛采用的倍频方式。在 AB 类倍频器中，栅极偏压处于 φ 和夹断电压之间，大信号输入后使限幅和夹断效应同时出现，引起漏极电流的上下削顶。若忽略交调失真，则电压变化近似对称方波。

总的来说，AB 类倍频器的效率要高于 A 类倍频器和 B 类倍频器，但是 AB 类倍频器不能得到偶次谐波。

图 5.5-10 所示为一个典型的 FET 三倍频器，其中 L_1、C_1、L_2 和 C_2 组成输入滤波器，同时起阻抗匹配作用。C_2 的作用是使输出频率在输入端短路。在输出端采用带通滤波器输出，并采用开路线匹配。

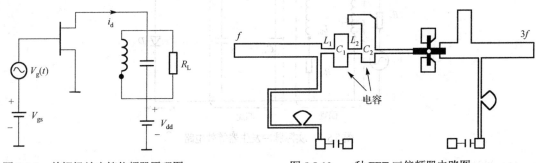

图 5.5-9 单栅场效应管倍频器原理图   图 5.5-10 一种 FET 三倍频器电路图

FET 倍频器比变容二极管倍频器有其优越之处，但对高次倍频来说，阶跃恢复二极管应用较为普遍。

5.6 微带混合集成技术

微波传输线是微波混合集成电路的基础，它主要将有源元件和无源元件连接在一起，传输微波能量，同时还起到阻抗匹配和调节的作用。如何处理和利用微带结构是设计微带电路的关键。处理恰当，可使电路性能大大改善，达到预期要求；处理不当，就无法控制电路的性能，达不到预期要求。第 2 章已经介绍了几种常见的微波传输线，如微带线、带状线、悬置微带线、共面线、槽线、鳍线，其中微带线具有体积小、便于系统集成、可靠性好、成本低、易于批量化生产等诸多优势。以前因为介质基板的介电常数低，导致微带线高频损耗偏大，由于高介电常数的介质基板研制成功，现在微带电路在微波工程中应用最为广泛，成为微波电路的主流，因此本节主要介绍微带混合集成技术。

微带集成电路设计加工过程中除电路原理部分外，还应设计好屏蔽盒体、不同导行系统间的过渡结构、有源器件的偏置电路、射频模块间的直流电隔离、固态器件的安装与检测。

微带传输线是半开放结构，微波有源和无源器件周围也会存在电磁场，若不加屏蔽腔，微波能量会通过电磁波泄漏出去，不仅对系统其他电子设备造成电磁干扰，而且模块内部的器件之间也会发生电磁耦合，造成各功能模块性能恶化；同时，微波电路对外部电磁环境比较敏感，屏蔽腔能屏蔽外界电磁干扰，提高设备电磁兼容。屏蔽腔体要对各微波射频模块有较好的隔离，腔体壁上留出信号输入、输出、接地、腔体固定等接口。更重要的是，因为封闭的金属腔是一个谐振器，因此要防止腔体在工作频段产生振荡。

微波导行系统形式多样，同轴、波导、微带、槽线、鳍线、带状线等物理结构差异大，不同形式的导行系统需要对过渡结构进行连接，其中最常见的是同轴-微带、波导-微带过渡结构。转换结构一方面要考虑物理结构的可实现性，过渡平缓；另一方面要有较好的转换特性，如低插损、小驻波比、低寄生参数等，以降低过渡结构的影响。

有源器件（如放大器、倍频器、混频器等）正常工作时需要加直流电，使微波晶体管工作在所需要的静态工作点，这部分电路就是偏置电路。馈入直流电的同时，要有效防止射频信号由偏置电路进入到电压源或泄漏到地，因此从主线向偏置电路看过去，接入点的输入阻抗在工作频率处应等效为开路。偏置电路类似滤波器，常用的偏置结构是 $\lambda/4$ 传输线，这样的偏置电路只能在点频处实现理想开路，可采用多种方法拓宽频带特性。为了防止偏置电源通过微波元件短路到地，射频电路各模块之间要加隔直电容，隔离直流信号。

原理图与版图设计好后，后期还包括微带电路制作、分立元件与微带线连接、工艺检测等。微带电路的工艺过程主要包括基片处理、版图制作、光刻、接地孔金属化与电镀及元件装配这几个方面。整个模块电路的组装包括元器件的焊接及基板安装。其中，偏置电路元件常用贴片式电阻和电容，可以采用手工焊或导电胶粘接，有源芯片一般采用共晶焊固定在载体上。加工工艺、精度、公差等均会影响电路特性，后期需要进行工艺检测和反复测试。微带电路的设计与加工工艺是密切配合的整体，因此电路设计人员应该了解工艺流程以及影响加工精度的因素，以便在微带电路设计时加以考虑；在测试和使用过程中要熟悉基本的工作原理，避免不正常的损坏。

5.6.1　屏蔽盒体

微带电路元件一般由具有电路图形的基片、屏蔽盒体、射频连接器、偏压源插头等组合而成，如图5.6-1所示。无论是正方形的还是长方形的屏蔽盒体，均由主体、上、下盖板等组成，利用螺钉组装成整体。对于有气密性要求的腔体，需要采用合金焊或激光焊接密封处理。

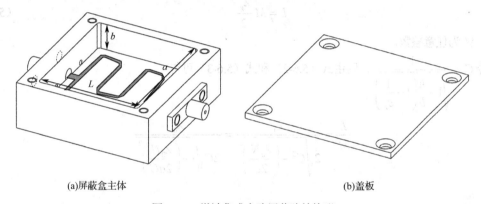

(a)屏蔽盒主体　　　　　　　　　　　　　　　　　　(b)盖板

图 5.6-1　微波集成电路屏蔽腔结构形

屏蔽盒起着至关重要的作用：电磁屏蔽，避免辐射损耗，消除外界电磁干扰；机械保护，将电路固定在金属腔内，防止因振动等原因引起碰撞；环境保护，由于电路由金属腔密封封装，就有效的避免了外界汽液尘等对电路的影响。

介质基片的一面为电路图形；另一面为金属层，用于接地，一般需要镀金处理，防止氧化。基片一般用导电胶粘接或焊锡焊接于屏蔽盒内。射频连接器（或波导微带过渡结构）、偏压源接头等通过屏蔽盒体预留位置与介质基片连接。

为了避免屏蔽盒的壁对电路电场的扰动，导体图形与屏蔽盒体应满足一定的规则：

① 盖板离电路的距离大于 $(5\sim10)h$（h 为基片厚度）；

② 最靠边缘的导体条带距离屏蔽盒侧壁的距离大于 $3h$。

对于图5.6-1所示屏蔽盒，可以看作是一个部分填充介质的矩形谐振腔，谐振腔的长、宽、高分别为 L、a、b，底部有一层厚度为 h、介电常数为 ε_r 的介质基片。谐振频率可采用一般矩形腔求解谐振频率的方法求解。

对于电场垂直于介质面的最低模式，则波导波长近似表示为

$$\lambda_g \approx \frac{\lambda_0}{\sqrt{\dfrac{1}{1-\dfrac{h}{b}\left(1-\dfrac{1}{\varepsilon_r}\right)}-\left(\dfrac{\lambda_0}{2a}\right)^2}} \tag{5.6-1}$$

式中，λ_0 为自由空间的波长。

式（5.6-1）计算为最低谐振模式，即沿横截面的 a 方向，只存在半个驻波（即半个正弦周期）的电场的变化。在高次模时，其 a 方向半驻波的个数 N 为任意整数，波导波长可由式（5.6-1）类推为

$$\lambda_g \approx \frac{\lambda_0}{\sqrt{\dfrac{1}{1-\dfrac{h}{b}\left(1-\dfrac{1}{\varepsilon_r}\right)}-\left(\dfrac{\lambda_0 N}{2a}\right)^2}} \tag{5.6-2}$$

需要注意的是：式（5.6-1）和式（5.6-2）只在 $2\pi(b-h)$ 及 $2\pi h$ 远小于上述波型的截止波长时，近似程度才较好。由于屏蔽盒的高度及介质片的厚度均远小于盒的长度和宽度，故上述关系是成立的。

谐振时，屏蔽盒的长度 L 满足以下关系

$$L = M\frac{\lambda_g}{2} \tag{5.6-3}$$

式中，M 为任意整数。

令 $C = \dfrac{1}{\sqrt{1-\dfrac{h}{b}\left(1-\dfrac{1}{\varepsilon_r}\right)}}$ ，则由式（5.6-2）和式（5.6-3）可得

$$\frac{L}{M} = \frac{\lambda_0}{2\sqrt{C^2-\left(\dfrac{\lambda_0 N}{2a}\right)^2}} = \frac{\lambda_0}{2C\sqrt{1-\left(\dfrac{\lambda_0 N}{2aC}\right)^2}}$$

也即

$$\frac{LC}{M} = \frac{\lambda_0}{2\sqrt{1-\left(\dfrac{\lambda_0 N}{2aC}\right)^2}} \tag{5.6-4}$$

式（5.6-4）即为屏蔽盒尺寸 L 参量和谐振频率的关系式。因此对于式（5.6-4），若给定谐振模的次数 M 和 N，即可求解出 λ_0 或相应的谐振频率 f_0。一般情况下，由于高次模式比较微弱，M 和 N 最大取到2或3即可。

显然，C 表示一取决于腔的横截面尺寸及介质介电常数 ε_r 的参数，为了简化计算，可以绘制图形予以显示。如图5.6-2所示，在 $\varepsilon_r = 9.6$ 的情况下，将参数 C 的与 h/b 的关系绘制曲线。同样，如图5.6-3所示，则以谐振频率为参量，画出 LC/M 对 aC/N 的一组关系曲线，其中 L、a 均以cm为单位。在计算时可取 (M,N) 为(1，1)、(1，2)、(2，1)、(2，2)四个组合，由横纵坐标的交点所在曲线查出相应的谐振频率。

例 5.6.1 某 5cm 波段微带组件的屏蔽盒尺寸为 $(40 \times 40 \times 10)$ mm³，陶瓷介质基片厚度为 $h = 0.254$mm，$\varepsilon_r = 9.6$。计算是否存在谐振现象，如果存在，如何消除。

解： 由 $h/b = 0.025$ 和 $\varepsilon_r = 9.6$，查图 5.6-2 可得到参量 $C = 1.01$。

分别取 (M,N) 为(1，1)、(1，2)、(2，1)、(2，2)，计算 LC/M 及 aC/N 后，由图 5.6-3 查得相应的谐振频率为：5.1GHz、8.0GHz、8.1GHz、10.5GHz。可知，第一个谐振频率正好在 $\lambda_0 = 5$cm 所对应

的 6GHz 附近的工作频带内，因此在盒中激励起空腔谐振模而产生衰减峰。要使谐振现象消除，可将屏蔽盒的尺寸改为($20 \times 20 \times 10$)mm³，此时盒体内的谐振频率均大于 10.5GHz，未落在该组件的工作频带附近。

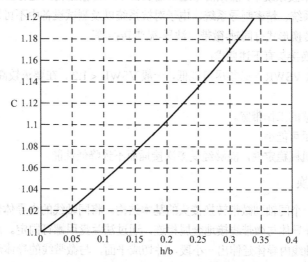

图 5.6-2　屏蔽盒腔体参量 C 对尺寸的关系（ $\varepsilon_r = 9.6$ ）

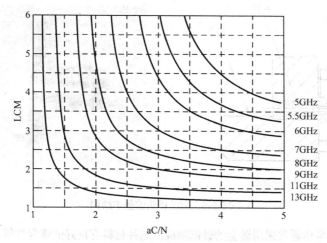

图 5.6-3　屏蔽盒腔体参量 LC/M 对 aC/N 的关系

在设计系统级RF电路组件或模块时，应把不同模块的射频单元用腔体隔离，特别是敏感电路和强烈辐射源之间，在高增益的多级放大器中，应保证级与级之间的良好隔离。组件腔体优选应用铝合金和铜合金制造。对于工作在微波频段高端的腔体，其外形规整而内腔复杂，台阶面多、槽多、孔多，尺寸小而精度高，表面粗糙度低等工艺特点。为满足腔体的导电性、可焊性、环境适应性等性能需要，均需作表面镀覆处理。工作在恶劣环境的组件，保证其环境适应性和长效可靠性，兼顾气密封装性和热匹配性工艺要求，腔体则选择先进铝基复合材料或kovar合金等精密合金制造。

就微波毫米波组件腔体而言，其要求高导电性和导热性，组件用到的芯片多为没有封装过的砷化镓裸芯片，为保证设备的长期可靠性，需要对装有微波毫米波裸芯片的高频电路模块进行整体气密封装。激光缝焊工艺被广泛应用于电子气密封装。该工艺设计涉及腔体结构、材料、镀涂等多个方面，是一个系统工程。

5.6.2 转换接头

在复杂的微波毫米波系统中,射频信号通常需要在不同传输结构间进行多次转换。如波导-微带转换器已成为各种雷达系统、精密制导系统、电子对抗系统以及测试设备中不可缺少的一种无源转换器件。目前比较常用的转换形式有同轴-微带、波导-微带转换等。

一般来说,对转换接头有下述要求:

(1)插入驻波比(VSWR)必须尽可能低,一般 $VSWR < 1.2$,在要求较高的场合,$VSWR < 1.1$ 甚至更小。

(2)必须要有足够的工作带宽。

(3)接头损耗应尽可能小。

(4)具有一定的机械稳定性,能够经受多次接插而不致降低性能。

1.同轴-微带转换

图 5.6-4 表示了一个同轴到微带转换接头的基本结构。将同轴线的内导体延长与微带的导体带连接在一起。同轴线的外导体与微带线接地金属相连,通过法兰盘用螺钉固定。由于连接处的不均匀性会引起反射,可将同轴线内导体延伸出一小段,并切成平面,与微带线的导体焊接起来进行补偿。

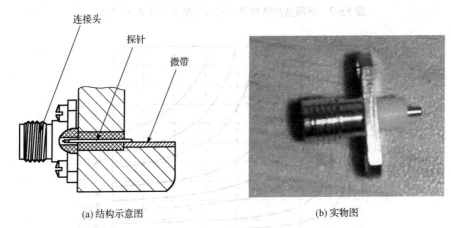

(a) 结构示意图   (b) 实物图

图 5.6-4 微波接头的基本结构

微波连接器的内导体通常采用镀金的铍铜制成,这种材料有良好的恢复性能;而外导体可采用铜或不锈钢材料。

2.波导-微带转换

波导到微带线过渡转换的常用方法有波导-探针-微带线过渡;波导-脊波导-微带线过渡;波导-对极鳍线-微带线过渡。

1)波导-探针-微带线过渡

在波导-探针-微带过渡中,根据探针的结构不同,又可以分为同轴探针过渡和微带探针过渡。这两种探针过渡均具有低插入损耗、宽频带特性。

同轴探针过渡结构中,由于实际的波导存在一定的壁厚,所以可以在矩形波导壁中加入一段长度与之相等的同轴线作为过渡,其内导体圆心与波导宽边中心线重合。在同轴线下端,其内导体伸入矩形波导适当深度作为探针。在同轴线靠近微带线的另一端,其内导体穿过介质基片,与基片表面的 50Ω

微带线导带连接，以构成同轴到微带的转换。通过调整探针的长度以及距波导短路面的距离，使探针输入阻抗与微带线相匹配。同轴探针过渡结构如图 5.6-5 所示。

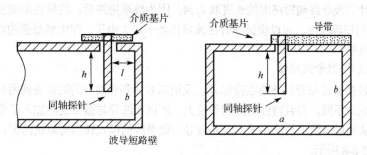

图 5.6-5　同轴探针过渡结构示意图

其输入端是一段宽边为 a、窄边为 b 的矩形波导，为使能量能够单方向传输，将波导另一端短路。探针伸入矩形波导深度为 h，探针与波导短路面的距离为 l。

需要注意的是：

（1）因为在矩形波导和微带传输线中传播的导波模式不同，这样两个不同类型的传输线连接在一起，因阻抗不连续必然产生反射。因此，阻抗匹配是转接器的重要问题。选取适当的 l 与 h 值，使得从同轴线向（与波导）连接处看去的探针输入阻抗接近于同轴线特性阻抗，从而得到匹配。

（2）应当选取合适的同轴线尺寸比例，使得同轴线与 50Ω 微带线阻抗匹配。

（3）同时为了减小辐射损耗，在微带线上方增加尺寸合适的封装盒。

微带探针过渡结构是从同轴探针发展而来的，用微带探针实现波导-微带过渡有两种结构形式，如图 5.6-6 和图 5.6-7 所示。其中图 5.6-6 为微带平面的法向方向与波导内电磁波传播方向一致；图 5.6-7 为微带平面的法向方向与波导内电磁波传播方向垂直。

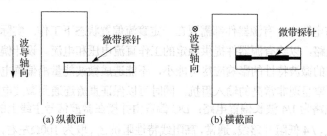

图 5.6-6　微带法向与波导轴向一致

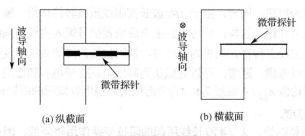

图 5.6-7　微带法向与波导轴向垂直

在微带探针过渡设计中，探针的输入阻抗是探针宽度、长度、波导终端短路距离以及频率的函数，可选择一定的探针宽度、长度和波导终端短路距离，使其成为相对稳定的结构，这种结构在较宽的频率范围内，探针输入阻抗变化很小。由于探针过渡具有容性电抗，因此还应串联一段高阻抗线，用来抵消其电容效应，然后通过 1/4 波长阻抗变换器实现与 50Ω 标准微带线的阻抗匹配，从而完成波导到微带的过渡。探针距波导终端短路面的长度取 $\lambda_g /4$，因为终端短路后，波导内形成驻波，波节间距离为 $\lambda_g /2$，取 $\lambda_g /4$ 的短路长度，可以保证探针在波导内处于最大电压，即电场最强的波腹位置，以达到尽可能高的耦合效率。

2）波导–脊波导–微带线过渡

脊波导过渡包括微带与脊波导的连接部分以及矩形波导到脊波导的阻抗变换两部分。因为波导与微带线中的传输模式不同，并且特性阻抗相差较大，所以在波导与微带之间加入了脊波导。通过减小金属脊的高度，从而以阻抗变换的形式实现从波导到微带线的模式转换与阻抗匹配。波导–脊波导–微带过渡结构如图 5.6-8 所示。

这种结构的特点在于：阻抗变换部分在波导腔内完成，减小了设计电路的尺寸；同时通过脊波导将波导的等效特性阻抗变换到 50Ω 标准微带线，从而实现了宽带匹配。

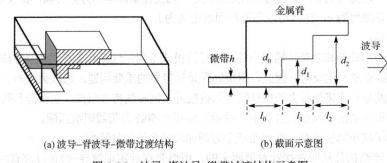

(a) 波导–脊波导–微带过渡结构　　　　　(b) 截面示意图

图 5.6-8　波导–脊波导–微带过渡结构示意图

5.6.3　偏置电路

在微波有源固态电路中，有源器件都需要在一定直流偏置状态下工作。实际的微波有源固态电路都包含一定的偏置电路，以给有源器件提供稳定的工作直流电压和电流。设计偏置电路最重要的原则就是保证其对主电路的微波特性的影响应尽可能小，不能造成微波能量沿偏置电路泄漏。因此，偏置电路应在微波工作频率呈现非常高的输入阻抗，同时可以保证直流连通到微波电路中。

最简单的偏置电路为 1/4 波长偏置电路：DC 偏置由并接在微波信号主线上的 $\lambda_{g1} /4$ 高阻线引入，在偏置引入点并接 $\lambda_{g2} /4$ 低阻开路线。通常，高阻线特性阻抗 Z_{C1} 取为 100Ω 左右，低阻线特性阻抗 Z_{C2} 取 10Ω 左右。如图 5.6-9 所示。在该偏置电路中，由于 1/4 波长低阻开路线终端开路，微波信号在 DC 偏置引入点的输入阻抗为短路；同理，由于 1/4 波长高阻线阻抗转换作用，整个直流偏置并联分支在位于主线处的输入阻抗为开路。这样，就可以保证直流偏置信号馈入主线的同时，微波信号不受偏置网络的影响而良好地在主线上传播。在更为精确时，低阻抗线的终端效应以及高、低阻抗线交接处的跳变电容等影响都应加以考虑。通常，可以近似认为高低阻抗跳变电容和低阻抗线终端电容相等，则低阻抗线的长度应比理论值 $\lambda_{g2} /4$ 缩短 2Δ，Δ 为考虑线的终端电容效应的缩短长度，在低阻段为（0.3～0.4）h，h 为介质基片厚度。

当然，在偏离中心频率处，$\lambda_g /4$ 波长线所起的阻抗变换作用将降低，因此上述偏置网络只能工作在较窄的频带内（相对带宽≤30%）。对于较宽频带的微波有源电路来说，集成的偏置网络往往具有一定的难度。针对上述 1/4 波长偏置网络，图 5.6-10 给出了一种提高工作带宽的常用修正措施：将低阻抗开路线改为扇形开路线。理论分析和实验表明，这种修正可以得到大于一个倍频程的有效工作带宽。

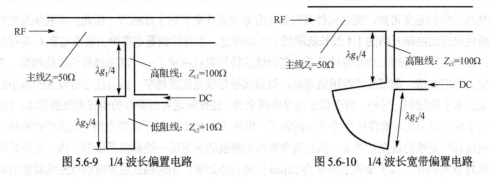

图 5.6-9　1/4 波长偏置电路　　　　　　　　图 5.6-10　1/4 波长宽带偏置电路

在设计偏压电路时，应使其结构尽可能紧凑，不至于占用很大的面积，避免造成全体电路在介质基片上排列困难。上述低阻抗线占用电路面积较大，电路集成度不高。为了进一步提高电路集成度，可以采用集总元件和分布式元件结合的方式实现。实际上，直流偏置电路可用一个等效电路来表示，如图 5.6-11 所示。电路中，电容 C 和电感 L 形成一个串联谐振器，谐振频率设置为射频电路的工作中心频率。串联谐振时阻抗为 0，因此 1/4 波长线相当于馈电端对地射频短路，通过 1/4 波长变换到与射频主线相连处射频阻抗为无穷大，理论上射频信号不会通过该偏置线产生泄漏，对于直流，电容 C 为开路，可防止 DC 对地短路。图 5.6-12 为一个 RF 放大器的实际电路布局。在该放大器中，偏置电路的电容 C 为集总电容，由芯片电容（chip capacitor）实现；电感 L 直接由接地通孔实现。

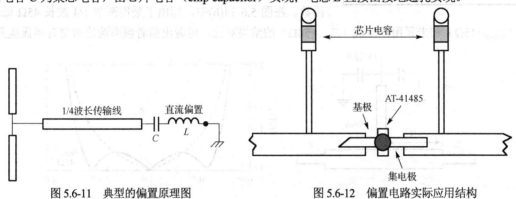

图 5.6-11　典型的偏置原理图　　　　　　　图 5.6-12　偏置电路实际应用结构

由理论分析可知，并联在主线上的偏置线输入阻抗越高（即较高的阻抗比：Z_{stub}/Z_0），偏置网络的工作带宽越宽。图 5.6-13 给出了主线阻抗为 50Ω、偏置线输入阻抗分别为 80Ω 和 120Ω 时整个电路的电压驻波比特性。

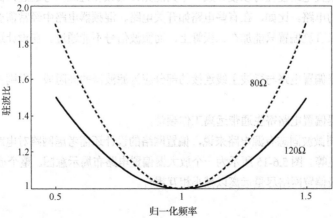

图 5.6-13　两种不同偏置线阻抗对应的频率响应

由集总元件的定义可知，集总元件具有远比分布式元件更宽的工作频带。因此，并联集总电容 C 的短路特性也远比终端开路的 1/4 波长低阻线工作频带宽。当直流偏置电路中由集总电容 C 实现微波短路后，影响偏置网络的工作带宽就几乎由高阻线的特性阻抗决定了——高阻线特性阻抗越高，工作频带越宽。我们知道，微带线特性阻抗越高，微带线导带线宽度就越窄。微带线导带线宽的减小程度受制作工艺水平的限制。另外，对于直流偏置电路来说，还需满足有源器件的偏置电流的需求。比如，对于高功率放大器来说，器件往往需要很高的工作电流（约 10A），对于这类电路的直流偏置网络，就需要高阻线具有足够的线宽。通常，微波混合集成电路板的金属层一般都采用覆铜导体，而铜导体的电流容量为 20A/mm²。对于金属层厚度为 35μm 的覆铜电路板，不同偏置线宽度的电流承载能力可以利用表 5.6-1 进行估算。

表 5.6-1 偏置线宽与电流承载能力

偏置线宽 w（mm）	允许偏置电流（mA）
1.0	700
0.5	350
0.1	70
0.02	14

对于电流需求较大的偏置电路，可以通过降低射频传输线阻抗来改善偏置网络的宽带性能，如图 5.6-14(a)所示。在主线上并联分支线的位置，左右各取 $\lambda_g/4$。将该段 $\lambda/4$ 特性阻抗从标准的 Z_0 降低为 Z_{Low}，偏置线的阻抗值 Z_{High} 和传输线的 Z_{Low} 通过优化找到最佳值，不但可以在中心频率得到全匹配，还可以在左右两点得到全匹配。其频响特性类似于切比雪夫函数。在图 5.6-14(b)中，标出了采用两节 1/4 波长 45Ω 低阻线（$Z_{Low}=45Ω$）和未采用低阻线（$Z_{Low}=50Ω$）的结果对比，可看出前者频率响应带宽有明显提升。

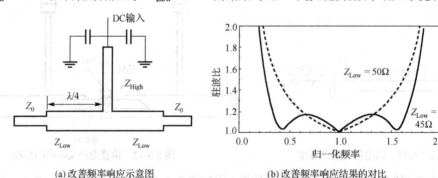

(a) 改善频率响应示意图　　　　　(b) 改善频率响应结果的对比

图 5.6-14 改善频率响应

事实上，微波偏置电路往往可以设计成一个只能允许低频和直流信号通过，微波信号不能通过的具有低通滤波特性的电路。比如，在有些电路如开关电路、混频器电路中经常需要给二极管器件提供适当直流偏置，要求直流偏置只能加在二极管上，而微波信号不能通过。在设计这种偏置电路时应注意：

（1）低通滤波器偏置电路与微波主线连接的部分应为滤波器的高阻段。否则主线将被旁路，影响高频电性能。

（2）低通滤波器偏置电路寄生通带远离工作频带。

另外，对于不同微波固态有源电路来说，偏置网络的设计还需考虑网路对电路其他性能的影响，比如放大器稳定性能等。图 5.6-15 所示为一个放大器偏置电路布局示意图。整个放大器在同一个 PCB 上实现，栅极和漏极偏置网络尽量远离以减小相互耦合。

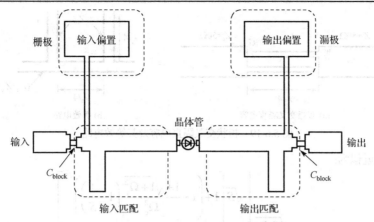

图 5.6-15　放大器偏置电路布局

5.6.4　隔直（DC-block）

隔直电路一般位于射频通路上，必须对其特性进行准确设计防止射频信号恶化。在电路应用中，需要一个电容串联在传输线中，防止一个电路中的直流分量影响另一个电路。电容的最小值需要满足在最低工作频率时容抗可忽略不计，而电容的最大值需要使得其自谐振频率远高于工作频率的上限。当同一电路中各部分之间要求隔开时，一般采用薄膜电容或多指形电容实现，如图 5.6-16 和图 5.6-17 所示。薄膜电容导体之间垫以介质薄膜，电容量较大，而指形电容结构简单，但电容量较小。

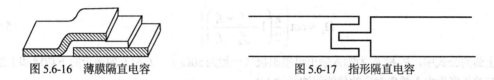

图 5.6-16　薄膜隔直电容　　　　　　　　　　　图 5.6-17　指形隔直电容

实际电路中，微波频段大多使用微带耦合线来做隔直，这种方法频带较宽、性能较好，称为指形交叉隔直。事实上它就是在带通滤波器中广泛应用的一种耦合单元。图 5.6-18 是典型的耦合线隔直电路，图中只给出了一对耦合线，根据性能需要，也可以有多个耦合线。

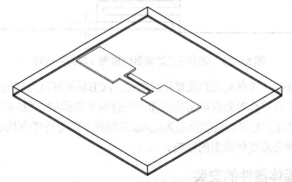

图 5.6-18　双指耦合线隔直电路

图 5.6-19 所示为双指耦合线电容的原理图和等效电路。

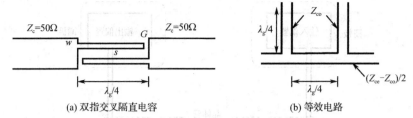

(a) 双指交叉隔直电容　　　　　　　　　　(b) 等效电路

图 5.6-19　指状交叉隔直电容及其等效电路

其特性参数近似为：

$$
z_{ce} = \sqrt{R_1 R_2}
\begin{cases}
\sqrt{S}\left[1+\left(1+\dfrac{1+\sqrt{1+\Omega_c^2}}{\Omega_c^2}\left(1-\dfrac{1}{S}\right)\right)^{1/2}\right] \\[4mm]
\dfrac{1}{\sqrt{S}}\left[1+\left(1+\dfrac{-1+\sqrt{1+\Omega_c^2}}{\Omega_c^2}(S-1)\right)^{1/2}\right]
\end{cases}
\tag{5.6-5}
$$

$$
z_{co} = \sqrt{R_1 R_2}
\begin{cases}
\sqrt{S}\left[-1+\left(1+\dfrac{1+\sqrt{1+\Omega_c^2}}{\Omega_c^2}\left(1-\dfrac{1}{S}\right)\right)^{1/2}\right] \\[4mm]
\dfrac{1}{\sqrt{S}}\left[-1+\left(1+\dfrac{-1+\sqrt{1+\Omega_c^2}}{\Omega_c^2}(S-1)\right)^{1/2}\right]
\end{cases}
\tag{5.6-6}
$$

式中：

$$
\Omega_c = \cot\left[\frac{\pi}{2}\left(1-\frac{f_2-f_1}{f_2+f_1}\right)\right]
\tag{5.6-7}
$$

在上面的公式中，R_1 和 R_2 为输入输出终端阻抗（一般为50Ω），f_1 和 f_2 为通带的下边缘和上边缘，耦合节的长度为中心频率对应的传输线波长的 1/4。

图 5.6-20 所示为一个用于毫米波频段的隔直电路的例子（见参考文献[18]）。

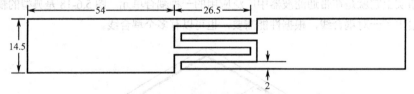

图 5.6-20　交指隔直滤波器结构图（单位：mil）

该结构工作于70～80GHz，具有相同的线宽和线间距。PCB基板厚度为50mil，介电常数为2.2。当工作于毫米波频段时，加工公差会对隔直电路的性能产生较明显的影响，图5.6-21和图5.6-22分别给出了在标准PCB工艺下，由刻蚀工艺得到缝隙公差为0.5mil的情况下隔直性能变化的情况。因此，在微波隔直电路设计时，需要考虑公差变化带来的影响。

5.6.5　微波电路中固体器件的安装

通常一个微带电路中包含多个微波固体器件，如何将它们可靠地安装在电路中，并且使引入的寄生参量尽可能小，是微带电路的一个重要问题。微波固体器件的安装对微波电路的工作性能有巨大的影响，需要满足多方面的要求：微波固体器件和传输线间有可靠的电气接触，有一定的机械强度；引入的寄生参量较小；能满足高功率工作对散热的要求；特殊情况下需要气密特性避免受潮气或其他环境条件影响。

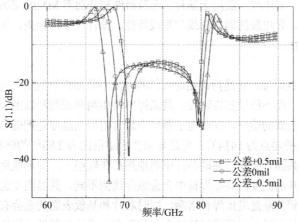

图 5.6-21　|S11|随工艺公差的变化情况

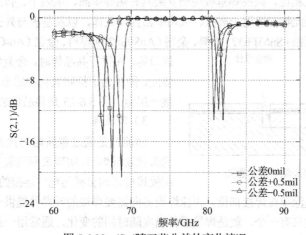

图 5.6-22　|S21|随工艺公差的变化情况

一般安装工艺涉及电路基板、芯片、元器件、载体及射频接头安装等部分。

1. 芯片与基板的装配

在混合集成电路中，将半导体芯片贴装到基板、管座和组合件等载体器件上，当前主要采用两种方法：一种是导电胶粘接；另一种是焊接。导电胶粘接具有工艺简单、速度快、成本低、可修复、低温粘接和对管芯背面金属化无特殊要求等优点，但是在微波频率高端或微波大功率时，由于导电胶粘接的电阻率大且导热系数低，导致微波损耗增大、管芯热阻增大、结温升高，其功率性能及可靠性等方面将受到影响；另一方面，导电胶随着时间的推移会产生性能退化，难以满足产品长期可靠性的要求。因此对于背面已金属化的半导体芯片可以采用普通的回流焊工艺或烧结工艺进行贴装，而对于背面未制作任何金属化或仅仅制作了单层金属的芯片，采用共晶焊工艺也是一种可靠的贴装方法。

1）导电胶粘接

导电胶有很强的粘结性和优良的导电性，与传统的锡铅焊料相比，导电胶粘接温度低（100～220℃），大大减小了互连过程中的热应力和应力开裂失效问题，特别适合热敏感元器件的互连和非可焊性表面互连；粘接工艺简单，利于降低成本。但是导电胶同样也存在一些缺点：导电粒子和其粒子浓度和形状的不均匀性会影响电路电阻的稳定性；接触电阻较高会产生高的电阻热；导电性能比较差；经过高温高湿实验后，易产生界面分层，从而导致键合、电连接失效，机械性能下降；耐碰撞冲击性能差。

在微波集成电路中，导电胶一般用于基片、无源器件和低功率MMIC芯片（如低噪放芯片、检波器芯片）与腔体的连接。导电胶的固化曲线与基板特性、器件尺寸等相关，生产厂商会给出不同情况下导电胶固化的温度曲线。

2）共晶焊

共晶焊接又称低熔点焊接，它是指在相对较低的温度下共晶焊料发生共晶物熔合的现象，共晶合金直接从固态变成液态，而不经过塑性阶段。共晶焊料是由两种或两种以上金属组成的合金，其熔点远远低于合金中任一种金属的熔点。在微电子器件中最常用的共晶焊是把硅芯片焊到镀金的载体上，金的熔点是1063℃，硅的熔点为1414℃。但是如果按照重量比为2.85%的硅和97.15%的金组合，就能形成熔点为363℃的共晶合金体。使硅芯片牢固地焊接在底座上，并形成良好的低阻欧姆接触。共晶焊料的熔化温度称为共晶温度，共晶焊料中合金成分比例不同，共晶温度也不同。共晶焊接需要在一定的保护气氛中加热到共晶温度使焊料熔融，同时芯片和基板表面的金会有少量进入熔融的焊料，冷却后会形成合金焊料与金层之间原子间的结合，从而完成芯片与基板之间的焊接。

与导电胶粘接工艺相比，共晶焊基板烧结安装具有热导率高、电阻小、传热快、可靠性强、焊接后的强度大等优点，因此特别适用于高频、大功率器件与载体，以及基板与外壳等的焊接。共晶焊常用的共晶焊料主要有锡铅（Sn63Pb37）焊料、金锡（Au80Sn20）焊料、金锗（Au-Ge）焊料、金硅（Au-Si）焊料等，在进行共晶焊时，合金焊片放在芯片与镀金载体间，同时为了抑制氧化物的形成，通常在芯片的背面镀一层金。图5.6-23是共晶焊装配结构示意图。

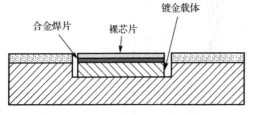

图 5.6-23　共晶焊装配结构示意图

3）回流焊

回流焊是通过重新熔化预先涂覆到电路板焊盘上的膏状软钎焊料，实现表面组装元器件焊端或引脚与印制板焊盘之间机械与电气连接的软钎焊。焊接时助焊剂与焊料（焊膏）已预先涂覆在焊接部位，再流焊设备向需要焊接的元器件提供一个加温的通道，回流焊工艺需要控制的参数只有一个，就是焊接器件温度随时间的变化，通常用一条"温度曲线"来表示（横坐标为时间，纵坐标为器件温度）。之所以叫"回流焊"，是因为气体在焊机内循环流动产生高温达到焊接目的。

回流焊开始阶段为预热区，包括升温区和保温区两个子阶段，这个阶段主要是使基板和元器件预热，达到平衡，同时除去焊膏中的水分、溶剂，以防焊膏发生塌落和焊料飞溅。这个过程中要保证升温比较缓慢，让溶剂充分挥发，升温过快会造成对元器件的伤害，如会引起多层陶瓷电容器开裂，同时还会造成焊料飞溅，使在整个电路基板的非焊接区域形成焊料球以及焊料不足的焊点。升温区：保证在达到再流温度之前焊料能完全干燥，同时还起着焊剂活化的作用，清除元器件、焊盘、焊粉中的金属氧化物。再流焊区：温度迅速上升使焊膏达到熔化状态，焊料对焊盘、元器件端头和引脚润湿、扩散、漫流或回流混合形成焊点，温度一般要超过熔点温度20℃才能保证再流焊的质量。最后阶段为冷却区：焊料随温度的降低而凝固，形成合金焊点。图5.6-24是回流焊温度曲线示意图。

常用的回流焊贴装根据复杂程度可分为单面贴装和双面贴装两种。对于单面贴装，可根据需要（如环保等）选择锡膏，用点胶系统预涂锡膏，然后用贴装机贴装元器件，贴装完毕后放入回流焊炉中，根据锡膏的种类和元器件大小设定回流焊温度曲线，焊接完成后进行检查及电测试。而对于双面贴装，通常需要选择两种熔点不同的锡膏材料，主要过程为A面预涂高熔点锡膏→贴片→回流焊→B面预涂低熔点锡膏→贴片→回流焊→检查及电测试。高熔点锡膏可选用无铅锡膏 Alpha om338 Sn/Cu/Ag

Alloy，低熔点锡膏可选用 Kester R256 SN63/PB37。根据器件大小和锡膏的特性，对于较小的器件焊接，设定的曲线如图 5.6-25 所示。对于较大的器件的焊接，图 5.6-26 给出了 Kester 256 典型的温度设定曲线。

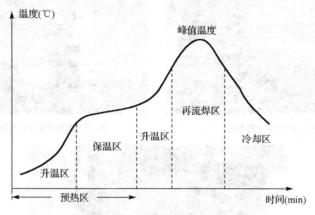

图 5.6-24　回流焊温度曲线

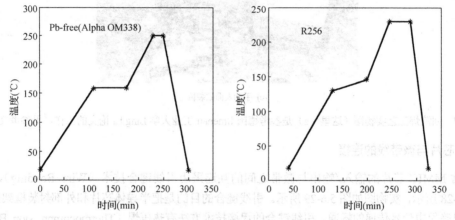

图 5.6-25　焊接较小器件时温度设定曲线

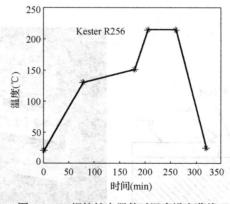

图 5.6-26　焊接较大器件时温度设定曲线

利用回流焊焊接的器件实物图如图 5.6-27 所示。

(a) 基片回流焊炉中的电路

(b) 已装配好表贴器件的 Dupont943 基板

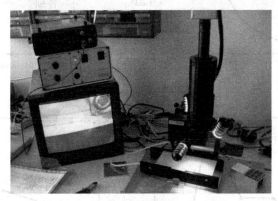

(c) 手动表面贴装机

图 5.6-27　回流焊工艺实物图（这里（a）是参考德国 Ilmenau 工业大学 Ling Li 论文的工作，见参考文献[20]）

2. 芯片与微带线的连接

通常 MMIC 芯片的输入/输出与微带之间的互连采用引线键合技术（Wire Bonding），示意图如图 5.6-28 所示，实物图如图 5.6-29 所示。引线键合的目的是把半导体芯片和外部封装框架进行电气导通，以确保电信号传递的畅通。引线键合的焊接技术方法有热压焊（Thermocompression Bonding，T/C Bonding）、超声焊（Ultrasonic Bonding，U/S Bonding）和热超声焊（Thermosonic Bonding，T/S Bonding）3 种。

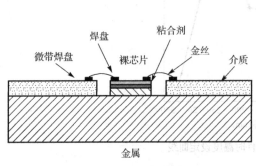

图 5.6-28　引线键合技术示意图

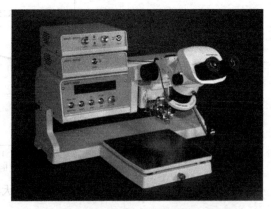

图 5.6-29　引线键合机（图片来自中国科学技术大学微纳研究与技术中心，见参考文献[21]）

　　热压焊通过低温扩散和塑性流动（Plastic Flow）的结合，使原子发生接触，导致固体扩散键合。超声键合法利用超声波的能量使金属丝在焊接区金属表面迅速摩擦，破坏两者焊接界面上的氧化膜，同时使两者产生塑性变形，使两个金属面紧密接触，键合点两端都是楔形。热超声焊是同时利用高温和超声能进行键合的方法，通常用于结合难度较高的封装连线，金属线一般采用金丝。根据键合后键合点的形状分为球焊（ball bonding）与楔焊（wedge bonding）两种。

　　1）球焊

　　金属线从陶瓷或者红宝石劈刀中穿出，然后经过电弧放电使伸出部分熔化，并在表面张力作用下成球形。在劈刀的压力、加热、超声的作用下将球压焊到芯片的电极上，为第一球焊点，再将劈刀移到第二个焊点的位置上。第二焊点焊接包括键合、扯线和送线，通过劈刀外壁对金属线施加压力，以楔形键合方式完成第二焊点。之后扯线使金属线断裂，劈刀升高到合适的高度，送线达到要求的尾线长度。然后劈刀上升到成球高度，通过离子化空气间隙的打火成球（Electronic Flame-Off，EFO），形成另一个新球循环。球焊工艺过程及焊接实物分别见图 5.6-30 和图 5.6-31。球形键合是一种全方位的工艺（即第二焊点可相对第一焊点成任意角度）。球形键合一般采用直径 75μm 以下的细金丝（微波电路中常用 25μm 及 18μm 金丝），因为其在高温受压状态下容易变形、抗氧化性能好、成球性好，成球尺寸一般是丝线直径的 2～3 倍，一般用于焊盘间距大于 100μm 的情况。目前，最常用的键合金属为金线和铝线（Al，1%Si/Mg）。

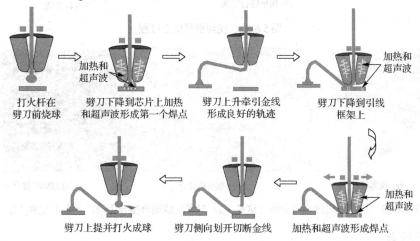

图 5.6-30　球焊工艺过程

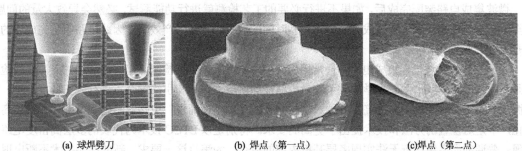

(a) 球焊劈刀　　　　　　　　(b) 焊点（第一点）　　　　　　　(c)焊点（第二点）

图 5.6-31　球焊实物放大图（这里（a）参考引线键合指导手册，见参考文献[22]；（b）来源于作者 George Harman 的 *Wire Bonding In Microelectronics* 一书，见参考文献[23]）

　　2）楔焊

　　楔焊是用楔形劈刀将热、压力、超声传给金属丝，在一定时间形成焊接，在此过程中不出现焊球。

楔焊键合工艺中，金属线穿过劈刀背面的通孔，与水平的被键合表面成30°～60°角。在劈刀的压力和超声波能量的作用下，金属线和焊盘金属的纯净表面接触并最终形成连接。楔形劈刀一般用陶瓷、钨碳合金或钛碳合金制成。楔焊键合的主要优点是适用于精细间距（如50μm以下的焊盘间距）低线弧形状，可控制引线长度，工艺温度低。一般应用于焊盘较小、键合间距小的情况，即使键合点只大于丝线2～3μm，也可形成牢固的键合。楔焊引线键合过程示意图及实物图分别见图5.6-32和图5.6-33。

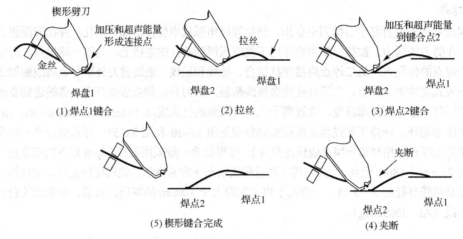

(1) 焊点1键合   (2) 拉丝   (3) 焊点2键合

(5) 楔形键合完成   (4) 夹断

图 5.6-32　楔焊引线键合过程

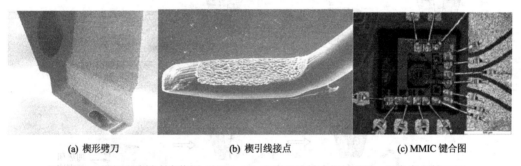

(a) 楔形劈刀　　　　　(b) 楔引线接点　　　　　(c) MMIC 键合图

图 5.6-33　楔焊引线键合实物图（这里（a）参考引线键合指导手册，见参考文献[22]）

3. 工艺检测

微波集成电路装配完成后，如果不进行必要的工艺检测就进行功能测试，必然会导致大量的问题，甚至于造成组件损坏，也会造成人力、物力和时间的浪费，降低生产效率，因此电路组装完成后的检测是十分必要的。

对于一般的微波混合集成电路，最常用的检测方法是人工目视检测。电路组装中的人工目视检查就是利用人的眼睛或借助于光学放大系统对电路板印刷层、焊点和引线键合点进行人工目视检查。随着微波电路工作频率的不断提高，各种新型封装装配技术不断涌现，电路封装趋于小型化和组装高密度化，于是对检查的方法和技术提出了更高的要求。特别是以 LTCC 技术为代表的多层高密度电路的出现，普通的显微镜检查无法实现多层基板内部的检查。为满足这一要求，新的检测技术不断出现，X 射线（X-ray）检测技术就是其中的典型代表。X 射线检测技术的工作原理是通过一个微焦点 X 射线管产生 X 射线，再穿过测试样品后被置于下方的探测器接受，然后对信号进行处理放大，利用图像分析软件来分析焊点和键合引线是否有缺陷。如图5.6-34 所示为一 MMIC 芯片在 X 射线下呈现的图像。

对于 LTCC 多层电路，可以通过 X 射线检查出层与层之间的电路或通孔对位情况，可据此判断出性能恶化的原因，借以改进加工工艺。图 5.6-35 为垂直互连通孔对位情况。

基于 Dupont 9K7 的过渡结构及微带天线在 X 射线下的结构如图 5.6-36 所示。

X 射线检测技术直观性强，能准确地检测出缺陷的类型、尺寸大小和部位，为进一步分析和返修提供了有价值的参考数据和真实映像，提高了返修效果和速度。

图5.6-34　MMIC芯片在X射线下的键合效果

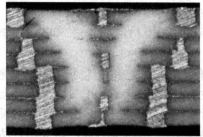

(a) 互连截面图

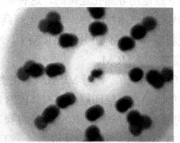

(b) X 射线俯视图

图 5.6-35　通孔互连 X 射线图

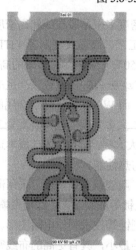

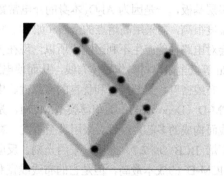

图 5.6-36　Dupont 9K7 LTCC 电路 X 射线下层间对位情况检查

5.7　微波多芯片组件技术

5.7.1　概述

通信技术及现代军事装备高新技术水平的不断提高，对电子系统的体积、重量和性能的要求越来越严格，特别是星载、弹载、机载以及单兵使用的各类武器系统所需要的电子组件、部件，更是向着短、小、轻、薄和高可靠性、高性能、低成本的方向快速发展。现有的微波混合集成电路（HMIC）已经不能满足系统集成的需要，这就促进了微波集成电路新技术的发展。目前在微波毫米波频段，单一的 MMIC 芯片尚无法实现复杂系统级集成,而 20 世纪 90 年代发展起来的多芯片组件技术(MultiChip Module,MCM)将多个集成电路芯片和其他片式元器件组装在一块高密度多层互连基板上,成为一个独立的系统级组件,解决了系统发展的矛盾,是目前能最大限度发挥高集成度、高速单片 IC 性能、实现整机小型化、高可靠、高性能的最有效的途径之一。MCM 技术已广泛应用于移动通信、航天航空和计算机等各个领域。微波毫米波 MCM 技术的发展主要集中于 T/R 组件,子系统主要应用于卫星、电子对抗、雷达及末制导灵巧武器等各个领域,世界各国已有众多研究机构和公司从事 MCM 材料的开发和生产工艺及其在微波方面的应用研究。

MCM 是把多块裸露的 IC 芯片组装在同一块多层高密度互连基板上,形成一个多芯片功能组件。层与层的金属导线是用导通孔连接的。这种组装方式允许芯片与芯片靠得很近,可以降低互连和布线中所产生的信号延迟、串扰噪声、电感/电容耦合等问题。

根据基板材料,MCM 可分为 MCM-L、MCM-C、MCM-D;按工艺,可分为厚膜 MCM、薄膜 MCM、厚薄膜混合型 MCM。

MCM-L(Laminate):叠层 MCM,是在使用传统 PCB 工艺和材料制造的高密度叠层基板上组装有裸芯片的组件,是在多层印刷电路板(PCB)技术和板上芯片(COB)技术的基础上发展起来的。与 PCB 技术的根本区别在于,MCM-L 是将裸芯片直接组装在叠层基板上,而且叠层板的布线密度远远高于传统的 PCB 基板。其特点是成本低、工艺基础好、工艺灵活性高。MCM-L 产品主要应用于频率低于 30MHz 的低性能电子系统,如计算机、通信、工业、消费类电子产品以及需要低成本和中小功率耗散的其他应用领域。

MCM-C(Ceramic):厚膜陶瓷型 MCM,是采用高密度多层厚膜布线和高密度多层布线陶瓷基板制成的多芯片组件。制作工艺主要是采用丝网印刷成膜工艺、高温共烧陶瓷(HTCC)工艺(烧结温度>1500℃)和低温共烧陶瓷(LTCC)工艺(烧结温度 850℃～900℃)。传统的高温共烧 Al_2O_3/W-Mo 金属化多层基板,一是因为 Al_2O_3 本身的介电常数较高(ε_r=9～10),导致较严重的传输延迟;二是由于烧结温度很高,需采用高熔点的金属(如 W、Mo 等),而 W/Mo 等高熔点金属的电阻率较大,损耗较大,会对电路性能产生不利影响。所以,现在 MCM-C 大多采用低温共烧陶瓷工艺,采用 Ag-Pd、Au-Pd-Cu 等低电阻率材料作导体布线,从而使电路性能大大提高。MCM-C 成本适中,具有较高的布线层数、布线密度、封装效率和优良的可靠性、电性能与热性能。

MCM-D(Deposited):淀积薄膜型 MCM,是在 Si、陶瓷或金属基板上采用薄膜工艺形成高密度互连布线而构成的多芯片组件。采用真空蒸发、溅射、电镀等成膜工艺,涂覆聚酰亚胺 PI(ε_r=3.4)或苯并环丁烯 BCB(ε_r=2.7)介质,采用光刻、反应离子刻蚀等技术制作电路图形。与上述两类 MCM 相比,MCM-D 的成本最高,但是它的布线线宽和线间距最小,具有更高的布线密度、封装效率以及更好的传输特性,适用于要求组装密度高、体积小的高频高性能系统。

5.7.2 低温共烧陶瓷多层集成电路技术(LTCC)

1. LTCC 概述

低温共烧陶瓷(LTCC,Low Temperature Co-fired Ceramic)多层集成电路技术,即 LTCC 技术,因其在高频表现出优异的性能,近些年来得到迅速发展,成为微波毫米波高密度集成技术研究发展的热点。LTCC 技术以厚膜技术和陶瓷多层技术为基础,在生瓷带上利用激光打孔、微孔注浆、精密导体浆料印刷等工艺制作出所需要的电路图形,并可将多个无源元件埋入其中,然后叠压在一起,在 850℃左右烧结,制成三维电路网络的无源集成组件,也可制成内置无源元件的三维电路基板,在其表面可以贴装 IC 和有源器件,制成无源/有源集成的功能模块。LTCC 的综合指标超过了现有的高温共烧陶瓷技术（HTCC）。在 LTCC 工艺中采用高电导率的金属，如金、银、铜等。金和银不会氧化，因而不需要电镀保护。LTCC 的陶瓷基片的组成可以变化，可以提供一系列具有不同电气和其他物理性质的介质材料的组合，介电常数可在 4～400 之间变化，热胀系数可设计成与硅、砷化镓或铝相匹配，因而其可靠性大大提高。图 5.7-1 是典型 LTCC 电路模块的结构示意图。

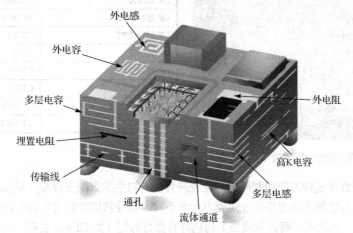

图 5.7-1　典型 LTCC 模块的结构示意图

2. LTCC 工艺流程

LTCC 工艺拥有一套较为成熟的流水线，目前德国、日本、美国的工艺技术水平较高，中国有一些科研院所引进了国外的流水线，基本工艺和国外相似。

LTCC 生瓷带通过粉料流延工艺制作而成，流延工艺包括配料、真空除气和流延 3 道工序。首先将玻璃陶瓷粉、润湿剂、有机黏合剂按照一定的比例混合；然后经过浆化形成浆料浇注在移动的载带上（通常是聚脂膜，即 Mylar），形成致密、厚度均匀、易于加工并具有足够强度的生瓷带；最后烘干备用。生瓷带的制造过程示意图如图 5.7-2 所示。整个工序过程的关键是膜带的致密性、厚度的均匀性和强度。

生瓷带供应商提供给用户的一般是由载带切割下来的整片的生瓷。图 5.7-3 为美国杜邦（Dupont）公司生产的 951 生瓷带。

常见的生瓷带制造商如下：Dupont，Ferro，Heraeus，IKTS，CERAMTEC，NAMICS，Thick Film Technologies（Harmonics），Oulu，ESL，EPCOS，Alfa Aesar，Steinhart Wachswarenfabrik。每个制造商一般都提供多种不同材质、不同厚度的生瓷带系列产品，如杜邦公司的 943 和 951 系列，以及 HERAEUS 公司的 CT 系列产品。表 5.7-1 给出了杜邦公司及 HERAEUS 公司常用的生瓷带型号。

图 5.7-2　生瓷带载带切割的过程

图 5.7-3　杜邦公司的 DP951PX 生瓷带（10.6 英寸）

表 5.7-1　杜邦公司及 HERAEUS 公司常用的生瓷带系列

杜邦	HERAEUS
DP 951PX	CT2000
DP 951A2/P2	HL2000
DP 951AT/PT	CT700
DP 951 C2	CT701
DP 951 C1	CT702
DP 943 P5	CT703
DP 9K7V	AHT 03-003
DP 951 RT	CT 707 Pb-free

每片生瓷带沿载带延伸方向切割而成，生瓷带背面有白色的聚酯支撑膜（Mylar）。由于在加工过程中载带延伸方向与延伸方向的垂直方向受力大小不同，会导致切割好的生瓷带片在共烧工艺后横向和纵向收缩率不同，因此生产商在从载带上切割时会做好标记（如 DP943 会在一角点一个红点）以利于后期切割时确定方向。

LTCC 多层基板加工工艺主要由生瓷带切割、钻孔、通孔填充、丝网印刷、单向热叠压、全向等静压、烧结、后期印刷及切割等工艺组成。典型实验室 85×85mm 基片工艺流程及参数如图 5.7-4 所示。

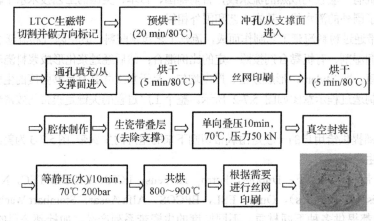

图 5.7-4　标准 LTCC 工艺流程

1）生瓷带切割

生瓷带切割是将原始的商品生瓷带切割成 85mm 见方的生瓷带片，并在每片上做好确定方向的标记，这样做的目的是在印刷及叠层时，相邻层可以据此进行垂直印刷及放置，降低基板翘曲的程度。生瓷带切割示意图如图 5.7-5 所示。

切割好后，需先放入烘箱中去除多余的湿气及具有挥发性的物质，保证后续打孔印刷时基片比较稳定。

2）打孔和空腔制作

生瓷带打孔包括打基板定位孔和层间互连通孔，是 LTCC 制作技术中最为关键的工艺。基板定位孔一般在基片边缘，用于叠层时进行层间对位。图 5.7-6 给出了定位孔示意图，直径为 2.5mm，基板周边 4 个为定位孔，左侧中间的孔用于防止基片叠层时旋转。孔的对位和孔径大小的控制精度将直接影响组件组装密度和射频性能。

图 5.7-5　生瓷带裁切并做好方向标记

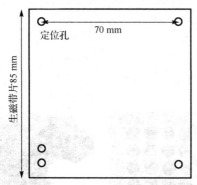

图 5.7-6　生瓷带定位孔示意图（图中的孔是加工时用来叠层定位用的，该孔由机器默认设置，不需要改动，在布局时取直径 2.5mm）

　　生瓷片打孔通常有机械冲孔和激光打孔等方法，机械冲孔速度快、效率高，缺点是孔间距不能太小。一般最小边缘间距为孔直径的 2.5 倍，此外只能实现标准冲头对应大小的孔，通常用的孔尺寸有：

　　圆孔：75μm，100μm，150μm，200μm，250μm，300μm，400μm，500μm，1000μm，2500μm。

　　方孔：500μm，1000μm，1300μm，3000μm。

　　其中方孔主要用于腔体的加工实现，机械打孔机实物图如图 5.7-7 和图 5.7-8 所示。

　　在打孔时，需要先将生瓷带固定在冲孔机的金属框架上，冲孔机的冲头要从支撑（Mylar）面进入，否则孔的边缘光滑度和平整度较差。

图 5.7-7　机械打孔机

　　激光打孔可以实现较小间距及较小直径的打孔，此外，也特别适合加工不规则形状的腔体。腔体的制作一般在印刷完毕后由机械或激光打孔机完成，这是因为如果提前将孔打好，印刷时由于基板有腔体，导致真空负压定位板无法固定住生瓷带，会影响到印刷工艺。图 5.7-9 所示为激光打孔。

(a) 固定生瓷带的金属框架

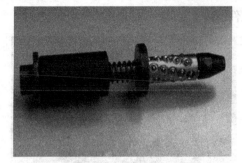
(b) 冲孔机冲头

图 5.7-8　冲孔头和金属框架

(a) 激光打孔机

(b) 激光孔

(c) 不规则腔体

图 5.7-9　激光打孔（实物来源于德国 LPKF 公司产品 ProtoLaser U 的说明书）

　　需要注意的是，在布局区域外靠近瓷带边缘，公差不易保证，需要留边；另外，如果金属层面积过大，会导致共烧后基板翘曲的现象。不同的浆料面积大小不同，对于细线（fineline）浆料面积不能过大，对于用于接地的浆料面积可以稍微大些，但是地的面积应该小于 50%。一般大面积金属化时需要采用网格地结构。在实际应用中，网格地结构一般在 AutoCAD 软件中实现，采用闭合多义线结构拼合而成。

　　3）通孔填充

　　通孔填充是利用传统的厚膜丝网印刷或模板挤压把特殊配方的高固体颗粒含量的导体浆料填充到通孔。厚膜印刷和丝网印刷时，为防止金属浆料从通孔漏到工作台上，要在工作台和生瓷带之间放一张滤纸，印刷后把生瓷片和滤纸一起取走。丝网网罩一般采用不锈钢制作，网罩上的孔径应略小于生瓷带上通孔的孔径，这样可提高盲孔的形成率。模型挤压法通孔填充见图 5.7-10。

　　4）印刷导体

　　导体图形形成的方法有两种：传统的厚膜丝网印刷工艺和计算机直接描绘。丝网导电体印刷技术简单易行，投资少，可获得很高的分辨率，线宽可达 100μm，线间距可达 150μm；但若印刷制版和印刷对位则要求更细的线条和线间距，可采用薄膜沉积或薄膜光刻工艺。例如，杜邦公司的光刻浆料可制出 40～50μm 的线条，但造价高昂，并且只适用于基板的外层。计算机直接描绘是应用计算机控制布线，方便灵活。但对导电浆料的黏度和干燥速度有较高的要求，设备投资大，操作复杂，效率低。印刷中主要的控制因素有：印刷速度、回程速度、与基板的间距、压力及起始位置。丝网印刷实物图见图 5.7-11。

图 5.7-10　用模板挤压法进行通孔填充

图 5.7-11　菲林及对应的丝网

对于微波电路来说，经常需要制作传输线等电路，这种结构在丝网上为一定长度的开槽，当印刷刮刀顺着槽的方向或垂直于槽的方向印刷时，丝网会沿着刮刀走向有轻微变形，对于传输线类似的结构，沿着传输线印刷可最大程度地保持线宽的实现精度，因此在电路制版时要确定布局方向确保关键电路的印刷精度能得到保证。在制作菲林时就需要给出印刷方向，根据印刷方向再制作丝网。此外，丝网的目数也对微波电路的印刷精度有较大影响，一般电路采用 325 目即可，对于高精度高频率电路，需要 400 目甚至 500 目的丝网，在丝网制作完毕后要仔细检查关键电路是否满足要求。图 5.7-12 是厚膜印刷机。

5）叠压热压

烧结前应把印刷好的金属化图形和形成互连通孔的生瓷片按照预先设计的层数和次序叠到一起，在等层压下，使层压压力平均分布在生瓷片上，使其紧密粘接成一个完整的多层基板坯体，并且准确按照预定的温度曲线进行加热烧结。一般来说，将此过程分为叠层、预压与等静压 3 个步骤。叠层是将每一片处理好的生瓷带去除支撑层（Mylar 层），按照方向和顺序在模具中叠层在一起，然后放入压力机中进行加热预压，使多层生瓷带初步叠压形成一个整体。这一步完成后将模块放入真空袋抽真空后放入等静压机中进行等静压，完成后即可进行烧结。叠层预压与等静压操作实物见图 5.7-13。

6）共烧

共烧是 LTCC 加工工序中的最后一关。它是把切割后的生瓷胚体放入炉中，按照既定的烧结曲线加热烧制。需要特别注意的是 450℃前升温速度要慢，使生瓷片中的有机粘结剂汽化或烧除，最后保持的烧结温度在 850～900℃之间。烧结时间根据各生产工艺线使用的浆料不同而不同。此工艺关键是保证烧制曲线和炉腔温度的一致性，以及适中的升温速度，以确保成品基板平整度和收缩率的一致性。常见材料的共烧工艺曲线见图 5.7-14。

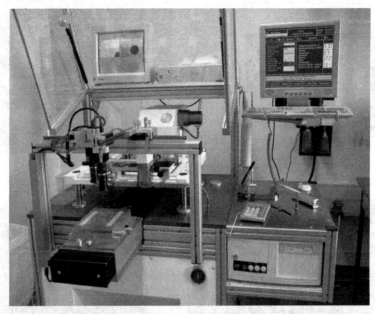

图 5.7-12　厚膜印刷机

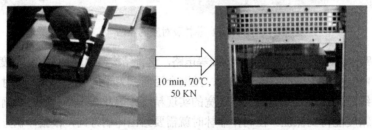

10 min, 70℃, 50 KN

(a) 叠层与预压流程图

(a)　　　　　　　(b)　　　　　　(c) 10 min, 70℃, 200 bar

(b) 等静压流程图

图 5.7-13　叠层预压与等静压操作

图 5.7-14(b)所示的烧结曲线为 Dupont 951 生瓷带的烧结特性曲线，1、3 点为加热；2、4 点为温度保持；5 点为冷却。200～500℃之间的区域称为有机排胶区（建议在此区域叠层保温最少 60min）。然后用 5～15min 将叠层共烧至峰值温度（通常为 850℃）。烧成的部件准备好后烧工艺，可在顶面上印刷导体和精密电阻器，然后在空气中烧成。

图 5.7-15 所示为不同导电浆料的典型烧结曲线。

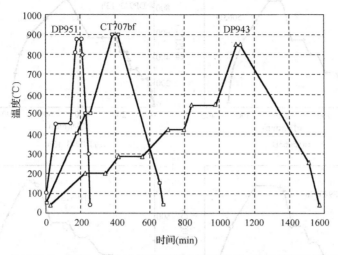

(a) DP951、CT707、DP943生瓷带的标准共烧工艺曲线（数据来源于参考文献[19]）

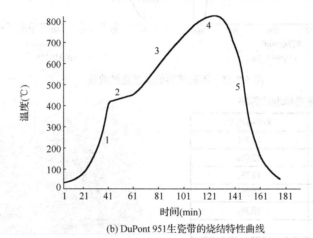

(b) DuPont 951生瓷带的烧结特性曲线

图 5.7-14　常见材料的共烧工艺曲线

对于常用的材料，一般情况下的标准收缩率如表 5.7-2 所示：

共烧后成品基板的平整度和收缩率会有一定变化，图 5.7-16 为 Dupont 943 基板实现的毫米波滤波器在共烧前和共烧后的对比。

7）切片

切片指将基板按照设计尺寸（考虑收缩率）切割成产品的成品尺寸。切片处理既可以在共烧前进行，也可以在共烧后进行。共烧前基片较软，切割效率较高，适于大批量加工，缺点是随着共烧后基板的收缩，基板尺寸和边缘平整度会和设计值有一定误差。而共烧后切割可以保证精确的外形尺寸，但切割效率较低，且有一定的成品率损失。LTCC 基板切片有两种方法：一是热切刀切割系统（Hot-knife cutting system），该方法只针对直线切割有效；二是激光切割，可以满足特殊形状基板的切割需求，使用该方法在共烧前切割可以使用小功率激光器，但共烧后切割则需要大功率激光器，同时效率相对较低。

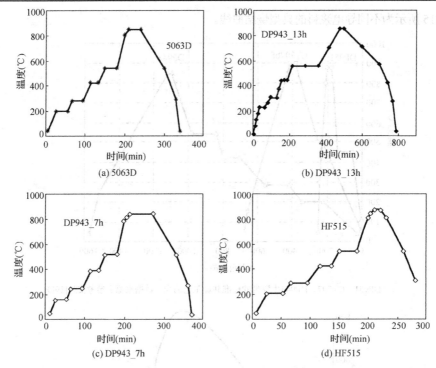

图 5.7-15　不同浆料的典型烧结曲线

表 5.7-2　常用生瓷带标准收缩率

生产商	型号	X-Y-收缩率
杜邦	951PT	12.8%
	951P2	13.0%
	951PX	12.7%
	943P5	10.2%
	9K7V	10.3%
Heraeus	CT707	17.1%
HITK	BGK	18.6%
	BTC	19.2%
	HDK	10.4%

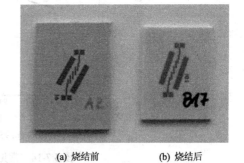

　(a) 烧结前　　　　(b) 烧结后

图 5.7-16　毫米波滤波器共烧前及共烧后的对比
（这里参考德国 Ilmenau 工业大学
Sven 博士的研究，见参考文献[26]）

3. 材料特性参数的测量

在进行 LTCC 电路设计前一般需要确定其介电常数。一方面，LTCC 生瓷带供应商提供的每一批次的产品都会有介电常数的偏差；另一方面，每一条工艺线的工艺参数都不尽相同，特别是共烧及后烧曲线的不同，造成了烧后基板的介电常数不同。对于 LTCC 电路特别是毫米波电路设计来说，小的偏差会带来比较明显的影响。可以通过带状线谐振环对介电常数进行测量。

根据带状线谐振条件：

$$2\pi r = n \cdot \lambda_g = \frac{n \cdot c}{f_n \sqrt{\varepsilon_{\text{eff}}}}\qquad(5.7\text{-}1)$$

其中，$\varepsilon_{\text{eff}} = \left(\dfrac{n \cdot c}{2\pi r f_n}\right)^2$，$r$ 是谐振环的平均半径，n 是整个环周长相当于介质中波长的 λ_g 的倍数，也就

是说是第几个谐振频率。从上式可以看出，确定谐振环的半径 r 及谐振点 f_n 就可以确定该材料的介电常数。谐振环半径 r 测试如图 5.7-17 所示。

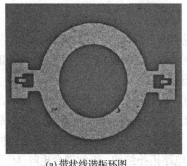

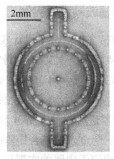

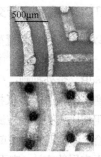

（a）带状线谐振环图　　　　　　　　（b）谐振环半径测量　　　　　　（c）局部放大图

图 5.7-17　谐振环半径 r 测试示意图（这里参考德国 Ilmenau 工业大学 Sven 博士的研究，实物图来源于参考文献[26]）

带状线谐振环第 n 个谐振频率 f_n 仿真模型与实物测试的结果如图 5.7-18 和图 5.7-19 所示。测量出来的不同材料对应的介电常数见图 5.7-20。

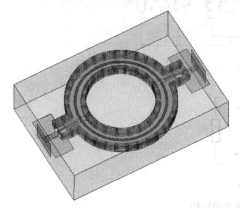

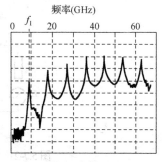

图 5.7-18　谐振频率 HFSS 仿真模型　　　图 5.7-19　谐振频率 f_n 实测结果（这里参考德国 Sven 博士的研究，见参考文献[26]，实测数据来源于 Sven 博士论文）

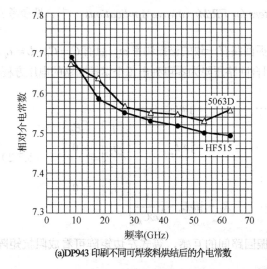

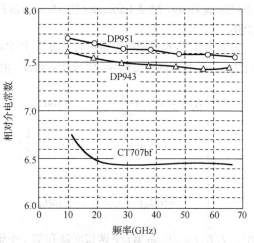

（a）DP943 印刷不同可焊浆料烘结后的介电常数　　　　　　（b）不同材料烧结后的介电常数

图 5.7-20　不同条件下的介电常数（实测数据来源自德国 Ilmenau 工业大学 Sven 博士论文，见参考文献[26]）

5.7.3 微波 LTCC 电路

1. LTCC 埋置型窄带交指滤波器设计实例

这里以一个 LTCC 埋置型窄带交指滤波器设计实例说明一个具体的 LTCC 器件。

设计一个窄带滤波器，中心频率 $f_0 = 9.5\text{GHz}$，带宽为 $\text{BW} = 1.2\text{GHz}$，回波损耗 $R_L = 15\text{dB}$，通带内插损 $I_L < 0.8\text{dB}$。带外抑制：$f_{s1} = 5\text{GHz}$，$f_{s2} = 14.25\text{GHz}$ 处大于 30dB。

切比雪夫滤波器具有低插入损耗、高滚降特性的特点，而且便于利用耦合谐振结构综合来实现，故这里选用切比雪夫型响应滤波器进行设计。将 n 级切比雪夫滤波器看成是带源耦合和负载耦合的 n 个相互耦合、可实现的谐振单元，通过求解耦合矩阵 $[M]$，从而综合出所需特性滤波器是一种设计窄带滤波器的很实用的方法。它不必拘泥于电路的实现形式与电路拓扑结构，得到耦合矩阵 $[M]$ 后便可用各种电路结构来实现。用电压回路方程等效的 n 阶耦合谐振电路如图 5.7-21 所示。

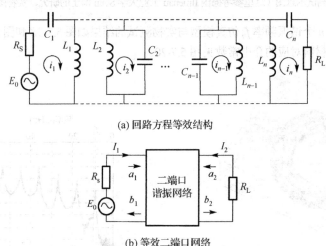

(a) 回路方程等效结构

(b) 等效二端口网络

图 5.7-21　n 阶耦合谐振电路等效结构

接下来用电压回路方程简要推导 $[M]$ 矩阵的产生，这里仅仅是为了便于理解。其中推导过程参考了 Jia Sheng Hong、M. J. Lancaster 的 *Microstrip Filters for FR/Microwave Applications* 一书，见参考文献[28]。

为简化推导，设该谐振电路是同步调谐，每个谐振回路有一致的谐振频率 ω_0，且有 $C = C_i$，$L = L_i$，$i = 1, 2, \cdots, n$，彼此间有磁耦合。信号频率为 ω，由闭合回路压降为零可列出每个谐振回路的电压方程：

$$
\begin{bmatrix}
R_S + j\omega L_1 - j\dfrac{1}{\omega C_1} & -j\omega L_{12} & \cdots & -j\omega L_{1n} \\
-j\omega L_{21} & j\omega L_2 - j\dfrac{1}{\omega C_2} & \cdots & -j\omega L_{2n} \\
\vdots & \vdots & \vdots & \vdots \\
-j\omega L_{n1} & -j\omega L_{n2} & \cdots & R_L + j\omega L_n - j\dfrac{1}{\omega C_n}
\end{bmatrix}
\cdot
\begin{bmatrix}
i_1 \\ i_2 \\ \vdots \\ i_n
\end{bmatrix}
=
\begin{bmatrix}
E_0 \\ 0 \\ \vdots \\ 0
\end{bmatrix}
\tag{5.7-2}
$$

其中，$L_{ij}(i, j \leqslant n)$ 是第 i 个谐振回路和第 j 个谐振回路间的互感，等式左边矩阵可看成阻抗矩阵 $[Z]$。

对此阻抗矩阵进行归一化处理，FBW 是相对带宽，即

$$[\bar{Z}] = \frac{1}{\omega_0 \cdot L \cdot \text{FBW}}[Z] \tag{5.7-3}$$

取频率变量 $p = \mathrm{j}\dfrac{1}{\text{FBW}}\left(\dfrac{\omega}{\omega_0} - \dfrac{\omega_0}{\omega}\right)$，源端和负载端是串联谐振，品质因数分别为 $Q_\mathrm{i} = \omega_0 L / R_\mathrm{S}$，$Q_\mathrm{o} = \omega_0 L / R_\mathrm{L}$，互感系数 $M_{ij} = L_{ij}/L$，$(i,j = 1,2,\cdots,n)$，因为是窄带滤波器设计，可做 $\omega \approx \omega_0$ 近似，化简 $[\bar{Z}]$ 可得：

$$[\bar{Z}] = \begin{bmatrix} \dfrac{1}{Q_\mathrm{i}\text{FBW}} + p & -\mathrm{j}m_{12} & \cdots & -\mathrm{j}m_{1n} \\ -\mathrm{j}m_{21} & p & \cdots & -\mathrm{j}m_{2n} \\ \vdots & \vdots & \cdots & \vdots \\ -\mathrm{j}m_{n1} & -\mathrm{j}m_{n2} & \cdots & \dfrac{1}{Q_\mathrm{o}\text{FBW}} + p \end{bmatrix} \tag{5.7-4}$$

写成矩阵形式：

$$[\bar{Z}] = [Q] + [P] - \mathrm{j}[M] \tag{5.7-5}$$

其中，[Q] 只有对角线上的首位两元素非零，[P] 为对角阵，[M] 便是耦合矩阵，在对称耦合情况下是实对称阵。前面两个矩阵形式简单，并且很容易求得。

类似磁耦合的电压回路方程，也可采用电场耦合的电流节点方程进行类似分析，得到的是一致的结果。对于非同步协调谐振电路，采用类似的分析方法也可推导出与上式一致的形式。由图 5.7-21(b) 的二端口等效电路，用微波网络分析方法很容易得出二端口网络的 S 参数与[M]矩阵关系。[M]矩阵可以很容易转换成电路拓扑结构，因此，由给定的指标求解耦合矩阵是由设计指标到网络综合很重要的一步。

接下来给出由给出的设计参数来求解[M]矩阵。方法是先由 3.6.2 节介绍的等波纹（切比雪夫）低通原型滤波器确定低通原型相关参数 L_Ar、L_As、ε 及级数 n，通过频率变换，再由这些参数获得广义切比雪夫传输函数的传输零点 $\mathrm{j}\omega_n$，然后通过递推方法可求得 S 参数多项式，于是源端和负载端的输入输出导纳 Y_{11} 与 Y_{22}（或阻抗 Z_{11} 与 Z_{22}）可由 S 参数多项式求得。对于带源与负载端口的 n 级耦合结构，用等效网络将源和负载阻抗等效为"1"，通过源阻抗与负载阻抗表达式即可求出等效网络的耦合矩阵 M'，逆推便可得耦合矩阵 M。完整的理论推导过程和表达式非常复杂，详见参考文献[29～34]，这里只是简要地写出推导过程。

选用切比雪夫滤波器设计，根据回波损耗设为 15dB，取回波损耗为负值代入第 3 章式（3.6-17），计算得到的带内波纹值为：

$$L_\mathrm{Ar} = 0.1396\text{dB}, \qquad \text{取 } L_\mathrm{Ar} = 0.1\text{dB}$$

已知波纹指标 L_Ar，阻带衰减 L_As，归一化阻带边频 Ω_s，则由第 3 章式（3.6-16）可得所用滤波器级数为：

$$n \geqslant \frac{\operatorname{arccosh}\sqrt{\dfrac{10^{0.1L_\mathrm{As}} - 1}{10^{0.1L_\mathrm{Ar}} - 1}}}{\operatorname{arccosh}\Omega_\mathrm{s}} \tag{5.7-6}$$

滤波器级数选用 5 级（$n = 5$）。

由第 3 章式(3.6-15)可计算其归一化元件值为: $g_0=1.0000$, $g_1=g_5=1.1468$, $g_2=g_4=1.3712$, $g_3=1.9750$, $g_6=1.0000$。

对于同步调谐滤波器而言，耦合系数矩阵主对角元为零。设计时尽量只让相邻电路单元之间存在耦合，非相邻单元之间尽量隔离（耦合系数为零），这样耦合矩阵便具有如下形式：

$$[M] = \begin{bmatrix} 0 & \dfrac{k_{12}}{FBW} & 0 & 0 & 0 \\ \dfrac{k_{12}}{FBW} & 0 & \dfrac{k_{23}}{FBW} & 0 & 0 \\ 0 & \dfrac{k_{23}}{FBW} & 0 & \dfrac{k_{34}}{FBW} & 0 \\ 0 & 0 & \dfrac{k_{34}}{FBW} & 0 & \dfrac{k_{45}}{FBW} \\ 0 & 0 & 0 & \dfrac{k_{45}}{FBW} & 0 \end{bmatrix} \tag{5.7-7}$$

其中，$k_{i,i+1} = \dfrac{FBW}{\sqrt{g_i g_{i+1}}}$，$g_i$ 是低通原型元件值，FBW 是相对带宽：

$$FBW = \frac{BW}{f_0} = \frac{1.2}{9.5} = 0.1263 \tag{5.7-8}$$

将低通元件值、相对带宽代入式（5.7-7）可求得耦合矩阵：

$$M = \begin{bmatrix} 0 & 0.1009 & 0 & 0 & 0 \\ 0.1009 & 0 & 0.0769 & 0 & 0 \\ 0 & 0.0769 & 0 & 0.0769 & 0 \\ 0 & 0 & 0.0769 & 0 & 0.1009 \\ 0 & 0 & 0 & 0.1009 & 0 \end{bmatrix} \tag{5.7-9}$$

终端外部品质因数为：

$$Q_i = \frac{g_0 g_1}{FBW}, \qquad Q_o = \frac{g_5 g_6}{FBW} \tag{5.7-10}$$

代入值可得品质因数：

$$Q_i = Q_o = 9.06 \tag{5.7-11}$$

为进一步减小体积，同时避免非相邻谐振器间的交叉耦合，5 个谐振单元采用非同层交替埋置的结构形式，每个谐振器接地端通过贯穿整个基板的金属化通孔实现。具体结构如图 5.7-22 所示。

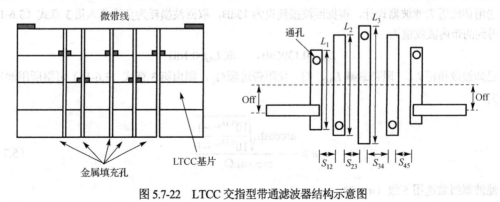

图 5.7-22   LTCC 交指型带通滤波器结构示意图

谐振器长度初值都取为 1/4 介质中波导波长，输入/输出采用 50Ω标准微带线。介质基片采用 FerroA6-M 生瓷带，介电常数为 5.7，每层厚度为 0.094mm，共 4 层。为了保证基板强度，在公共地下面又增加了两层支撑介质。

利用 HFSS 优化调整后最终参数为：$L_1 = 3.07\text{mm}$，$L_2 = 3.37\text{mm}$，$L_3 = 3.49\text{mm}$，$\text{Off} = 0.19\text{mm}$，$S_{12} = S_{45} = 0.41\text{mm}$，$S_{23} = S_{34} = 0.63\text{mm}$。

图 5.7-23 是滤波器加工实物图，实际工艺加工中，滤波器的金属层及金属化通孔，均采用银导体，滤波器尺寸很小，只有 $3.5×5×0.376\text{mm}^3$。实测结果与仿真结果比较吻合。通带几乎没有偏移，仅带宽略有减小。通带内插损小于 3dB，9.5GHz 处插损为 2.1dB，4.75GHz 处抑制为 47.3dB，14.25GHz 处抑制达到 70dB。仿真及测试结果见图 5.7-24。

(a) LTCC 基板正反面实物　　　　　　　　　　(b) 测试实物

图 5.7-23　LTCC 窄带交指滤波器

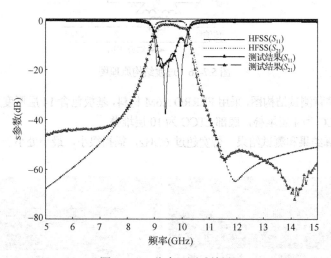

图 5.7-24　仿真及测试结果

2. 缝隙耦合过渡结构

缝隙耦合过渡结构是依据缝隙耦合和贴片天线辐射理论，在开槽耦合型波导到微带的过渡结构基础上被提出，并应用到 LTCC 中。该过渡结构基于缝隙耦合理论，微波信号从波导通过微带基片底面地上的缝隙，将电磁波能量耦合到基片另一侧的微带线上。这种 LTCC 波导到微带的过渡结构示意图如图 5.7-25 所示。

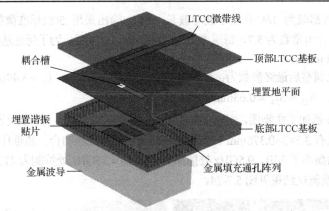

图 5.7-25　过渡结构示意图

上述结构在 LTCC 陶瓷基板中工艺实现比较容易，将谐振贴片埋置于 LTCC 基板之中，3 个平行耦合谐振单元的尺寸相同，即单个的自谐振频率是一样的。但在相互耦合的作用下自谐振频率发生了偏移，这使得过渡结构的过渡带宽获得了明显拓展，如图 5.7-26 所示。

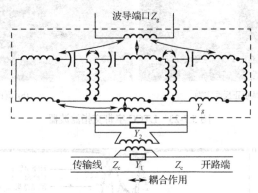

图 5.7-26　过渡结构原理图

图 5.7-27 为背靠背测试结构图，采用 FERRO A6M 材料，基板包含 14 层厚度为 0.094mm 的 LTCC 基板，其中顶部 LTCC 为 4 层堆叠，底部 LTCC 为 10 层堆叠。

图 5.7-28 为仿真结果和测试结果，带宽超过 6GHz，插损很小，最小处小于 1dB，可以满足毫米波宽带过渡的需要。

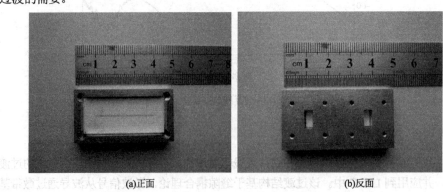

(a)正面　　　　　　　　　　　　　　　　(b)反面

图 5.7-27　LTCC 毫米波波导到微带测试样品

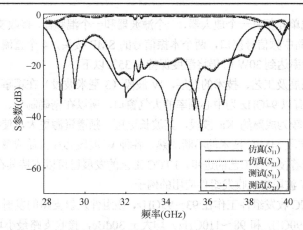

图 5.7-28　LTCC 毫米波波导到微带的过渡结构测试与仿真结果的对比

5.7.4　LTCC 在微波毫米波系统中的应用

20 世纪 90 年代初，随着加工工艺水平的提高，国外就已经对采用 MCM 技术特别是 LTCC 技术实现毫米波收发系统展开了一系列探讨和研究。2005 年，加拿大的 D. Drolet 和 A. Panther 等人分别用混合集成和 LTCC 工艺制作了两个 Ka 频段具有基带预失真功能的直接调制发射模块，如图 5.7-29 和图 5.7-30 所示。相比混合集成电路工艺，采用 LTCC 工艺的模块面积仅 527mm^2，减少了 57%。

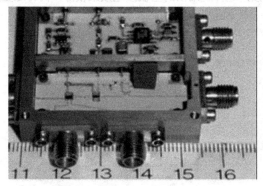

图 5.7-29　采用 MIC 工艺的发射模块　　　　　图 5.7-30　采用 LTCC 工艺的发射模块

2009 年，德国的 IMST GmbH 中心采用 LTCC 技术制作了一款用在卫星通信的 Ka 频段收发前端。该组件采用 17 层 FerroA6M 介质，8×8 的阵列天线阵放置在表面，射频电路、直流电路和一个水冷散热系统集成在基板内部，从而实现高密度的集成。该模块的实物照片如图 5.7-31 所示。

图 5.7-31　高集成度 Ka 频段的 LTCC 收发模块

发射链路每个天线单元都有一个放大器、一个滤波器和一个混频器，接收支路共集成 4 个混频器。组件接口处集成了 64 路中频信号接口，两个本振信号的 SMP 接头，4 个直流端口和整个水冷系统的接口。该模块可在热功率达到 30W 时仍将温度保持在 35℃以下。

随着频段应用的拓展及工艺、技术的发展，W 波段（3 毫米波段）在军事应用中的重要性日益突出，3 毫米波段由于拥有以 94GHz 为中心频率的大气窗口，所以在精确制导、目标识别雷达等领域均有着广泛用途。相比于较为成熟的 Ka 波段，其波长更短，频谱资源更大，使得其具有相当的发展前景。近年来，随着 W 波段 MMIC 技术的不断成熟，各种 W 波段芯片日益成熟稳定，大大促进了该频段收发组件的研究。随着技术及工艺的进步，LTCC 工艺的发展已可以支持其在 W 波段的应用。下面是一个 LTCC 技术在 W 波段实现收发组件应用的例子。

本例中 3 毫米 LTCC 收发组件工作在 93～95GHz，该组件发射支路的发射功率均大于 24dBm，且带外杂波抑制度（75～90GHz 和 98～110GHz）均大于 30dBc，接收支路最小增益达到 46.3dB，噪声系数在 8.5dB 以内，最小噪声系数达 7.32dB。

在 3 毫米波段，射频电路对尺寸较为敏感，芯片接地要求较高，因而 LTCC 基板不平坦会导致电路不稳定甚至不能工作。设计时为了减小损耗，高频微带线使用一层介质，低频微带线使用两层介质。同时为了提高微带线之间的信号隔离度，微带线周边使用大片金属地加两排金属通孔进行隔离。孔径为 0.1mm，如图 5.7-32 所示。

为了使基板内的金属均匀分布，内部的大块接地金属使用丝网形式，同时相邻层金属网格存在 45°的错位，接地金属丝网之间使用错位的金属通孔连接，这样烧结出的基板接地效果较好，同时还更加平整，具体如图 5.7-33 所示。

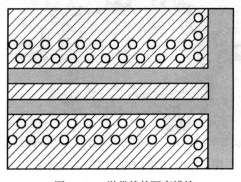

图 5.7-32　微带线的隔离措施

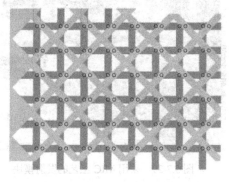

图 5.7-33　相邻两层接地面的设计

基板第一层走频率较低的微带线，微带线地板位于第三层，3 毫米波段的微带线和芯片位于第二层，通过在第一层上开腔使得第二层电路部分外露，射频地位于第三层。具体的射频层设计见图 5.7-34 和图 5.7-35。

在布置电路版图时，尽量使接收支路和发射支路分开，同时支路之间预留一定位置以便于安装中间隔离块，来进一步提高链路之间的隔离度。

波导到微带的过渡结构采用 5.6.2 节所述的波导-探针-微带过渡结构——E 面探针过渡结构。该结构目前加工工艺成熟，过渡损耗小。但这种过渡结构需要将探针插入波导中；同时探针对尺寸较为敏感，LTCC 属于硬基板，加工时经烧结会收缩，对电气性能将会造成影响。如果过渡结构失效将会使整个 LTCC 基板报废，成本较高，因此采用在 LTCC 基板表面贴一段 Rogers5880 来实现过渡结构，如图 5.7-36 所示。

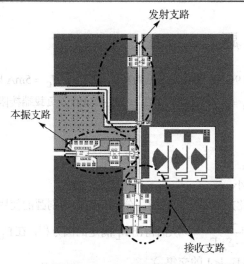

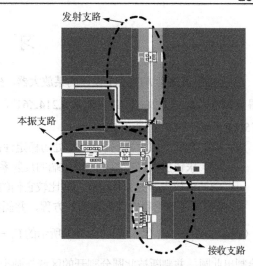

图 5.7-34　使用两级 ALH504 低噪放的 LTCC 射频版图　　图 5.7-35　使用一级 ALP283 低噪放的 LTCC 射频版图

整个 LTCC 基板的射频链路全部集中在最上面两层，所有射频芯片通过基板开槽直接放置在射频地上，这样射频地和各芯片接地位于同一层，较好地保证了共地特性。同时为了保证芯片的散热，射频芯片底部通过层层相错的接地通孔直接连到底部腔体，较好地保证了散热需要。直流供电层位于射频层下方，中间使用两层网格接地面进行隔离，抑制了射频信号到直流电路的泄漏串扰。在设计直流走线时尽量避开射频芯片位置，同时每层的走线方向尽量大体保持一致。为了便于调试，每个芯片的加电分别通过内部走线最终引到介质基板的最底层上的加电块上，最后通过焊接分压电阻调整各个芯片的直流工作点。

装配好的 LTCC 收发组件如图 5.7-37 所示。

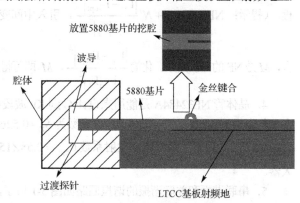

图 5.7-36　LTCC 基板波导-微带过渡部分处理

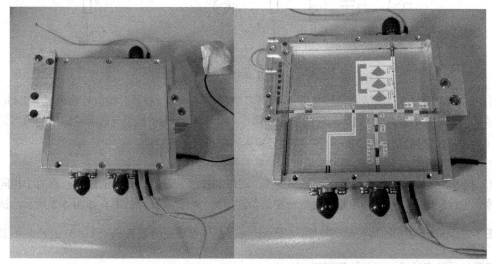

图 5.7-37　装配好的 3 毫米 LTCC 组件

习　题

1. 已知用晶体管 AT41511 设计的某放大器，在 0.9GHz 直流工作点为 $V_{CE} = 2.7\text{V}$，$I_C = 5\text{mA}$ 时，测得 S 参数为 $S_{11} = 0.26\angle118°$，$S_{12} = 0.214\angle61°$，$S_{21} = 1.773\angle42°$，$S_{22} = 0.5\angle-48°$，负载端接阻抗为 75Ω 的天线，源阻抗是 35Ω。

　　求：（1）判断此放大器在 0.9GHz 处的稳定性；

　　　　（2）求该放大器在源端和输出端的反射系数；

　　　　（3）求放大器的 3 种增益，并比较它们的大小。

2. 推导出晶体管稳定性判别圆的方程，并画出此方程对应的曲线，分析稳定性判别圆的使用方法。（提示：将 $|\Gamma_1| = 1$ 代入式（5.2-7b）所示的 $\Gamma_1 = \dfrac{S_{11} - D \cdot \Gamma_L}{1 - S_{22}\Gamma_L}$，从而得出 Γ_L 满足的圆方程，在 Γ_L 平面绘制出此圆，并判断被此圆分割开的区域与圆平面 $|\Gamma_L| < 1$ 的交集。）

3. 晶体管噪声系数可以用 4 个噪声参数来描述，试由式（5.2-44）推导出等噪声系数圆满足的方程。（提示：$NF = NF_{\min} + N' \dfrac{\left|\Gamma_s - \Gamma_{\text{sopt}}\right|^2}{1 - \left|\Gamma_s\right|^2}$，引入中间变量 $M = \dfrac{NF - NF_{\min}}{N'}$，则对于给定的噪声参量而言，$M$ 是 NF 的一次函数。化简 $\dfrac{\left|\Gamma_s - \Gamma_{\text{sopt}}\right|^2}{1 - \left|\Gamma_s\right|^2} = M$ 即可得到关于 Γ_s 的圆方程，圆上所有点噪声系数相等。）

4. 晶体管 NE32484A 是能用来设计 C 到 Ku 波段的超低噪声 N 沟道场效应管，在 12GHz 直流静态工作点为 V_{ds}=2.0V，I_d=10mA 时，S 参数为 S_{11}=0.526∠-155.7°，S_{12}=0.102∠6.1°，S_{21}=2.705∠14.5°，S_{22}=0.423∠-139.5°，最低噪声发射系数 $\Gamma_{\text{opt}} = 0.58\angle152°$。用此管设计一个工作在 12GHz 的低噪声放大器。

5. 串联谐振和并联谐振的谐振回路如图 5-1 所示，求其 LC 谐振回路的谐振频率与品质因数。

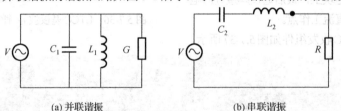

(a) 并联谐振　　　　　　　　　　　　　(b) 串联谐振

图 5-1　串联谐振与并联谐振

6. 如 5.4 节所讲，经混频器混频后的频率有多个。若一个混频器的射频信号频率 $f_S = 2.45\text{GHz}$，本振频率 $f_L = 2.5\text{GHz}$。问：（1）相应的镜像频率是多少？（2）无干扰信号时可能输出的频率又是多少？（3）若有与射频信号频率相近的干扰信号输入，分析其干扰特性。

7. 什么是变容二极管倍频器的空闲回路？其有什么作用？

8. 利用晶体管的非线性特性进行频率变换，故能制作混频器、倍频器的器件，将两个相同特性的晶体管进行反向并联或反向串联能进行一定的谐波抑制，以提高变频效率。如图 5-2 所示，试分别分析图 5-2(a) 和图 5-2(b) 的谐波抑制特性。（提示：写出晶体管响应函数 $I = f(v) = \sum\limits_{n=0}^{\infty} a_n v^n$，不必求出响应函数的具体表达式，代入计算即可。）

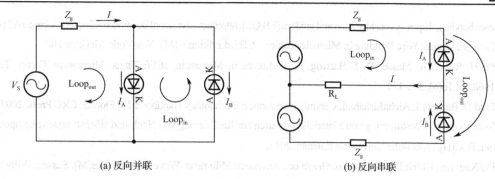

图 5-2　晶体管反向并联或反向串联回路

(a) 反向并联　　　　　(b) 反向串联

9．简述微带电路加工的工艺过程。

10．简述球焊与楔焊的主要区别。

11．简述 LTCC 基板加工的主要工艺步骤。

12．微波电路中器件的装配技术主要有哪几种？分别适用于哪种电路器件？

参 考 文 献

[1]　黄香馥，陈天麟，张开智等. 微波固态电路[M]. 成都：成都电讯工程学院出版社，1988.

[2]　清华大学编写组. 微带电路[M].北京：人民邮电出版社，1976.

[3]　David M. Pozar. 微波工程（第三版）[M]. 张肇仪，周乐柱，吴德民等译. 北京：电子工业出版社，2006.

[4]　薛正辉，杨仕明，李伟民等. 微波固态电路[M]. 北京：北京理工大学出版社，2004.

[5]　吴万春. 集成固体微波电路[M]. 北京：国防工业出版社，1981.

[6]　高葆新，胡南山，洪兴楠等. 微波集成电路[M]. 北京：国防工业出版社，1995.

[7]　顾其诤，项家桢，袁孝康等. 微波集成电路分析与设计[M]. 北京：电子工业出版社，2006.

[8]　薛良金. 毫米波工程基础（第二版）[M]. 哈尔滨：哈尔滨工业大学出版社，2004.

[9]　言华. 微波固态电路[M]. 北京：北京理工大学出版社，1995.

[10]　InderBahl，Prakash Bhartia. 微波固态电路设计（第二版）[M]. 郑新等译. 北京：电子工业出版社，2004.

[11]　赵国湘，高葆新等. 微波有源电路[M]. 北京：国防工业出版社，1990.

[12]　喻梦霞，李桂萍. 微波固态电路[M]. 成都：电子科技大学出版社，2008.

[13]　廖承恩，微波技术基础[M]. 西安：西安电子科技大学出版社，1994.

[14]　李殷桥. 谐振环测量低温共烧陶瓷机介电常数研究[J].电子测量与仪器学报，2009，35-36.

[15]　李孝宣. 微波多芯片组件微组装关键技术及其应用研究[J]. 南京：南京理工大学,2009.

[16]　K. C. Gupta, Ramesh Garg.ect.Microstrip Lines and Slotline （second edition）[M]. London:Artech House. 1996, p54.

[17]　Shankara K. Prasad. Advanced Wire bond Interconnection Technology[M]. Boston: Springer. 2004.

[18]　Noyan Kinayman, M. I. Aksun.ModernMicrowave Circuits. Londen[M]: Artech House. 2005.

[19]　Tapan K.Gupt. 厚薄膜混合微电子学手册[M]. 王瑞庭,朱征等译. 北京：电子工业出版社,2005。

[20]　Ling Li.Zuverlässigkeit von lötbaren Dickschichtmetallisierungen auf LTCC [D]. Thüringen:Technische Universität Ilmenau, 2010, p37.

[21]　中国科学技术大学微纳研究与技术中心. 引线键合机 [EB/OL].　http://nano.ustc.edu.cn/index.php?m= content&c=index&a= show&catid=39&id=30，2015.04.14.

[22] wire bonding.chapter A.consideration and guidline[EB/OL]. http://extra.ivf.se/ngl/documents/ChapterA/ChapterA2.pdf

[23] George Harman. Wire Bonding In Microelectronics （Third.Edition） [M]. NewYork: McGraw Hill.

[24] Pucel, Robert A, Masse. D. J, Hartwig. C. P. Losses in Microstrip, IEEE Trans. Microwave Theory Tech[J]. 1968,vol.16(6), 342-350

[25] Fred D. BarlowIII, AichaElshabini. Ceramic Interconnect Technology Handbook[M].Florida: CRC Press. 2007.

[26] Sven Rentsch，Bestimmung von Materialkennwerten zur Realisierung von Hoch-und Höchstfrequenz komponenten in LTCC[D],Technische Universität Ilmenau, 2011.

[27] DuiXian Liu, Ulrich Pfeiffer, JanuzszGrzyb.ect. Advanced Millimeter-Wave Technologies[M]. Sussex: Willy house, 2009.

[28] Jia Sheng Hong, M. J. Lancaster. Microstrip Filters for FR/Microwave Applications[M]. New York: Willy house, 2001, p235-243.

[29] A. Atia, A. Williams, R. Newcomb. Narrow-band multiple-coupled cavity synthesis[J]. IEEE Trans. Circuits and Systems.1974. vol.21(5),649-655.

[30] A. E.Atia , A. E. Williams. Narrow-bandpass waveguide filters[J]. IEEE Trans.Microwave Theory Tech. 1972,vol.20, 258-265.

[31] M. H. Chen. Singly terminated pseudo-elliptic function filter[J]. COMSAT Tech Rev.1977, vol.7, 527-541.

[32] 张忠海.应用与多路耦合器的可调滤波器研究[D].西安：西安电子科技大学，2012.

[33] A. E. Atia, A. E. Williams. New types of bandpass filters for satellite[J].Transponders. COMSAT Tech Rev. 1971, vol.1, 21-43.

[34] R. J. Cameron. General Coupling Matrix Synthesis Methods for Chebyshev Filtering Functions[J]. IEEE Trans.Microwave Theory Tech. 1999,vol.47(4), 433-442.

[35] Drolet D , Panther A , Verver C J , et al. Ka-band direct transmitter modules for baseband pre-compensation[C]. European Microwave Conference. IEEE, 2005,p4-6.

[36] Simon W , Kassner J , Litschke O , et al. Highly integrated KA-Band Tx frontend module including 8×8 antenna array[C]. Asia Pacific Microwave Conference. IEEE, 2009,p5-8.

[37] 胡亮. 3mmLTCC 收发组件技术研究[D].成都：电子科技大学，2015.

第 6 章   微波单片集成电路

6.1   概   述

微波毫米波元部件和子系统在经历了波导电路、混合集成电路后，微波单片集成电路（MMIC）已成为目前各种高科技武器的重要支柱，它已被广泛用于各种先进的战术导弹、电子战、通信系统、陆海空基的各种先进的相控阵雷达（特别是机载和星载雷达），在民用及商用的移动电话、无线通信、个人卫星通信网、全球定位系统、直播卫星接收和毫米波自动防撞系统等方面也已形成巨大市场，随着未来 5G 通信的发展，势必成为未来微波毫米波电路的主要发展方向之一。常用的微波单片集成电路有：低噪放、功放、倍频器、混频器、检波器、压控振荡器、移相器、开关、调制器及其由这些电路组成的多功能电路。图 6.1-1 展示了 GaAs MMICs 在 X 波段雷达前端的一种应用举例。

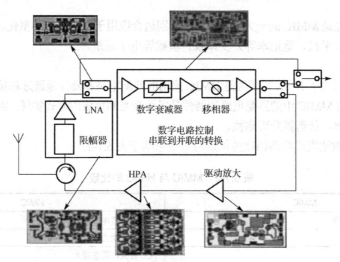

图 6.1-1   GaAs MMICs 在 X 波段雷达的应用（摘自 Macom 公司产品手册）

微波单片集成电路有如下几个特点。

（1）成本低。

MMIC 的低成本来源于它可以大批量生产的特性。一个单晶圆通常可以生产出上千片 MMIC 电路，每个电路无需人工调试，且都具有极高的一致性。只要是需求量大的应用场合，MMIC 的成本优势就存在。

对于一个混合集成电路，最昂贵的部分通常是使用的晶体管，因此，混合集成电路使用的晶体管个数是决定成本的关键。而对于 MMIC，晶体管的多少几乎不会对芯片成本造成影响。影响成本的主要因素是芯片尺寸、晶圆的尺寸以及成品率。对于 MMIC 电路设计师来说，可以控制成本的是前两者。而成品率除了受电路设计的影响外，还直接受到芯片尺寸的影响。所以，芯片的尺寸往往是其成本的关键。表 6.1-1 显示了一个使用离子注入法的高成品率 MESFET 工艺 MMIC 的芯片制作成本与芯片尺寸的大致关系。计算条件是采用 6 英寸 GaAs 晶圆，在晶圆单价为 5000 美元条件下，可以看到随着芯片尺寸的增加，芯片的成品率在不断降低，我们从单个晶圆上获得的芯片数量迅速减少，单个芯片成本快速增加。

表 6.1-1　芯片成本与芯片尺寸的关系

芯片尺寸（mm²）	典型成品率	单个晶圆产生的芯片数量	芯片成本（美元）
1×1	80%	12800	0.4
2×2	70%	2800	1.8
5×5	45%	288	17
7×7	30%	98	51
10×10	20%	32	156

（2）寄生效应小。

由于 MMIC 芯片尺寸受限，给功率放大器的输出功率和效率设计带来了较大的难度。这也导致了与其相同功能的混合集成电路（例如内匹配功率管、功率合成放大器等）相比时，在输出功率和效率上，MMIC 会存在差距。但是 MMIC 由于加工精度高，晶体管外围寄生效应小且可以通过优化设计补偿，因此在工作频率和带宽等指标设计上有较大优势。

（3）体积小。

尺寸小、重量轻是 MMIC 的一大重要优势，特别适合应用于要求系统小型化、轻量化的领域，如个人移动数字设备（手机、笔记本等）及弹载、星载等电子系统。

（4）可靠性高。

MMIC 可靠性远高于 HMIC，原因是 HMIC 采用的匹配电路和器件是通过粘接或者金丝键合等工艺集成在一起的，而 MMIC 中的匹配电路和器件是采用全光刻集成的方式实现，因此在芯片内不存在粘接线或者键合金丝，从而提升可靠性。

MMIC 与混合微波集成电路相比的优点与不足总结于表 6.1-2。

表 6.1-2　MMIC 与 HMIC 的比较

MMIC	HMIC
对量产复杂电路尤为经济	简单，少量电路便宜
重复生产能力强	重复生产能力差
芯片尺寸小，重量轻	尺寸较大，重量较大
可靠性高	可靠性较差
芯片寄生效应小	封装、连线引入寄生效应大
可选元器件有限	有大量元器件可供选择
生产周期长，一般为 3 个月	生产周期短，一般仅 1 周
研发费用高	研发费用较低

未来 MMIC 电路的发展趋势如下。

① 衬底材料：高质量、大尺寸、新型高性能材料。

② 工艺：稳定、高成品率、减小特征尺寸（例如：纳米器件）。

③ 性能：高工作频率（例如太赫兹）、高可靠性、高输出功率、低噪声系数、大带宽、小型化等。

④ CAD：器件精确建模、优异的电路拓扑、精确仿真技术等。

⑤ 集成度：新型集成技术，包括异质集成、三维集成 MMIC、SIP、SOC 等。

⑥ 测试：高精度、高智能化、高频、多功能化。

⑦ 应用：从军用（如雷达、电子对抗等）向民用（如通信、消费电子等）扩展。

由于现有微波电子系统中最常用的微波单片集成单路仍以化合物半导体为主，本书只介绍化合物半导体微波单片集成单路值得一提的是，近年来，随着小型化、低成本芯片的需求量进一步加大，硅基微波集成电路已经成为微波单片集成电路领域的热门方向之一，可参考相关书籍。本章将首先介绍对设计人员可选的元部件技术，然后简述 MMIC 流程制造，接着是 MMIC 电路设计，其中包括了 MMIC 电路中的模型，最后介绍版图和测试技术。

6.2　元部件技术

单片集成电路与传统混合集成电路最大的区别是具有自己独特的元部件技术，这个元部件技术与制备工艺息息相关，这个相对固定的工艺称为工艺线。目前许多机构已经具备 MMIC 电路对外加工服务，例如美国 Qorvo、Northrop Grumman、Raytheon 和 Wolfspeed 等，法国的 UMS 和 OMMIC，德国的 IAF，台湾的 WIN 和 WTK，河北半导体研究所，南京电子器件研究所，厦门的三安集成电路公司和成都海威华芯有限公司等。而每一个代工厂都有很多工艺线可以选择，表 6.2-1 为 UMS 公司可选的 GaAs 工艺线。

表 6.2-1　UMS 公司可选的 GaAs 工艺线

工艺流程	PH25	PH15	PPH25	PPH25X
有源器件	pHEMT	pHEMT	pHEMT	pHEMT
功率密度	250mW/mm	300mW/mm	700mW/mm	900mW/mm
栅长	0.25μm	0.15μm	0.25μm	0.15
I_{DS} (Gm max) I_C HBT	200mA/mm 500mA/mm	220mA/mm 550mA/mm	200mA/mm 500mA/mm	170mA/mm 450mA/mm
V_{BDS}/V_{BCE}	>6V	>4.5V	>12V	>18V
截止频率	94GHz	110GHz	50GHz	45GHz
夹断电压	0.8V	0.7V	0.9V	0.9V
Gm max/β	560mS/mm	640mS/mm	450mS/mm	400mS/mm
噪声/增益	0.6dB/13dB@10GHz 2dB/8dB@40GHz	0.5dB/14dB@10GHz 1.9dB/8dB@60GHz	0.6dB/12dB@10GHz	—

对于工艺线的选择包括衬底材料和晶体管的选取。由于选作衬底的半导体材料性能对最终集成电路成品的性能有很大影响（见表 2.2-2），所以衬底的选择是一个重要因素。半导体材料的种类决定了晶体管的性能表现，主要原因是掺杂半导体的电子性能。电子运动的峰值速度越快，迁移率越高（没有被其他原子散射），电子适应高频信号就越快，晶体管就能在高频时拥有更高增益。半导体的禁带宽度决定了晶体管的击穿电压，与热导率一起决定了器件的功率处理性能。因为半导体衬底在半绝缘状态的电阻率决定了其损耗的无源元件的品质因数，所以它的电阻率对电路也有很重要的影响。晶体管的作用是为有源元件提供信号增益。简单来说，晶体管的选取其实就是场效应晶体管和双极晶体管的选择。表 6.2-2 为 MMIC 有源器件技术适用的电路类型。可供选择的种类非常多，以场效应晶体管为例，有 MOS、CMOS、MESFET、HEMT 等。在进行上面两个选择时，还要考虑到流片成本，以及工艺的技术指标，包括工作频率和功率密度等要求。

此外，微波电路设计能否取得成功的关键在于无源元件和有源器件的模型是否精确。无源元件建模要求对各种结构（如电感、电容、开路端、T 形结、十字结、拐角等）进行建模和修正，并进行电磁兼容分析。目前无源元件的建模已取得较好的成果，但有源器件的模型（特别是大信号模型和噪声模型）与实际器件相比仍具有较大的误差，因此在介绍元部件技术时也将描述每个元部件的等效电路模型。

表 6.2-2　MMIC 有源器件技术适用的电路类型

	SiGe HBT	GaAs/InP HBT	MESFET	HEMT
振荡器	√	√		
混频器	√	√		
低噪声放大器	√	√		√
功率放大器		√		√
开关			√	√
数字电路	√			

6.2.1　无源元件

单片集成电路中典型的无源元件包括传输线、电容、电感、电阻、通孔和空气桥等，下面分别介绍各个无源元件的结构。

1. 传输线

在一个单片集成电路设计过程中，衬底的厚度通常固定在 50μm、100μm 或者 200μm，因此阻抗主要由金属导带的宽度决定。在 MMIC 制作中实际常用的导带宽度从 6μm 到 120μm，与之对应的微带传输线的特性阻抗可以很容易计算出来。

在 MMIC 中制作微带传输线的复杂程度远远超过传统的复合基板传输线结构，并不能轻易地获得特性阻抗。例如，图 6.2-1 中有些导体带相互交连的部分被蚀刻进介质层中，并被埋入多层介质中。这与平面微带线中电场被束缚在介质层中的情况有很大的不同，因此通常需要利用 2.5 维以上的仿真工具（如 ADS Momentum、HFSS 等）来计算微带线的阻抗。

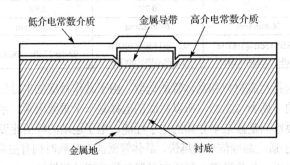

图 6.2-1　一段实际用于 MMIC 的传输线

以 WIN PH15 工艺为例，其微带线参数如表 6.2-3 所示。

表 6.2-3　微带线参数

GaAs 衬底厚度	100μm
相对介电常数	12.8
微带线宽	10～100μm
特性阻值	95～40Ω
最大电流	7.5mA/μm

2．电阻

通常，MMIC 中的电阻有两种类型：半导体材料（如 GaAs）电阻和金属薄膜电阻。半导体材料电阻可以是平面的，也可以是台面的，如图 6.2-2(a)所示，具体主要取决于 MMIC 中器件的隔离方法。由半导体材料做成的电阻阻值是有效半导体层中电子迁移率和温度的函数。其优势是：①它们通常能实现 $100\Omega/\mu m^2$ 的电阻，这对于作去耦电阻非常有用；②它们处在半导体表面下，所有互连的金属都被半导体材料所覆盖，所以不需要做接触电极。金属薄膜电阻如图 6.2-2(b)所示，它可以是镍铬（NiCr）、氮化钛（TaN）等薄膜材料，NiCr 是通过蒸发或溅射形成电阻膜，在 300℃下慢退火可以达到稳定，根据电阻值大小及芯片的尺寸要求，确定电阻薄膜的面积形状和大小。NiCr 电阻的电阻率为 60～600$\mu\Omega\cdot cm$，温度系数为 200ppm/℃，稳定性较好。

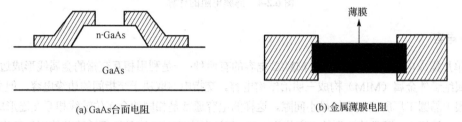

(a) GaAs台面电阻　　　　　　　　　(b) 金属薄膜电阻

图 6.2-2　MMIC 中使用的电阻

MMIC 中金属薄膜电阻的等效电路如图 6.2-3 所示。除了电阻 R 外，图中 L 是电流通过金属膜时产生磁场效应对应的寄生电感。C_1 是金属膜对地平面的分布电容产生的寄生电容，C_2 是电阻两端的反馈电容。

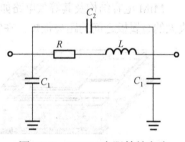

图 6.2-3　MMIC 电阻等效电路

在实际应用中，针对如图 6.2-2(b)所示的薄膜电阻结构，常常通过薄膜电阻直流电阻值的计算来获得电阻尺寸的初始值：

$$R_{dc} = \rho_s \frac{l}{W} \qquad (6.2\text{-}1)$$

式中，ρ_s 为方块电阻（$\Omega/\square$），W 为电阻的宽度，l 为电阻的长度。

为了增加热导率，需要减小薄层电阻厚度，增加电阻长度，这时电阻将出现传输线特性，使驻波比增加，因此在设计时需要在热阻和驻波比之间进行折中。

电阻的特性用单位平方阻值表示，用同种材料制成的 20×20μm 和 100×100μm 的电阻拥有相同的电阻率（电阻值 = 电阻率×长度/宽度 = 电阻率×20/20 = 电阻率×100/100）。通过这种方法可以轻易地通过电阻材料的面积计算出阻值的大小。例如，图 6.2-4(a)所示的电阻可以看作是两个方块电阻的并联，因此总电阻值是 25Ω；图 6.2-4(b)所示的电阻由 3 个阻值为 50Ω 的方块电阻串联组成，所以其总电阻是 150Ω。值得注意的是，这项原则只适用于整齐的电阻，而对于那些在小区域有大阻值的薄膜电阻是不适用的。因为在这种情况下，整齐的电阻具有标准的薄膜电阻率，除此之外电阻内角落部分由于电流的聚集效应而具有更大的电阻率。

我们通常使用的由镍铬（NiCr）和氮化钛（TaN）合金制成的薄膜电阻的典型值范围是 20～50$\Omega/\mu m^2$，用钨钛硅酸钛制成的薄膜电阻能达到 500～1500$\Omega/\mu m^2$，其中 NiCr 合金具有很高的温度稳定性。如果电阻要承受大电流，那么电阻的宽度要能承受这个电流，50$\Omega/\mu m^2$ 的 NiCr 和 TaN 电阻的电流典型值是 0.5mA/μm，重掺杂的 p 型多晶硅能承受超过 0.6mA/μm 的电流，其中 TaN 电阻具有良好的线性欧姆特性。

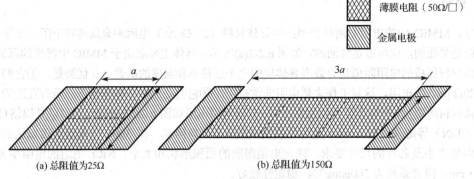

薄膜电阻（50Ω/□）

金属电极

a

$3a$

(a) 总阻值为25Ω

(b) 总阻值为150Ω

图 6.2-4　薄膜电阻的计算

3. 电容

在单片集成电路中，常用于制造 MMIC 电容的有两种：一是利用相互交指的金属线形成边缘电容，二是金属绝缘体金属（MIM）构成三明治结构电容。交指电容取决于交指间的边缘电容，但交指线间距又受限于晶圆工厂所能制造的最小间隙。这样的电容通常是相同的金属传输线相互交连形成的。交指电容值一般很小，通常能达到的电容值为 1pF，但这种电容对加工环境不敏感并能用于毫米波频段。具体计算和分析类似第 3 章中分析的交指电容。

MIM 电容结构及其等效电路如图 6.2-5 所示，我们能通过它获得更高的电容值。它的结构中，两块大的金属板之间的距离很短，在它们中间充满了绝缘介质。这样可以进一步提高电容值。

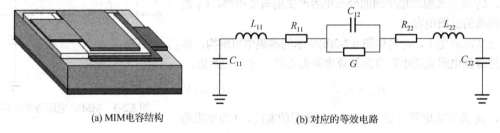

(a) MIM电容结构

(b) 对应的等效电路

图 6.2-5　MIM 电容

模型参数可由解析表达式计算得到，物理参数分别为上下平行板的长度 L、宽度 W，上极板的厚度 t_t，下极板的厚度 t_b，GaAs 衬底厚度 h，电容介质厚度 t，GaAs 衬底介电常数 ε_1，电容介质的介电常数 ε_2、换耗角正切为 $\tan\delta_d$。等效电路模型考虑了电容的介质损耗、金属损耗和对地的寄生效应，但没有考虑其边缘效应。模型中参数的物理意义及其计算方法如下。

（1）电容 C_{12} 可以由平行板电容器的公式计算得到：

$$C_{12} = \frac{\varepsilon_2 WL}{t} \qquad (6.2-2)$$

（2）由电容介质引入的损耗电导公式为：

$$G = \omega C_{12} \tan\delta_d \qquad (6.2-3)$$

（3）金属的损耗电阻 R_{11} 和 R_{22} 由金属趋肤电阻的计算公式得到：

$$R_{11} = \frac{\rho \cdot L}{W\delta(1-\exp(-t_t / \delta))}$$

$$\qquad (6.2-4)$$

$$R_{22} = \frac{\rho \cdot L}{W\delta(1-\exp(-t_b / \delta))}$$

当金属厚度 t_x（$x=t$ 或者 b）比趋肤深度（δ）小的时候，损耗电阻可以由体电阻的计算公式得到：

$$R = \frac{\rho \cdot L}{W \cdot t_x} \tag{6.2-5}$$

（4）由金属导带引入的电感计算是建立在微带线理论基础上的，其表达式为：

$$L_{11} = L_{22} = \frac{0.4545 Z_c L}{c} \tag{6.2-6}$$

（5）C_{11} 和 C_{22} 分别是上、下平行板的对地电容，其表达式为：

$$C_{11} = C_{22} = \frac{0.5 \varepsilon_{\text{eff}} L}{c Z_c} \tag{6.2-7}$$

金属板的面积通常为 $20 \times 20 \sim 200 \times 200 \mu m^2$，绝缘介质通常为氮化硅（SiN）、二氧化硅（SiO₂）、苯并环丁烯（BCB）、聚酰亚胺或者是以上几种的混合物。氮化硅介质层厚度的值为 100～120nm，而二氧化硅的厚度只有 50nm，BCB 聚酰亚胺有机介质厚度能达到 1000～3000nm。MIM 电容能获得的电容值为 50fF～200pF。

MIM 电容的击穿电压是介质材料及厚度和金属板表面光滑程度的函数。据报道 MMIC 中氮化硅 MIM 电容的击穿电压为 65～85V。MIM 电容的损耗由插入电容中的绝缘介质所决定。氮化硅拥有非常低的损耗，往往由于这类损耗太小而不能被测试出来，聚酰亚胺和其他有机介质的损耗更大些。

4. 电感

MMIC 中的电感往往利用互连的窄金属线，或者围绕一个中心形成螺旋电感，结构如图 6.2-6 所示。金属导体带越窄，单位长度的电感就越大。例如，窄线（线宽远小于衬底厚度）的电感值是 1nH/mm，而与之对应的宽线（线宽和衬底厚度差不多）的电感值大约为 0.6nH/mm。

值得注意的是，导体带条宽度同样决定了直流容量。由于高电流密度的电迁移效应将使金属击穿，晶圆工厂通常会进行可靠性试验，得出每单位宽微米最大允许的电流密度值。这个值会随着工艺的不同而不同，导体带条宽度通常小于 10mA/μm。因此，在制作电感时往往要对其电感值和允许的电流值进行折中考虑。

螺旋电感是由于金属线之间形成的互感而拥有更大的电感值，正是这个优点，螺旋电感往往被用在 MMIC 中的小区域来产生大的电感值。但是，金属间相互围绕会形成互容，当频率高时，螺旋电感将不再是电感。当螺旋电感至少有两层金属围绕，一段短的金属线将外围的信号接在电感线中心点上时，其效果是最佳的。MMIC 电感可通

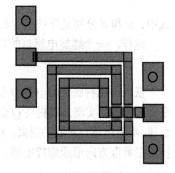

图 6.2-6　螺旋电感结构示意图

过不同结构形成不同类型的螺旋电感，如矩形螺旋、圆形螺旋、八角形螺旋、堆叠螺旋等。方形电感并不是理想的电感，因为在方形电感内绕线的角落将形成互感电容，同时会带来损耗。

螺旋电感的等效电路模型如图 6.2-7 所示。该模型包含一个串联电感、串联电容、反馈电容和对地的衬底电容。图中串联电感 L_{ser} 对应的电感量是线圈自感和线间互感的总和；串联电阻 R_{ser} 表示微带线的损耗；反馈电容 C_f 反映的是螺旋电感空气桥的影响；衬底电容 C_{sub} 表示平面螺旋电感对地呈现出的电容特性。由于 GaAs 衬底材料的电阻率比 Si 衬底的电阻率要高出很多，因此衬底损耗电阻的影响可以被忽略。

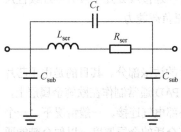

图 6.2-7　螺旋电感的等效电路模型

（1）串联电阻。

趋肤效应导致了串联电阻是频率相关的，一段微带线的电阻由下式计算得到：

$$R_{\text{ser}} = \frac{\rho \cdot l}{w \cdot \delta \cdot \left[1 - \exp\left(-\frac{t}{\delta} \right) \right]} \qquad (6.2\text{-}8)$$

其中，l 是导线的长度，ρ 是金属电阻率，w 是导带宽，t 是导带厚度，δ 是趋肤深度，其表达式为：

$$\delta = \frac{1}{\sqrt{\pi \cdot \mu_0 \cdot \rho \cdot f}} \qquad (6.2\text{-}9)$$

（2）串联电感。

电感的计算包含自感量和互感量。一段微带线直流自感的计算公式为：

$$L_{\text{s}} = 2l \left(\ln \frac{2l}{w+t} + \gamma + \frac{w+t}{3l} \right) \qquad (6.2\text{-}10)$$

其中，L_{s} 是自感量，单位是 nH；l 是微带线的长度，单位为 cm；w 是导带宽，单位为 cm；t 是导带的厚度，单位为 cm；γ 是一个拟合值，通常设为 0.5。

螺旋电感线圈之间的互感计算表达式为 $M = 2lQ$，其中 Q 表示互感系数，可由式（6.2-11）计算得到，其中 GMD 表示平行导线间的几何平均距离，可以由式（6.2-12）计算得到：

$$Q = \ln \left[\frac{l}{\text{GMD}} + \sqrt{1 + \left(\frac{l}{\text{GMD}} \right)^2} \right] - \sqrt{1 + \left(\frac{\text{GMD}}{l} \right)^2} + \frac{\text{GMD}}{l} \qquad (6.2\text{-}11)$$

$$\ln \text{GMD} = \ln d - \frac{d^2}{12w^2} - \frac{d^4}{60w^4} - \frac{d^6}{168w^6} - \cdots \qquad (6.2\text{-}12)$$

式中，w 和 d 分别是导线线宽和中心点距离，单位为 cm。

这样，一个螺旋电感总的串联电感量就可以由自感和互感相加得到，即

$$L_{\text{ser}} = L_{\text{s}} + M \qquad (6.2\text{-}13)$$

低阻介质衬底上的电感 Q 值通常小于 1，一般只能用于 10GHz 以下的振荡器。片上电感能通过衬底材料的作用实现去耦提高 Q 值，可以通过多种方式实现。一种方法是在电感和衬底中间放一层保护金属，实现电感与衬底的隔离；另一种方法是利用支架杆提高电感到芯片表面的距离，或者利用 MEMS 技术在垂直方向形成螺旋电感。

5．金属层互连

一层的金属导带可以通过互连线和另一层金属相连接。绝大部分情况下，这都是通过在分离金属层的介质衬底上开孔实现的。如果两层导体带的宽度相同，射频信号在连接线处几乎没有不连续性反应。通孔比导体带要窄，因此通孔的直流负载能力低于导体带的直流负载能力。

6．连接盘（PAD）

为了将直流和射频信号引入和引出芯片，连接盘通常安装在芯片的边缘部分。其目的是用于芯片的引线键合或焊球连接，以及在片测试时的探针接触。为方便连接，PAD 通常制作在欧姆金属层上，并且上面的金属层间没有介电层。连接盘上面没有钝化层，以方便外部电气连接。一般情况下，一个 MMIC 芯片上只有 PAD 和空气桥没有被钝化层保护。PAD 顶部要有合适的金层厚度，以便金带能通

过焊料焊接在金层上。

7. 衬底通孔

衬底通孔是用于连接晶圆正面和背面地的金属化孔,其结构及对应的等效电路图如图 6.2-8 所示。其制作方式和在晶圆表面制作连接盘的方式相同。它将背面的地与正面的连接盘连接起来。这用来在电路内不同的地方提供良好的直流和射频接地。在频率不高时,连接芯片一端就能实现良好的接地,但在微波及以上频率时,衬底通孔就需要在低阻抗的情况下实现与接地板的连通。衬底通孔通常集成到有源器件,以减少器件在接地时的寄生电感效应。这对于多栅指功率器件尤其重要,要在每个源接触下方做衬底通孔以确保良好的地接触。

8. 空气桥

空气桥是微波单片集成电路的一种互连技术,被认为是一种降低元件间电感和边缘电容的理想的交叉互连方法,能起到传统丝焊技术所不能起的作用,可以很好地提高器件的频率特性,因而空气桥在单片电路中的用途非常广泛。

它可以在高频段尺寸很小的微波集成器件中实现内部交叉互连,同时由于利用介电常数最低的空气作为电介质,可以最大限度地减少互连交叉处的单位面积寄生电容,有利于器件频率特性的提高,也减少了器件面积,从而在提高可靠性的同时又降低了制造成本,其结构如图 6.2-9 所示。

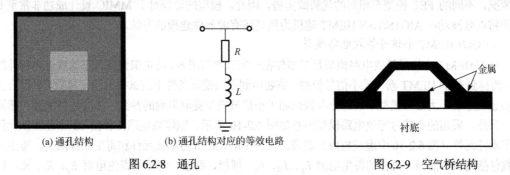

(a) 通孔结构   (b) 通孔结构对应的等效电路

图 6.2-8 通孔   图 6.2-9 空气桥结构

6.2.2 有源器件

MMIC 上的有源器件就是我们常说的晶体管,它们被称为有源器件的原因是其能通过电路中的直流偏置获得射频信号的功率,甚至可以产生其他信号。MMIC 中的二极管有时因为其非线性效应被用来制作混频器而错误地被认为是有源器件。但是严格地说,无源器件不能将直流功率转换成射频功率。由于无源元件的建模已经比较成熟,特别是随着三维场仿真软件和计算机的迅猛发展,单片电路设计中对无源元件的等效电路建模已经没有那么重要。然而有源器件的仿真仍主要依靠 SPICE 类的等效电路模型来实现,目前还未完全成熟,特别是一些微波毫米波半导体功率器件,如 GaN HEMT 和 InP HBT 等。本节将重点讲述有源器件建模的理论和方法。

器件建模就是寻求一种等效模型,以便用它来代替原器件进行电路设计和分析。模型应该满足以下要求:

① 能够真实反映器件工作时的物理特性;
② 在很宽的频带内仍能保证足够的精度;
③ 在保证精度的前提下,模型简单;
④ 容易确定模型的有关参量;

⑤ 能够准确预测线性和非线性特性。

从模型的建立方法来看主要有两种：一种是基于物理的建模，另一种是基于测量的建模。基于物理机理的建模（主要有数值模型和解析模型）是根据不同器件的物理特性进行不同的模拟，所以不能采用同一优化模型，需考虑的因素很多，算法复杂，计算也非常耗时，且理论分析和实验数据之间的误差很大，因此只适用于超前技术的研究。基于测量的建模（主要有经验模型和黑盒子模型），其优点就是函数关系和算法简单、计算速度快和模型精确，非常适合对已制备出器件的工艺线建模。表 6.2-4 为典型微波半导体器件及其模型。目前工程应用的模型基本上都是基于阈值电压的模型，近年来，基于表面势的大信号模型，以及基于电荷的大信号模型是目前建模领域的研究热门，有望在不久的将来可实现工程化应用。

表 6.2-4　典型微波半导体器件及其模型

	代表性器件	模型
第一代半导体（Si 等）	Si CMOS，SiGe HBT，SiGe BiCMOS	BSIM4、VBIC 等
第二代半导体（GaAs 等）	GaAs MESFET，GaAs pHEMT，InP pHEMT	Curtice、TOM、Martaka、Angelov、EEHEMT 等
第三代半导体（GaN 等）	SiC MESFET，GaN 异质结器件 HEMT	基于第二代半导体器件模型的改进

有源器件模型的复杂在于并不是每一个模型都是一样的，针对不同器件，新的模型可能需要考虑更多的击穿和热效应因素的影响。同样，根据模型是否是从测量数据，或者物理仿真模型中抽取的各种情况，不同的 FET 模型有相对的优势或劣势。因此，模型的选择对于 MMIC 设计成功非常重要。下面将以微波功率 AlGaN/GaN HEMT 建模为例讲述有源器件建模的方法。

1）GaN HEMT 小信号等效电路模型

GaN HEMT 小信号等效电路模型是对器件在一定频率范围内、特定偏置条件下的线性电特性的描述。为得到 GaN HEMT 器件的小信号模型，需要用到不同偏置条件下测试得到的 S 参数。采用自下而上的建模方法，大信号模型中的部分参数来源于小信号模型提取得到的参数，如非线性栅源和栅漏电容。另外，采用的小信号等效电路模型拓扑如图 6.2-10 所示。该等效电路拓扑由 12 个非本征元件和若干本征元件（图 6.2-10 中虚线框内）组成。模型中的元件分为本征元件和寄生元件两类。寄生元件参数包括栅极、漏极、源极的寄生电感 L_g、L_d、L_s，栅极、漏极、源极的寄生电阻 R_g、R_d、R_s，以及栅极和漏极的寄生接触电容 C_{pg} 和 C_{pd}。本征元件参数包括栅源电容 C_{gs}、栅漏电容 C_{gd} 和漏源电容 C_{ds}、本征沟道电阻 R_i 和 R_{gd}、跨导 g_m、输出电导 G_{ds} 和表征增益频率特性的栅电流延时参数 τ。为简化小信号模型参数提取，R_{gd} 通常不予考虑。

提取小信号等效电路参数的具体方法可见参考文献[23]，主要步骤有：

① 将偏置设为 $V_{ds} = 0V$，$V_{gs} < V_{pinch-off}$（即 cold pinch-off 法），在低频（小于 5GHz）下进行测试，将得到的 S 参数转化为 Y 参数，用于提取寄生电容；

② 将偏置设为 $V_{ds} = 0V$，$V_{gs} > 0V$（即 cold forward 法），在高频（大于 15GHz）下进行测试，将得到的 S 参数去嵌寄生电容后转化为 Z 参数，用于提取寄生电感和寄生电阻；

③ 提取出所有外部寄生参数后，采用正常偏置条件（$V_{gs} > V_{pinch-off}$，$V_{ds} > 0V$）下测得的 S 参数先后转化为 Y 参数和 Z 参数，剥去外部寄生电容、电感和电阻后，采用本征 Y 参数法计算得到与偏置相关的各本征参数值。

针对一个 300μm（4×75μm）AlGaN/GaN HEMT 器件，采用上述步骤在偏置电压为 $V_{gs} = -2.8V$，$V_{ds} = 27.5V$ 时提取得到的小信号模型参数值列于表 6.2-5 中。模型仿真 S 参数（实线）与实测 S 参数（圆圈）的比较如图 6.2-11 所示。

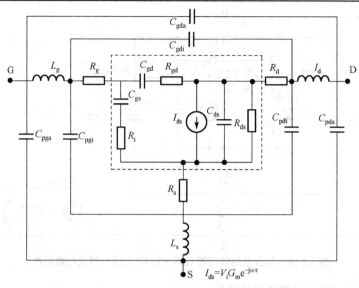

图 6.2-10　AlGaN/GaN HEMT 小信号等效电路模型

表 6.2-5　提取的 AlGaN/GaN HEMT 小信号等效电路模型参数值（$V_{gs} = -2.8V$，$V_{ds} = 27.5V$）

寄生参数		本征参数	
$C_{pga} = 4.19fF$	$L_g = 94.3pH$	$C_{gs} = 301.437fF$	$\tau = 2.07ps$
$C_{pda} = 52.48fF$	$L_d = 38.121pH$	$C_{ds} = 34.67fF$	$G_m = 53.47mS$
$C_{gda} = 9.6fF$	$L_s = 0.528pH$	$C_{gd} = 8.875fF$	$R_{ds} = 827\ \Omega$
$C_{pgi} = 127.08fF$	$R_g = 0.513\Omega$	$R_i = 4.54\Omega$	
$C_{pdi} = 32.28fF$	$R_d = 9.67\Omega$	$R_{gd} = 84\Omega$	
$C_{gdi} = 0.136fF$	$R_s = 0.223\Omega$		

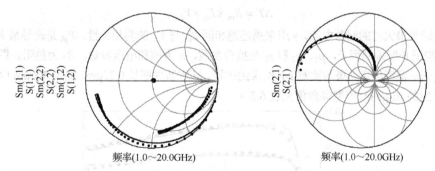

图 6.2-11　300μm GaN HEMT 小信号等效电路模型仿真（实线）和实测 S 参数（圆圈）的比较，
偏置电压为：$V_{gs} = -2.8V$，$V_{ds} = 27.5V$

2）GaN HEMT 大信号模型及参数提取

AlGaN/GaN HEMT 大信号模型是微波功率放大器设计的基础。HEMT 器件在大信号工作时会随一些非线性元件输入信号的变化而变化，其中的主要参量有跨导 g_m、栅源电容 C_{gs} 和栅漏电容 C_{gd}。等效电路中其他元件可视为与偏置电压无关。这里所采用的包含自热效应（I_{th}、C_{th} 和 R_{th}）和击穿特性 I_{gd} 和 I_{gs} 的 AlGaN/GaN HEMT 大信号等效电路模型拓扑如图 6.2-12 所示。

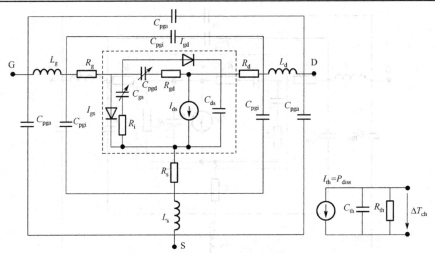

图 6.2-14　包含自热效应的 GaN HEMT 大信号等效电路拓扑

（1）GaN HEMT 直流 I-V 特性经验模型。

对非线性漏源电流 $I_{ds}(V_{gs}, V_{ds})$ 的精确描述是大信号建模的关键。HEMT 器件的 *I-V* 特性曲线一般包括线性区和饱和区，几种常见的大信号模型，如 Angelov、Materka、Curtice 平方和 Curtice 立方等模型都采用双曲正切函数来描述漏源电压 V_{ds} 对 *I-V* 特性的影响。这里采用的漏源电流（I_{ds}）模型是包含自热效应的改进的 Angelov 模型，非线性漏源电流方程为：

$$I_{ds} = I_{pk} \times (1 + \tanh(\psi)) \times \exp(\lambda V_{ds}) \times \tanh(\alpha V_{ds}) \times \left(1 - k \times \frac{\Delta T}{T}\right) \qquad (6.2\text{-}14)$$

式中，ψ、V_{pk} 和 ΔT 的表达式分别为：

$$\psi = p_1(V_{gs} - V_{pk}) + p_2(V_{gs} - V_{pk})^2 + p_3(V_{gs} - V_{pk})^3 \qquad (6.2\text{-}15)$$

$$V_{pk} = V_{pk0} + \gamma \times V_{ds} \qquad (6.2\text{-}16)$$

$$\Delta T = R_{th} \times I_{ds} \times V_{ds} \qquad (6.2\text{-}17)$$

其中，I_{pk} 是跨导最大时的漏源电流，γ 用来描述饱和区 V_{pk} 与 V_{ds} 的弱相关性，V_{pk} 是跨导最大时的栅源电压，λ 是沟道长度调制因子，p_1、p_2 和 p_3 是拟合参数，α 为饱和电压参数，R_{th} 为热阻。图 6.2-13 为改进的 Angelov 模型仿真结果与实测 *I-V* 结果的比较。其中器件栅长 0.25μm，栅宽 300μm（4×75μm）。最终提取得到的 Angelov 模型参数值见表 6.2-6。

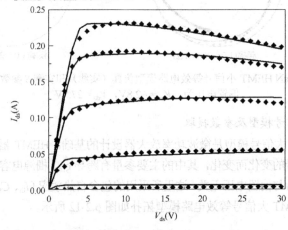

图 6.2-13　改进的 Angelov 模型仿真（实线）与实测（符号）*I-V* 曲线的比较

表 6.2-6　提取的 Angelov 模型参数值

参数	拟合结果	参数	拟合结果	参数	拟合结果	参数	拟合结果
I_{pk}/A	0.2255	p_1	0.3624	k	0.3388	V_{pk0}/V	-0.1023
λ	0.032	p_2	0.0347	R_{th}	8.37	γ	0.0094
α	1.1524	p_3	0.0559				

（2）GaN HEMT 非线性电容模型。

对大信号非线性电容模型最常用的是 Statz 指数模型和 Angelov 双曲正切模型。以上两种模型用于描述 GaAs MESFET 大信号电容模型比较准确，但描述 GaN 器件时存在明显偏差，因此有学者提出解析模型。解析模型有很好的材料和物理特性描述，但是一方面它受加工过程中工艺误差的限制，精度有所欠缺；另一方面模型表达式过于复杂，不利于参数提取。我们可以基于 Statz 指数模型和 Angelov 双曲正切模型予以改进，以满足 GaN 器件特性。

对 AlGaN/GaN HEMT 器件非线性电容（C_{gs} 和 C_{gd}）模型的建立，可以根据不同偏置条件测试得到的 S 参数，首先按照小信号等效电路参数提取步骤，提取出各偏置条件（如线性区、饱和区和夹断区）的小信号电容值，然后建立与偏置相关的非线性电容表达式。采用基于 Angelov 模型的非线性电容表达式，构造新的非线性方程来描述栅源电容 C_{gs}（V_{gs}，V_{ds}）和栅漏电容 C_{gd}（V_{gs}，V_{ds}）的非线性关系。栅源电容 C_{gs} 表达式为：

$$C_{gs} = C_{gs0} + C_{gs0} \times (1.3 + \tanh(\phi_1)) \times (1 + \cos(\phi_2)) + M_4 \times (V_{ds} \times (V_{gs} - V_p)) \tag{6.2-18}$$

式中的 ϕ_1 和 ϕ_2 的表达式分别为：

$$\phi_1 = P_{111} \times V_{ds} + P_{112} \times V_{ds}^2 + P_{113} \times V_{ds}^3 \tag{6.2-19}$$

$$\phi_2 = M_1 \times V_{gs}^2 + P_{21} \times V_{gs} + M_5 \times V_{gs}^3 \tag{6.2-20}$$

栅漏电容非线性关系的形成主要是载流子速度饱和后在漏侧形成的电荷累积和边缘电容共同作用的结果，其中漏侧电荷的贡献是形成非线性电容关系的主要因素，而边缘电容的实际变化趋势则较为微弱。由于 GaN 器件高偏置电压（V_{ds} 可达 50V）的工作特性，电荷累积所呈现出来的非线性要比 GaAs MESFET 更为明显，可构造指数函数代替双曲正切函数来描述栅漏电容的非线性关系，栅漏电容 C_{gd} 表达式为：

$$C_{gd} = C_{gd0} + B_1 \times (1 + \exp(\phi_3)) \times (0.2 + \exp(\phi_4)) \tag{6.2-21}$$

式中，ϕ_3 和 ϕ_4 的表达式分别为：

$$\phi_3 = A \times V_{gs} + B \tag{6.2-22}$$

$$\phi_4 = A_1 \times V_{ds} + A_0 \tag{6.2-23}$$

大信号电容的 Q-V 模型为：

$$Q_{gs} = \int C_{gs} dV_{gs} \tag{6.2-24}$$

$$Q_{gd} = \int C_{gs} dV_{gd} \tag{6.2-25}$$

由上述模型计算得到的栅源电容 C_{gs} 和栅漏电容 C_{gd}（V_{gs}，V_{ds}）与多偏置条件下提取的电容比较见图 6.2-14。由图可见，该组非线性电容经验公式可以很好地拟合实测的非线性电容值。拟合得到的模型参数值见表 6.2-7。

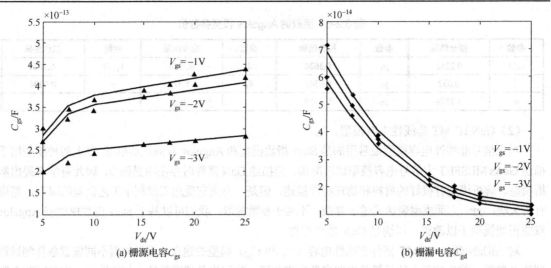

(a) 栅源电容C_{gs} (b) 栅漏电容C_{gd}

图 6.2-14 非线性电容仿真结果和提取数据的比较（实线为计算结果，符号为实测结果）

表 6.2-7 非线性电容参数提取值

参数	拟合结果	参数	拟合结果	参数	拟合结果	参数	拟合结果
C_{gs0}/pF	0.068	P_{111}	0.007	C_{gd0}/fF	0.8	A	0.1
M_1	0.27	P_{112}	0.003	A_0	1.25	B	4.1
M_4	9×10^{-16}	P_{113}	0.003	A_1	-0.18	B_1	0.813×10^{-15}
M_5	0.12	P_{21}	0.21				

漏源电容 C_{ds} 随栅源、栅漏电压的变化很小，因此在小信号和大信号分析中通常都将其视为常数，这一数值在理论上可认为是由栅漏间形成的边缘电容和衬底隔离层（p-buffer）电容效应的共同作用确定的。

边缘电容的理论计算公式为：

$$C_{dsp} = (1+\varepsilon_r)\cdot\varepsilon_0\cdot W\cdot\frac{K(\sqrt{1-k^2})}{K(k)} \tag{6.2-26}$$

式中，k 满足式（6.2-27），$K(k)$为第一类完全椭圆积分，L_s 为源区金属长，L_{ds} 为源漏间距：

$$k = \left[\sqrt{\frac{(2L_s+L_{ds})L_{ds}}{(L_s+L_{ds})^2}}\right]^{\frac{1}{2}} \tag{6.2-27}$$

（3）栅源电流 I_{gs} 和栅漏电流 I_{gd} 模型。

栅源电流 I_{gs} 和栅漏电流 I_{gd} 可以直接采用肖特基二极管的电流表达形式描述，由于器件采用半绝缘衬底，衬底电流一般很小，可以忽略不计，因此它们的表达式分别为：

$$I_{gs} = I_{gs0}\times\left(e^{\frac{qV_{gs}}{\eta KT}}-1\right) \tag{6.2-28}$$

$$I_{gd} = I_{gd0}\times\left(e^{\frac{qV_{gd}}{\eta KT}}-1\right) \tag{6.2-29}$$

式中，K 为玻尔兹曼常数，T 为工作温度，η 为理想因子，q 为电子的电量，I_{gs0} 为反向栅源饱和电流，I_{gd0} 为反向栅漏饱和电流。

通常 I_{gs0} 和 I_{gd0} 很小，且栅极偏置为负电压，所以栅源电流 I_{gs} 和栅漏电流 I_{gd} 对漏源电流影响不大。

（4）色散模型。

陷阱效应和自热效应使得 MESFET 存在明显的低频漏源电流色散现象。当信号的频率高于某一频率（如 100kHz）时，陷阱效应和自热效应跟不上电压变化速度，导致器件的 I-V 特性不再随信号频率的变化而变化，从而使由 DC I-V 得到的跨导与从相同偏置点的 S 参数计算出的跨导不相等。从 DC I-V 得到的输出电导明显低于从相同偏置点的 S 参数计算的输出电导，并且跨导和输出电导均为频率相关量。

跨导和输出电导的频率相关特性可以采用附加大信号 RF 色散电流源 I_{rf}、输出电阻 R_{rf} 和电容 C_{rf} 来模拟，其中 R_{rf} 和 C_{rf} 用来控制 I_{rf} 的有效使用频率，等效电路如图 6.2-15 所示。在直流状态下，漏源电流等于直流电流 I_{ds}，I_{rf} 对漏源电流没有影响。在交流状态下，由于 R_{rf} 很大，漏源电流为 I_{rf} 和 I_{ds} 之和。对本征器件的导纳矩阵参数进行线性化处理后，$\mathrm{Re}(Y_{21})$ 和 $\mathrm{Re}(Y_{22})$ 可以表示为：

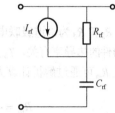

图 6.2-15　色散特性等效电路模型

$$\mathrm{Re}(Y_{21}) = g_m + g_{mrf} \tag{6.2-30}$$

$$\mathrm{Re}(Y_{22}) = g_{ds} + g_{dsrf} + \frac{1}{R_{rf}} \tag{6.2-31}$$

式中，$g_{mrf} = \partial I_{rf} / \partial V_{gs'}$，$g_{dsrf} = \partial I_{rf} / \partial V_{ds'}$，$V_{ds}$ 为本征器件的漏源电压。商用软件 Aglient ADS 2005A 采用了高频参量 γ_{ac} 和直流参量 γ_{dc}，利用这两个参量（其余参量不变）计算出的电流之差可作为 I_{rf}，即 $I_{rf} = I_{ds}(\gamma_{ac}) - I_{ds}(\gamma_{dc})$。该方法可以准确描述 GaAs 器件的色散效应，但对宽禁带半导体器件，由于陷阱效应与偏置电压（特别是栅压）有关，使得 γ_{ac}、R_{rf} 和 C_{rf} 与偏置相关，从而模型精度不够。使用时由于 R_{rf} 和 C_{rf} 随偏置电压变化不明显，可只对 γ_{ac} 进行栅压偏置相关的修正。

上述方法是一种通过等效电路实现的经验方法，为更好地处理宽禁带半导体器件的色散特性，也可以采用栅漏延迟和栅压偏置修正等方法实现，详见参考文献[24]。

（5）温度相关特性模型。

固态器件特性大都与温度相关，特别是对于功率器件，沟道温度严重影响器件工作的可靠性和电特性。器件允许最高沟道温度决定了冷却系统形式、器件封装结构和最高 DC/RF 功率限制。SiC 器件和 GaAs、Si 器件相比最突出的优点之一就是具有高温工作的能力，所以建立 SiC MESFET 温度相关模型是非常必要的。

早期的器件采用热比例模型，即模型中的参数是与温度相关的经验函数，器件的温度通过估计得到。由于热比例模型与器件的瞬时电压电流无关，而自热效应主要是由器件内部功率耗散产生的，并且器件的功率耗散呈周期性变化，故通过估计器件温度得到的热模型无法正确模拟器件的实际温度变化。目前商用软件（如 ADS）中普遍采用 Canfiled 模型，对于小功率器件，由于器件的自热效应不明显，通过该方法可以比较准确地模拟器件随温度的变化关系。但对于大栅宽功率器件，自热效应对器件的影响非常大，器件的功率耗散呈周期性变化。一个有效的模拟方法就是采用电热等效电路模型，即把温度及其引起的效应嵌入到大信号等效电路拓扑中，从而可以对其进行非线性分析。温度效应电路模型见图 6.2-12 所示的大信号等效电路拓扑中的热电网络。

Angelov 模型中温度相关系数 $I_{pk}(T)$（以 I_{pk} 为例，模型的其他参数类似）的提取是利用测量不同温度下的 I-V 曲线并计算得到两个不同温度下的系数 $I_{pk}(T_0)$ 和 $I_{pk}(T_1)$，然后通过分段线性近似得到：

$$I_{pk}(T)=I_{pk}(T_0)+[I_{pk}(T_1)-I_{pk}(T_0)]\left(\frac{T-T_0}{T_1-T}\right) \tag{6.2-32}$$

通过计算得到的所有温度相关系数和沟道温度（T），可以得到电热一致的漏源电流和栅下电荷（电容）模型。

沟道温度采用电热等效电路模型可得：

$$\tilde{T}=R_{th}I_{th}+T_0 \tag{6.2-33}$$

热电流源 I_{th} 数值上等于 FET 的 DC 和 RF 功率耗散，即

$$I_{th}=V_{ds}I_{ds}+I_{ds}R_d+(I_{ds}+I_{gs})R_s \tag{6.2-34}$$

式中，R_s 和 R_d 为沟道级联电阻，I_{ds} 和 I_{gs} 分别为漏源和栅源电流，R_{th} 为沟道和载体之间的热阻，与半导体器件的热导率有关，T_0 为载体的温度（或称环境温度，通常指室温）。R_{th} 和 C_{th} 的乘积为热时间常数，且 R_{th} 可通过解析计算方法得到，即：

$$R_{th}=\frac{1}{\pi W_g k(T_0)}\ln\left\{\frac{V[f(\sqrt{2}s)+1]}{V[f(g(L_g))]}\right\}+\frac{1}{2\pi sk(T_0)}\ln\left[\frac{h(2.3t)}{h(s)}\right] \tag{6.2-35}$$

式中，$h(x)$、$V(z)$、$f(w)$ 和 $g(y)$ 的表达式满足：

$$h(x)\frac{\sqrt{1+g(\sqrt{2}x)}+1}{\sqrt{1+g(\sqrt{2}x)}-1} \tag{6.2-36}$$

$$V(z)=\frac{z-1}{z+1} \tag{6.2-37}$$

$$f(w)=\sqrt{\frac{\sqrt{w}+1}{\sqrt{w}-1}} \tag{6.2-38}$$

$$g(y)=\left(\frac{W_g}{y}\right)^2 \tag{6.2-39}$$

式（6.2-35）中，L_g 为栅长，s 为栅与栅之间的距离，W_g 为栅宽，t 为衬底厚度，$k(T_0)$ 为常温下的热导率（3.2W/cm·K）。通过式（6.2-33）可以估计出在任意偏置电压下的沟道温度。由于 SiC 的热导率随着温度的升高而下降，从而使温度随着功率耗散的增加呈现非线性变化。SiC 的温度相关的热导率 $k(T)$ 经验公式为：

$$k(T)=k(T_0)\left(\frac{T}{T_0}\right)^{-b} \tag{6.2-40}$$

式中，$k(T_0)$ 为室温下的热导率（沟道掺杂浓度在 $10^{17}cm^{-3}$ 量级时为 3.2W/cm·K），$b=1.5$，$T_0=300K$。通过基尔霍夫变换，非线性热流方程可以转化成线性方程，从而得到修正的沟道温度 T 与估计的沟道温度 $\tilde{T}$ 的关系：

$$\tilde{T}=\frac{1}{k(T_0)}\int_{T_0}^{T}k(T')\,dT'+T_0 \tag{6.2-41}$$

联立求解式（6.2-40）和式（6.2-41）可得到修正的沟道温度为：

$$T=\left[\frac{\tilde{T}-b(\tilde{T}-T_0)}{T_0^b}\right]^{1/(1-b)} \tag{6.2-42}$$

（6）大信号的缩放模型。

在获得 300μm GaN HEMT 器件大信号模型后，对该模型进行比例模型（即器件工艺、材料相同，但尺寸不同）建模。栅宽 300μm 器件模型参数设为 W_g^{ref}（参考器件模型单位栅宽）和 N_g^{ref}（参考器件模型栅指数目）；缩放后器件模型参数设为 W_g^{sc}（缩放后器件模型栅宽）和 N_g^{sc}（缩放后器件模型栅指数目）。缩放因子定义为：

$$SF_X = W_g^{sc} / W_g^{ref} \tag{6.2-43}$$

$$SF_Y = N_g^{sc} / N_g^{ref} \tag{6.2-44}$$

根据比例关系，缩放后模型参数与参考模型参数的关系列于表 6.2-8，其中上标 sc 和 ref 分别代表缩放模型参数和参考模型参数。

表 6.2-8　GaN HEMT 大信号模型缩放规则

寄生参数	本征参数	
$R_g^{sc} = R_g^{ref} \cdot SF_X / SF_Y$	$C_{ds}^{sc} = C_{ds}^{ref} \cdot SF_X \cdot SF_Y$	$I_{pk}^{sc} = I_{pk}^{ref} \cdot SF_X \cdot SF_Y$
$R_d^{sc} = R_d^{ref} / SF_X / SF_Y$	$R_i^{sc} = R_i^{ref} / SF_X / SF_Y$	lamda^{sc} = lamda^{ref} / SF$_X$ / SF$_Y$
$R_s^{sc} = R_s^{ref} / SF_X / SF_Y$	$C_{gs}^{sc} = C_{ds}^{ref} \cdot SF_X \cdot SF_Y$	$R_{th}^{sc} = R_{th}^{ref} / SF_X / SF_Y$
$L_i^{sc} = L_g^{ref} \cdot SF_X / SF_Y$	$A^{sc} = A^{ref} / SF_X / SF_Y$	gama^{sc} = gama^{ref} / SF$_X$ · SF$_Y$
$(i = g, d, s)$	$B_1^{sc} = B_1^{ref} \cdot SF_X \cdot SF_Y$	alpha^{sc} = alpha^{ref} · SF$_X$ / SF$_Y$

对 400μm（4×100μm）栅宽 GaN HEMT 器件，按照上述比例关系缩放后，仿真得到的 $I\text{-}V$ 曲线与实测结果的比较见图 6.2-16。图 6.2-17 为 400μm 缩放模型仿真得到的 S 参数与实测结果的比较。由图可见，所建立的比例缩放模型可以准确模拟器件的直流 $I\text{-}V$ 特性和 S 参数。

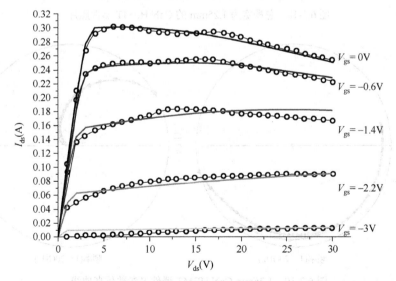

图 6.2-16　400μm（4×100μm）缩放模型仿真（实线）与实测（符号线）$I\text{-}V$ 曲线的比较

通过对上述比例模型的验证，按照同样的方法进一步建立 1.25mm（10×125μm）栅宽器件的比例模型。图 6.2-18 为 1.25mm GaN HEMT 器件照片。图 6.2-19 为所建立的 1.25mm GaN HEMT 器件模型仿真得到的 S 参数曲线。

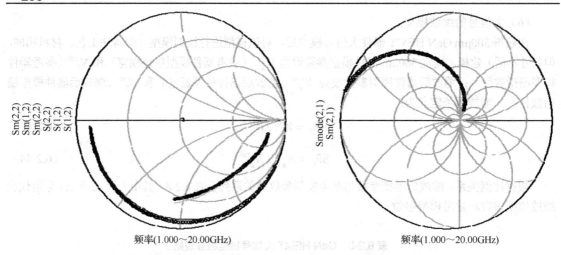

图 6.2-17　400μm（4×100μm）缩放模型仿真与实测 S 参数的比较

频率范围：[1～20GHz]，偏置条件：$V_{GS}=-2.5V$，$V_{DS}=27.5V$

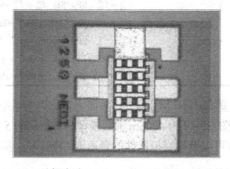

图 6.2-18　总栅宽为 1.25mm 的 GaN HEMT 器件照片

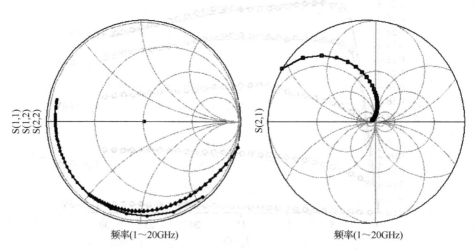

图 6.2-19　1.25mm GaN HEMT 器件 S 参数仿真曲线

3）大信号模型的验证

　　器件建模是为了可以利用该模型进行电路设计，所以任何器件模型最终都要应用于电路模拟软件，把模型嵌入到电路模拟软件中是器件建模不可缺少的一步，这里选用常用的微波仿真软件 ADS 作为电路模拟软件。对于 GaAs MESFET，ADS 提供了 STATZ、TOM 等经典模型，使国外的成品器件可以很容易地嵌入 ADS 软件中，而新的模型方程也可以采用表达式输入的方式嵌入 ADS 中，但是这个表达式只能采用输入/输出端口电压的方式，且不能有微积分表达式。

对于 GaN HEMT，为了能更好地描述器件的输入/输出特性，不仅采用的模型方程与 GaAs MESFET 不同，而且往往需要采用更好的电路拓扑结构。由于目前还没有与商用电路模拟软件相关的模型库，相关器件的大信号建模的研究通常是利用 ADS 中的用户定义模型（User-defined models）嵌入到 ADS 中进行模型验证和器件设计。

在 ADS 软件中，自定义非线性器件模型有两种方法：用户编译模型（User-Complied Models）和符号定义器件（Symbolic Defined Devices，SDD）。用户编译模型是 ADS 中最早的用户定义模型方法，有较好的用户界面。利用该方法定义模型的主要步骤有：①定义参数，由原理图输入；②定义符号和引脚；③写 C 代码。

用该方法建立的模型的元器件可以用于线性、非线性、瞬时和包络等仿真器。原理图中各参数和仿真器之间的连接是通过 ADS 应用扩展语言（AEL）来实现的。但是用户编译模型需要编写复杂的 C 语言源代码，如一个典型的 BJT 模型就需要 4500 行代码，即使是一个非常有经验的工程师也需要一个多月的时间进行编写和调试，过程复杂，不利于高效、快速建模。所以这里介绍非常方便的 SDD 来完成自定义器件模型的嵌入。

ADS SDD 是基于方程的并可以快速建立自定义非线性器件。该器件可以在原理图中输入，通过定义端口数、端口电压、端口电流及其导数建立器件模型。建立的模型可以在 ADS 中的任何仿真器中使用。与用户编译模型相比，SDD 可以很方便、快速地建立复杂模型，非常适合建立用户自定义模型。

利用所建立的大信号 SDD 非线性模型对 $400\mu m$（$4\times100\mu m$）栅宽 GaN HEMT 器件进行单频负载牵引仿真，在工作频率为 14GHz，偏置电压为 $V_{gs} = -2.85V$，$V_{ds} = 28V$ 时，模型仿真得到的输出功率 P_{out}、增益 Gain 和功率附加效率 PAE 与器件测试结果的比较如图 6.2-22 所示。由结果可以看出建立的大信号模型仿真和实测输出特性基本场合，但仍有一定的误差，特别是 PAE。主要原因是模型中还未考虑色散等因素，更为详细的建模理论方法可参考文献[28]。

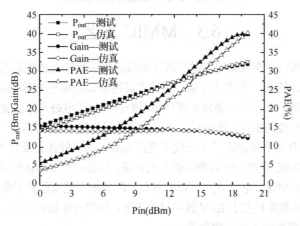

图 6.2-22　14GHz 时 400μm GaN HEMT 模型仿真结果与测试结果的比较。

6.2.3　MMIC 设计流程

完整的 MMIC 设计流程图如图 6.2-21 所示。MMIC 的设计流程是从技术指标的提出开始的，通过工程师所掌握的理论和经验，设计出初步的电路拓扑图。初步设计中，运用理想化元件简化电路形式，如果理想化设计不能达到设计指标，基本确定电路拓扑设计失败，则需重新设计拓扑结构。拓扑电路确定后，通过电路仿真和电磁仿真，达到设计指标后再进行 DRC 检查，通过 DRC 检查后，进行最后的掩膜板文件的生成，提交掩膜板文件给加工厂商即可进行芯片制造了。

不同生产厂商的版图设计准则不尽相同，如法国 UMS 公司 0.15μm 的 PHEMT 工艺的 DRC 准则主要包括以下几点：

① 晶体管的栅极必须保持水平方向；

② 接地通孔距芯片边缘的距离必须大于 55μm，芯片边缘的四周必须留下 70μm 的划片道；

③ 除了晶体管和电感外，所有的器件尺寸必须是 1μm 的整数倍，芯片的整体尺寸必须是 10μm 的整数倍；

④ 芯片的长宽比不能超过 3。

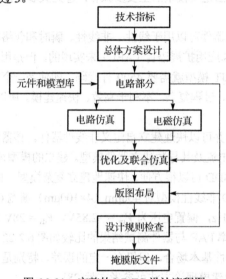

图 6.2-21　完整的 MMIC 设计流程图

6.3　MMIC 工艺

许多 MMIC 设计规则和布版限制来源于芯片制造的方法或者说晶圆工艺技术。如果对不同工艺（如外延生长、光刻和金属沉积）有基本了解，设计者就能够知道哪些规则可以在设计阶段调整，哪些规则无论如何也不能打破。事实上，通常是那些想不断提高自己电路工作性能的设计者们了解哪些设计规则限制了工艺潜在性能的发挥，并指导工艺工程师发展改进下一代工艺。这些 MMIC 设计者和代工厂工艺工程师之间的互动不仅促进了下一代工艺的发展，而且能优化现行的工艺技术。

本节将简要概述 MMIC 生产中的典型晶圆工艺步骤，从最初的半导体原料到最终的芯片。需要注意的是，这只是个通用的概述，各个代工厂都有其自己特殊的工艺流程和相关的设计规则，很可能与这里描述的不一致。大多数原料基于 III-V 族半导体工艺，尽管与硅制造工艺大致相同，但是有不同的原料系统和工艺问题。简要的工艺步骤如下。

（1）衬底材料生长：生长出衬底半导体单晶锭。

（2）晶圆生产：将晶锭切割成晶圆。

（3）表面层：制作有源/活性层。

（4）光刻：在晶圆正面制作出图形。

（5）晶圆减薄：在晶圆背面切割减薄。

（6）衬底通孔：蚀刻接地通孔。

（7）背板金属：制作接地面。

（8）芯片分离：将晶圆分割成独立芯片。

（9）质量保证：进行工艺控制与检测。

6.3.1　衬底材料生长和晶圆生长

SiGe 工艺被用于制造半导体有源器件器件时，仅仅是外延生长的一层锗硅用于提供高电子迁移率，衬底材料依然是硅。类似地，InP 有时也作为外延层生长在 GaAs 衬底上，以此实现在一个大的半导体晶圆上来获取 InP 晶体管的工作特性。这种衬底称为异质衬底，因为砷化镓的晶格常数必须渐变为外延生长的磷化铟的晶格常数。另外，磷化铟十分脆，直接用作衬底材料时比砷化镓更难加工。

衬底材料的结构也十分重要，因为如果制造在衬底表面的晶体管要想利用其化合物的高电子迁移率的优点，那么衬底必须是单晶的。如果衬底不是单晶的而是非晶体，那么材料特性将会完全不同，而且无法预测。

单晶半导体衬底是利用籽晶在所需的液态半导体材料中生长而成的大块晶体。通常采用两种方法，即液封提拉法（LEC）和垂直梯度凝固法（VGF）。液封提拉法如图 6.3-1 所示，利用液态 B_2O_3 来覆盖液态 GaAs 以防止挥发性的砷升华；然后籽晶浸入液态砷化镓，利用上拖速度来控制生长的晶锭的直径。垂直梯度凝固法如图 6.3-2 所示，将融化的砷化镓放入垂直的坩埚中，坩埚底部是籽晶，温度梯度由低到高顺着炉子向上分布，冷凝的单晶垂直向上生长。晶体的直径由坩埚的尺寸控制。通过这两种技术生产出来的半导体衬底材料晶锭都是具有合适尺寸的单晶。Steve Marsh[1]在其书中（见图 6.3-3）展示了一个例子——直径 3 英寸的磷化铟晶锭。

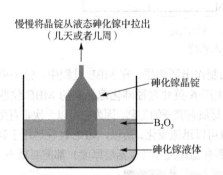

图 6.3-1　液封提拉法（LEC）单晶衬底生长技术

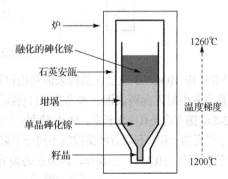

图 6.3-2　垂直梯度凝固法（VGF）单晶衬底生长技术

图 6.3-3　一个利用液封提拉法生长的 3 英寸磷化铟晶锭[1]

从晶锭尾端切割下圆柱形的晶圆，并将圆柱形的一边切平以识别晶圆的晶体取向。用灌注了钻石的锯将圆柱体切割成晶圆，切割好的晶圆还十分粗糙，边缘是圆形。之后再蚀刻掉 $10\mu m$ 厚，以去除切割和减薄带来的缺陷。再将晶圆的表面抛光，抛光后晶圆表面粗糙度为 2μm，3 英寸晶圆边缘厚度一般为 625μm。

　　上述讨论的衬底材料都是半导体，这意味着它们的电导率比绝缘体好但比金属等良导体差，而且还可以通过控制温度与掺杂浓度改变电导率。在此情况下，晶圆由纯粹的单晶组成，并且所有的电子被束缚在晶格化学键上，使衬底接近于理想绝缘体。在这个状态下，半导体被认为是半绝缘体，衬底电阻率越高，设计在上面的电路损耗也就越小。

　　但是，晶体管需要半导体来导通电流，所以必须在晶格中引入掺杂，掺杂的元素比它们替代的晶格元素有更多或者更少的电子。掺杂的结果就是在晶格中引入了自由电子或者空穴来传导电流。半导体通过制作表面层被活性化为导体，换句话说，就是在晶圆表面制作一个有源层。通常有 3 种方式来制作有源层：离子注入、分子束外延（MBE）和有机金属化学气相沉积（MOCVD）。

　　离子注入通过将具有确定能量和数量的某种同位素离子发射进入晶圆表面实现。图 6.3-4 展示了一个典型的离子注入系统。将施主原子注入到需要的位置，然后对晶圆进行热处理（退火）以便施主原子合并入晶格并使其活性化。这项技术在硅工艺和砷化镓工艺的 MESFET 中被广泛应用。

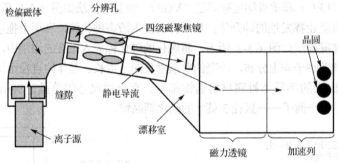

图 6.3-4　离子注入系统

　　MBE 和 MOCVD 通过在晶圆表面精确可控的生长制作出活性层。在 MBE 过程中，分子束在一个高真空室中射入晶圆表面。参考文献[1]展示了一个生产 6 英寸直径砷化镓晶圆的 MBE 仪器（见图 6.3-5），图左边是真空生长室。MBE 特别适合薄层而且材质有突变的工艺，因为它可以一次垂直生长一个原子厚度的一层。利用百叶窗控制不同分子束，其成分可以迅速变化。所以，MBE 往往适用于高电子迁移率晶体管（HEMT）的制作，因为在高频情况下，所有物理尺寸（包括层厚度）都需要减小。

图 6.3-5　6 英寸砷化镓晶圆 MBE 仪器[1]

　　MOCVD 类似于 MBE 在晶圆外生长一层新层。但是新层不是由分子束产生的，而是由有机前驱体和氢分子提供的，在一个开放的反应炉中经历一个可控的气相反应后沉积在晶圆上。这个工艺对于

(Al)GaAs、GaInP、AlInGaP 和 InGaN 等化合物均表现良好，而且经常用于生长异质结（HBT）。

现在晶圆包括一个半绝缘的衬底和表面制作有源层，下一步则将准备利用光刻雕刻图案。光刻是通过加工在晶圆表面的金属和介质层的图案，从而设计出电路的传输线、金属-绝缘体-金属（MIM）电容、螺旋电感和晶体管的过程。金属和介质在 CAD 系统中被创建为多边形图形，这些数据会生成一系列掩膜版，晶圆上每一层的图形都对应一个在石英上镀铬的掩膜版。将液态光刻胶旋涂在晶圆表面上，厚度 1μm，然后在 100℃下烤干，之后通过掩膜版上图形的孔洞用紫外线对晶圆曝光。曝光过程中，掩膜版可以直接接触晶圆直接曝光，也可以在晶圆上方保持一定的距离，然后投射光线。接触式光刻技术更加便宜和简单，但是持续不断的接触会导致掩膜版最终被磨损。而且掩膜版的宽度误差意味着只能用在 3 英寸或 4 英寸晶圆工艺上。投影式光刻使用更小和更加便宜的掩膜版，掩膜版在整个晶圆上步进曝光。每一步掩膜版都被拉直来消除误差问题。投影式光刻的缺点就是步进仪器很昂贵（见图 6.3-6），且必须在 6 英寸或者更大直径晶圆上的精确步进与拉伸。

图 6.3-6　6 英寸直径晶圆的 0.5μm 步进仪[1]

根据光刻胶是阴性（或者阳性），暴露（或者不暴露）的部分将被光照除去，剩下部分图形就相似于掩膜版图形或与掩膜版上互补的图形。目前有两种主要方法来利用光刻胶在金属层和介质层中定义相应图形，即蚀刻和抬升工艺，如图 6.3-7 所示。

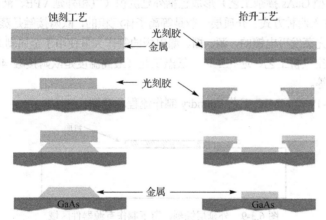

图 6.3-7　蚀刻与抬升光刻工艺的比较

蚀刻工艺通常开始于晶圆表面被金属层覆盖之后。用阴性光刻胶来覆盖需要被留下的金属，然后暴露的金属将被蚀刻掉，通常用湿化学蚀刻。蚀刻通常方便处理很厚的层，如镀的金，但是边缘清晰度会因为蚀刻消弱光阻胶图形而受到影响。

另外，抬升工艺开始于裸露的晶圆表面，光阻图案将直接在其上形成。利用多个光阻层和多次曝光使阻性部分形成一个悬空图形，如图 6.3-7 所示，然后用蒸发等工艺沉积一层薄薄的金属。沉积之后，用溶剂将光刻胶溶解，悬空部分的金属将被除去，只留下沉积在晶圆上的金属图形。结合悬空层金属和薄的沉积层金属能够让溶剂溶解悬空层下的光阻胶并留下边缘清晰的金属图案。但是抬升技术并不适合于厚的沉积层，因为这会导致悬空阻性层的边缘被淹没并使得溶剂无法溶解光刻胶。

能被光刻技术清晰刻画的最小尺寸取决于用于曝光的光波长，根据瑞利公式可以计算得出，目前硅产业利用特殊光刻工艺可以达到 100nm 量级的精度。在实践中，接触式光刻最小图形尺寸一般是 500nm（0.5μm），如果需要更小的图形，如 HEMT 的栅，一般会用电子束直接将图案刻入电子束光刻胶。

6.3.2　典型 MMIC 工艺步骤

MMIC 工艺流程包括：外延蚀刻或离子注入形成有源层；淀积 AuGeNi/Au 形成源、漏电极；合金化形成欧姆接触，光刻栅图形，挖槽，蒸发 Ti/Pt/Au 形成金属栅（FET 形成，可以进行 PCM 直流 DC 和低频测试）；一次布线，完成电容下电极及下引线；蒸发 NiCr 形成薄膜电阻，PECVD 淀积氮化硅介质；二次布线、电镀，完成电容上电极、电感、微带线、空气桥部分；芯片减薄，通孔和背面金属化；切片封装及测试。具体工艺流程如图 6.3-8 所示。

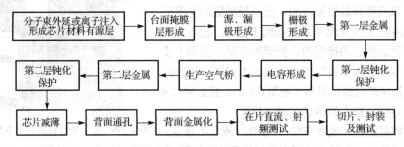

图 6.3-8　MMIC 工艺流程图

其中有源层（N 型 GaAs 掺杂工艺）形成包括外延沉积（气相外延 VPE、液相外延 LPE、分子束外延 MBE）和离子注入两种方式。介质层一般是等离子体沉积的，欧姆接触是蒸发的，TaN 电阻是溅射形成的，连接线是先蒸发再电镀，源、栅、漏电极的制作大量使用了金属剥离（或叫抬升）工艺。此外，还使用了包括空气桥工艺、通孔工艺、低温工艺（最高温度是欧姆接触 460℃，一般如钝化、退火都只有 300℃）等。

图 6.3-9～图 6.3-19 是 MMIC 工艺 Foundry 制作流程示意图。

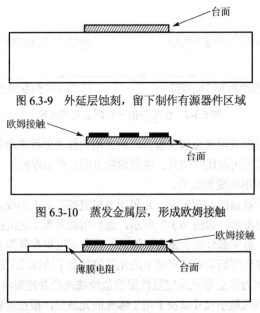

图 6.3-9　外延层蚀刻，留下制作有源器件区域

图 6.3-10　蒸发金属层，形成欧姆接触

图 6.3-11　溅射薄膜，形成薄膜电阻（TFR）

图 6.3-12　栅挖槽，形成栅凹陷

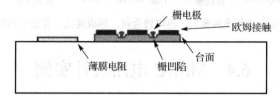

图 6.3-13　光刻或电子束刻蚀，形成栅电极

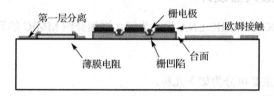

图 6.3-14　第一层金属制作，漏、源极形成

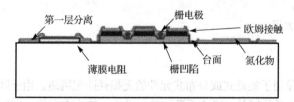

图 6.3-15　氮化物沉积，形成 MIM 电容介质层

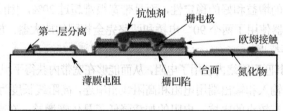

图 6.3-16　沉积抗蚀剂，作为空气桥的牺牲层

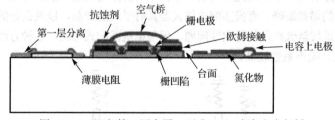

图 6.3-17　沉积第二层金属，形成 MIM 电容和空气桥

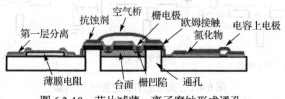

图 6.3-18　芯片减薄，离子腐蚀形成通孔

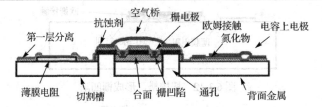

图 6.3-19 背面先沉积金属薄层，再电镀金属，形成通孔，并通过刻蚀形成切割槽

6.4 MMIC 电路设计实例

6.4.1 MMIC 低噪声放大器设计

本节将以一个 18～40GHz MMIC LNA 设计为例，详细介绍 MMIC 的设计方法及流程。

1. 电路方案选择

放大器在电路形式上主要可分为如下几种：
（1）电抗匹配式放大器；
（2）平衡式放大器；
（3）有损匹配式放大器；
（4）反馈式放大器；
（5）分布式放大器。

电抗匹配式放大器使用了集总式或分布式元件的无损耗匹配网络。由于匹配网络无损耗，能够设计电抗匹配式放大器实现最佳增益、噪声系数和输出功率。缺点在于很难同时达到好的噪声系数、输入和输出匹配，以及平坦的增益和好的稳定性，而且带宽很难超过 20%，因此在宽带放大器中一般不会单独使用。平衡式放大器使用了两个 90°电桥和两路完全相同的放大器。放大器具有稳定性好、端口驻波好、工作带宽宽等特点。

有损匹配式放大器在其匹配网络内使用了电阻，从而能够在宽带内获得平坦的增益。如图 6.4-1 所示，典型的有损匹配拓扑是在输入和输出端用电阻和高阻线相串连，高阻线长度为高频段的 1/4 导波波长。这样，在低频段，短截线有较小的电抗，电阻的加载降低了晶体管增益；在高频段，短截线有很大的电抗，电阻对整个电路影响甚小。因此，网络可以在不需要采用失配方法的情况下提供一个正极性的斜率用于补偿晶体管的增益滚降。有损匹配式放大器具有平坦的增益，以及良好的输入和输出匹配。此外，电阻可以很好地缓解低频段的稳定性问题。但与电抗匹配式相比，这种方法的缺点是放大器的增益和输出功率较低，噪声系数较高。

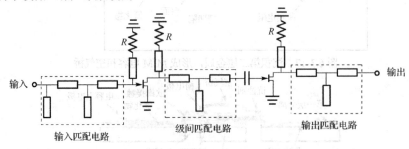

图 6.4-1 典型的有损匹配式放大器

反馈式放大器是实现宽带 MMIC 放大器的一种常用方案。并联负反馈的基本电路形式是在漏极和栅极间加载一个电阻，构成一个负反馈回路。作用是可以稳定器件，使输入/输出阻抗接近 50Ω。这种技术能够获得平坦的增益、较好的输入和输出匹配。

图 6.4-2 是一个反馈式放大器的示意图，R_{fb} 是关键的反馈元件，其值决定了基本的增益和带宽。L_{fb} 对反馈回路引入了一定的频率依赖性：在最低频率点，L_{fb} 几乎不起作用，R_{fb} 控制增益大小；在高频段，L_{fb} 电抗增大，从而降低了负反馈深度。因此，L_{fb} 可以在一定程度上保持增益的平坦。此外，负反馈还可以用在源极与地之间串联电感的方式来实现（如图 6.4-7 所示）。

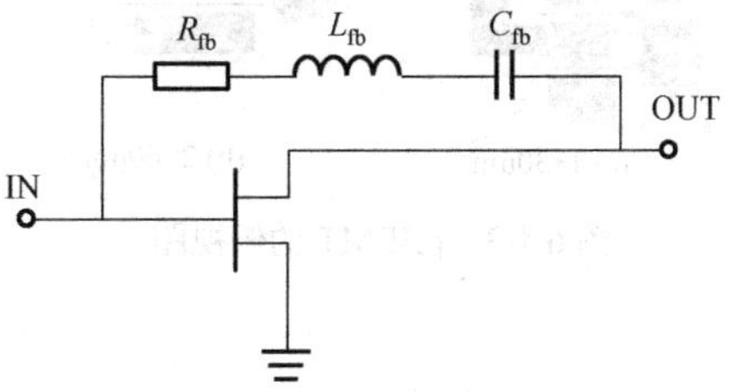

图 6.4-2 并联负反馈放大器

分布式放大器通过将一定数量的晶体管的输入和输出电容合并进入人工传输线结构中，解决了宽带匹配晶体管的输入和输出阻抗时面临的问题。该结构可以使放大器工作在一个非常宽的频带，即从很低的频率直到人工传输线的截止频率。

在常规结构中，FET 有一条栅极线和一条漏极线，各自与晶体管的输入电容（C_{gs}）和输出电容（C_{ds}）一起构成人工传输线。输入信号沿栅极线传输，依次激励各个 FET，在终端被匹配负载吸收，因此有很好的输入驻波。FET 的跨导放大信号后，将其馈入漏极线。信号进入漏极线后，将向两个方向传播，若设计使得栅极线和漏极线上相速大致相同，则正向传播的信号在端口同向叠加，而反向传播的波在某些频段相互抵消，另一部分被匹配负载吸收，因此有很好的输出驻波。分布式放大器的噪声性能一般，增益不高，不太适合应用于要求极低噪声的领域。

现将以上各种电路的特性总结在表 6.4-1 中。

表 6.4-1 放大器电路拓扑特性比较

电路类型	优点	缺点
电抗匹配式	每级增益、噪声或输出功率最佳	增益平坦度差，较难达到绝对稳定，典型带宽约 20%
平衡式	驻波好，稳定性好	带宽受限于耦合器，耦合器的损耗也会恶化噪声
有损匹配式	较好的驻波和增益平坦度，便于级联，较易获得倍频程带宽	每级增益会降低，输出功率和噪声会恶化
反馈式	宽带内增益平坦，稳定性好	噪声系数性能一般，增益减小
分布式	可获得超过 10 个倍频程带宽，驻波好	增益低，噪声系数一般

2. 平衡式放大器设计

低噪声放大器需要对源阻抗进行最佳噪声的匹配，因此，源阻抗失配是必然的。考虑到放大器带宽和驻波比的要求，采用平衡式的结构可以对源阻抗直接进行最小噪声的匹配，而不用考虑输入端反射的问题，并且放大器自然就具有很好的驻波特性。

1）器件的选择

放大器采用的工艺是 0.25μm UMS GaAs pHEMT。GaAs pHEMT 技术已经被证明是具有极高特征频率和极低噪声的有源器件技术，并且工艺成熟，而且相对于性能更好的 InP 器件具有很大的成本优势。栅长是晶体管最重要的尺寸参数，越小栅长的晶体管拥有越高的特征频率和越好的噪声性能。采用的 0.25μm 栅长的器件特征频率大于 90GHz，理论上可以设计频率高达 60GHz 的低噪声放大器。

在有源器件的设计上，在固定 Foundry 线中，单指栅极宽度（W）和栅极的栅指数目（N）是可变的。不同的栅宽和栅极数目具有不同的阻抗、噪声、功率、增益特性，需要根据应用情况和频率范围合理选择，合理的有源器件是设计的基础，是使设计能够达到指标的前提。因此，在进行电路匹配的设计之前，应当

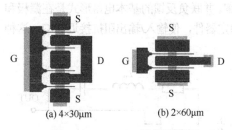

(a) 4×30μm　　(b) 2×60μm

图 6.4-3　pHEMT 的俯视图

深入分析晶体管尺寸所引起的器件阻抗、噪声、最大增益以及稳定性等方面的关系，以便找到最佳的器件几何尺寸。

图 6.4-3 是两个晶体管的俯视图。图 6.4-3(a)的晶体管有 4 个栅指，每个栅指宽度为 30μm，总的栅宽是 120μm；图 6.4-3(b)是仅有两个栅指的晶体管，每个栅指宽度是 60μm，总的栅宽同样是 120μm。

栅极上存在分布式的电阻，每一根栅指的等效电阻可以表示为：

$$R_\text{s} = \frac{\rho W}{3 S_\text{g}} \tag{6.4-1}$$

其中，ρ 为电阻率，S_g 是栅极的横截面积，分母增大 3 倍是因为电阻的分布效应。可以看到对于单栅指的大栅宽器件，栅极电阻将增大，这将会使器件性能恶化，甚至使得沿栅极宽度方向栅压产生变化。采用多栅指技术可以减小栅电阻，但栅极数目的增多会明显增大栅电容。

总的栅宽（$W \times N$）的选取是更关键的物理量。总的栅宽将直接影响晶体管的跨导、栅电容等。大栅宽器件有大的跨导，但同时将导致栅电容增大，这将导致匹配设计的难度变大，并且由于耦合噪声，器件高频噪声性能也将恶化，而小栅宽器件拥有更佳的噪声性能。

对不同栅宽的器件进行仿真验证，分别选取了 2×20μm、2×45μm 以及 2×75μm 这 3 种尺寸的器件，在相同的偏置条件下（$V_\text{ds} = 3\text{V}$，$I_\text{ds} = 125\text{mA/mm}$），3 种器件最小噪声系数曲线如图 6.4-4 所示。可以看到小栅宽器件具有更佳的噪声性能，并且在 15～45GHz 频率范围内，随着频率的升高，小栅宽器件的噪声优势更加明显。其中，2×20μm 的 pHEMT 相比 2×75μm 的器件，在 15GHz 时的噪声系数低 0.18dB，在 45GHz 时噪声系数低 0.6dB。

下面再看 3 种器件的最佳噪声源阻抗，仿真结果见图 6.4-5。从图中可以发现小栅宽的器件要求更大的 Z_opt，并且随着频率的降低，器件的最佳源阻抗都相应增大。对于 2×20μm 的 pHEMT，频率为 15GHz 处的最佳噪声源阻抗要求为 98+j216Ω。

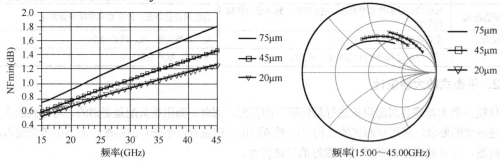

图 6.4-4　不同栅宽 pHEMT 的最小噪声　　　　图 6.4-5　不同栅宽的噪声最佳源阻抗

总的来说，小栅宽器件有更低的最小噪声和更高的高频增益，但是如果器件尺寸太小，其输入阻抗很大，而且要求一个接近于开路的最佳噪声源反射系数。将 50Ω 源匹配到如此大的最佳阻抗是存在很大困难的，特别是在阻抗变化剧烈时，很难实现宽带的匹配。适当增加管子的尺寸，在可接受的范围内牺牲一些噪声性能，可以大大降低放大器匹配的难度，有效改善放大器整个频带内整体的噪声性能。

2）放大器的稳定性

放大器的稳定性必须作为设计者的主要考虑因素之一。虽然采用平衡式的结构可以有效地改善放大器整体的稳定性，即可以保证整个平衡式放大器的稳定因子 $K>1$，但放大器整体的稳定不能判定放大器级间也一定是稳定的，级间的不稳定会导致器件性能恶化。另外，pHEMT 器件在微波毫米波频段有高的增益，特别是在兆赫兹和低的吉赫兹的频段增益更高，这使得器件在低频段容易自激振荡，图 6.4-6 为某一晶体管在很宽频率上的 K 值。因此，对放大器稳定性的考虑不仅要在工作带宽内进行，并且对于低频段上的稳定性也是设计需要重点考虑的。

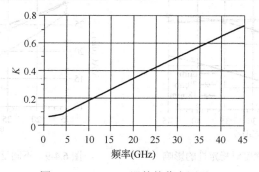

图 6.4-6　pHEMT 器件的稳定因子 K

下面介绍采用串联负反馈技术来增加器件的稳定性，如图 6.4-7(a)所示电路通过在源极和地之间加入一个电感，引入负反馈。考虑到螺旋电感在高于 20GHz 时将引入比较大的寄生电容与电阻，因此可以通过一段长度为 l 的高阻线来实现电感，如图 6.4-7(b)所示。

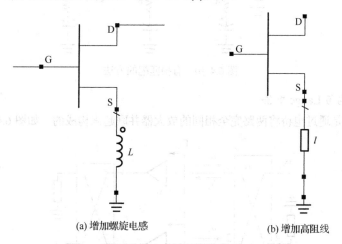

(a) 增加螺旋电感　　　　　　　　　　(b) 增加高阻线

图 6.4-7　串联负反馈的结构

负反馈加入的同时必然会使得器件的增益降低，因此，合理选择反馈的深度是很有必要的。图 6.4-8 是未加负反馈和加入两个不同深度的负反馈时器件的 K 值曲线。图 6.4-9 是反馈高阻线的长度 L 分别为 0μm、70μm 和 180μm 时，器件的最大可用增益（MAG）。可以看到，更深的负反馈可以更有效地改善器件的稳定性，并且在更宽的带宽时器件达到绝对稳定。然而负反馈是通过牺牲增益来获得稳定性的，过深的反馈将使器件的高频增益严重下降。因此需要综合考虑，在稳定性和增益上进行合理的折中。

通过串联负反馈的方法，基本可以解决器件在高频段的稳定性问题，但在频率低端，器件的 K 值仍然很小如前面所述，可采用加入有耗元件的办法来增加低频段器件的稳定性，如图 6.4-10 所示，在电路的匹配网络中加入电阻元件。电阻的加入会增加电路损耗，恶化噪声系数，但是通过合理选择微带线枝节的长度和电阻阻值，可以使电阻对整个电路的影响具有不同的频率响应。目的是使能量在低频段可以部分传递到电阻上，达到降低增益、增加稳定性的目的；而在高频段，要使能量几乎不能传递到电阻上，从而尽量减少增益的降低和噪声的恶化。并且，根据噪声系数的级联公式，前级放大器的噪声性能对整个放大器的噪声起着最重要的作用，因此有耗元件不应在第一级放大器之前加入，这样也可以尽量减少电阻对整个放大器噪声系数的影响。

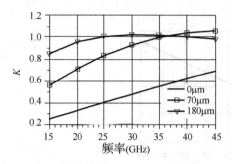

图 6.4-8　不同反馈深度对稳定性的影响

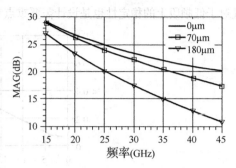

图 6.4-9　不同反馈深度对 MAG 的影响

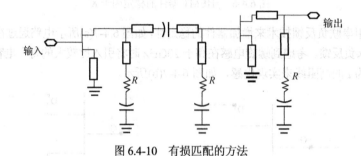

图 6.4-10　有损匹配的方法

3）平衡式结构与 Lange 电桥

平衡式放大器是通过电桥将两路完全相同的放大器并联起来构成的，如图 6.4-11 所示。

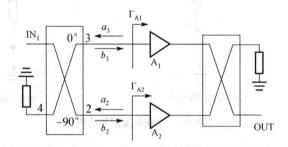

图 6.4-11　平衡式放大器

图中电桥 1 端口作为输入端，4 端口接匹配负载，2、3 端口分别接两路放大器。信号放大后再用一个 90° 电桥将信号合成输出。现在来分析输入端的特性，设放大器 A_1 输入端反射系数为 Γ_{A1}，放大器 A_2 输入端反射系数为 Γ_{A2}，则对于 2、3 端口有：

$$\begin{cases} a_2 = b_2\Gamma_{A2} \\ a_3 = b_3\Gamma_{A1} \end{cases} \tag{6.4-3}$$

将式（6.4-3）代入电桥的 S 参数的方程，得到：

$$\begin{bmatrix} b_1 \\ b_2 \\ b_3 \\ b_4 \end{bmatrix} = -\frac{1}{\sqrt{2}} \begin{bmatrix} 0 & 1 & j & 0 \\ 1 & 0 & 0 & j \\ j & 0 & 0 & 1 \\ 0 & j & 1 & 0 \end{bmatrix} \begin{bmatrix} a_1 \\ b_2 \Gamma_{A2} \\ b_3 \Gamma_{A1} \\ a_4 \end{bmatrix} \tag{6.4-4}$$

化简后得到：

$$\begin{bmatrix} b_1 \\ b_4 \end{bmatrix} = \frac{1}{2} \begin{bmatrix} \Gamma_{A2} - \Gamma_{A1} & j(\Gamma_{A2} + \Gamma_{A1}) \\ j(\Gamma_{A2} + \Gamma_{A1}) & \Gamma_{A1} - \Gamma_{A2} \end{bmatrix} \begin{bmatrix} a_1 \\ a_4 \end{bmatrix} \tag{6.4-5}$$

平衡式放大器一般采用两路完全对称的放大器，有 $\Gamma_{A1} = \Gamma_{A2}$，由此得到平衡式放大器一个最重要的特性：在理想电桥和完全相同的两路放大器的情况下，放大器输入为零，并且反射系数和单个放大器的输入反射系数无关。此外，即使两路放大器不对称，输入端反射系数亦满足：

$$\Gamma_{\text{in}} = (\Gamma_{A2} - \Gamma_{A1})/2 \tag{6.4-6}$$

反射系数也是很小的值，输入端匹配仍然很好。同理，可以得到输出端也具有很好的驻波特性。

实际使用的 90° 电桥可以选择 Lange 耦合器，其单片电路结构如图 6.4-12 所示，端口 1 为输入端；端口 2 为直传端；端口 3 为耦合端；隔离端口 4 接匹配负载。当端口 1 有信号输入时，端口 2、3 上就能得到功率等分相位差 90° 的信号。但实际中理想电桥是不存在的，电桥的相位差、幅度及端口反射系数都不是理想的。

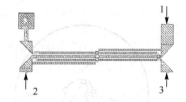

图 6.4-12　Lange 耦合器作为 90° 电桥

图 6.4-13(a) 是仿真得到的 Lange 耦合器两个输出端口的幅频特性，图 6.4-13(b) 是耦合器的插损。Lange 耦合器在整个 22～40GHz 上幅度不平衡度小于 1dB，插损在 36GHz 以下不超过 0.2dB，但当频率超过 36GHz 后损耗明显增大。图 6.4-14 是电桥 2、3 端口的相位差，相位差偏离 90° 不超过 5.5°。

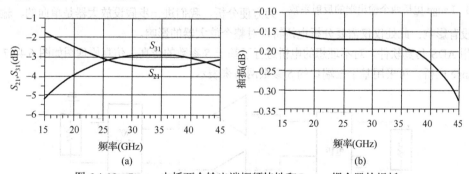

图 6.4-13　Lange 电桥两个输出端幅频特性和 Lange 耦合器的损耗

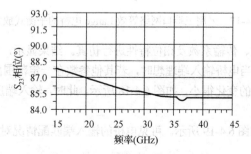

图 6.4-14　Lange 电桥两个输出端的相位差

另外，电桥的端口也不是完全匹配的，图 6.4-15(a)是电桥输入端（端口 1）的反射系数。频率为 15GHz 时，反射系数为 0.12∠150°；频率为 45GHz 时，反射系数为 0.19∠−45°。图 6.4-15(b)是输入端反射系数用分贝数表示的幅度特性。

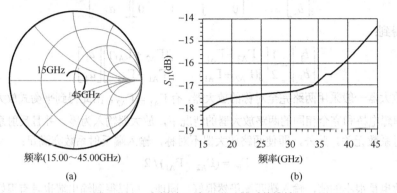

(a)

(b)

图 6.4-15　电桥输入端口 1 反射系数特性

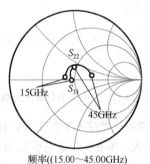

图 6.4-16　Lange 电桥两个输出端的反射系数

图 6.4-16 是电桥两个输出端（2、3 端口）在 15～45GHz 之间的反射系数。其中直通端反射系数的相位随频率变化明显，15GHz 时为 0.15∠169°，45GHz 时为 0.25∠17°。而耦合端的反射系数在 15GHz 时为 0.054∠169°，当频率为 45GHz 时为 0.18∠97°。

由于 MMIC 工艺加工精度高、器件性能一致性好，两路放大器具有很好的对称性，并且前面已经说明放大器输入反射系数的不对称对整个的电路性能影响甚少。因此，分析时可假设两路放大器完全相同。另外，器件的 S_{12} 很小，为方便分析，我们进一步假设放大器是单向的，输出端对输入端没有影响。此处仅仅需要分析电桥特性对整个放大器的影响。

采用 ADS 仿真软件，对不理想的电桥进行了基于 S 参数的仿真，仿真原理图如图 6.4-17 所示。对于 Lange 电桥，可采用基于三端口的 S 参数网络来表示。

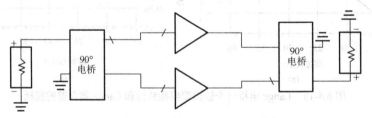

图 6.4-17　采用三端口网络等效 Lange 电桥的平衡式放大器

对电桥各端口反射系数、传输系数及相位特性进行仿真。结果显示，电桥输入端反射系数对整个放大器输入驻波影响最大。当电桥输入端理想时，若其他参数在一定范围内（如±10%）均匀分布，则整个放大器输入端反射系数的变化很小，如图 6.4-18 所示，此时，输入端反射系数优于−17.2dB，且变化范围不超过 1.6dB。

而电桥输入端的影响如图 6.4-19 所示。可见电桥的输入端匹配情况对放大器整体影响最大，设计时应将此项指标作为重点。

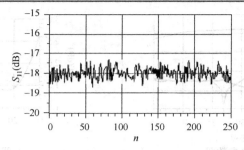

图 6.4-18　电桥参数变化对放大器输入端反射系数的影响

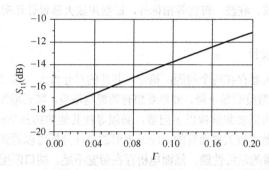

图 6.4-19　电桥输入反射系数对放大器输入端反射系数的影响

4）电路仿真

采用两级放大的平衡式放大器版图如图 6.4-20 所示。整个电路尺寸为 2.5×2.5mm²。电路仿真的 S 参数如图 6.4-21 所示。电路在整个 18～40GHz 内小信号增益大于 10dB，增益不平坦度小于±2.5dB。

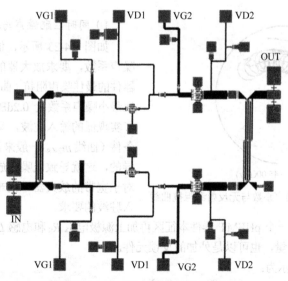

图 6.4-20　平衡式放大器的版图

图 6.4-22 是低噪放的噪声系数，可见噪声系数在整个设计频段内低于 2.3dB，并且在 21.5GHz 附近的噪声系数仅为 1.4dB。

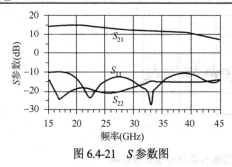

图 6.4-21 S 参数图

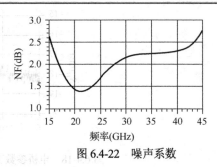

图 6.4-22 噪声系数

除上述增益、噪声系数、驻波、带宽等指标外，低噪声放大器设计还应考虑输出 P_{1dB} 等非线性指标。

3. 单端级联放大器设计

上述设计的平衡式放大器存在两个问题：第一，芯片的尺寸太大；第二，放大器增益不足，特别是在接近 40GHz 的高频段增益明显下降。如果要想有效提高增益，需要增加放大器的级数，而这必然进一步增大芯片的尺寸。所以要想解决以上问题，必须寻找其他的拓扑结构。

单端放大器是相对平衡式放大器而言的。经过上面的设计分析可以看到，在平衡式电桥方案中，电桥性能关系到整个放大器的最终性能。然而电桥存在带宽不足、端口匹配较难、插损大等原因，使得平衡式结构对于输入/输出反射系数的改善并不明显。另外，电桥的尺寸相对 MMIC 电路来说很大，限制着整个电路尺寸的设计。下面介绍采用单端级联的方式设计放大器。

另外，为提高放大器在高频段的增益。我们采用 0.15μm GaAs pHEMT 工艺，其特征频率高达 120GHz。更短栅长的器件具有更高的特征频率和更好的噪声特性。

同时，在设计上，由于不采用平衡式的结构，电路的稳定性、输入端驻波与噪声匹配的矛盾成为设计的重点和难点。

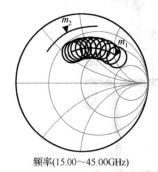

频率(15.00～45.00GHz)

图 6.4-23 pHEMT 最佳噪声系数与无反射源阻抗曲线

1）同时匹配噪声与输入端驻波

如图 6.4-23 所示，低噪声放大器要实现低的噪声系数，要求放大器的源阻抗匹配到 pHEMT 器件的最佳噪声阻抗（曲线 m_1），图中的一组圆是比最小噪声系数大 0.2dB 的等噪声系数圆；而为了实现低的输入驻波，又必须满足无反射的匹配条件（曲线 m_2）。一般来说，这两条曲线是存在差异的，这就导致低噪声放大器设计的矛盾。特别对于宽带的放大器，很难同时实现噪声系数与输入驻波的要求。

如图 6.4-24 所示是一个 pHEMT 器件本征区再加上源极电阻 R_S 和电感 L_S 的简化等效电路图。R_S 和 L_S 代表器件的寄生参量，也可以是外加的反馈元件。

其输入阻抗可以表示为：

$$Z_{in} = \left(R_1 + R_{ds} + \frac{g_m L_s}{C_{gs}} \right) + j\omega L_s + \frac{R_m R_s}{j\omega C_{gs}} + \frac{1}{j\omega C_{ds}} \quad (6.4\text{-}7)$$

可以看到输入阻抗与器件的本征部分、器件的外围电路（R_S 和 L_S）以及负载阻抗相关，而器件的噪声系数与输出端匹配无关，最佳噪声源阻抗仅仅与器件本征部分和反馈元件（R_S 和 L_S）相关。通过改变 L_S 可以同时改变曲线 m_1 和 m_2。另外，设计合适的输出匹配网络，可以在保持曲线 m_1 不变的情况

下改变 m_2，因此通过设计合适的反馈电感和输出匹配网络，可以使曲线 m_1 和 m_2 相互靠近，甚至有达到重合的可能。图 6.4-25 是同样的 pHEMT 器件加入一定反馈电感后，最佳噪声系数源阻抗与无反射源阻抗的曲线。可以看到图 6.4-25 中的曲线 m_1 和 m_2，两者明显靠近，在 15GHz 附近的低频段，两者仍有较大的偏差，而在 25GHz 以上的区域，无反射的源阻抗处的噪声系数已经小于 NFmin+0.2dB。

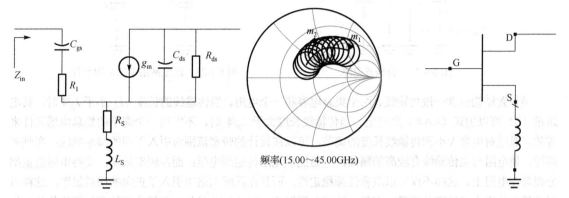

图 6.4-24　pHEMT 简化等效电路　　　　图 6.4-25　带反馈电感 pHEMT 的最佳噪声系数与无反射源阻抗曲线

另外，对比图 6.4-23 和图 6.4-25 还可以发现，同样是 NFmin+0.2dB 的等噪声圆，图 6.4-25 中等噪声圆的半径要大，而且频率越高越明显。这意味着当源阻抗偏离 Z_{opt} 一定程度时，加入反馈电感的器件所增加的噪声系数更小。4 个噪声参量中噪声电阻 R_n 是影响源阻抗变化对噪声系数敏感性的量，通过计算得到图 6.4-26 的结果。

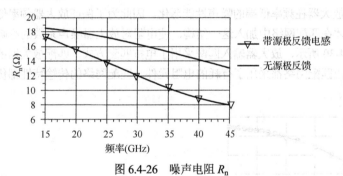

图 6.4-26　噪声电阻 R_n

可以看到，加入源极反馈电感后，噪声电阻 R_n 明显减小，这将有利于宽带的放大器设计。此外，反馈电感还具有提高器件稳定性的作用。

2）偏置与匹配电路设计

由于放大器的工作频率非常宽，偏置电路设计也是非常重要的。自偏置是 MMIC 电路设计常用的偏置方式，电路图如图 6.4-27 所示。它利用源极的电阻来形成负的栅源电压，具有结构紧凑、使用方便的特点。但是，这种结构需要一个较大的电容与源极电阻并联来构成晶体管源极到地的射频回路，源极电阻和电容都会对晶体管的性能造成一定的影响。考虑到第一级放大器对整个电路的噪声性能影响最大，第一级采用了分别加栅压和漏压的双偏置方式，后两级采用自偏置方式。另外，由于 MMIC 电路尺寸的限制，应当在设计偏置电路时尽量将偏置电路合并到匹配电路中。

在电路匹配设计时，为了实现电路的增益平坦度要求，在偏置电路中加入了电阻来增大带宽，可在偏置电路中采用如图 6.4-28 所示的结构。

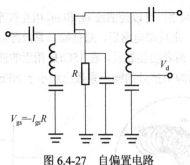

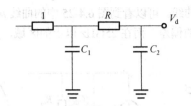

图 6.4-27　自偏置电路　　　　　　　　图 6.4-28　匹配网络中的电阻元件

该偏置结构包含一段传输线、两个集总电容和一个电阻。当传输线的长度（l）小于 $\lambda_g/4$ 时，其电感量（L）可以由式（6.4-8）来确定，当传输线长度大于 $\lambda_g/4$ 时，不能用一个简单的集总电感元件来等效。通过对电容大小和传输线长度的调节，可以在设计的带宽范围内引入不同的频率响应：在频率高端，使电阻与主传输线有较高的隔离，电磁能量无法传递到电阻；而在频率低端，使得电磁能量部分损耗在电阻上。这样不仅可以改善低频稳定性，而且在匹配网络中引入了正向的增益斜率，这样可以补偿晶体管本身的增益滚降，有效改善增益平坦度。图 6.4-29 是加入此结构后的匹配网络的传输特性。根据能量的匹配传输关系，电阻值主要影响传递到电阻上的低频能量的大小，可以通过它来优化网络对频率低端能量的衰减量。

$$L = \frac{Z_0}{2\pi f}\sin\left(\frac{2\pi l}{\lambda_g}\right) \tag{6.4-8}$$

同时，电阻使放大器在频率低端的噪声性能恶化。因此为了保证放大器频率低端的噪声性能，在第一级放大器之后才在匹配网络中加入这一结构，使电阻对放大器噪声系数的影响降到最低。放大器整体的结构如图 6.4-30 所示，放大器输入匹配采用了电抗匹配方式，匹配放大器的最佳噪声阻抗。在级间匹配网络和输出匹配网络都采用了有耗的电阻元件，匹配网络的传输特性都优化出向上斜率，来实现增益的平坦度。

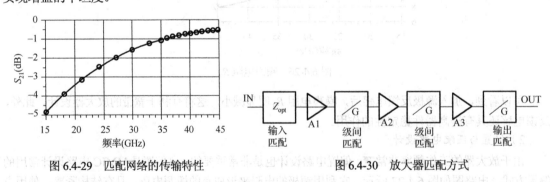

图 6.4-29　匹配网络的传输特性　　　　　　图 6.4-30　放大器匹配方式

3）电路仿真

通过以上电路形式，借助 ADS 仿真软件，对整个电路进行优化设计，设计一个 3 级级联的低噪声放大器。放大器的版图如图 6.4-31 所示。整个电路尺寸为 $2\times1\text{mm}^2$。电路仿真的 S 参数如图 6.4-32 所示。电路在整个 18～40GHz 内增益大于 20dB，增益不平坦度小于 ±2dB。

图 6.4-33 是低噪放的噪声系数仿真结果。噪声系数在整个设计频段内低于 3.1dB，在整个 25～40GHz 频率范围内，噪声系数有 2dB 的水平。放大器在 18GHz 的频率低端噪声系数较差，主要是由匹配网络中加入电阻造成的，通过牺牲一部分噪声性能来满足增益平坦度和输入驻波的要求。

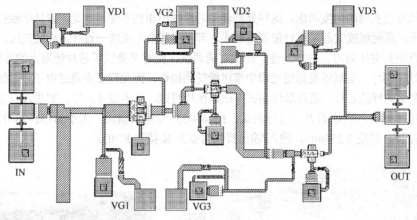

图 6.4-31　放大器的版图

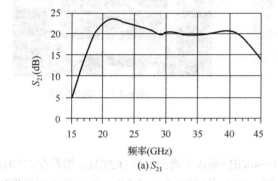

(a) S_{21}

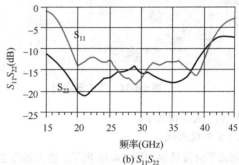

(b) $S_{11}S_{22}$

图 6.4-32　S 参数

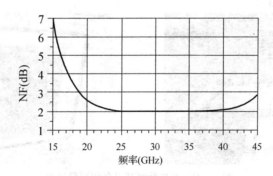

图 6.4-33　噪声系数

4．测试与分析

采用 UMS 提供的 MMIC 代工服务。在 4 英寸的 GaAs 晶圆上，采用 0.15μm 栅长的 GaAs pHEMT 工艺的芯片实物照片如图 6.4-34 所示。

芯片尺寸为 $2×1mm^2$。芯片输入/输出采用标准共面波导接口。在直流偏置的设计上，芯片上 3 个晶体管的栅压和漏压采用单独提供的方式，一共有 6 个外接直流偏置。这种偏置方式有两个好处：①在测试时可检查每个器件的工作状态；②能够单独对每个器件的偏置点进行调节，增加调试的自由度。

但是，从方便实用的角度考虑，这样显然使得芯片使用相当不便。于是，设计单独提供第一级放大器栅极负压，后两级放大器采用自偏置的形式，可以将其余电压统一设计为相同正压，于是使用时只需提供一组正负电压即可。这样既便于测试时的调试，同时又兼顾了芯片使用上的方便性。

由于芯片在制作、切割以及运送过程中都可能受到损伤，因此需要先通过电子显微镜检查芯片表面，选取外观上完好的芯片。芯片最佳测试方法是在片测试，见本章 6.6 节，如果没有条件也可以通过将放大器单片安装入模块的方式进行测试。图 6.4-35 为测试模块，大小为 31×28×12mm³，使用 Rogers5880 基板，厚度 0.254mm，输入/输出接头为安立 K 接头 K103F。

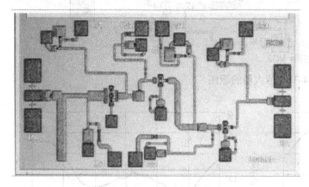

图 6.4-34　放大器实物　　　　　　　　　　　　　图 6.4-35　测试腔体

具体测试步骤如下。

1）S 参数测试

测试平台及结果如图 6.4-36 所示。放大器在 21～40GHz 频段上增益大于 16.5GHz，增益在 23GHz 处达到最大值 21dB，在 34GHz 处增益最小为 16.5dB。增益不平坦度小于±2.5dB。输入/输出回波损耗在 20～40GHz 均优于−9dB。

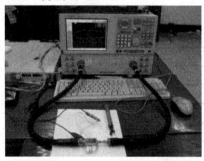
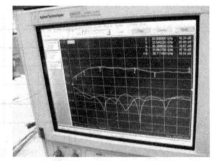

图 6.4-36　S 参数测试平台和测量结果

在不同偏置条件下，增益测试结果如图 6.4-37 所示。

可以看到，放大器小信号增益基本与仿真结果吻合，频率低端性能较差，在 18GHz 处增益小于 10dB，而在高频段增益略显不足，其原因主要有两个。

（1）使用模块进行测量。金丝键合线、接头等都会引入很大的寄生参量，这对频率高端影响较为严重，同时也使放大器带宽变窄。

（2）在该放大器设计中，通过引入电阻器来降低低频端的增益，以实现增益平坦的目的。这一结构的集总电阻与电容值对低频端增益的影响比较敏感，导致低频增益稍低。

图 6.4-38 是放大器 1dB 功率压缩点测试结果。结果表明放大器在 21～40GHz 频段内 $P_{\text{out 1dB}} > 5\text{dBm}$。

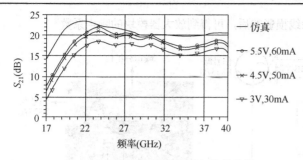

图 6.4-37　不同偏置的测试与仿真曲线

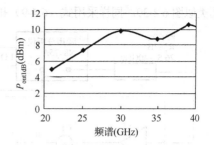

图 6.4-38　输出 1dB 功率压缩点

2）噪声测试

18～26.5GHz 噪声系数可以通过噪声分析仪 Agilent N8975A（频率范围为 10MHz～26.5GHz）直接测量，测试框图如图 6.4-39 所示。

　　由于在 K 频段同轴电缆的损耗较大，测得的噪声系数是放大器与连接线级联的噪声系数。应根据噪声级联公式，扣除连接线引入的噪声，实际放大器噪声系数可以由式（6.4-9）得到。由于放大器增益较高，实际上有 $NF_A \approx NF$。

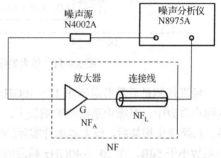

图 6.4-39　放大器与连接线级联的
噪声系数测试范围

$$NF_A = NF - \frac{NF_L - 1}{G} \tag{6.4-9}$$

式中，NF 是噪声系数测试值，是放大器与连接线级联的噪声系数；NF_A 是放大器噪声系数；G 是放大器增益；NF_L 是连接线噪声系数，等于其插入损耗。

　　测试平台及测试曲线如图 6.4-40 所示。由于噪声分析仪 N8975A 的测量频率范围为 10MHz～26.5GHz，26.5GHz 以上频段的噪声系数测量需要进行频率扩展，测试框图及测量平台如图 6.4-41 所示，噪声分析仪通过 GPIB 控制线控制信号源参数扫描的本振信号，经谐波混频器，将 26.5～40GHz 的频率变化到固定的中频进行测量。同样需要根据式（6.4-9）扣除混频器对噪声系数的贡献。

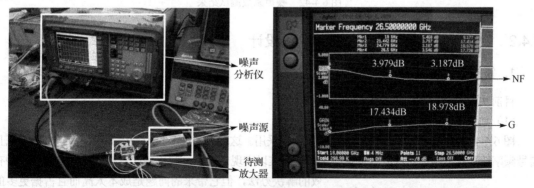

图 6.4-40　噪声系数测试平台及测试曲线

　　考虑到谐波混频器输入端驻波比较差，这会对放大器工作状态有一定的影响，同时混频器有较大的变频损耗（大于放大器的增益），测量的噪声系数较大，在扣除混频器贡献时会引入更大的误差。因此，更准确的方法是使用毫米波噪声分析仪（AV3985）对 Ka 频段的噪声系数进行直接测量。测试框图类似图 6.4-39。同样采用式（6.4-9）扣除线损影响后，可得到放大器模块的噪声系数。

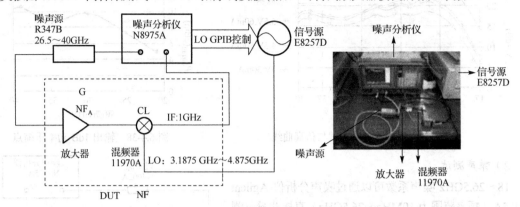

图 6.4-41　放大器噪声系数扩展频率测试框图及测量平台

经直接测量后需考虑到在 18～40GHz 两个 K 接头的损耗。其中，输入端 K 接头的损耗直接计入噪声系数中，对噪声系数的影响较大；而输出端 K 接头损耗对噪声系数的影响可以忽略不计。最后，扣除接头损耗后，放大器单片实际的噪声系数如图 6.4-42 所示。放大器在 18～40GHz 频段的噪声系数小于 5dB，在 20 ～40GHz 频段的噪声系数小于 4dB，其中在 23～28GHz 频段的噪声系数小于 3dB。

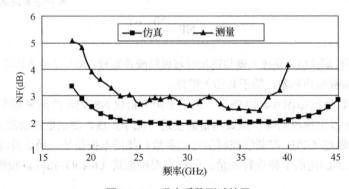

图 6.4-42　噪声系数测试结果

6.4.2　四次谐波镜像抑制混频器 MMIC 设计

1．镜像抑制混频器原理

目前实现镜像抑制混频器的主要方法如下。

（1）加装滤波器的镜像抑制混频器。

图 6.4-43 所示的方法经常在单边带接收机中采用。这种方法大多只用于中高频，而当中频过低且信号频率较高时，由于对滤波器带宽要求太窄而难以实现。当然，利用多次变频来提高中频是一种有效的解决办法，但它带来的问题是成本太高而且占据更多的空间。

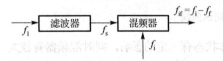

图 6.4-43　镜频抑制滤波器原理图

（2）相位平衡式的镜频抑制混频器。

主要有两种混频器电路结构采用相位平衡方法来抑制镜频信号：Weaver 结构和 Hartley 结构。Weaver 结构如图 6.4-44

所示，它采用二次正交混频抵消掉镜频信号产生的中频。由于这种方法可能引起二次镜像，故图中的低通滤波器在实际应用时会被替换成带通滤波器来抑制二次镜像。

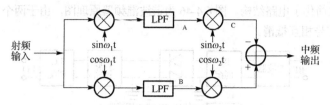

图 6.4-44　Weaver 镜频抑制混频器结构图

Hartley 结构如图 6.4-45 所示，它起源于单边带调制器。由图可知它是把射频输入和本振的两个正交信号进行混频，两路中频信号再经过低通滤波后把其中之一移相正 90°后二者再合成输出。

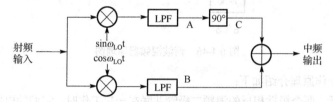

图 6.4-45　Harley 镜频抑制混频器结构图

原理推导如下：输入信号假设为 $x(t) = A_{RF} \cos \omega_{RF} t + A_{im} \sin \omega_{im} t$，前一项代表有用信号，后一项代表镜频信号。假设 $\omega_{RF} < \omega_{LO} < \omega_{im}$（不失一般性）。将输入信号与两个本振正交信号混频后在 A 点和 B 点得到式（6.4-10）和式（6.4-11）。

$$x_A(t) = \frac{A_{RF}}{2\sqrt{2}} \sin(\omega_{LO} - \omega_{RF})t + \frac{A_{im}}{2\sqrt{2}} \cos(\omega_{im} - \omega_{LO})t \tag{6.4-10}$$

$$x_B(t) = \frac{A_{RF}}{2\sqrt{2}} \cos(\omega_{LO} - \omega_{RF})t + \frac{A_{im}}{2\sqrt{2}} \sin(\omega_{im} - \omega_{LO})t \tag{6.4-11}$$

A 点信号经 90°移相后得到：

$$x_C(t) = \frac{A_{RF}}{2\sqrt{2}} \cos(\omega_{LO} - \omega_{RF})t - \frac{A_{im}}{2\sqrt{2}} \sin(\omega_{im} - \omega_{LO})t \tag{6.4-12}$$

$x_C(t)$ 和 $x_B(t)$ 合成输出相加，在输出端得到 $0.5 A_{RF} \cos(\omega_{LO} - \omega_{RF})t$。从表达式可以知道输出的中频信号没有受到镜像信号的影响。这个结构要求 B 点和 C 点的有用信号有相同的极性而镜像信号极性相反。这就决定了 Hartley 结构的一大缺陷就是对失配非常敏感。如果两路本振信号不完全相交，则上下两路信号的幅度和相位不平衡，会造成两路中频信号相位和幅度的不平衡，从而恶化了镜频抑制度。

Hartley 结构被广泛应用于 Ka 波段的单片镜像抑制混频器，根据指标的不同，具体的电路结构和混频单元也不相同，混频单元采用的形式包括单端混频、谐波混频、单平衡混频和双平衡混频。

2. 谐波混频器原理

毫米波谐波混频器的优势是可以采用工作频率较低的本振源，这样本振源较容易实现且性能稳定，因此在毫米波系统中谐波混频器得到了广泛的应用。20 世纪 90 年代初，Kenji Itoh 等人提出了一种新颖的谐波混频器电路结构，此结构适合制作 MMIC 且非常简单，由一个反向二极管对和一些短路、开路终端组成。

管对式的谐波混频电路在毫米波与亚毫米波混频的设计中被较多采用，它将两个极性相反的混频二极管并联在传输线上，本振频率是信号频率的1/2，或者1/4，甚至1/8。本振频率的降低解决了制作高频本振的困难，也简化了电路结构。图6.4-46为谐波混频器原理图，由于两个二极管的基波电流反向，因此基波混频信号相互抵消。

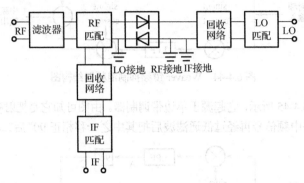

图 6.4-46　谐波混频器原理图

谐波混频器的工作原理介绍如下：

如图6.4-47所示，两个极性相反的混频二极管并联在一起工作时，它们的电压（v）–电流（i）特性如下。两管的电流分别满足：

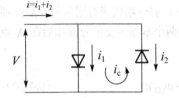

图 6.4-47　反向二极管对原理图

$$i_1 = I_{so}(e^{av} - 1) \tag{6.4-13}$$

$$i_2 = -I_{so}(e^{-av} - 1) \tag{6.4-14}$$

管对的总电流满足：

$$i = i_1 + i_2 = I_{so}(e^{av} - e^{-av}) = 2I_{so}\text{sh}(av) \tag{6.4-15}$$

此时加上本振电压和电流满足：

$$V = V_{LO}\cos\omega_{LO}t \tag{6.4-16}$$

$$i = 2I_{so}\text{sh}(aV_{LO}\cos\omega_{LO}t) \tag{6.4-17}$$

n 阶第一类变态贝塞尔函数为：

$$I_{n(x)} = \frac{1}{2\pi}\int_0^{2\pi} e^{x\cos\theta}\cos(n\theta)\,\mathrm{d}\theta\, aV_{LO} = x\omega_{LO}t = \theta \tag{6.4-18}$$

令 $aV_{LO} = x$，$\omega_{LO}t = \theta$，可将式（6.4-17）展开成傅里叶级数：

$$i = 2I_{so}[2I_1(aV_{LO})\cos\omega_{LO}t + 2I_3(aV_{LO})\cos 3\omega_{LO}t + \cdots] \tag{6.4-19}$$

由于上式中的电流i是奇函数，因此展开式中不含偶次项。

管对的混频电导满足：

$$g = \mathrm{d}i/\mathrm{d}v = 2aI_{so}\cosh(aV_{LO}\cos\omega_{LO}t\cdots) \tag{6.4-20}$$

由于上式中的电导g是偶函数，所以其傅里叶展开式中不含奇次项，得到：

$$g = 2I_{so}[I_0(aV_{LO})\cos\omega_{LO}t + 2I_2(aV_{LO})\cos 2\omega_{LO}t + 2I_4(aV_{LO})\cos 4\omega_{LO}t\cdots] \tag{6.4-21}$$

由以上分析可以看出，反向二极管管对的大信号特性可总结为：

① 混频电导没有奇次谐波，只有偶次谐波；

② 加本振后的管对电流只有奇次谐波，没有偶次谐波和滞留分量；

③ 管对的电导和电流各次谐波幅度都比单管高一倍。

如果再加一个小信号电压 $v_s = V_s \cos \omega_s t$，可得到混频后的小信号电流为：

$$i = g v_s = 2\alpha I_{so} V_s \cos \omega_s t [I_0(\alpha V_{LO}) + 2I_2(\alpha V_{LO}) \cos 2\omega_{LO} t + 2I_4(\alpha V_{LO}) \cos 4\omega_{LO} t \cdots] \quad (6.4\text{-}22)$$

从而计算出管对的内部电流为：

$$i_c = (i_1 - i_2)/2 = I_{so}[\cosh(\alpha V) - 1] \quad (6.4\text{-}23)$$

将 $V = V_{LO} \cos \omega_{LO} t + V_s \cos \omega_s t$ 代入可得：

$$i = 2\alpha I_{so} V_s \cos \omega_s t [I_0(\alpha V_{LO}) + 2I_2(\alpha V_{LO}) \cos 2\omega_{LO} t + \cdots] \quad (6.4\text{-}24)$$

从式（6.4-24）可以看出，混频电流中存在 $(\omega_s \pm 2\omega_{LO})$、$(\omega_s \pm 4\omega_{LO})$、$(\omega_s \pm 8\omega_{LO})$ 等谐波分量。

从以上各式可知，谐波混频器采用管对具有很多优点：外部电流只含有偶次谐波混频项，而且两倍于单管的电流幅度；由于外部电流中无直流分量，混频器无需直流通路，因此简化了电路结构；奇次谐波混频分量只存在于管对内部，因而将降低电路的干扰频率，使变频损耗变小；因为没有基波混频分量输出，只有本振的谐波分量才引入噪声，此部分的噪声大幅减小，故能显著降低噪声。此外，利用 FET 非线性电阻，采用相同的方法也可以实现二极管对的功能。

3．镜像抑制谐波混频器设计举例

下面介绍采用法国 UMS 公司提供的模型库设计基于二极管的四次谐波镜像抑制混频器。衬底为 GaAs，相对介电常数为 12.8，衬底厚度为 100μm。

1）电路方案

采用 Hartley 结构思想进行谐波抑制电路设计。图 6.4-48 为二次谐波镜像抑制混频器设计采用的电路结构。射频端口的 Lange 电桥将射频信号等幅正交地分配到两个混频单元，而在本振端口将本振信号等幅同相地分配两个混频单元，得到的两路中频信号一路经过 90° 移相后与另一路中频信号合成输出，这样就实现了二次谐波混频和镜像抑制功能。图 6.4-48 中为混频单元的结构，本振信号 LO 通过巴仑后分成两路等幅反相的信号分别加在两个 pHEMT 管的栅极，在两个 pHEMT 管的漏极加上等幅同相的射频信号，实现偶次谐波混频，为了减小芯片面积，中频信号的移相合成输出电路放置在芯片外。

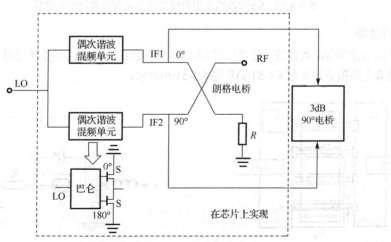

图 6.4-48 Ka 波段二次谐波镜像抑制混频器芯片结构

图 6.4-49 为四次谐波镜像抑制混频器设计采用的电路结构。混频单元由两个反向并联二极管对构

成。同样,射频端口的 Lange 电桥将射频信号等幅正交地分配到两个混频单元,而在本振端口通过功分器将本振信号等幅同相地分配两个混频单元,得到的两路中频信号一路经过 90° 移相后与另一路中频信号合成输出,这样就实现了四次谐波混频和镜像抑制功能。同理,中频信号的移相合成输出电路放置在芯片外。

图 6.4-50 为混频单元的电路结构,射频端口的 $1/4\lambda_{LO}$ 长度的开路枝节使泄漏到射频端的本振信号短路,从而再次返回到二极管对混频,并使混频产生的二次谐波分量在此开路,本振端口的 $1/2\lambda_{LO}$ 长度的短路枝节使混频产生的二次谐波分量同样在此开路,而射频信号在此短路,再次返回二极管对混频,这样可以滤除杂散波的影响并降低变频损耗。

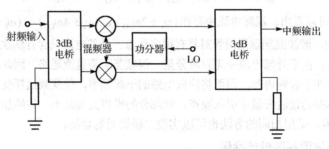

图 6.4-49 Ka 波段四次谐波镜像抑制混频器结构

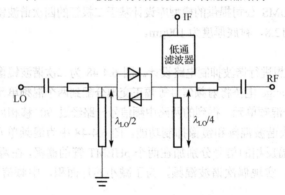

图 6.4-50 Ka 波段四次谐波镜像抑制混频器混频单元结构

2)器件选择

四次谐波镜像抑制混频器的设计是选用 UMS 公司提供的 0.15μm pHEMT 非线性二极管,它们的模型图和等效电路图分别如图 6.4-51(a)和图 6.4-51(b)所示。

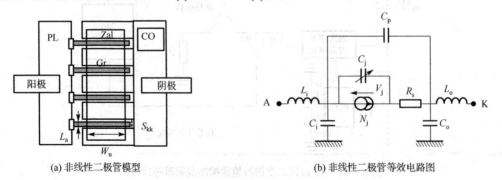

(a) 非线性二极管模型   (b) 非线性二极管等效电路图

图 6.4-51 非线性二极管

图 6.4-51(b)中的电流源表达式为：

$$N_j = S \cdot J_s \left[\exp\left(\frac{qV_j}{nkT}\right) - 1 \right] \qquad (6.4\text{-}25)$$

其中，饱和电流密度 $J_s = 2.88 \times 10^{-14} \text{A}/\mu\text{m}^2$，结面积 $S = N \cdot 0.15 \cdot W_u (\mu\text{m})$，$kT/q = 25.8\text{mV}$，在 293K 时，常数 n 为 1.7，源极电压满足：

$$V_j = V_{ak} - R_s \cdot I_{ak} \qquad (6.4\text{-}26)$$

结合式（6.4-25）得到：

$$N_j(\text{mA}) = 4.33 \times 10^{-15} \cdot N \cdot W_u(\mu\text{m}) \cdot \left[\exp\left(\frac{V_j(\text{mV})}{43.9}\right) - 1 \right] \qquad (6.4\text{-}27)$$

二极管具体参数如表 6.4-2 所示，此外二极管的工作频率范围为 0～60GHz，栅指数可选 1、2、4、10，栅宽的范围为 5～20μm。

表 6.4-2　二极管的具体参数

二极管栅长	L_a	0.15μm
最小单指栅宽	W_u	5μm
反向击穿电压	V_b	>4.5V
阴极间隙	S_{kk}	2.5μm

3）四次谐波镜像抑制混频器的设计

四次谐波镜像抑制混频器总体方案如图 6.4-52 所示，芯片采用正交 IF 输出，通过外置混合电桥方式进行合成输出。

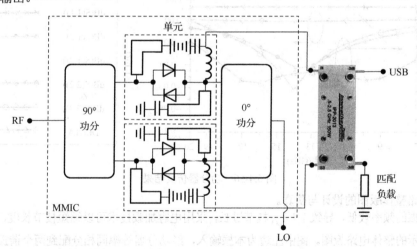

图 6.4-52　四次谐波镜像抑制混频器总体方案

（1）Lange 电桥的设计与仿真。

Lange 电桥的设计原理和方法前面已经阐述过，在此不再重复，Lange 电桥的最终版图如图 6.4-53 所示，其中端口 1 为输入端口，端口 2 和端口 3 分别为耦合端口和直通端口，隔离端口通过 50Ω 电阻匹配接地。

仿真结果如图 6.4-54 所示。由仿真结果可知 Lange 电桥在 34～36GHz 频带内的插入损耗在 3.5dB

左右，幅度不平衡度在 0.3dB 以内，相位差在 90.5° 左右，相位不平衡度在 0.2° 以内，两个输出端口的隔离度大于 17dB。

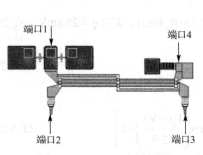

图 6.4-53　Lange 电桥版图

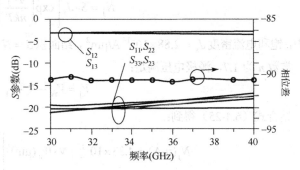

图 6.4-54　Lange 电桥仿真结果

（2）功分器的设计与仿真。

采用威尔金森功分器设计，这样输出的两个端口间具有较高的隔离度且能完全匹配。经过多次优化仿真得到的功分器版图如图 6.4-55 所示，其中端口 1 为输入端口，端口 2 和端口 3 为输出端口，输出端口之间用 100Ω 隔离电阻连接以提高隔离度。

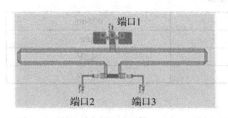

图 6.4-55　功分器版图

仿真结果如图 6.4-56 所示。由仿真结果可知功分器在 7～9GHz 的频带内输出端口插入损耗为 3.1dB 左右，幅度不平衡度小于 0.01dB，并且具有很好的输入/输出端口反射系数，输出端口隔离度达到 13dB 以上。

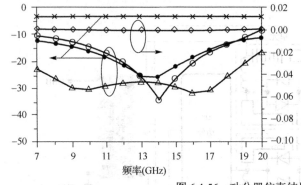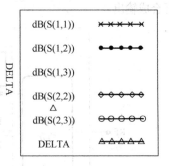

图 6.4-56　功分器仿真结果

（3）电路整体版图的设计与仿真。

由于本振的频率较低，导致 1/4 λ_{LO} 枝节过长，采用电容加载技术可以缩短枝节长度，最终得到如图 6.4-57 所示的整体电路版图。图中左边为本振输入，经功分器等幅同相分配到两个谐振单元；图中右边为射频信号输入，经 Lange 电桥分成两路等幅正交信号并分配给两个谐振单元，中频信号由谐振单元右侧引出。

选取不同的中频点，在固定本振功率为 13dBm 的情况下，变频损耗和镜像抑制度仿真结果如图 6.4-58 和图 6.4-59 所示。

由仿真结果可知在射频频率范围 34～36GHz 内，中频 0～1GHz 的变频损耗小于 16.5dB，镜像抑制度大于 22dB。

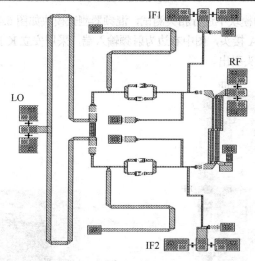

图 6.4-57　整体电路版图

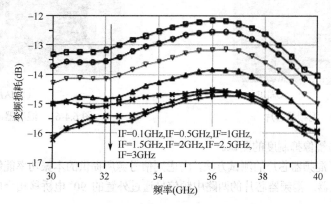

图 6.4-58　混频器不同中频点的变频损耗

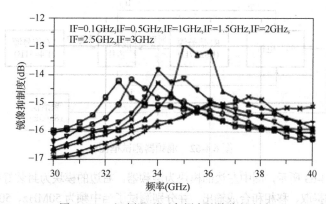

图 6.4-59　混频器不同中频点的镜像抑制度

4）测试与分析

通过 UMS 公司提供的多项目晶圆（MPW）代工服务，在 6 英寸晶圆上采用 GaAs pHEMT 工艺制作加工的四次谐波镜像抑制混频器芯片如图 6.4-60 所示。芯片的射频和本振的输入，以及 I、Q 两路中频信号的输出均采用标准 GSG 接口，芯片面积为 1.64×1.22mm²。

将混频器装入设计好的模块中进行相关测试，混频器测试模块如图 6.4-61 所示。图中左边为混频器的本振输入端，采用 SMA 接头，图中右边为射频输入端，采用安立 K 接头 K103F，两路中频均通过图中上下两侧的 SMA 接头引出。

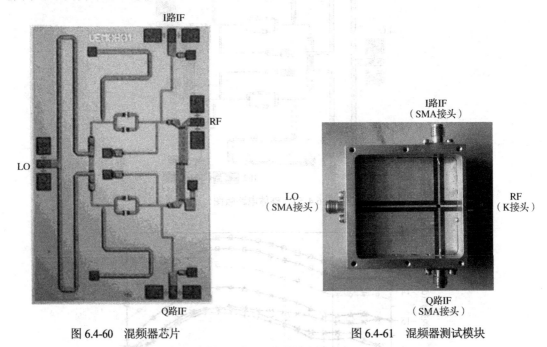

图 6.4-60　混频器芯片　　　　　　　　　　　图 6.4-61　混频器测试模块

（1）变频损耗与镜像抑制度的测试。

图 6.4-62 给出了混频器芯片的测试方法，考虑到信号源所提供的本振功率能够满足测试需要，故不需要加载驱动放大器。混频器芯片的两路中频信号通过外置的 90°电桥移相合成输出后，最终将信号输入到频谱仪中。

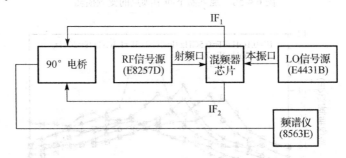

图 6.4-62　混频器测试框图

测试环境如图 6.4-63 所示，图中左边的模块为混频器，右边的模块为封装好的 Lange 电桥，用于 I、Q 两路中频信号的提取、移相和合成输出，并分别测试了当中频为 50MHz、500MHz 和 1GHz 时混频器的变频损耗和镜像抑制度。

图 6.4-64、图 6.4-65 和图 6.4-66 分别展示了射频频率为 35GHz，中频频率分别为 50MHz、500MHz 和 1GHz 时混频器射频信号和镜频信号的中频输出。

由图 6.4-64 可知在去掉线损后，射频频率为 35GHz、中频为 50MHz 时的混频器实测结果：变频损耗为 12.5dB，镜像抑制度为 22.5dB。

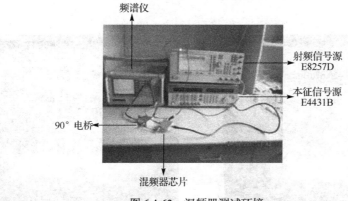

图 6.4-63　混频器测试环境

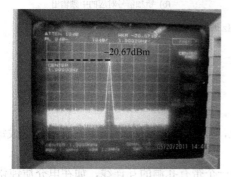

(a) 射频信号对应的中频输出

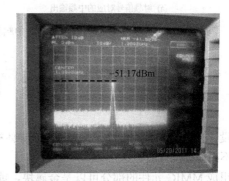

(b) 镜频信号对应的中频输出

图 6.4-64　中频为 50MHz 时的测试结果

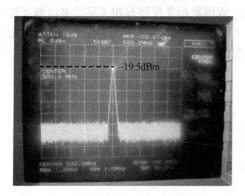

(a) 射频信号对应的中频输出

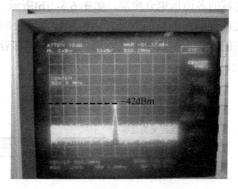

(b) 镜频信号对应的中频输出

图 6.4-65　中频为 500MHz 时的测试结果

同理，由图 6.4-65 可知射频频率为 35GHz、中频为 500MHz 时的混频器实测结果：变频损耗为 13.6dB，镜像抑制度为 30.6dB。

同理，由图 6.4-66 可知射频频率为 35GHz、中频为 1GHz 时的混频器实测结果：变频损耗为 13.6dB，镜像抑制度为 20.9dB。

根据相同的方法，将射频频率固定为工作频带的中心频率 35GHz，中频分别为 50MHz、0.5GHz 和 1GHz，可测得最终在本振输入功率为 15dBm 时混频器得到最佳的变频损耗，从而得到混频器最佳本振输入功率点。

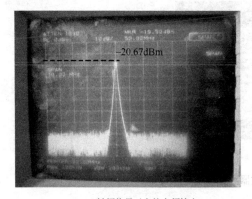
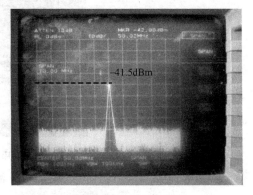

(a) 射频信号对应的中频输出　　　　　　　　　(b) 镜频信号对应的中频输出

图 6.4-66　中频为 1GHz 时的测试结果

6.5　版　　图

　　设计 MMIC 需要将电路元件布置在半导体衬底上，这种过程包括从原理电路的设计到组成每个元件的不同焊层位置的确定。

　　组成 MMIC 元件的部分可以是金属块，或者是一个带有孔洞的互连线，如在电介质钝化层上打孔，这些部分可以用二维结构以及相关指定的层来定义。例如，图 6.5-1(a)中的金属传输线可以定义成一个内部填充区域的多边形金属层，而电介质孔或者电介质窗可以定义为一个带有外部填充区域的多边形电介质层，如图 6.5-1(b)所示。因此，版图数据文件要有相关层的多边形（边）的定义以及填充区域的定义。当版图数据用来制作石英模板上的铬时，有着透明的或者无填充背景区域的布局层组成了正极性模板；相反，有着不透明的或者填充背景区域的版图层组成了负极性模板。

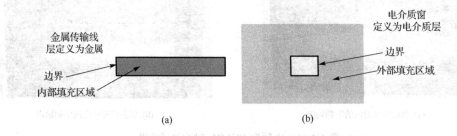

图 6.5-1　多边形定义的组件特性例子

　　基于多边形的绘图格式和基于线条的绘图格式是不同的，这就意味着普通的拓扑结构是无效的（主要是它们不能在物理上实现）。例如，零宽带的线条是不存在的，除非它是一个多边形的连续边界的一部分。此外，个别多边形的边界无法形成交叉，这会形成欠明了的"填充"功能。

　　版图数据文件还要支持叠层结构，这就意味着一个单独定义的多边形组（在任何层上）可以被归类为另外一个元件库。这个库可以先定义好，然后在其他点要使用的时候通过链接直接复制，这样在使用的时候如果需要修改只要修改原始定义的库，其他通过复制产生的元件也会跟着发生变化。通常制造厂商有大部分典型常用的元件库。这类元件还可以通过和其他元件进行组合以形成用来组成电路的更高层次的元件，如增益级，包含所有晶片设计所需要的元件的库就是电路设计最高层次的库。这类二维 IC 电路的版图数据的工业标准格式（GDSII）首先是由 Galma 公司为了基于图形数据系统的计算机版图工具开发的，现在被 Cadence 设计系统所拥有。

许多射频和微波电路仿真工具，如 Agilent ADS 以及微波办公室 AWR，可以产生直接和原理电路图链接和同步的布局点，这有利于消除布局过程中产生的一些错误。这些链接系统可以直接导入厂商的库，但是也有限制，就是每个元件只能通过其边缘已经指定的点和其他元件连接。其他的仿真工具，如 Barnard 微系统中的 WaveMaker，也同样可以导入厂商的库，而且其元件格式更加灵活，可以以各种方式和其他元件进行连接。链接系统对于没有经验的 MMIC 设计者是很有用的，因为它不允许元件以错误的方式连接。然而，有经验的设计者往往希望系统具有很强的灵活性，以便在连接元件时能融入自己的创新性思维并且在进行 MMIC 仿真时能以自己的方式进行正确性判断。

每个厂商都会以其自己的方式生产芯片上的有源和无源元件，这包括在每个元件内的不同层的最大/最小的独立量定义。在图 6.5-2 和图 6.5-3 中分别显示了厂商对氮化硅 MIM 电容器和 HEMT 的独立层的定义。在这两个例子中，每一个层的制造都需要一个特定的工艺，当然，这会因为厂商的不同而有所区别。厂商不会希望这些元件是不断变化的，设计者也不希望每个元件都要自己去绘制，因此通常的布局过程都会导入一个厂商元件库中的标准库，设计者需要做的只是将库中的元件通过传输线连接起来即可。这个库包含版图所需要的所有常用元件，如晶体管、电容、电阻等，它们的大小在连接到原理图中时都是可以伸缩的。有时厂商提供的传输线元件在长度和宽度上是可以调节的，而且也可以在合适的金属层上人为绘制成多边形或其他形状。

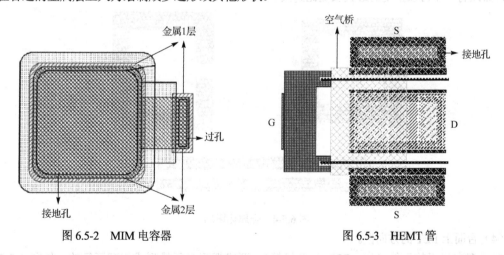

图 6.5-2　MIM 电容器　　　　　　图 6.5-3　HEMT 管

从原理电路图过渡到平面电路的版图通常会带来很多在原理图上不明显的问题，如重叠元件或者其他物理空间的问题。由于这个原因，设计和布局一般都是一个迭代过程，这就要求对原理图中的射频响应进行不断的循环优化，再布局元件，在需要的时候增大空间，然后重复优化射频响应。这个迭代设计过程会一直持续下去直到 DC 和 RF-On-Wafer（RFOW）焊盘被添加到电路中，设计者必须考虑到如何将整个电路最小化，从而降低制造芯片的成本。这常常需要将传输线进行弯曲并根据不同的有效电长度重复优化射频响应。通常会在一个版图层的四周布置一个边界矩形块，这不是用来制作模板而是布局过程中的一个辅助模块。这可以帮助设计者检测是否存在空间未被有效利用的问题，同时也可以作为芯片排布过程中的一个尺寸参考。

版图检测是 MMIC 设计中最重要的任务之一，因为它是在进行生产制造之前的最后一步。如果在这个阶段及时发现错误并完成修改，设计过程还是一样可以进行下去的。但是如果这个过程中没有及时发现错误，在模板已经制作完成并已经生产了多批次的晶片时才发现问题，那么所有的投入将全部作废。因此，在最后的布局过程中执行严格的检查不仅关系到生产厂商的利益，也关系到设计者的利益。本节将着重说明版图检测的重要性，并会给出 MMIC 设计者可能会遇到的一些实际情况，接着对一些检测方法展开讨论，如设计原理检测（DRC）、电路原理检测（ERC）、版图与电路图（LVS）检测及逆向工程。

（1）版图设计规则。

版图设计规则主要是由晶片制作方法决定的，因为它们决定了芯片上元件的大小及其负荷。

（2）最小尺寸和空间。

设计规则要考虑到实际加工的能力。举个例子，两个金属块间的最小距离原则上是 6μm，如果将这个间距设计成小于 6μm，两个金属块就可能合在一起，从而形成短路。同样，如果将相邻的衬底通孔放得太近也会削弱晶片的性能甚至导致芯片被破坏。

设计者需要了解生产厂商给出的可以接受的最小尺寸，但是这些最小尺寸在设计过程中应该尽可能避免，这样才可以确保电路的产量、可重复性及可靠性。

（3）金属化的限制。

在设计互连金属时，不允许定义封闭特性（见图 6.5-4(a)），因为在剥离工艺中不容易去除中间隔离材料。为了实现可靠的剥离，必须将环形的部分或者隔离槽分成两部分（如图 6.5-4(b)所示）来将中央区域和外部区域连接起来。同样，在两条互连金属间（如图 6.5-4(c)所示）也应该尽量避免出现狭长缝隙，必须有一个可以接受的最大长宽比约束。

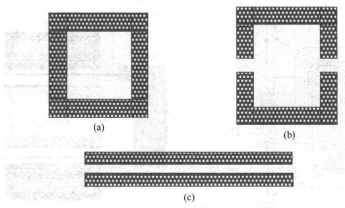

(a)　　　　(b)

(c)

图 6.5-4　金属化限制

（4）台面上 FET 的方向性。

对于存在栅极的元件（如：FET 和二极管），要求栅极必须排列成相互平行的，如图 6.5-5 所示。这个规则使得工程师们可以确保所有元件的栅极以正确的方向排列在晶片上。

正确的　　　　　　　　　错误的

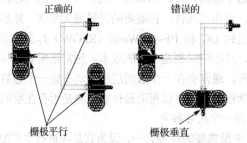

栅极平行　　　　　　栅极垂直

图 6.5-5　GaAs 台面结构加工的 FET 栅极取向法则

（5）设计原理检测。

设计原理检测（DRC）是通过一个程序来实现的，可以扫描版图数据文件，测量每个多边形的边界到其他多边形边界之间的距离，然后将这个距离和指定设计原理进行比较。也可以通过执行布尔函数来解释那些不仅与测量相关的设计原理，然后对不符合原理的位置进行标注，要么这些被标注的地方可以被修正，要么就是质检部分可以允许的例外。

如果设计图没有违反设计原理，DRC 是不会发现电路原理中的错误的。考虑如下的例子：设计师打算将两个元件连接到一起，但是不小心在两者间留下一个小的间距，如图 6.5-6 所示。如果两者的间距比允许的间距小（一般的值为 4μm），设计原理检测就会标注这里是错误的。如果间距为 6μm，那么就没有违反规定，计算机就认为这个间距是合理的。但在电路原理中，这个间距会导致直流开路。因此，在进行 MMIC 版图加工时必须非常仔细。可以发现这类错误的方法就是电路原理检测。

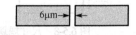

图 6.5-6 两个元件间的间隙

（6）电路原理检测。

电路原理检测（ERC）可以检测版图中电路连接前后不一致的问题。一个典型的电路原理检测程序可以检测原理图或者版图数据文件中是否出现未连接的输入，以及短路的输出、接地和电源连接问题。

（7）版图与电路图检测。

版图与电路图（LVS）检测是一个程序或者是一个 CAD 工具的一部分，通常用于比较版图和原理图上元件的大小以及连接性。如果在这两者之间的参数存在差异，就会报错。

当每一个 MMIC 的版图布局都已经检测完成并纠正错误后，在将它们进行排列之前给它们加上一个标识符，其通常包含要设置的模板名字的引用、芯片的设计、模具的 *XY* 坐标轴，如图 6.5-7 所示。这个过程通常由生产厂商实现，先是为芯片加上边界，大约比版图的边缘长 30～50μm（比矩形边界长 30～50μm）。芯片的标识符都是以多边形文本的形式创建在这个边界内的，然后在电路的周围刻槽。

MMIC 设计师必须了解有关于排列过程的大量的相关准则，图 6.5-8 给出了两个例子。第一，为了避免浪费空间，每一步电路设计都应尽量使用相似的大小以及长宽比来使砷化镓材料得到更好的利用；第二，芯片的最大纵横间距比可能是一个约束，因为长而薄的单元在刻录时容易断裂。这种单元的最大纵横间距比不依赖于底片的厚度，通常都是 3：1；第三，由于电路会得到很严格的检测，当探针头从一个电路移动到下一个电路时，如果晶片探头使用英制单位，这两个被检测的单元之间的距离需要设置为千分之一英寸的整数倍；第四，穿过晶圆的槽必须是连续的，在一个子单元里刻槽当然是可行的，但非常困难，生产厂商一般不会同意这样做。

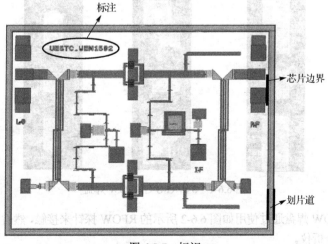

图 6.5-7 标识

在排列过程中，设计者经常会通过尝试旋转 MMIC 的版图来让它更好地适应整个排列。如果一个台面过程已经被使用了，那么就要注意确保满足 FET/HEMT 栅极平行排列准则。

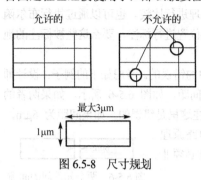

图 6.5-8　尺寸规划

模板的制造主要由生产厂商负责，可以由内部制造或者转包给外部供应商。光刻模板主要由能够让紫外线通过的石英制造，然后用能够阻隔紫外线的铬层来覆盖那些不需要的部分，并将芯片上的其余光刻胶暴露出来。一般这种模具上的图案都是通过光刻形成或者使用电子束刻写的。一些比较精密的部分，如特征尺寸小于 0.15μm 的 FET 栅极，需要精密的电子束来刻写，整个刻写时间会很长，因此制得的模板也会更加昂贵。一个典型的 MESFET 的制造需要 11 块模板，每一个布局层一块。

6.6　MMIC 测试

前面讲述的 MMIC 测试是通过模块化测试方法进行的，即根据具体芯片设计一个测试夹具进行测试。实际上夹具本身会引入损耗和不确定性，很多时候难以准确反映 MMIC 的性能，因此最常用和准确的测试方法是在片测试。

整个晶圆在 DC 情况下测试，因为这些测试是采用过程控制监测（PCM）功能以保证这一过程是正确的且元器件在其允许工作范围内。RFOW 测试保证元器件的 RF 性能在它们的允许范围内，可以用于检查 MMIC 设计性能。MMIC 在分块和组装前的 RFOW 测试，使得原型电路可以得到及时的测试，从而能够发现不符合规格的晶圆，以避免在后续的切割步骤中浪费额外的时间。同时它使得只有正确的模具被选择生产装配，从而降低了昂贵的返工成本。

进行 RFOW 测试时，RF 信号通过一段已知阻抗（通常为 50Ω）的传输线加到芯片上，从而可记录设计中的 S 参数。这意味着必须仔细控制信号和地之间的连接，使传输线的不连续性最小。通常使用 3 个连接，在两个地连接之间有一个信号连接，被称为地-信号-地（G-S-G）RFOW 焊盘，如图 6.6-1 所示。两个被称为地-信号（G-S）的连接可以被使用，但是信号路径周围的场是对称的，撤销其中的一个地连接将在地回路中引入约 100pH 的电感，因此当频率高于 5GHz 时不使用 G-S 连接。

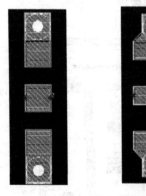

图 6.6-1　3 种 G-S-G RFOW 焊盘

这些 G-S-G RFOW 焊盘通过使用如图 6.6-2 所示的 RFOW 探针来接触，然后通过同轴电缆连接到测试设备，如网络分析仪。

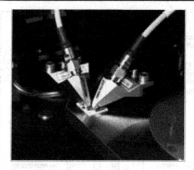

(a) RFOW 探针

(b) 测试系统

图 6.6-2　在片测试系统

　　理想情况下，G-S-G 接触垫的接触来自同种金属层，它们与探针接触时具有相同的高度和物理弹性。因为探针和焊盘接触时是一个锐角，探针和晶片之间的接触压力会在焊盘的表面滑动一段很小的距离。3 个探针与焊盘表面接触时，若缺乏平整度可能导致接触不良、差的校准和错误的测试数据。通过衬底的过孔焊盘不能用作地连接的焊盘，因为金属层将通过探针地接触被推入过孔，从而使得地接触不好，且探针连接的平整度会受到影响，因为信号触点被衬底上的信号焊盘提高，而地接触被推到过孔中。

　　校准使得网络分析仪能够将测量 S 参数的参考平面选取在 RF 信号路径上的任意位置。当测量电路时这个参考平面的位置通常在 RFOW 探针点处，当表征单个元器件时紧跟着 RFOW 焊盘。校准的方法视具体测试而定，或者是片外标准校准结构，或者是放置在片上的标准结构（当校正 RFOW 焊盘后）。这些标准校准结构由传输线和开路短路器组成。

　　有 3 个著名的校准方法，分别是 Short-Open-Load-Thru（SOLT）、Line-Reflect-Match（LRM）和 Thru-Reflect-Line（TRL）。SOLT 通常用于矢量网络分析仪的同轴校准，使用制造商提供的同轴标准。SOLT 校准法对探针位置比较敏感，一个精确的校准非常依赖于标准的定义。这种类型的校准对几乎所有的网络分析仪都是可用的，但是对 MMIC 校准很少用，因为在晶片上这种标准的精度不高。LRM 适用于自动化校准，因为在校准过程中探针分开的距离可以保持恒定。这种技术是宽带的，但是需要知道线上延迟和匹配电阻。匹配电阻的值非常重要，因为测试以这个电阻值为参考。这种校准方法的另外一种衍生方法是 Line-Reflect-Reflect-Match（LRRM），包括一个开路反射测量和一个短路反射测量。TRL 采用多个传输线作为测试标准，因此测试以线上阻抗为标准，但是它的频率范围相对有限。一般来说，TRL 能够获得最佳的绝对精度，但是 LRRM 对 MMIC 测试也几乎同样精确。

　　一旦通过校准方法得到一个精确的参考平面，则这些数据可以嵌入到参考传输线的不同位置，要么使用网络分析仪的内建去嵌入方法，要么在 RF 模拟器中再插入与测试数据串联的负长度的参考传输线。

　　典型的校准测试可以通过自动测试软件来完成，如 Agilent WINcal 软件。校准时通常用标准的阻抗衬底进行校准，如图 6.6-3 所示。

图 6.6-3　用于校准测试的自动测试软件

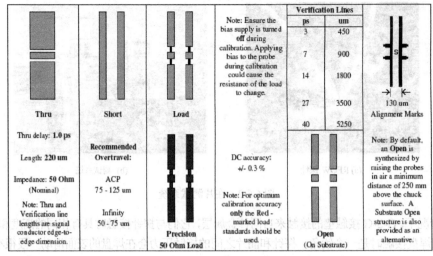

				Verification Lines	
				ps	um
				3	450
				7	900
				14	1800
				27	3500
				40	5250

图 6.6-3 用于校准测试的自动测试软件（续）

当 DC 探针对 MMIC 施加 DC 偏置时，RFOW 探针使同轴电缆连接到 MMIC 的 RF 端口，在一个典型的微波实验室进行的同轴连接元件的任何测量都可在芯片上实现，而这是整个晶圆的一部分。对多功能 MMIC 混合信号（DC 和 RF）的测量也可用多个直流引脚和微同轴探针来实现，如图 6.6-4 所示[1]，如混频器和发射/接收芯片。

图 6.6-4 利用探针测试一个复杂单片

当分析 RFOW 测试时，应牢记芯片-衬底或芯片-封装界面的寄生现象，如键合线电感，这样当完全组装起来时就可能满足指标，但是如果在进行 RFOW 测试时没有考虑它们，则 RF 性能将会不同。装配性能可以通过将 RFOW 测试数据代回 RF 仿真器且计入预期的寄生现象来预测，最后的检查是为了重新测量封装后 MMIC 的 RF 性能。

习　题

1. 简述微波单片集成电路及其特点。
2. 简述多芯片模块技术的种类及其相应特征。
3. 简述传统 MMIC 制造工艺流程。
4. 简述 MIM 电容和交指型电容的区别及其适用场合。
5. 为什么图 6.1 中图(b)所采用的结构比图(a)应用范围更广？

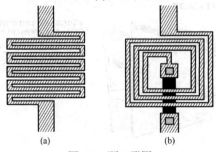

(a)   (b)

图 6.1 题 5 附图

6. 在 MMIC 衬底材料的选择上有什么需要注意的？为什么更倾向于采用低电导率、半绝缘的衬底材料？

7. 为什么需要把 MMIC 上元件之间的电路连接看作传输线？

参 考 文 献

[1]　Steve Marsh, "Practical MMIC Design", Boston&London: Artech House,2006.

[2]　Eoin Carey,Sverre Lidholm, "Millimeter-Wave Integrated Circuits", Springer Science&Business Media,2005.

[3]　郝跃，彭军，杨银堂. 碳化硅宽带隙半导体技术. 北京：科学出版社，2000.

[4]　邓志杰，郑安生. 半导体材料. 北京：化学工业出版社，2004.

[5]　陈治明，王建农. 半导体器件的材料物理基础. 北京：科学出版社，1999.

[6]　亢宝位. 场效应晶体管理论基础. 北京：科学出版社, 1985.

[7]　薛良金. 毫米波工程基础. 北京：国防工业出版社, 1998.

[8]　何杰，夏建白. 半导体科学与技术. 北京：科学出版社，2007.

[9]　Rudiger Quay, "Galliun Nitride Electronics",Berlin:Spinger-Verlag,2008.

[10]　R.S. Pengelly, J. A. Turner, "Monolithic Broadband GaAs FET Amplifier", *Electronics Lett.*,Vol.12, pp.251～252, May 1976.

[11]　W. R. Deal, M. Biedenbender, "Design and Analysis of Broadband Dual-Gate Balanced Low-noise Amplifiers", *IEEE Journal of Solid-State Circuits*,Vol.42, pp.2107～2115,October 2007.

[12]　S. Fujimoto, T. Katoh, T. Ishida, "Ka-band ultra low noise MMIC amplifier using pseudomorphic HEMTs",IEEE MTT-S International Microwave Symposium Digest,Vol.1,pp.7-20, June 1997.

[13]　J. James, Whelehan, "Low noise amplifiers—then and now",*IEEE Transactions on Microwave Theory and Techniques*,Vol.50, pp.806～813,March 2002.

[14]　Bertrand Thomas, Alain Maestrini, and Gerard Beaudin, "A Low-Noise Fixed-Tuned300-360GHz Sub-Harmonic Mixer Using Planar Schottky Diodes", *IEEE Microwave And Wireless Components Letters*,Vol.15 pp.865～867,December 2005.

[15]　M. W. Chapman, "A 60 GHz Uniplanar MMIC 4X Subharmonic Mixer",IEEE Microwave Theory and Techniques Society International Microwave Symposium,Vol.1 pp.95～98, May 2001.

[16]　R.C. Clarke and J.W. Palour, "SiC microwave power technologies", Proceedings of the IEEE, Vol.90 pp.987～992,June 2002.

[17]　Yuehang Xu, Wenli Fu, Changsi Wang, "A scalable GaN HEMT large-signal model for high-efficiency RF power amplifier design", J*ournal of Electromagnetic Waves andApplications*, Vol. 28, pp. 1888-1895,July 2014.

[18]　Changsi Wang, Yuehang Xu, Xuming Yu, Chunjiang Ren, Zhensheng Wang, Haiyan Lu,Tangsheng Chen, Bin Zhang, and Ruimin Xu, "An Electrothermal Model for Empirical Large-Signal Modeling of AlGaN/GaN HEMTs Including Self-Heating and Ambient Temperature Effects",*IEEE Transactions on Microwave Theory and Techniques*,Vol.62, pp. 2878-2888, December 2014.

[19]　王磊. GaAs_PHEMT 非线性模型及毫米波功放单片研究[D]. 成都：电子科技大学，2007.

[20]　文光俊，谢甫珍. 单片射频微波集成电路技术与设计. 北京：电子工业出版社，2007.

[21]　Zhang Wen, Yuehang Xu, Changsi Wang, Xiaodong Zhao, and Ruimin Xu, An Efficient Parameter Extraction Method for GaN HEMT Small-Signal Equivalent Circuit Model. *International Journal of Numerical Modelling: Electronic Networks, Devices and Fields*. Nov. 2015,Early view

[22] Yuk K S, Branner G R, McQuate D J. A Wideband, "Multiharmonic Empirical Large-Signal Model for High-Power GaN HEMTs With Self-Heating and Charge-Trapping Effects". IEEE Transactions on Microwave Theory and Techniques, 2009, 57(12): 3322.

[23] Y. Xu et al.,"A Scalable Large-Signal Multiharmonic Model of AlGaN/GaN HEMTs and Its Application in C-Band High Power Amplifier MMIC", in *IEEE Transactions on Microwave Theory and Techniques*, Vol. 65, no. 8, pp. 2836-2846, Aug. 2017.

[24] 王强济. 微波单片接收前端关键器件技术研究[D]. 电子科技大学, 2012.

[25] 杨光. 微波毫米波超宽带低噪声放大单片技术研究[D]. 电子科技大学, 2009.

[26] 徐跃杭. 徐锐敏. 李言荣. 微波氮化镓功率器件等效电路建模理论与技术. 科学出版社, 2017.12.

部分习题参考答案

第 2 章习题答案

5. 双面覆铜复合介质微波基片材料 Duriod 5880,基片介质厚度为 0.254mm,金属层厚度为 0.017mm,工作频率为 40GHz 时对应的 50Ω 微带线条带宽度约为 0.797mm,求此微带线的等效相对介电常数 ε_{re} 和一个波长的导体损耗。

解:

由
$$\frac{w}{h} \approx 3$$

$$\frac{t}{h} = \frac{0.02}{0.254} \approx 0.067$$

由图 2.3-18 得:
$$\frac{a_c \cdot Z_c h}{R_S} \approx 1.9 \text{dB}$$

再根据表 2.2-3 得铜的表面电阻为: $R_s = 2.6 \times 10^{-7} \sqrt{f} \ \Omega/\text{cm}^2$

代入上式可得:
$$a_c = \frac{1.9 \times 2.6 \times 10^{-7} \sqrt{40 \times 10^9}}{50 \times 0.254} \approx 0.008 \text{dB/mm}$$

又:
$$\varepsilon_{re} = \frac{\varepsilon_r + 1}{2} + \frac{\varepsilon_r - 1}{2} \left(1 + \frac{10h}{w}\right)^{-\frac{1}{2}} \approx 2.145$$

可得:
$$v_p = \frac{c}{\sqrt{\varepsilon_{re}}} \approx 2.048 \times 10^8 \text{(m/s)}$$

在 $f = 40\text{GHz}$ 时,微带线导波波长为: $\lambda_g = \frac{v_p}{f} \approx 5.12\text{mm}$

因此一个波长的导体损耗约为: $5.12 \times 0.008 = 0.04096\text{dB}$

6. 在习题 5 的基础上求此微带线的介质损耗和品质因数。

解: 查表 2.2-1 得 Duriod 5880 的 $\tan\delta = 9 \times 10^{-4}$,又由习题 5 已经解得 $\varepsilon_{re} = 2.145$,可得:

$$a_d = \frac{\varepsilon_{re} - 1}{\varepsilon_r - 1} \frac{\varepsilon_r}{\varepsilon_{re}} \frac{\pi \tan\delta}{\lambda_g} \text{(N/单位长)} \approx 2.767 \times 10^{-3} \text{(dB/}\lambda_g)$$

于是,与介质损耗相应的 Q 值为:

$$Q_d = \frac{\pi}{a_d \cdot \lambda_g} \approx 1135$$

同样,由上题已知一个波长的导体损耗为:
$$a_c = 0.04096 \text{(dB/}\lambda_g) \approx 0.0047 (N/\lambda_g)$$

于是,与导体损耗相应的 Q 值为:

$$Q_c = \frac{\pi}{a_c \cdot \lambda_g} \approx 668$$

于是忽略辐射损耗，40GHz 时微带线的 Q 值为：

$$Q = \frac{Q_d \cdot Q_c}{Q_d + Q_c} \approx 420$$

第 3 章习题答案

1. 用微带线实现并联的 LC 并联谐振电路，并画出其等效电路。

答：

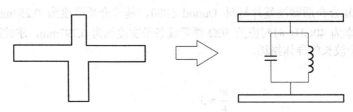

微带线实现 LC 并联谐振回路

2. 简述微波集成电路中的不连续性类型，以及产生不连续性时带来的影响及不连续性等效电路的分析方法。

答：① 不连续类型。

微带开路端/端节线、微带线的阶梯跳变、微带间隙、微带线的拐角、微带线 T 接头、微带线十字接头、$\lambda/4$ 开路线、微带到波导探针过渡、微带线匹配枝节。

② 不连续性带来的影响。

第一，不连续性区域将发生能量的存储；

第二，产生反射波；

第三，场通过连续性区域后重新沿均匀线传输时与进入不连续性区域之前有所不同，时延效应将产生相位上的变化，而不连续处存在的损耗将产生信号幅度上的变化。

③ 不连续等效电路的分析方法。

第一，对场结构进行分析，确定是容性或者感性；

第二，确定合适的电路模型；

第三，用数学或实验方法确定元件值。

3. 根据图 3.2-9 微带间隙的等效电路，在已知 S 参数的情况下，推导出 C_1 和 C_{12}。

解：已知如下图（a）所示的二端口网络对应的 ABCD 矩阵为 $\begin{bmatrix} 1 & 0 \\ j\omega 2C_1 & 1 \end{bmatrix}$。根据 ABCD 矩阵和 S 参数的转换公式，可得：

$$C_1 = \frac{1}{Z_0} \frac{(1-S_{11})(1-S_{22}) - S_{12}S_{21}}{j\omega 4 S_{21}}$$

式中，S 参数为偶模情况对应的结果。

图（b）所示的二端口网络对应的导纳矩阵为 $\begin{bmatrix} j\omega(C_1 + 2C_{12}) & 0 \\ 0 & j\omega(C_1 + 2C_{12}) \end{bmatrix}$。根据导纳矩阵和 S 参数的转换公式，可得：

$$j\omega(C_1 + 2C_{12}) = Z_0 \frac{(1+S_{11})(1-S_{22}) + S_{12}S_{21}}{(1-S_{11})(1-S_{22}) - S_{12}S_{21}}$$

式中，S 参数为奇模情况对应的结果。将偶模情况计算得到的 C_1 代入上式即可计算得到 C_{12} 的值。

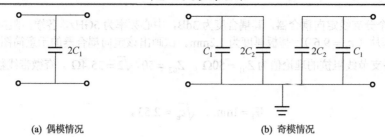

(a) 偶模情况　　　　　　　　　　　　　(b) 奇模情况

这里以 S_{11}、S_{12}、S_{21} 和 S_{22} 代表偶模对应的 S 参数值，s_{11}、s_{12}、s_{21} 和 s_{22} 代表奇模对应的 S 参数值，给出最终 C_1 和 C_{12} 对应的值：

$$C_1 = \frac{1}{Z_0} \frac{(1-S_{11})(1-S_{22}) - S_{12}S_{21}}{j\omega 4 S_{21}}$$

$$C_{12} = \frac{Z_0}{j2\omega} \frac{(1+s_{11})(1-s_{22}) + s_{12}s_{21}}{(1-s_{11})(1-s_{22}) - s_{12}s_{21}} - \frac{1}{Z_0} \frac{(1-S_{11})(1-S_{22}) - S_{12}S_{21}}{j\omega 8 S_{21}}$$

4．设计一个耦合微带线定向耦合器，其中心频率为 1.5GHz，耦合系数为 8dB，基板相对介电常数为 10，损耗角正切 $\tan\delta = 0.015$，上下覆铜 17μm，基板厚度为 1.5mm，特征阻抗为 50Ω。

解： 查耦合微带线定向耦合器的耦合与奇模和偶模阻抗的关系表，可知耦合系数为 8dB 时对应的奇模和偶模阻抗分别为 $Z_{0e}' = 1.542$，$Z_{0o}' = 0.6561$。

设定向耦合器端接 50Ω 负载，则 $Z_{0e} = 77.1$，$Z_{0o} = 32.805$；

查图 3.3-6 中 Z_{0e} 和 Z_{0o} 对应的数据，可得到相应的 $W/d \approx 0.7$ 和 $S/d \approx 0.2$，$W = 1.05$，$S = 0.3$。

耦合线段取奇偶模波长平均值的 1/4，即 20.07mm；

50Ω 微带线宽度为 1.41mm。

5．功率分配器设计：输出功率 $P_2 = P_3$，工作频率 $f_0 = 1.8$GHz，基片的 $\varepsilon_r = 9.6$，$h = 0.8$mm，各端口均为 50Ω 系统，当 $t/h = 0.01$ 时，求出该电路所需的物理尺寸（注意对不连续性的修正），绘制示意图，并在图上标注相应的值。（注：参考设计公式自行计算。）

解： 由 $P_2 = P_3$，$K = 1$ 对 50Ω 系统：$Z_{02} = Z_{03} = 1.41 \times 50 = 70.7\Omega$，$Z_{04} = Z_{05} = 50\Omega$，$R = 100\Omega$ 所选基片 $\varepsilon_r = 9.6$，$h = 0.8$mm；对 50Ω 微带：$W/h = 0.95$，$W = 0.76$mm；对 70.7Ω 微带，$W/h = 0.425$，$W = 0.34$mm，$\varepsilon_e = 6.05$，$\lambda_e/4 = 0.101\lambda_0$。$f_0 = 1.8$GHz，$\lambda_0 = 167$mm，$\lambda_e/4 = 16.867$mm。于是所设计的功率分配器如下图。

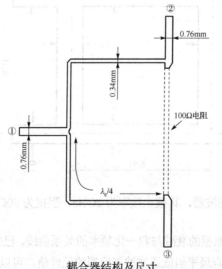

耦合器结构及尺寸

6. 设计一个分支线定向耦合器，其耦合度为 3dB，中心频率为 5GHz，各端口阻抗为 50Ω，该耦合器采用陶瓷基片（$\varepsilon_{\mathrm{r}} = 9.6$），基板厚度为 1.2mm。试画出该定向耦合器的示意简图并标注尺寸。

解： 计算各支节线阻抗的理论值为 $Z_{01} = 50\Omega$，$Z_{02} = 50/\sqrt{2} = 35.4\Omega$。查微带线数据表得到对应数据如下：

$$W_1 = 1\text{mm}，\quad \sqrt{\varepsilon_{\mathrm{e}}} \approx 2.53，$$

$$D_1 = \frac{120\pi h}{Z_{01}\sqrt{\varepsilon_{\mathrm{e}}}} \approx 3.58\text{mm}（参考 3.2 节），\quad \lambda_{\mathrm{e}}/4 \approx 5.93\text{mm}$$

通过查表知 $B = 4\times10^{-3}\Omega$，$n^2 = 0.83$，再由 $f(\text{GHz})\times h(\text{mm})\times50/Z_{01} = 6$ 和 $Z_{01}/Z_{02} = \sqrt{2}$，可得：

$$Z_{\mathrm{m}} = \frac{n^2 Z_i}{\sqrt{1-(BZ_i)^2}} = \frac{0.83\times35.4}{\sqrt{1-(4\times35.4\times10^{-3})^2}} \approx 29.68\Omega$$

$$\theta_{\mathrm{m}} = \arccos(BZ_i) = \arccos(4\times10^{-3}\times35.4) \approx 81.86°$$

由 Z_{m} 和 θ_{m} 的值计算得到：

$$W_2 = 2.6\text{mm}，\quad \sqrt{\varepsilon_{\mathrm{e}}} \approx 2.64，\quad D_2 = \frac{120\pi h}{Z_{\mathrm{m}}\sqrt{\varepsilon_{\mathrm{e}}}} \approx 5.77\text{mm}，\quad l = \frac{\theta_{\mathrm{m}}\lambda_{\mathrm{e}}}{2\pi} \approx 5.17\text{mm}$$

通过查表可得：

$$\frac{d'}{D_1} = 0.048，\quad \frac{d}{D_2} = 0.085$$

即 $d' = 0.17\text{mm}$，$d = 0.49\text{mm}$

各支线的长度为： $l_1 = 5.17 + D_1 - 2d' = 8.41\text{mm}$

$$l_2 = 5.93 + 2d = 6.91\text{mm}$$

该定向耦合器初步设计的尺寸如下图所示。

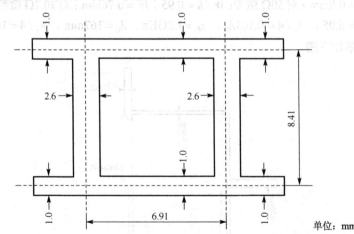

单位：mm

7. 设计一个最平坦低通滤波器，其截止频率为 2GHz，阻抗为 50Ω，在 6GHz 处插入损耗至少为 45dB。

解： 查最平坦低通滤波器原型的衰减与归一化频率的关系曲线，已知 $|\omega/\omega_{\mathrm{c}}| - 1 = 2$，根据曲线图，滤波器阶数为 5 时就已足够。查最平坦低通滤波器原型的元件值，可以得到 $g_1 = 0.618$，$g_2 = 1.618$，

$g_3 = 2.000$，$g_4 = 1.618$，$g_5 = 0.618$。完成频率变换及阻抗定标后可得对应元件值为 $C_1' = 0.984\text{pF}$，$L_2' = 6.438\text{nH}$，$C_3' = 3.183\text{pF}$，$L_4' = 6.438\text{nH}$，$C_5' = 0.984\text{pF}$，最终得到的滤波器电路如下。

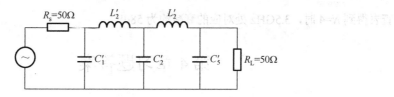

滤波器电路

8. 采用电容性耦合短路并联短截线谐振器设计一个有 3dB 等波纹响应的带通滤波器，中心频率为 3GHz，带宽为 12%，阻抗为 50Ω，在 3.5GHz 时至少有 60dB 衰减。

解： 查 3dB 等波纹响应滤波器原型的衰减与归一化频率的关系曲线，先对归一化频率进行计算：

$$\omega \leftarrow \frac{1}{\Delta}\left(\frac{\omega}{\omega_0} - \frac{\omega_0}{\omega}\right) = \frac{1}{0.12}\left(\frac{3.5}{3} - \frac{3}{3.5}\right) \approx 2.58$$

$$\left|\frac{\omega}{\omega_c}\right| - 1 = 2.58 - 1 = 1.58$$

查表得到 N 至少为 5 时，3.5GHz 处至少有 60dB 衰减，所以滤波器为 5 阶。

接着利用式（3.6-46）和式（3.6-47）计算导纳倒相器常数和耦合电容器值，见表 1 和表 2。

表 1   导纳倒相器常数和耦合电容器值

n	g_n	$Z_0 J_{n-1,n}$	$C_{n-1,n}(\text{pF})$
1	3.4817	$Z_0 J_{01} = 0.1645$	$C_{01} = 0.1770$
2	0.7618	$Z_0 J_{12} = 0.0579$	$C_{12} = 0.0614$
3	4.5381	$Z_0 J_{23} = 0.0507$	$C_{23} = 0.0538$
4	0.7618	$Z_0 J_{34} = 0.0507$	$C_{34} = 0.0538$
5	3.4817	$Z_0 J_{45} = 0.0579$	$C_{45} = 0.0614$
6	1.0000	$Z_0 J_{56} = 0.1645$	$C_{56} = 0.1770$

表 2   对应短截线的长度

n	$\Delta C_n(\text{pF})$	$\Delta l_n(\lambda)$	l
1	−0.2384	−0.03576	77.13°
2	−0.1152	−0.01728	83.78°
3	−0.1076	−0.01614	84.19°
4	−0.1152	−0.01728	83.78°
5	−0.2384	−0.03576	77.13°

9. 一个 0.5dB 的等波纹响应带通滤波器，它的阶数 N 为 4，中心频率为 2.5GHz，带宽为 15%，阻抗为 50Ω。试求该滤波器在 3.5GHz 处的衰减是多少。

解： 查 0.5dB 等波纹响应滤波器原型的衰减与归一化频率的关系曲线，先对归一化频率进行计算：

$$\omega \leftarrow \frac{1}{\Delta}\left(\frac{\omega}{\omega_0} - \frac{\omega_0}{\omega}\right) = \frac{1}{0.15}\left(\frac{3.5}{2.5} - \frac{2.5}{3.5}\right) \approx 4.57$$

$$\left|\frac{\omega}{\omega_{\mathrm{c}}}\right|-1 = 4.57-1 = 3.57$$

查表得到 $N=4$ 时，3.5GHz 处对应的衰减约为 58dB。

第 4 章习题答案

1. 半导体材料大致可分为 3 代，试简述各个时期主要的半导体材料与晶体管器件及它们的主要特性。

答：元素半导体（第一代），主要是锗、硅等。20 世纪 50 年代，锗在半导体中占主导地位，但锗半导体器件的耐高温和抗辐射性能较差，到 60 年代后期逐渐被硅取代。用硅制造的半导体器件耐高温和抗辐射性能较好，噪声特性好，适宜制作大功率器件。但是禁带宽度小，饱和速率低，高频特性差。

化合物半导体（第二代），主要有砷化镓、磷化铟、砷化铟、砷化铝等，主要以砷化镓为代表，具有饱和漂移速度高、耐高温、抗辐照等特点。砷化镓禁带宽度较宽，高频特性好，适合制造低功耗、低噪声器件，如 GaAs FET 和 HEMT 是微波毫米波最常用的晶体管。

化合物半导体（第三代），宽禁带材料如 SiC 和 GaN（禁带宽度 $E_{\mathrm{g}}>2.2\mathrm{eV}$），具有高击穿电场、电子漂移速度高、介电常数小、导热率高等特点，适用于制作抗电磁波冲击和高的抗辐射破坏能力、耐高温、高频、大功率和高密度集成的器件，在军用抗电子干扰、大功率雷达和航空航天技术中有着越来越重要的应用。

2. 试简述微波半导体器件建模的意义。

答：器件模型是半导体器件特性表征和电路设计优化的核心。准确的模型对于器件及电路的研究具有至关重要的指导作用。器件制作工艺不断进步、器件特征尺寸逐渐缩小、器件结构不断变化、工作频率不断升高、电路集成度飞速发展等因素，都推动着器件建模方法和技术的不断发展。精确的模型对提高器件性能、缩短器件的研发周期、提高成品率、降低成本及推动其大规模系统集成与应用等方面具有重要意义。

3. 试给出传统的 HEMT 小信号等效电路模型拓扑图，并给出各元件对应的物理意义。

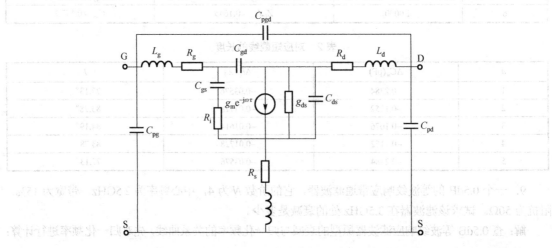

答：L_{g}、L_{d}、L_{s} 分别表示栅极、漏极和源极的引线寄生电感；C_{pg}、C_{pd} 和 C_{pgd} 分别表示栅极、漏极、栅极和漏极之间的寄生焊盘 PAD 电容；R_{s} 和 R_{d} 为源极和漏极寄生电阻；R_{g} 为分布栅极寄生电阻；

C_{gs}、C_{gd} 和 C_{ds} 分别为栅极-源极、栅极-漏极和漏极-源极本征电容；R_i 为本征沟道电阻；g_m 为跨导；g_{ds} 为漏极输出电导；τ 为时间延迟。

第 5 章习题答案

1. 已知用晶体管 AT41511 设计的某放大器，在 0.9GHz 直流工作点为 $V_{CE} = 2.7V$、$I_C = 5mA$ 时，测得 S 参数为 $S_{11} = 0.26\angle118°$、$S_{12} = 0.214\angle61°$、$S_{21} = 1.773\angle42°$、$S_{22} = 0.5\angle-48°$，负载端接阻抗为 75Ω 的天线，源阻抗是 35Ω。

求：（1）判断此放大器在 0.9GHz 处的稳定性；

（2）求该放大器在源端和输出端的反射系数；

（3）求放大器的 3 种增益，并比较它们的大小。

解：（1）稳定性判断。

$$D = S_{11}S_{22} - S_{12}S_{21} = 0.28\angle-62°$$

将上述结果代入稳定系数表达式得：

$$\begin{cases} K_s = \dfrac{1 - |S_{11}|^2 - |S_{22}|^2 + |D|^2}{2|S_{12}S_{21}|} = 1.0022 \\[2mm] 1 - |S_{22}|^2 - |S_{12}S_{21}| = 0.37 \\[2mm] 1 - |S_{11}|^2 - |S_{12}S_{21}| = 0.55 \end{cases}$$

$K_s > 1$，$1 - |S_{22}|^2 > |S_{12}S_{21}|$，$1 - |S_{11}|^2 > |S_{12}S_{21}|$，晶体管此时在 0.9GHz 时是绝对稳定的。

（2）计算输入/输出端口的反射系数。

$$\Gamma_S = \frac{Z_S - Z_0}{Z_S + Z_0} = \frac{35 - 50}{35 + 50} = -0.18\angle0°$$

$$\Gamma_L = \frac{Z_L - Z_0}{Z_L + Z_0} = \frac{75 - 50}{75 + 50} = 0.20\angle0°$$

输入端口反射系数：

$$\Gamma_{in} = S_{11} + \frac{S_{12}S_{21}\Gamma_L}{1 - S_{22}\Gamma_L} = 0.34\angle113.4°$$

输出端口反射系数：

$$\Gamma_{out} = S_{22} + \frac{S_{12}S_{21}\Gamma_S}{1 - S_{11}\Gamma_S} = 0.56\angle-51.6°$$

（3）晶体管的增益。

转换功率增益：

$$G_t = \frac{|S_{21}|^2 (1 - |\Gamma_S|^2) \cdot (1 - |\Gamma_L^2|)}{(|1 - \Gamma_S\Gamma_{in}|^2) \cdot (|1 - S_{22}\Gamma_L|^2)} = 3.49 = 5.43\text{dB}$$

资用功率增益：

$$G_a = \frac{|S_{21}|^2 (1-|\Gamma_S|^2)}{|1-\Gamma_S S_{11}|^2 - |S_{22} - D\cdot\Gamma_S|^2} = 4.62 = 6.65\text{dB}$$

工作功率增益：

$$G_p = \frac{|S_{21}|^2 (1-|\Gamma_L|^2)}{|1-\Gamma_L S_{22}|^2 \cdot (1-|\Gamma_{in}|^2)} = 3.89 = 5.9\text{dB}$$

三种功率之间的关系为：

$$G_t < G_p, \quad G_t < G_a$$

2. 推导出晶体管稳定性判别圆的方程，并画出此方程对应的曲线，分析稳定性判别圆的使用方法。（提示：将 $|\Gamma_1|=1$ 代入表达式（5.2-7b）所示的 $\Gamma_1 = \dfrac{S_{11} - D\cdot\Gamma_L}{1 - S_{22}\Gamma_L}$，从而得出 Γ_L 满足的圆方程，在 Γ_L 平面绘制出此圆，并判断被此圆分割开的区域与圆平面 $|\Gamma_L|<1$ 的交集。）

解： 令 $|\Gamma_1| = \left|\dfrac{S_{11} - D\cdot\Gamma_L}{1 - S_{22}\Gamma_L}\right| = 1$，将等式两边同时平方后进行移项得：

$$|S_{11} - D\cdot\Gamma_L|^2 - |1 - S_{22}\Gamma_L|^2 = 0$$

利用复数恒等式 $|a\pm b|^2 = |a|^2 + |b|^2 \pm 2\operatorname{Re}(a\cdot b^*)$ 将平方展开，化简得：

$$|\Gamma_L|^2 + 2\frac{\operatorname{Re}(\Lambda\cdot\Gamma_L)}{|D|^2 - |S_{22}|^2} = \frac{1 - |S_{11}|^2}{|D|^2 - |S_{22}|^2}$$

其中，$\Lambda = S_{22} - S_{11}^*\cdot D$，$D = S_{11}S_{22} - S_{12}S_{21}$，这是关于 Γ_L 的二次不等式，通过等式两边同时加上 $\left|\dfrac{\Lambda^*}{|D|^2 - |S_{22}|^2}\right|^2$，配方将其变成关于 Γ_L 的圆方程：

$$\left|\Gamma_L - \frac{\Lambda^*}{|S_{22}|^2 - |D|^2}\right|^2 = \left|\frac{S_{12}S_{21}}{|S_{22}|^2 - |D|^2}\right|^2$$

故此得到关于 Γ_L 的圆方程，其圆心 r_0 和半径 R 分别为：

$$\begin{cases} r_0 = \dfrac{\Lambda^*}{|S_{22}|^2 - |D|^2} \\[4mm] R = \left|\dfrac{S_{12}S_{21}}{|S_{22}|^2 - |D|^2}\right| \end{cases}$$

可在 Γ_L 复平面内画出此圆，此圆即对应着 $|\Gamma_1|=1$。根据复数线性分式映射关系，可以在 Γ_L 复平面确定 $|\Gamma_1|<1$ 所对应的区域 Z（圆内或圆外），区域 Z 与 $|\Gamma_L|<1$ 区域的交集便是稳定区。

3. 晶体管噪声系数可以用 4 个噪声参数来描述，试由式（5.2-44）推导出等噪声系数圆满足的方程。（提示：$\text{NF} = \text{NF}_{\min} + N'\dfrac{|\Gamma_s - \Gamma_{sopt}|^2}{1 - |\Gamma_s|^2}$，引入中间变量 $M = \dfrac{\text{NF} - \text{NF}_{\min}}{N'}$，则对于给定的噪声参量而言，$M$ 是 NF 的一次函数。化简 $\dfrac{|\Gamma_s - \Gamma_{sopt}|^2}{1 - |\Gamma_s|^2} = M$ 即可得到关于 Γ_s 的圆方程，圆上所有点噪声系数相等。）

解： 由 5.2 节可知，晶体管的噪声系数可用 4 个噪声参数描述为：

$$\text{NF} = \text{NF}_{\min} + N' \frac{\left|\Gamma_s - \Gamma_{\text{sopt}}\right|^2}{1 - \left|\Gamma_s\right|^2}$$

设噪声参量 $M = \dfrac{\text{NF} - \text{NF}_{\min}}{N'}$，对于确定的晶体管和工作条件，$\text{NF}_{\min}$ 和 Γ_{sopt} 都是确定的某一个值，则 M 是 NF 的一次函数，两者之间有线性的一一对应关系。接下来求 M 与源反射系数之间的关系。由 M 的定义，结合上式得：

$$M = \frac{\left|\Gamma_s - \Gamma_{\text{sopt}}\right|^2}{1 - \left|\Gamma_s\right|^2}$$

化简等式得：

$$\left|\Gamma_s\right|^2 + \left|\Gamma_{\text{sopt}}\right|^2 - 2\,\text{Re}(\Gamma_s \cdot \Gamma_{\text{sopt}}^*) = M(1 - \left|\Gamma_s\right|^2)$$

合并 $\left|\Gamma_s\right|^2$ 并简化系数得：

$$\left|\Gamma_s\right|^2 - \frac{2\,\text{Re}(\Gamma_s \cdot \Gamma_{\text{sopt}}^*)}{M+1} = \frac{M - \left|\Gamma_{\text{sopt}}\right|^2}{M+1}$$

两边同时加上 $\left|\Gamma_{\text{sopt}}^* / M+1\right|^2$ 得圆方程：

$$\left|\Gamma_s - \frac{\Gamma_{\text{sopt}}}{M+1}\right|^2 = \left[\frac{\sqrt{(M+1 - \left|\Gamma_{\text{sopt}}\right|^2)\cdot M}}{M+1}\right]^2$$

其圆心 r_0 和半径 R 分别为：

$$\begin{cases} r_0 = \dfrac{\Gamma_{\text{sopt}}}{M+1} \\[3mm] R = \dfrac{\sqrt{(M+1 - \left|\Gamma_{\text{sopt}}\right|^2)\cdot M}}{M+1} \end{cases}$$

此圆即为等噪声系数圆，对于固定半径 R，噪声系数 $\text{NF}_{\min}$ 是个定值。因此，对于 Γ_{sopt} 复平面上满足上式的圆，圆上的点对应着相同的噪声系数。

4. 晶体管 NE32484A 是能用来设计 C 到 Ku 波段的超低噪声 N 沟道场效应管，在 12GHz 直流静态工作点为 $V_{\text{ds}}=2.0\text{V}$，$I_{\text{d}}=10\text{mA}$ 时，S 参数为 $S_{11}=0.526\angle-155.7°$，$S_{12}=0.102\angle6.1°$，$S_{21}=2.705\angle14.5°$，$S_{22}=0.423\angle-139.5°$，最低噪声发射系数 $\Gamma_{\text{opt}}=0.58\angle152°$。用此管设计一个工作在 12GHz 的低噪声放大器。

解：（1）计算晶体管的稳定性。

$$\begin{cases} K = \dfrac{1 - \left|S_{11}\right|^2 - \left|S_{22}\right|^2 + \left|D\right|^2}{2\left|S_{12}S_{21}\right|} = 1.055 \\[3mm] 1 - \left|S_{22}\right|^2 - \left|S_{12}S_{21}\right| = 0.545 \\[3mm] 1 - \left|S_{11}\right|^2 - \left|S_{12}S_{21}\right| = 0.447 \end{cases}$$

其中，$D = S_{11}S_{22} - S_{12}S_{21}$。

由此可判断该晶体管在此题所给的工作状态下是绝对稳定的。

（2）计算端口反射系数。

要设计低噪声放大器，应该使噪声系数比较小，同时要满足一定的增益要求，一般是对输入端进行最小噪声匹配，使得图(a)中的 $\Gamma_s = \Gamma_{opt}$，以尽可能减小噪声。同时要考虑到增益要求以及输出驻波系数，对输出端进行共轭匹配，使得 $\Gamma_2 = \Gamma_L^*$。

最佳信源反射系数：$\Gamma_{opt} = 0.58\angle 152°$

输出端口反射系数：$\Gamma_2 = S_{22} + \dfrac{S_{12}S_{21}\Gamma_{opt}}{1 - S_{11}\Gamma_{opt}} = 0.598\angle -156.50°$

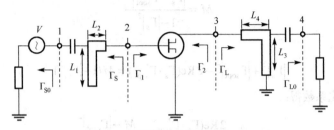

(a) 单极化输入/输出匹配网络

（3）晶体管的转换功率增益。

将 $\Gamma_S = \Gamma_{opt}$，$\Gamma_L = \Gamma_2^*$ 代入晶体管增益表达式可求出晶体管的转换功率增益：

$$G_t = \frac{|S_{21}|^2 (1-|\Gamma_S|^2)(1-|\Gamma_L|^2)}{|1-S_{22}\Gamma_L|^2 |1-\Gamma_S\Gamma_1|^2} = 15.62 = 11.94\text{dB}$$

这是理想情况下的增益，实际设计中要加入偏置电路，考虑到晶体管封装参数、不完全匹配及负载与频率的变化，该值会比理论值低。

（4）输入匹配网络。

输入匹配网络将源端口反射系数 Γ_{S0} 转换成晶体管输入端反射系数 Γ_{opt}，$\Gamma_S = \Gamma_{opt} = 0.58\angle 152°$。设源内阻是 50Ω，向波源看去，1 端口的反射系数 Γ_{S0} 位于史密斯导纳圆图中的 A 点，如图(b)所示。Γ_S 位于 C 点。从 A 点开始，并联一个开路枝节 L_1 后，反射系数将沿等电导圆顺时针移动电长度 $\bar{l}_1$，向波源看过去的反射系数位于 B 点，B 和 C 位于等反射系数圆上。图中 B 点对应的归一化阻抗值为 $\bar{Z}_B = 0.34 - j0.47$。只需串联枝节 L_2 后便可使 2 端口向波源看过去的反射系数是 Γ_S，这样便完成了输入端的匹配。采用 RF60 介质基板（介电常数 6.15），两个枝节的长度分别为：

$$L_1 = \lambda_g \cdot \bar{l}_1 = \frac{25}{\sqrt{6.15}} \times 0.15 = 1.51\text{mm}$$

$$L_2 = \lambda_g \cdot \bar{l}_2 = \frac{25}{\sqrt{6.15}} \times 0.11 = 1.11\text{mm}$$

（5）输出匹配网络。

输出匹配网络将负载端口反射系数 Γ_{L0} 转换成晶体管输出端反射系数 Γ_2 的共轭 $\Gamma_L = \Gamma_2^* = 0.598\angle 150.50°$。类似地，采用反 Γ 型枝节匹配网络，不妨设负载阻抗是 50Ω。向负载看去，4 端口的反射系数 Γ_{L0} 位于史密斯导纳圆图中的 A 点，如图(c)所示。Γ_L 位于 C 点。并联一个短路枝节 L_3 后，反射系数沿等电导圆顺时针移动电长度 $\bar{l}_3$，使向波源看过去的反射系数位于 B 点，B 和 C 位于等反射系数圆上。串联枝节 L_4 后便可使 3 端口向负载看过去的反射系数是 Γ_L，这样便完成了输出端的共轭匹配。

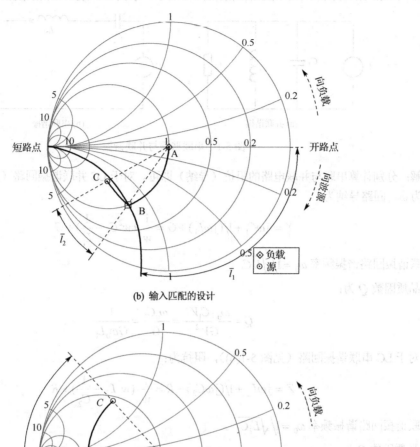

(b) 输入匹配的设计

(c) 输出匹配的设计

同样采用 RF60 介质基板，两个枝节的长度分别为：

$$L_3 = \lambda_g \cdot \bar{l}_3 = \frac{25}{\sqrt{6.15}} \times 0.157 = 1.58\text{mm}$$

$$L_4 = \lambda_g \cdot \bar{l}_4 = \frac{25}{\sqrt{6.15}} \times 0.106 = 1.07\text{mm}$$

上述匹配网络均是在点频上的匹配，在 $f = 12\text{GHz}$ 周围匹配会有一定偏离。实际的放大器设计需要考虑很多因素，必须加直流偏置电路，源端和负载端要有隔直电容，管子封装参数对设计也有很大影响，通常很难进行理论上的精确计算。因此，放大器的设计要借助计算机辅助设计来完成。

5．串联谐振和并联谐振的谐振回路如图 5-1 所示，求其 LC 谐振回路的谐振频率与品质因数。

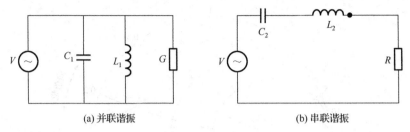

(a) 并联谐振　　　　　　　　　　　　　　　(b) 串联谐振

图 5-1　串联谐振与并联谐振

解：分别计算串联与并联电路的阻抗（导纳）即可。对于 LC 并联谐振回路（见图 5-1(a)），电源频率为 ω，回路导纳为：

$$Y = j\omega C_1 + 1/(j\omega L_1) + G = \frac{j}{w} \cdot (w^2 C_1 - \frac{1}{L_1}) + G$$

故并联谐振回路谐振频率 $\omega_0 = 1/\sqrt{L_1 C_1}$。

品质因数 Q 为：

$$Q = \frac{\omega_0 \cdot C_1 V^2}{G V^2} = \frac{\omega_0 C_1}{G} = \frac{1}{G \omega_0 L_1}$$

对于 LC 串联谐振回路（见图 5-1(b)），阻抗为：

$$Z = j\omega L_2 + 1/(j\omega C_2) + R = \frac{j}{w} \cdot (w^2 L_2 - \frac{1}{C_2}) + R$$

故并联谐振回路谐振频率 $\omega_0 = 1/\sqrt{L_2 C_2}$。

品质因数 Q 为：

$$Q = \frac{\omega_0 \cdot L_2 I^2}{R I^2} = \frac{\omega_0 L_2}{R} = \frac{1}{R \omega_0 C_2}$$

可见，LC 并联谐振回路相当于开路，LC 串联谐振回路相当于短路，能量在电容和电感之间做虚功。当频率偏移振荡频率 ω_0 时，输出电压会随频率的变化而变化，具有选频特性。

6．如 5.4 节所讲，经混频器混频后的频率有多个。若一个混频器的射频信号频率 $f_S = 2.45\text{GHz}$，本振频率 $f_L = 2.5\text{GHz}$。问：（1）相应的镜像频率是多少？（2）无干扰信号时可能输出的频率又是多少？（3）若有与射频信号频率相近的干扰信号输入，分析其干扰特性。

答：（1）混频器中频输出为 $f_{if} = f_L - f_S = 50\text{MHz}$，$f = 2.55\text{GHz}$ 与本振信号进行一次混频后仍可得到中频输出（即二阶输出信号也是中频），故镜频是 2.55GHz。

（2）混频器的各阶输出频率为 $|m f_L - n f_S|$，$(m, n \in Z)$，故可能输出频率为 50MHz，2.4GHz，2.45GHz，2.5GHz，2.55GHz，…

（3）混频器的各阶输出频率为 $|\pm m f_L \pm n f_1 \pm r f_2 \pm \cdots|$，$(m, n, r \in N)$，故当有干扰信号存在时，最严重的是镜频（2.55GHz）和中频（50MHz）干扰，它能产生中频输出干扰信号，且混频输出分量大并难以滤除；另外的很严重的干扰是三阶互调，即 $n+r = 3$，此时有 $2f_1 - f_2 \approx f_S$ 或 $2f_2 - f_1 \approx f_S$，与本振混频后也能产生射频输出（4 次方项产生），且分量相对较大。五阶、七阶分量等也能产生交调干扰

信号，但分量已经很小。

7. 什么是变容二极管倍频器的空闲回路？其有什么作用？

答： 空闲回路是除了所需谐波以外的其他谐波的工作回路，但是并不从该回路输出功率，因此称为空闲回路。空闲回路可以将变容二极管产生的其他谐波返回变容二极管，通过非线性变频转化为所需的谐波分量，从而提高了倍频器的倍频效率。

8. 利用晶体管的非线性特性进行频率变换，故能制作混频器、倍频器的器件，将两个相同特性的晶体管进行反向并联或反向串联能进行一定的谐波抑制，以提高变频效率。如图 5-2 所示，试分别分析图(a)和图(b)的谐波抑制特性。（提示：写出晶体管响应函数 $I = f(v) = \sum_{n=0}^{\infty} a_n v^n$，不必求出响应函数的具体表达式，代入计算即可。）

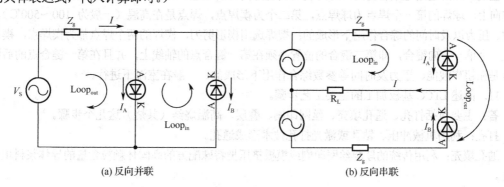

(a) 反向并联　　　　　　　　　　(b) 反向串联

图 5-2　晶体管反向并联或反向串联回路

解： 以反向并联图为例，两只晶体管具有相同的非线性特性，即

$$I = f(v) = \sum_{n=0}^{\infty} a_n v^n$$

两端所加电压相反，按图 5-2(a)所示电流方向，有：

$$I_A = f(v) = a_0 + a_1 v + a_2 v^2 + a_3 v^3 + \cdots$$

$$I_B = -f(-v) = -a_0 + a_1 v - a_2 v^2 + a_3 v^3 + \cdots$$

故外部总环路 Loop_{out} 电流为：

$$I = I_A + I_B = 2(a_1 v + a_3 v^3 + \cdots)$$

并联电路的内部环路 Loop_{in} 电流为：

$$I = I_A - I_B = 2(a_0 + a_2 v^2 + \cdots)$$

因此，外部总环路电流是奇次分量，并联电路的环路电流为偶次分量。

反向串联的情况正好相反，证明方法与上面类似。

9. 简述微带电路加工的工艺过程。

答： 微带电路的工艺过程主要包括基片处理、版图制作、光刻、接地孔金属化与电镀及元件装配这几个方面。基片处理首先通过研磨抛光等工艺提高基片，特别是微带金属层的光洁度。微带电流受到趋肤效应的影响，只存在于贴近基片表面的金属层内，因此工作频率越高，基片光洁度要求也越高。然后在抛光的基片表面先真空蒸发 200～500Å 的铬作为附着层，再真空蒸发 0.2～0.3μm 的金（或铜），再电镀金（或铜），加厚到 3～6μm。镀层厚度取决于工作频率达到 5 倍趋肤深度即可。版图制作和光刻首先通过制作菲林，在基片金属膜上用甩胶法涂一层感光胶并将菲林应用于基板金属面，通过曝光固化感光胶，用化学液腐蚀掉感光胶未固化部分的金属膜，受感光胶膜保护而留下的就是要求的微带电路。随后通过化学沉积法使孔壁金属化，并电镀防护层以防止氧化。最后一步是进行整个模块电路的组装，包括元器件的焊接及基板安装。其中，偏置电路元件常用贴片式电阻和电容，可以采用手工焊或导电胶粘接，有源芯片一般采用共晶焊固定在载体上，焊料常用金锡合剂（含金 20%）。

10．简述球焊与楔焊的主要区别。

答：球焊：采用毛细管劈刀，金属线从劈刀中穿出，然后经过电弧放电末端形成球形，在劈刀的压力、加热、超声的作用下将球压焊到芯片的电极上，在两种金属界面间形成焊接键合。

楔焊：用楔形劈刀将热、压力、超声传给金属丝在一定时间形成焊接，焊接过程中不出现焊球。

区别：球焊选用毛细管劈刀，球焊键合属无方向性的工艺，即第二键合位置可以在第一键合的任一方向上，球焊的第一个焊点为球焊点，第二个为楔焊点，焊点是在高温（一般为 100～500℃）、超声波、压力以及时间的综合作用下形成的；楔焊选用楔形劈刀，楔焊的两个焊点都为楔焊点，楔焊键合是一个单一方向键合，即第二键合的位置必须在第一键合点的轴线上，并且在第一键合点的后面，焊点是在超声波能、压力及时间等参数综合作用下形成的。一般在室温下进行。

11．简述 LTCC 基板加工的主要工艺步骤。

答：主要包括打孔、通孔填充、丝网印刷、叠层、高温烧结（共烧）这几个步骤。

打孔：利用机械冲压、钻孔或激光打孔技术形成通孔。

通孔填充：利用传统的厚膜丝网印刷或模板挤压把特殊配方的高固体颗粒含量的导体浆料填充到通孔。

丝网印刷：利用标准的厚膜印刷技术对导体浆料进行印刷和烘干。

叠层：烧结前应把印刷好的金属化图形和形成互连通孔的生瓷片，按照预先设计的层数和次序叠到一起，在等层压下，使层压压力平均分布在生瓷片上，使其紧密粘接成一个完整的多层基板坯体，并且准确按照预定的温度曲线进行加热烧结。

共烧：把切割后的生瓷胚体放入炉中，按照既定的烧结曲线加热烧制。

12．微波电路中器件的装配技术主要有哪几种？分别适用于哪种电路器件？

答：导电胶，共晶焊，回流焊，引线键合。导电胶可应用于基板与腔体、芯片与载体、元件与射频基板之间的装配；共晶焊适用于大功率芯片与热沉之间的连接；回流焊适合于元器件与基板之间的连接；引线键合适用于芯片与基板之间的连接装配。

第 6 章习题答案

1．简述微波单片集成电路及特点。

答：微波单片集成电路是将无源电路、无源元件、有源半导体器件都制作在同一半导体芯片上，形成完整的电路或系统功能的微波集成电路。

微波单片集成电路是微波混合集成电路的进一步发展，相比之下，具有以下特点：

（1）有源器件不再单独封装，减小了管壳等分布参数影响，电路工作频率提高，频带加宽，高频率多倍频程电路易于实现。

（2）无源电路、无源元件、有源器件构成一体，消除了混合集成电路中的很多连接点（焊点），性能、可靠性均得到改善。

（3）电路尺寸、重量远比 HMIC 小得多，适用于航空航天领域。

（4）电路一经设计成功，制作重复性和一致性好，便于大批量生产，成本得以降低。

2．简述多芯片模块技术的种类及其相应特征。

答：主要有 3 种 MCM 技术：①使用薄膜沉积技术的 MCM-D；②使用共烧多层陶瓷基片技术的 MCM-C；③使用层压结构技术的 MCM-L。

MCM-D 是通过常规旋转、沉积和光刻法程序制造出多层无源元件以及小特征尺寸互连线；使用合适的材料，MCM-D 技术将提供最好的器件性能，最适合倒装芯片的装配工艺。

MCM-C 技术中使用条带形或黏土形来烧制的陶瓷材料，在多层条带上或多层丝网状黏土上构建多层模块，然后将这些层重叠在一起，并一同烧制而成。LTCC 技术已经得到广泛的关注，该技术能将有源电路和多层无源元件有效地集成为一体，实现低成本模块与系统。

MCM-L 技术本质上是一种很先进的 PCB 技术，它是通过薄化层压后继层实现多层结构的，在每一阶段中，使用照相平版印制法确定金属层图案。普遍采用机械钻孔和刳钻，或者激光切割和"微通道"加工方式形成通孔。其主要优势在于能加工处理很大的电路板，制造成本十分低廉。

3．简述传统 MMIC 制造工艺流程。

答：第一步：选择性蚀刻基片定义出 HEMT 的有源区域，在基片中留出一个岛形的垂直外延结构，用于最后形成 MMIC 的晶体管；

第二步：隔离蚀刻处理，先定形出金属-绝缘体-金属（MIM）电容器的底层金属薄层图案，然后沉积出该金属层；

第三步：图案定型和 MIM 电容电介质层沉积；

第四步：综合使用隔离和欧姆接触层处理工艺，成型出阻值相对较高的半导体电阻器；

第五步：成形 HEMT 的栅极图案和金属化处理，通常采用非常浅的蚀刻处理，在栅极长度方向两边刻蚀出一个浅凹，它决定了晶体管的阈值电压和击穿电压等特性；

第六步：图案定型，沉积出薄膜金属电阻器；

第七步：用沉积工艺构造出互连整个电路的第二层金属薄膜。第二层金属用于形成共面波导传输线、低量值交指型电容器和 MIM 电容器的顶层；

第八步和第九步：采用电镀工艺实现电路拓扑中的空气金属桥，其用于抑制电路中不连续处产生的不希望场模，确保电路的设计性能。构成空气金属桥的第三层金属通常通过两个步骤完成，第一步是成形空气桥的桥墩，第二步是成形空气桥的跨度连接金属线。

4．简述 MIM 电容和交指型电容的区别及其适用场合。

答：交指型电容器的最大电容值受限于其物理尺寸，它最大的可用工作频率受限于指的分布特性，它们肯定不能用在电容值大于 1pF 的情况。但是由于交指型电容器没有使用电介质薄膜，它的电容量误差非常小，仅受限于金属图案定义的精确度。交指型电容器特别适合用作调谐、耦合和匹配元件，这些场合要求电容量小、量值精确的电容器。

MIM 电容的尺寸比交指型电容器的尺寸要小很多，同时可以实现大的容值，一般是 0.1～50pF 量值的电容。MIM 电容器主要用于偏置、隔直、匹配电路。

5．为什么下图中右图所采用的结构比左图应用范围更广？

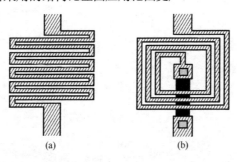

(a)　　　　　　　　(b)

答： 因为如图所示，图(a)中不同轨道之间电流方向相反，电流传导激励出的磁场方向相反，能量相互抵消，导致电感的互感相互抵消；而图(b)的绕线方式使得不同轨道间的电流流向相同，能量相互补充，实现电感功能的同时，能够克服左图的缺陷。

6. 在 MMIC 衬底材料的选择上有什么需要注意之处？为什么更倾向于采用低电导率、半绝缘的衬底材料？

答： 如果加工在衬底表面的晶体管想要拥有半导体衬底材料的高电子迁移率的特性，衬底材料必须是单晶材料；高电导率的衬底会降低器件的 Q 值，并且会限制其滤波特性曲线的陡峭程度。

7. 为什么需要把 MMIC 上元件之间的电路连接看作传输线？

答： MMIC 上元件之间的距离可以接近传输信号的波长，所以当信号沿着连接线传输时幅度和相位会随着时间和距离的函数发生变化。

反侵权盗版声明

电子工业出版社依法对本作品享有专有出版权。任何未经权利人书面许可，复制、销售或通过信息网络传播本作品的行为，歪曲、篡改、剽窃本作品的行为，均违反《中华人民共和国著作权法》，其行为人应承担相应的民事责任和行政责任，构成犯罪的，将被依法追究刑事责任。

为了维护市场秩序，保护权利人的合法权益，我社将依法查处和打击侵权盗版的单位和个人。欢迎社会各界人士积极举报侵权盗版行为，本社将奖励举报有功人员，并保证举报人的信息不被泄露。

举报电话：（010）88254396；（010）88258888

传　　真：（010）88254397

E-mail：　　dbqq@phei.com.cn

通信地址：北京市海淀区万寿路 173 信箱

　　　　　电子工业出版社总编办公室

邮　　编：100036